바다인문학연구총서 001

동아시아 해역세계의
인간과 바다

-배, 선원, 문화교섭-

이 저서는 2018년 대한민국 교육부와 한국연구재단의 지원을
받아 수행된 연구임(NRF-2018S1A6A3A01081098).

동아시아 해역세계의 인간과 바다
-배, 선원, 문화교섭-

초판 1쇄 발행 2020년 4월 30일

편저자 ㅣ 현재열
펴낸이 ㅣ 윤관백
펴낸곳 ㅣ 도서출판 선인

등 록 ㅣ 제5-77호(1998.11.4)
주 소 ㅣ 서울시 마포구 마포대로 4다길 4, 곶마루빌딩 1층
전 화 ㅣ 02)718-6252 / 6257
팩 스 ㅣ 02)718-6253
E-mail ㅣ sunin72@chol.com
Homepage ㅣ www.suninbook.com

정가 36,000원
ISBN 979-11-6068-374-5 93450

· 잘못된 책은 바꿔 드립니다.

바다인문학연구총서 001

동아시아 해역세계의
인간과 바다

-배, 선원, 문화교섭-

현 재 열 편저

도서출판 선인

발간사————————————————

한국해양대학교 국제해양문제연구소는 2018년부터 2025년까지 한국연구재단의 지원을 받아 인문한국플러스(HK⁺)사업을 수행하고 있다. 그 사업의 연구 아젠다가 '바다인문학'이다. 바다인문학은 국제해양문제연구소가 지난 10년간 수행한 인문한국지원사업인 '해항도시 문화교섭연구'를 계승·심화시킨 것으로, 그 개요를 간단히 소개하면 다음과 같다.

먼저 바다인문학은 바다와 인간의 관계를 연구한다. 이때의 '바다'는 인간의 의도와 관계없이 작동하는 자체의 운동과 법칙을 보여주는 물리적 바다이다. 이런 맥락에서 바다인문학은 바다의 물리적 운동인 해문(海文)과 인간의 활동인 인문(人文)의 관계에 주목한다. 포유류인 인간은 주로 육지를 근거지로 살아왔기 때문에 바다가 인간의 삶에 미친 영향에 대해 오랫동안 그다지 관심을 갖지 않고 살아왔다. 그러나 최근의 천문·우주학, 지구학, 지질학, 해양학, 기후학, 생물학 등의 연구 성과는 '바다의 무늬'(海文)와 '인간의 무늬'(人文)가 서로 영향을 주고받으며 전개되어 왔다는 것을 보여준다.

바다의 물리적 운동이 인류의 사회경제와 문화에 지대한 영향력을 행사해 왔던 것은 태곳적부터다. 반면 인류가 바다의 물리적 운동을 과학적으로 이해하고 심지어 바다에 영향을 주기 시작한 것은 최근의 일이다. 해문과 인문의 관계는 지구상에 존재하는 생명의 근원으로서의 바다,

지구를 둘러싼 바다와 해양지각의 운동, 태평양진동과 북대서양진동과 같은 바다의 지구기후에 대한 영향, 바닷길을 이용한 사람·상품·문화의 교류와 종(種)의 교환, 바다 공간을 둘러싼 담론 생산과 경쟁, 컨테이너화와 글로벌 소싱으로 상징되는 바다를 매개로 한 지구화, 바다와 인간의 관계 역전과 같은 현상을 통해 역동적으로 전개되어 왔다.

이와 같은 바다와 인간의 관계를 배경으로, 국제해양문제연구소는 크게 두 범주의 집단연구 주제를 기획하고 있다. 인문한국플러스사업 1단계(2018~2021) 기간 중에 '해역 속의 인간과 바다의 관계론적 조우'를, 2단계(2021~2025) 기간 중에 바다와 인간의 관계에서 발생하는 현안해결을 통한 '해역공동체의 형성과 발전 방안'을 연구결과로 생산할 예정이다.

다음으로 바다인문학의 학문방법론은 학문 간의 상호소통을 단절시켰던 근대 프로젝트의 폐단을 극복하기 위해 전통적인 학제적 연구 전통을 복원한다. 바다인문학에서 '바다'는 물리적 실체로서의 바다라는 의미 이외에 다른 학문 특히 해문과 관련된 연구 성과를 '받아들이다'는 수식어의 의미로, 바다인문학의 연구방법론은 학제적·범학적 연구를 지향한다. 우리의 전통 학문방법론은 천지인(天地人) 3재 사상에서 알 수 있듯이, 인문의 원리가 천문과 지문의 원리와 조화된다고 보았다. 천도(天道), 지도(地道) 그리고 인도(人道)의 상호관계성의 강조는 자연세계와 인간세계의 원리와 학문 간의 학제적 연구와 고찰을 중시하였다. 그런데 동서양을 막론하고 전통적 학문방법론은 바다의 원리인 해문이나 해도(海道)와 인문과의 관계는 간과해 왔다. 바다인문학은 천지의 원리뿐만 아니라 바다의 원리를 포함한 천지해인(天地海人)의 원리와 학문적 성과가 상호 소통하며 전개되는 것이 해문과 인문의 관계를 연구하는 학문의 방법론이 되어야 한다고 제안한다. 바다인문학은 전통적 학문 방법론에서 주목하지 않았던 바다와 관련된 학문적 성과를 인문과 결합한다는 점에서 단순한 학제적 연구 전통의 복원을 넘어서는 것으로 전적으로 참신하다.

마지막으로 '바다인문학'은 인문학의 상대적 약점으로 지적되어 온 사회와의 유리에 대응하여 사회의 요구에 좀 더 빠르게 반응한다. 바다인문학은 기존의 연구 성과를 바탕으로 바다와 인간의 관계에서 발생하는 현안에 대한 해법을 제시하는 '문제해결형 인문학'을 지향한다. 국제해양문제연구소가 주목하는 바다와 인간의 관계에서 출현하는 현안은 해양 분쟁의 역사와 전망, 구항재개발 비교연구, 중국의 일대일로와 한국의 북방 및 신남방정책, 표류와 난민, 선원도(船員道)와 해기사도(海技士道), 해항도시 문화유산의 활용 비교연구, 인류세(人類世, Anthropocene) 등이다.

이상에서 간략하게 소개하였듯이 '바다인문학 : 문제해결형 인문학'은 바다의 물리적 운동과 관련된 학문들과 인간과 관련된 학문들의 학제적·범학적 연구를 지향하면서 바다와 인간의 관계를 둘러싼 현안에 대해 해법을 모색한다. 이런 이유로 바다인문학 연구총서는 크게 두 유형으로 출간될 것이다. 하나는 1단계 및 2단계의 집단연구 성과의 출간이며, 나머지 하나는 바다와 인간의 관계에서 발생하는 현안을 다루는 연구 성과의 출간이다. 우리는 이 총서들이 상호연관성을 가지면서 '바다인문학 : 문제해결형 인문학' 연구의 완성도를 높여가길 기대한다. 그리하여 이 총서들이 국제해양문제연구소가 해문과 인문 관계 연구의 학문적·사회적 확산을 도모하고 세계적 담론의 생산·소통의 산실로 자리매김하는데 일조하길 희망한다. 물론 연구총서 발간과 그 학문적 수준은 전적으로 이 프로젝트에 참여하는 연구자들의 역량에 달려 있다. 연구·집필자들께 감사와 부탁의 말씀을 동시에 드린다.

2020년 1월
국제해양문제연구소장
정 문 수

‖ 차 례 ‖

발간사 4

서문 : 인간과 바다의 조우에 대하여 / 현재열　　　　　　　　11

제1부 인간과 바다를 보는 시선

해문(海文)과 인문(人文)의 관계 연구 / 정문수·정진성　　　　29

바다 위의 삶 : 문화교섭 공간으로서의 상선(商船) / 최진철　　59

‘대서양사’ 연구의 현황과 전망 : 폴 뷔텔의 『대서양』에 기초하여
　　/ 현재열　　　　　　　　　　　　　　　　　　　　　　89

제2부 동아시아 해역의 배와 선원

円仁의 『入唐求法巡禮行記』에 기록된 船舶部材 ‘搋栿’에 대한
　　비판적 고찰 / 김성준　　　　　　　　　　　　　　　　115

李志恒 『漂舟錄』 속의 漂流民과 海域 세계 / 김강식　　　　143

영국범선의 용당포 표착 사건 / 이학수·정문수　　　　　　186

한국 상선 해기사의 항해 경험과 탈경계적 세계관
　　: 1960~1990년의 해운산업 시기를 중심으로 / 최은순·안미정　227

제3부 동아시아 해역의 인간과 문화교섭

汪兆鏞의 『澳門雜詩』를 통해 본 해항도시 마카오의 근대 / 최낙민   261

접촉지대 부산을 향한 제국의 시선 : 외국인의 여행기에 재현된
    19세기 말의 부산 / 구모룡   298

상하이의 憂鬱 : 1930년대 해항도시 상하이의 삶과 기억
    -김광주와 요코미쓰 리이치를 중심으로 / 최낙민·이수열   334

젠더화된 섬과 공간표상 : 오키나와의 군사주의와 관광 / 조정민   372

■출전(出典) 402

■저자소개 404

서 문:
인간과 바다의 조우에 대하여

현 재 열

Ⅰ. 인간과 바다

지구상에 바다가 탄생한 것은 45억 년 전 푸른 별 지구가 탄생하고 5억 년 동안 끓어 넘친 뒤 서서히 식어가면서라고 한다. 그로부터 엄청난 시간이 흘러 2억 년 전 무렵부터 하나로 뭉쳐있던 대륙이 갈라지기 시작하면서 대양이 하나씩 생겨나고 약 6,000만 년 전 무렵엔 마지막으로 인도양이 등장했다.[1] 그러고도 오늘날 최초의 인간으로서 인정되는 존재가 출현한 것은 다시 5,000만 년이 훨씬 지나서였다. 약 260만 년 전에 출현한 호모 하빌리스(*Homo habilis*)가 그것이다.[2] 이때로부터 계산해도, 따지고 본다면 지구 전체의 역사에서 인간이 자신의 시간을 재게

---

1) Rainer F. Buschmann, *Oceans in World History* (New York: McGraw-Hill, 2007), p. 3.
2) 토머스 베리 · 브라이언 스윔, 맹영선 옮김, 『우주이야기』(대화문화아카데미, 2010), 243~244쪽.

된 것은 정말 최근의 일인 것 같다. 45억 년 지구 역사를 12시간으로 하였을 때 인간의 시간이란 1분 정도나 될까.

그러함에도 인간은 최초의 출현 이후 존재한 어떤 생명체보다 지구상에 뚜렷한 흔적을 남겼다. 자연에서 발생한 인간이 근원적으로 자연을 거슬러서만 자신을 유지할 수 있기 때문이다. 자신의 생명 유지와 자기 재생산을 위해서 인간은 그에 필요한 자양분을 자연 그대로 섭취할 능력이 떨어진다. 그래서 자연에 일정한 가공을 가해서만 자신을 위한 자양분을 얻을 수 있고, 그로 인해 끊임없이 그 가공의 범위와 방법을 확대하고 발전시켜 왔다. 급기야 인간은 그런 가공 행위와 그 결과의 효율성을 매겨 '경제'라는, 생명 존재 자체와는 무관해 보이는 용어로 포장하고 그를 통해 '성장'과 '발전'의 정도를 정해 순위화하는 지경에까지 이르렀다. 인간의 이런 지구에 대한 가공 행위가 가장 심했던 시기는 지난 100여 년 간으로, 한 연구에 따르면 인간 발생 이후 1900년까지보다 그 이후 1세기 간에 인간이 지구에 가한 가공과 돌이킬 수 없는 훼손의 정도가 훨씬 심하다고 한다.[3] 이런 상황에 이르러서야 인간은 이제 21세기 들어 인간의 과거 전체에 대해 새로운 시선으로, 무엇보다 이런 문제가 어디서 시작되었고 어떻게 전개되었으며 어떻게 풀어갈지를 고민하게 되었다. 이런 고민의 방법에는 여러 가지가 있지만, 그 중 아주 중요한 요소 중 하나가 바다로 시선을 돌리는 것이다. 지구 표면의 70퍼센트를 이루는 바다가 인간과 가지는 관계가 향후 인간 존재의 지속가능성에 한 열쇠를 지니고 있다는 시각에서이다. "인류의 미래는 바다를 역사 밖에 존재하는 영역이 아니라 역사의 일부로 인정하는 시각에

---

3) J.R. 맥닐, 홍욱희 옮김, 『20세기 환경의 역사』(에코리브르, 2008).

달려있다."4) 어쩌면 이것은 21세기에 갑작스레 등장한 시각이 아니었다. 이미 20세기 중반 무렵 칼 슈미트(Carl Schmitt)는 딸에게 들려주는 세계사에 대한 성찰이라는 형식으로 이렇게 말한 적 있다.

> 해변가에 가서 주위를 둘러보기만 해도 압도적인 넓이의 바다가 너의 시선의 지평을 둘러싸고 있는 걸 보게 될 거야. 해변가에 서 있는 인간이, 당연한 말이지만, 땅에서부터 바다를 바라보지, 바다에서 땅을 바라보지 않는다는 사실은 생각해보면 놀라운 일이지 않니? 깊숙한 곳에 자리 잡은, 무의식적인 인간의 기억 속에서 물과 바다는 모든 생명체의 비밀스러운 원천인데 말이야. 대부분 민족들의 신화와 전설에는 대지에서 태어난 신과 인간뿐 아니라, 바다에서 탄생한 신과 인간도 등장하지. 또 바다(Meeres)와 대양(See)의 아들, 딸들에 대한 많은 이야기들도 있단다. … 거기에서 우리는 불현듯 대지나 견고한 땅과는 다른 세계를 마주하게 된단다. 왜 시인과 자연철학자, 자연과학자들이 모든 생명체의 시초를 물속에서 찾는지, 왜 괴테(Johann Wolfgang von Goethe)가 엄숙한 시구로 다음과 같이 노래했는지 이해하게 될 거야. "모든 것이 물에서 태어났다네!/모든 것이 물을 통해 유지된다네./ 대양이 우리에게 당신의 영원한 주재력(Walten)을 허락한다네!"5)

우리는 21세기 들어 진행되어온 세계 학계와 지성계의 이런 경향에 동의하며, 이에 따라 10여 년 전부터 이 문제를 우리 나름의 방법을 통해 보고자 해왔다. 그 속에서 우리는 분명한 방향성을 갖게 되었는데, 그것은 지금까지 인간의 과거와 인간을 둘러싼 모든 것을 생각할 때 인간이 기본적으로 육지에 살기에 육지에 기초하여 생각하던 것을 완전히 방향을 돌려 바다를 중심으로 생각한다는 것이다. 이를 우리는 '육역 중심에서 해역 중심으로의' 사고 전환이라고 불렀고 이를 통해 '육역 중심'

---

4) 헬렌 M. 로즈와도스키, 오수원 옮김, 『처음 읽는 바다 세계사』(현대지성, 2019), 29쪽.
5) 칼 슈미트, 김남시 옮김, 『땅과 바다』(꾸리에, 2016), 9~10쪽. 인용된 괴테의 시 구절은 『파우스트 2부』에 나오는 것이다.

의 사고에서 생겨날 수 있는 여러 문제, 무엇보다 인간 존재 자체와는 무관하면서도 '실체'이듯이 작동했던 종획적이고 분단적인 사고틀을 극복할 수 있다고 보았다.

그런데 이 지점에서 우리는 인간과 바다의 관계를 생각할 때 좀 더 명확히 할 부분이 있다고 생각한다. 우리는 바다의 입장에서 지금까지의 인류 역사와 여러 인간 현상들을 본다고 하지만, 그것이 바다 자체의 입장에서 본다는 이야기는 아니다. 우리는 일전에 바다에서 보는 역사를 이야기하면서, "바다가 끼친 영향에 초점을 두고 바다에서 전개된 인간의 활동에 관심을 기울이며 바다를 '시선의 중심에 두고서 주위를 파노라마 보듯이 빙 둘러' 보고자 하는" 것으로 정의한 적 있다.[6] 즉 어쨌든 우리는 문제를 바다라는 물리 존재 자체가 아니라 인간의 시선으로 바라보는데, 다만 바라보는 시선의 출발지가 달라지는 것이다. 우리가 '해역 중심'으로 본다고 했을 때도 의미하는 바는 마찬가지이다. '육역'이든 '해역'이든 '역(域)'이란 말은 결국 인간의 활동 범위를 뜻하기 때문이다. 이와 관련해 해양과학사 전문가인 로즈와도스키(Helen M. Rozwadowski)는 이렇게 명쾌하게 밝힌다.

오늘날 바다를 보는 이들은 굽이치는 해수면을 보고 그 짠내를 맡으면서 옛 시절의 뱃사람이나 해안가 사람들이 보던 바다와 현재 자신이 보고 있는 바다가 다르지 않으리라 생각할지 모른다. 선박, 뛰어오르는 고래들, 심지어 폭풍우조차 바다에는 아무 흔적도 남기지 않는 데다 수면 아래의 차이는 더 더욱 드러나지 않기 때문이다. 하지만 바다 또한 육지 못지않게 자연 및 역사의 변화에 영향을 받는다. 육지의 역사가 인간과 밀접한 연관을 맺고 있듯

---

6) 현재열, 「바다에서 보는 역사와 8~13세기 '해양권역'의 형성」, 『역사와 경계』 96(2015), 189쪽.

바다의 역사 역시 마찬가지다. 바다의 역사는 눈에 띄지 않게 숨어 있는 듯 보이고, 인간은 바다와 아무런 연관도 없어 보일 수 있겠지만 실제로 바다는 인간과 뗄 수 없는 관계를 맺고 있다.[7]

그러면 인간에게 바다란 무엇일까? 그리고 그가 바다에 나가서 세상을 만날 때 의지하는 배란 무엇일까? 이것 역시 우리는 기본적으로 인간의 시선으로 바라보고자 한다.[8] 마침 미셸 푸코(Michel Foucault)는 이에 대한 약간의 단서를 제공한 적이 있다. 그는 바다("물")가 "실어 나를 뿐만 아니라 정화(淨化)"하는 속성을 가진다고 한다. 또 이 바다를 인간이 건너는 "항해는 인간을 운명의 불확실성에 처하게 하며, 항해에서 각자는 자기 자신의 운명에 맡겨지고, 모든 승선은 잠재적으로 언제나 마지막 승선이게 마련"이라고 한다. 그리고 이 바다 위에서 항해를 하는 사람은 "가장 자유롭고 가장 개방적인 길 한가운데에 갇혀 있는, 즉 끊임없이 이어지는 교차로에 단단히 묶여 있는 포로"라고 부른다. 그는 "전형적 여행자, 다시 말해서 이동공간의 포로"인 것이다.[9] 바다는 운송로이자 "정화" 장소이며 "가장 자유롭고 가장 개방적인 길"이면서 "끊임없이 이어지는 교차로"이다. 인간에게 바다는 끊임없이 어딘가로 가는 곳이며 그래서 출발한 곳과의 단절의 장소이기도 하며 새로운 도착지에서 새로운 사람으로 전환되어가는 전이지대이기도 하다. 그렇지만 그는 일단 바다에 나서면 그 끊임없이 이어짐과 연속됨으로부터 벗어날 수 없고 전환과 변이에 맡겨진 "포로"가 된다. 그래서 가만히 안정된 육지에

---

7) 로즈와도스키, 『처음 읽는 바다 세계사』, 13쪽.

8) 이것이 우리가 바다와 배에 대한 과학적·기술적 정보와 지식이 중요치 않다고 말하는 것은 아니다. 인간이 바다와 배를 보는 데 이런 정보 및 지식은 중요한 이해의 기초를 제공하며 반드시 필요하다. 다만 여기서 우리는 바다와 배를 보는 인간의 시선을 말할 뿐이다.

9) 미셸 푸코, 이규현 옮김, 『광기의 역사』(나남출판, 2003), 56~57쪽.

자리한 인간에게 바다는 두려움의 대상이고 그러면서도 끊임없는 전환과 변이를 동경하는 이에게는 경외의 장소이기도 했던 것이다.[10]

이런 바다에 인간이 뛰어드는 데 절대적으로 의지했고 지금도 의지하고 있는 배는 어떠한가? 이것도 푸코의 도움을 받자. 그는 1967년의 한 강연에서 유일하게 배에 대해 이렇게 말했다.

　… 만약 우리가 … 보트[배]가 떠다니는 한 조각의 공간, 즉 홀로 존재하며 자신에게로 닫혀있는 동시에 바다의 무한함에 맡겨져 있는 … 장소 없는 장소(a place without a place)라고 생각한다면, 당신은 왜 보트[배]가 16세기부터 현재까지 우리의 문명에게 경제 발전의 위대한 도구 … 였을 뿐 아니라 동시에 상상력의 가장 큰 보존처이기도 했는지를 이해할 것이다. 배는 무엇보다 뛰어난 헤테로토피아(heterotophia)이다. 보트[배]가 없는 문명에서는, 꿈은 말라버릴 것이며, 간첩 행위가 모험의 자리를 차지할 것이고, 경찰이 해적의 자리를 차지할 것이다.[11]

"떠다니는 한 조각의 공간"으로서 "바다의 무한함에 맡겨져 있는 … 장소 없는 장소"인 배는 무엇보다 "헤테로토피아"이다. 헤테로토피아는 "폐쇄이면서도 개방이고, 집중이면서도 분산이며, 가까우면서도 멀기만 한 그런 공간"이다. 무엇보다 헤테로토피아란 "근대 국민국가의 통제 안에 있으면서도 그 통제에 올곧게 포섭되지 않으며 오히려 통제에 훼손을 가할 수 있는 특이한 공간"이다.[12] 그래서 배에서는 다양한 이야기들이 시작된다. 그것은 바다가 결코 닫혀있지 않은 "무한함"을 가지고 있기에 그 위에 떠있는 배가 갖는 숙명이다. 그래서 배를 탄 사람이 "설

---

10) 폴 뷔텔, 현재열 옮김, 『대서양: 바다와 인간의 역사』(선인, 2017), 21~29쪽.

11) Michel Foucault, "Of Other Spaces", *Diacritics* 16(1986), p. 27.

12) 정문수 외, 『해항도시문화교섭 연구방법론』(선인, 2014), 280쪽.

(說)을 풀면" 그 이야기들은 이전 세상에는 없던 새로움을 탄생시킨
다.13) 이건 누구나 알던 사실이다. 그래서 보들레르(Baudelaire)는 이를
이렇게 노래했다.

놀라운 여행자들이여! 얼마나 고결한 이야기를
우리는 바다처럼 깊은 당신들의 눈에서 읽는가!
당신들의 풍요로운 기억의 상자를 우리에게 보여주게,
별과 에테르로 만들어진 그 신기한 보석들을.

증기도 돛도 없이 여행하고 싶은 우리!
캔버스처럼 팽팽한 우리의 정신에,
수평선을 액틀 삼고 당신들의 추억을 펼쳐 놓아,
우리네 감옥의 권태를 한 번 흥겹게 하시게.

말하게, 당신들이 본 것은 무엇인지?14)

바다에 나가면 "이동공간"에 갇힌 "포로"인 인간은 동시에 육지에서도
"감옥의 권태"에 힘겨워 하는 존재이다. 이 "권태"에 금이 가게 할 이야
기를 먼 곳에서 온 이, 바다를 건너 온 이에게서 구하는 것이다. 같은
시에서 보들레르는 바다와 항해가 인간에게 무엇인지를 이렇게 노래하
며 우리한테 전해준다.

오 **죽음아**, 늙은 선장아, 때가 되었다! 닻을 올리자!
우리는 이 나라가 지겹다, 오 **죽음아**! 출항을 서둘러라!
하늘과 바다가 비록 잉크처럼 검더라도,
네가 아는 우리 가슴은 빛살로 가득 차 있다!

---

13) Marcus Rediker, *Outlaws of the Atlantic* (Boston: Beacon Press, 2014), 1장 참조.
14) 샤를 보들레르, 「여행」, 황현산 옮김, 『악의 꽃』(민음사, 2016), 87쪽.

네 독을 우리에게 부어 우리의 기운을 북돋아라!
이 불꽃이 이토록 우리의 뇌수를 태우니,
지옥이건 천국이건 무슨 상관이냐? 저 심연의 밑바닥에,
저 미지의 밑바닥에 우리는 잠기고 싶다, **새로운 것**을 찾아서!15)

두려울지라도, 바다가 "독"일지라도, "새로운 것을 찾아서" 인간은 바다로 나간다는 것. 인간에게는 바다에 대한 두려움과 저 미지 너머에 있을 새로움에 대한 기대가 교차하고 있다는 것을, 어느 시점이 되면 인간은 두려움을 이기고 새로움을 찾아 나선다는 것을 시인은 노래한다. 그리고 그 새로움이 전달될 때 낡은 것과 새로운 것의 경계도 없어지고 모든 것이 다 새롭게 바뀌고 말 것이다. 그리하여 결국 바다는 인간과 일체가 된다.

그대는 아는가? 섬에 돌진하여 자신을 부수지만
자신은 깨어지지 않고 남는, 그 잔잔하고 위대한 바다를.
[…]
나는 바다, 나는 바다다!16)

그러나 바다에 대한 이런 '노래'는 인간에게 아주 최근의 것은 아니었던가. 인간이 바다에 대해 언제나 이렇게 노래한 것은 아닐진대, 그렇다면 인간은 바다에 대해 과거부터 지금까지 어떻게 바라보았던 것일까. 그리고 실제로 그 인간과 바다는 어떻게 관계를 맺었고, 그 관계는 어떻게 전개되어 왔고, 앞으로 어떻게 전개되어 갈까.

우리는 지난 10년 이상을 인간과 바다의 관계에 대해 생각해 왔다.

---

15) 위의 시, 98~99쪽. 강조는 원래의 것임.

16) D.H. 로렌스, 「바다의 힘」, 류점식 옮김, 『제대로 된 혁명』(아우라, 2008), 328~329쪽.

10년간은 바다 주변에 인간이 모여 사는 거대한 집거지(集居地) ─ 즉, 해항도시(Seaport City) ─를 중심으로 보았다. 너무나도 거대한 바다와 그와 관계 맺는 다채로운 인간 집단을 살피기에는 우리 눈이 가진 한계가 분명했고, 이를 살피기 위해서는 확실한 인식의 '결절점(nodes)'이 필요했기 때문이다. 우리에게 '결절점'이란 우리가 바라보는 대상의 실체적 존재 방식이기도 했지만, 동시에 우리 인식상의 고리이기도 했던 것이다. 그리고 이제는 그 결절점에서 한발 더 디뎌 바다 위로 나서서 바다 위에서, 배의 선상에서 바다의 거친 숨결을 느끼며 인간과 바다의 관계에 대해 근본적으로 살피고자 하고 있다. 우리가 이것을 '바다 인문학'이라 부르든, 다른 그 무엇이라 부르든, 근본적인 하나는 분명하다. 인간과 바다의 관계를 이해하고자 한다는 것. 오직 그뿐이다. 그 결과가 무엇일지는 지금 현시점에서는 아무도 모른다. 우리는 분명 이것이 오늘날 인간 사회가 겪고 있는 무수한 문제들에 대한 해결책을 찾는 일이라고 주장하고 있다. 하지만 우리가 항해하고 있는 이 바다의 끝에 무엇이 있을지는 사실 우리도, 아니 누구도 알 수가 없다. 하지만 그럼에도 우리는 나설 수밖에 없다. 여기에 답이 없을지라도, 여기에 답이 있을 수 있다는 그 가능성 하나에 모든 것을 걸어야 할 만큼 오늘날 인간사회는 커다란 문제에 직면해 있다고 우리는 느낀다. 다른 곳에 답이 있더라도 우리가 지금 여기서 인간과 바다의 관계에 대해 던지는 질문들은 틀림없이 그 답을 찾는 데 도움이 될 것이다. 결국 여기에 답이 없다고 말하게 되더라도, 우리는 이 문제를 탐색했기에 답을 찾는 데 도움을 주는 것이다.

바다가 가진 시간을 초월하는 영원성은 근본적인 모순을 유발한다. 이 때문에 인간은 바다를 역동적 변화의 공간으로 보는 새로운 관점을 쉽게 받아들이지 못한다. 인문학은 예로부터 바다에서 일했던 사람들의 지식뿐 아니라 상상력을 통해서도 우리가 바다를 알고 있음을 일깨워준다. 속을 알 수 없는 바다는 우리가 그 표면에 자신의 두려움과 욕망을 되비추고 있음을 새삼 깨닫게 해 준다. 따라서 바다와의 생물학적 상호작용이나 화학 반응 못지않게 중요한 것이 인간이라는 주제인 셈이다.[17]

II. 이 책의 구성

이 책은 위에서 밝힌 인간과 바다의 관계에 대한 우리의 길고 깊은 여정의 출발점에 해당한다. 인간과 바다의 관계를 우리가 지금 가진 여러 가지 도식과 학문적 표현방식으로 어떻게 다 담을 수 있을까. 그럼에도 우리는 출발점에 서서 가장 먼저 그 관계에 접근해야 할 길들을 모색해 보았다. 그 결과 우리는 우리의 긴 여정의 출발을 배와 선원으로 시작하기로 했다. 인간과 바다의 관계에서 그 관계가 근본적으로 이루어지는 현장은 다름 아닌 배이며, 그 관계를 구체적으로 실현하는 존재는 다름 아닌 선원이다. 그럼에도 배와 선원은 인간과 바다에 대한 무수히 많은 탐색에서 온전하게 다루어진 예가 그리 많지 않다. 오늘날 '해양사'든 '바다에서 보는 역사'든 그 이름을 붙인 많은 연구들이 다루는 대상은 대부분 물류나 사상, 정보, 또는 배로 이동한 사람들이다. 즉 바다를 통해 이동한 것들에 대한 연구는 무수하나, 정작 그것들을 이동시킨 것에 대한 연구는 거의 없다. 우리는 인간과 바다의 관계에 대한

---

17) 로즈와도스키, 『처음 읽는 바다 세계사』, 19쪽.

탐색이, 그 둘 사이의 관계가 이루어진 현장에서 시작되어야 한다고 보고, 배와 선원을 우리 연구의 첫 번째 탐색점으로 삼았다. 그래서 우리의 이 긴 여정의 첫 책은 배와 선원을 주요 테마로 올린다. 그리고 한편으로 우리의 연구가 지난 10년간의 '결절점' 연구의 연장선상에 있음을 명확히 하기 위해, 관계의 주체인 배와 선원이 주로 의지하고 그들의 육지 세계와의 연결을 가능케 하는 해항도시에서 발생한 문화교섭 현상 또한 주요 테마로 삼았다. 여기에 더해 우리의 긴 여정을 시작하면서 인간과 바다의 관계를 보는 다양한 시선, 즉 인식론적 사고와 연구방법을 한번 검토해 보는 것도 좋다고 여기어, 바다에 대한 인간의 시선이라는 테마를 별도로 구성했다.

그런데 이 책에서 다루는 시공간적 범위는 분명히 제한적이다. 시간적 범위의 경우, 사실 인간과 바다의 관계를 총체적으로 접근하려는 우리의 시도에서 시간적 제한은 있을 수 없다. 그럼에도 실제로 인간과 바다의 관계를 들여다보기 위해 이용 가능한 많은 자료들은 근대 이후 (정확히 말하면 15~16세기 이후)로 한정되어 있다. 근대 이전에 대해선 현재 이와 관련한 연구 성과의 수가 한정되어 있는 것에서 드러나듯이, 자료 자체가 아주 드물며 기존의 사료들을 다시 읽고 재해석해서야 접근 가능한 경우도 많다. 우리의 관심과 연구가 시간적 제한을 갖지 않으며 궁극적으로 새로운 자료의 발굴과 폭넓은 조사 작업의 수행을 통해 근대 이전까지 포괄해 나가고자 하고 있지만, 지금 현재의 수준에서 연구 출발 지점으로 위의 테마들을 중심으로 책을 구성하기 위해선 시간적 한계를 인정할 수밖에 없었다. 물론 김성준과 김강식의 논문들처럼 근대 이전의 배와 선원을 본격적으로 다룬 것도 다행히 포함하였지만, 대체로 수록 논문들이 다루는 전체적인 시간적 대상은 근대 이후라는 한계를 가진다.

또한 공간적으로도 이 책은 '동아시아 해역'으로 제한하여 구성했다. 연구방법과 관련하여 '대서양사' 같은 서구의 연구 동향을 다루는 논문이 포함되었지만, 전체적으로 이 책은 '동아시아 해역'에 집중한다. 이 역시 마찬가지로 한꺼번에 지구상 모든 바다를 다루어 혼동을 초래하기보다는, 우리 연구의 출발점을 어디에 두고 그것을 끝없이 이어진 바다를 따라 어떻게 확장시켜 궁극적으로 비교의 관점을 통해 지구상 바다에서의 인간 모두를 다룰 것인가 하는 고민에서 비롯되었다. 지금 현재 인간과 바다의 관계를 같이 모색하는 우리들이 가진 현실적인 한계와 긴 호흡으로 장기적 연구를 수행하면서 채택 가능한 가장 효율적인 전략을 모두 고려하면서, '동아시아 해역'이라는 우리에게 가장 가깝고 오늘날에도 가장 현실적으로 영향을 주고받는 바다를 그 핵심적인 공간적 대상으로 삼아 책을 구성한 것이다.

이상의 여러 맥락 속에서 이 책은 공간적인 면에서 '동아시아 해역'이라는 대상으로 한정되고 시간적으로는 근대 이후에 치중된 글들을 모아, '인간과 바다를 보는 시선'과 '동아시아 해역의 배와 선원', 그리고 '동아시아 해역의 인간과 문화교섭'이라는 3개의 부로 구성한 것이다. 이 책에 수록된 논문들은 모두 위의 한계를 가짐에도 '인간과 바다의 조우' 그리고 그를 통해 이루어지는 그들 간의 '관계'를 풍부한 자료를 바탕으로 다양한 학문적 배경 하에서 어떤 특정한 프리즘 속에서 세밀하고 풍부하게 관찰하고 있다. 수록된 논문들은 역사학, 인류학, 문학이라는 별개이지만 서로 밀접하게 관련되고 상호 간에 긴밀하게 영향을 주고받는 학문 분야들에 속하는 것들이다. 하지만 이 논문들은 모두 '인간과 바다의 조우'라는 하나의 큰 틀 속에 결합되며 그들이 펼치는 다양한 논의들이 모두 각자의 방식으로 이 큰 틀의 이해에 기여하고 있다. 아울러 인간과 바다의 관계에 대한 연구 방법 면에서도, 이 논문들이 보여주는 치밀한 문헌 조사와 비판적 독해를 펼치는 역사연구 방법과 텍스트 분석을 통해 문학적 표상에 대한 다채로운 해석을 펼치는 문학연구 방법, 그리고 구술자료라는 '살아있는' 자료를 통해 삶의 복원과 해석의 일체를 추구하는 인류학연구 방법은 서로 별개의 것이 아니라 서로 교차하며 횡단적으로 활용되어, 마치 거친 바다 건너 "새로움을" 찾듯이, 새로운 시각과 혜안을 우리에게 제공해 줄 수 있음을 보여준다.

제1부 '인간과 바다를 보는 시선'에 수록된 논문들은 인간과 바다의 관계를 바라보는 다양한 관점과 연구방법을 소개한다. 첫 번째로 수록된 정문수 · 정진성의 논문 「해문과 인문의 관계 연구」는 우리가 10년간의 '해항도시문화교섭학' 연구를 수행하고 그에 이어 더욱 발전 · 심화된 형태로 '바다 인문학: 문제해결형 인문학' 연구를 장기적인 시야 하에 수행해 나가는 이론적 · 방법론적 기초를 제시하는 글이다. 이어서 수록된 최진철의 논문 「바다 위의 삶: 문화교섭 공간으로서의 상선」은 '선상문화교섭'이라는 새로운 분야를 개척하고 그 유효성을 밝히는 글로서, 바다 위에서 이 세상을 연결하는 주체로 활동하는 선원들의 진정한 삶을 인류학적 방법을 통해 밝힐 수 있음을 보여주고 있다. 이 논문은 '인간과 바다의 관계' 연구에서 주목해야 할 새로운 테마를 제시한다고 생각한다. 「'대서양사' 연구의 현황과 전망」을 밝히는 현재열의 논문은 국내의 해양사 연구가 주로 고대사 분야에서 이루어짐에 반하여 대서양사 연구는 16세기 이후 연구에 집중됨에 착목하여 '바다로 보는 역사'에 새로운 자극을 주고자 마련된 것이다.

제2부 '동아시아 해역의 배와 선원'에는 근대 이전과 근대, 그리고 현

대의 배와 선원을 다루는 4편의 논문을 모았다. 김성준의 논문 「엔닌의 『입당구법순례행기』에 기록된 선박부재 '누아'에 대한 비판적 고찰」은, 직접 겪은 해양 승선 경험과 배와 항해에 대한 해박한 지식에 근거해 오랫동안 한국 해양사의 길을 개척해 온 필자가 치밀한 문헌 고증을 통해 지금까지 해석상에 논란이 되었던 선박부재 '누아'의 정체를 명확히 하며, 이를 통해 8·9세기 동아시아 해역을 항해한 배의 실체를 규명한다. 이미 일련의 논문들을 통해 근대 이전 시기 표류민의 존재와 그들을 둘러싼 정치·문화적 메커니즘을 규명해 온 김강식은 여기 실린 「이지항 『표주록』속의 표류민과 해역 세계」를 통해 자신의 기존 연구 성과들을 더욱 풍부하게 하고, 아울러 표류민을 둘러싸고 전개된 동아시아 해역의 연계 시스템에 대한 시야를 더욱 넓히고 있다. 이학수·정문수의 논문 「영국 범선의 용당포 표착 사건」은 치밀한 문헌 고증과 다양한 자료와의 크로스체크를 통해 1797년 부산 용당포 앞 바다에 표류한 영국 범선의 실체를 규명하고 지금까지 잘못 알려진 역사적 사실들을 수정하였을 뿐 아니라, 당시 동아시아 해역에 출몰하던 유럽 범선의 활동상과 실체적 진실까지도 정리해 놓고 있다. 마지막으로 최은순·안미정의 논문 「한국 상선 해기사의 항해 경험과 탈경계적 세계관」은 그 자체로 새로운 출발을 알리는 글이다. 주지하다시피, 현대 한국의 성장과 발전에 그 무엇보다도 공헌한 선원들의 세계에 그 누구도 제대로 된 연구의 시선을 둔 적이 없다. 이 논문은 근·현대 한국 선원들의 실체적 진실을 총체적으로 복원하고 그들이 '실재'했고 지금도 '실재'하고 있음을 세상에 알리고자 하는 분명한 목적의식을 가지고 있다.

제3부 '동아시아 해역의 인간과 문화교섭'에는 동아시아 해역의 중요 결절점으로 기능했고 지금도 역할하고 있는 주요 해항도시들에서 일어

나는 '문화교섭' 현상을 다채로운 프리즘을 통해 다루는 논문들을 모았다. 최낙민은 오래 전부터 마카오라는 근세와 근대의 교차점에서 그 자체로 경계적 존재였던 해항도시를 무대로 다양한 문화교섭 현상에 대한 연구를 진행해 왔다. 그의 「왕조용의 『오문잡시』를 통해 본 해항도시 마카오의 근대」는 청말·민국 초의 격동기에 마카오에서 일어났던 다양한 현상들을 당대의 시인 왕조용의 시를 통해 치밀하게 분석해 내면서 근대란 결코 단순히 '서양의 충격'으로만 이루어지는 것이 아니라 내·외의 다양한 요소들이 치열하게 드잡이하며 발현한다는 것을 입증하고 있다. 구모룡의 논문 「접촉지대 부산을 향한 제국의 시선」은 19세기 말 동아시아 해역을 방문한 외국인들이 접한 부산에 대한 기록들을 치밀하게 분석하여 그들이 묘사하는 부산 속에 내재하는 '제국의 시선'을 정말 있는 그대로 복원해 내고 있다. 무엇보다 이 논문의 뛰어난 점은 단순한 텍스트 분석에 머물지 않고, 부산을 기록한 저자들의 구체적인 배경과 방문 목적 등에 대한 천착과 연결 지어 텍스트 분석의 밀도를 높이고 그 의미의 구체성을 획득한다는 점에 있다. 우리는 이 논문 한 편에서 19세기 말 부산의 모습도 간접적으로 체험하지만, 무엇보다 '타자의 시선=제국의 시선=오리엔탈리즘'이라는 연쇄의 발생을 강력하게 이해할 수 있다. 최낙민·이수열의 논문 「상하이의 우울」은 20세기 초 동아시아에서 가장 강하게 근대를 체현하던 상하이라는 도시를 경험한 제국의 한 지식인과 식민지의 한 지식인을 교차하여 보여주면서, 그들이 동일하게 느낀 '우울'의 정체와 차이를 해석하고 있다. 여기서도 우리는 과연 제국주의와 식민주의라는 것을 경제적으로나 정치적으로만 이해할 수는 없다는 것을 실증적으로 느끼게 된다. 그런 면이 연장되어 조정민의 논문 「젠더화된 섬과 공간 표상」은 그 '우울'함이 지금이 시간에도 계속되고 있음을 분명하게 보여준다. 동아시아 해역의 가장 중요한 연결 고리 중 하나였던 오키나와가 일본화하고 다시 또 '미군 기지화'함으로써 가해지는 두툼한 모순의 중첩이 섬 전체의 '젠더화'된 공간 재편으로 현상화함을 선명하게 제시하는 이 논문은 오늘날 인간과 바다의 관계에 대해 우리가 생각해야 할 바에 무엇이 포함되어야 하는지를 설득력 있게 보여준다.

제 Ⅰ 부

인간과 바다를
보는 시선

해문(海文)과 인문(人文)의 관계 연구
- 정문수·정진성

바다 위의 삶
: 문화교섭 공간으로서의 상선(商船)
- 최진철

'대서양사' 연구의 현황과 전망
: 폴 뷔텔의 『대서양』에 기초하여
- 현재열

해문(海文)과 인문(人文)의 관계 연구

정 문 수 · 정 진 성

I. 머리말

국제해양문제연구소는 2018년부터 2025년까지 7년간 인문한국 플러스사업의 아젠다인 "바다 인문학: 문제해결형 인문학"을 수행하고 있다. 이 글은 '바다 인문학'과 '문제해결형 인문학'을 키워드로 하는 국제해양문제연구소의 연구 아젠다의 청사진에 관한 것이다.

포유류인 인간은 주로 육지를 근거지로 살아왔기 때문에 크고 작은 바다가 인간의 삶에 미친 영향에 대해 오래 동안 그다지 관심을 갖지 않고 살아왔다. 그러나 최근의 천문 · 우주학, 지구학, 지질학, 해양학, 기후학, 생물학 등의 성과를 바탕으로 인문학자들도 바다와 인간의 관계에 대해 주목하기 시작했다. 말하자면 오늘날 여러 학문 분야의 성과들은 바다의 무늬(海文)와 인간의 무늬(人文)가 서로 영향을 주고받으면서 전개되어 왔다는 것을 보여준다.

II장의 "바다와 인간의 관계"에서 살펴보겠지만 바다의 물리적 운동이 인간의 문화와 경제에 지대한 영향을 주기 시작한 것은 태곳적부터이다. 반면 인간이 바다의 물리적 운동을 학문적으로 이해하고 심지어 영향을 주기 시작한 것은 근대 이후의 일이다. 여기서 알 수 있듯이 바다와 인간의 관계는 태초부터 현재까지 상호 관계 속에서 역동적으로 전개되어왔다. 여기서는 바다가 생명의 근원이며, 지진과 기후의 결정자라는 것을 요지로 한 바다의 과학적 발견, 바닷길을 통한 사람, 상품, 문화, 종의 교환, 바닷길을 통한 지구화, 바다 공간을 둘러싼 담론 경쟁을 요지로 한 바다의 탐험과 담론의 생산, 그리고 바다와 인간의 관계 역전을 설명한다.

Ⅲ장의 "학제적 연구 전통의 복원과 창조"에서는 바다의 물리적 운동(海文)에 관한 연구와 인문(人文)에 관한 연구는 상호간의 학문적 소통과 학제적 연구가 되어야 한다는 것을 말한다. 지금까지 해문과 인문은 따로 따로 연구되어 왔다. 동양의 전통적 학문 방법론은 천문(天文), 지문(地文)과 인문과의 관계는 말하면서도 인문과 해문과의 관계는 그다지 중시하지 않았다. 본고는 동양의 전통적 학문론에서 강조하는 천지인(天地人) 3재 사상을 복원하면서도 더 나아가 해문과 인문의 관계를 포함한 천지해인(天地海人)의 관계 연구의 필요성을 제시하며, 이러한 새로운 시도를 "바다 인문학"이라 제안한다.

Ⅳ장의 "바다 인문학"에서 '바다'는 이중적인 의미를 지닌다. 먼저 바다는 인간의 의도와 상관없이 작동되는 바다 자체의 물리적 운동이 전개되는 자연세계라는 의미이다. 다음으로 바다는 모든 학문의 성과 특히 바다와 관련된 물질세계의 연구 성과와 소통하고 수용해야 한다는 의미의 바다(받아들임)라는 수사이다. 그리고 바다 인문학은 바다와 인간의 관계 속에서 드러나는 현안에 대해서 해법을 제시하는 인문학을 지

향한다는 의미에서 '문제해결형 인문학'이라고 명명한다. 매년 다루게 될 현안은 해양 분쟁에서 인류세에 이르기까지 7가지 주제들로 말미에 제시될 것이다.

II. 바다와 인간의 관계

1. 바다의 과학적 발견

1) 바다, 생명의 근원

미국의 해양학자 레이첼 카슨(Rachel Carson)이 '어머니 바다'로 표현했 듯이, 지구상의 모든 생명체는 바다로부터 시작되었다.[1] 바다는 지구에 존재하는 생명의 근원이다. 우주의 역사가 시작된 것은 138억 년 전이 고, 태양계의 행성인 지구가 탄생한 것은 약 46억 년 전이다. 지구 최초 의 원핵생물은 약 35억 년 전 해저의 열수공에서 출현하였다. 초창기 지구의 대기는 지금과 달리 오존층이 없었기 때문에 태양으로부터 나오 는 생명에 유해한 자외선을 막을 수 있는 방법이 없었다. 이때 유일하 게 자외선을 피할 수 있는 곳이 바다 속이었기 때문이다.[2] 원핵생물은

---

1) 레이첼 카슨, 이충호 옮김, 『우리를 둘러싼 바다』(양철북, 2003), 22~42쪽.

2) 실제로 35억 년 전 바다에 생명체가 살고 있었다는 확실한 증거가 있다. 오스트레일리아 서부 지역 샤크 만(Shark Bay)에서 발견된 '스트로마톨라이트(stromatolite)'다. 이것은 나무 의 나이테를 연상케 하는 줄무늬가 있는 검붉은 암석으로, 세포 속에 따로 핵이 없는 원핵 생물인 녹조류들이 무리 지어 살면서 만든 형태이다. 이 녹조류들은 엽록소를 가지고 있어 서 광합성을 할 수 있었다. 데이비드 크리스천, 이근영 옮김, 『시간의 지도』(심산, 2013), 187~188쪽.

약 25억 년 전에 진핵생물로 진화하였다. 이로부터 약 15억 년이 흐른 후 다세포 유기체가 나타나며, 생물이 바다에서 육지로 이동할 수 있었던 것은 약 4억 7500만 년 전이었다. 생명체가 바다에서 육지로 이동하는 과정은 양서류-파충류-포유류의 출현과 맥을 같이 한다. 육지에서 생존한 최초의 동물은 폐어(부레가 폐로 변형되어 공기 호흡을 하는 물고기)와 같았을 것이다. 폐어는 생식하기 위해 물로 되돌아와야 했다. 그러나 양서류는 곧바로 진화했다. 이어서 악어 혹은 공룡과 같은 파충류가 출현했다. 파충류는 물에서 멀리 떨어져 있더라도 생존할 수 있도록 크고 튼튼한 알을 낳았다. 그 이후 2억 5000만 년 전쯤, 최초의 포유류가 지구상에 나타나는데, 새와 비슷하게 닮은 일종의 파충류에서 진화했다. 포유류는 온혈이었고 털로 덮혀있으며 알을 낳지 않는다.[3]

포유류 중에서 호모 사피엔스가 출현한 것은 20~10만 년 전쯤이었고 현생인류의 조상이 아프리카대륙에서 각 대륙으로 이동하기 시작한 것이 7만 년 전이었다. 인류가 농경사회로 접어든 것은 1만 년 전부터이다. 이렇듯 바다는 인류를 포함한 지구상에 존재하는 모든 생명체의 어머니다. 그러므로 바다가 없었더라면 인류는 존재할 수 없었다.

2) 지구를 둘러싼 바다와 해양지각

지구 표면의 70% 이상은 바다로 둘러싸여 있다. 더 자세히 들여다보면 바다는 오대양(태평양, 대서양, 인도양, 북극해, 남극해)과 작은 바다들에 의해 서로 연결되어 있다. 해수면 아래는 대륙과 아주 흡사하게 끊임없이

---

3) 위의 책, 181~223쪽.

진화하는 지형이다. 바다의 운동은 일반적으로 판구조론(plate tectonics)에 의해 설명된다. 이 활동과정은 지구의 지각 분열과 운동에서 비롯된다.[4] 약 2억 5000만 년 전 모든 대륙은 판게아(Pangaea)로 알려진 거대한 하나의 덩어리로 합쳐져 있었다. 이러한 초대륙 주위의 물이 뒤에 태평양으로 알려지게 되는 바다를 만들었다. 약 2억 년 전 무렵 판게아가 따로 쪼개져서 새로운 두 개의 대륙이 나타나는데, 북반구의 것을 로라시아(Laurasia)라 하고 남반구의 것을 곤드와나(Gondwana)라고 한다. 이 두 개의 대륙들이 다음 5000만 년 동안에 걸쳐 계속 분리되면서, 공룡시대 즉 쥐라기 말기 동안에는 중앙 대서양이 형성되기 시작했다. 남대서양은, 남아메리카 대륙과 아프리카 대륙이 다시 떨어져 벌어지면서 약 1억 3500만 년 전 무렵에 형성되었다. 북대서양과 남대서양은 1억 년 전 직후에 연결되었다. 마지막으로 형성된 큰 바다는 인도양으로, 약 6000만 년 전 무렵에 등장하였다. 홍해는 아라비아 반도가 아프리카 대륙으로부터 떨어져 나가면서 약 2000만 년 전에 형성되었다.

이처럼 지구상의 대륙들이 서로 모이고 분리되면서 끊임없이 그 모습과 위치를 바꾸어왔던 이유는 두 가지 유형의 지각 분열과 운동으로 인해 판 위에 놓인 대륙이 이동하기 때문이다. 두 가지 유형의 지각 중 하나는 우리가 걸어 다니는 땅인 대륙지각이고 나머지 하나는 해저의 해양지각이다. 일반적으로 화강암으로 구성된 대륙지각보다 현무암으로 구성된 해양지각이 무겁다. 두 유형이 부딪힐 경우 보다 무거운 해양지각이 대륙 지각 밑으로 들어간다. 그러면 해양 지각이 대륙지각을 으스러뜨린다. 엄청난 마찰과 높은 열이 발생하면서, 대륙지각의 일부가

4) 판구조론은 1950년대에서 1960년대 초에 학계에서 정설로 수용되었다. Herbert Harold Read and Janet Watson, *Introduction to Geology* (New York: Halsted, 1975), pp. 13~15.

녹아버리고 사슬형태의 산맥을 쳐올리게 된다. 또한 대륙지각의 부분들이 충돌할 때도 산맥들이 만들어진다.

그러나 대륙지각의 양쪽 부분이 동일한 밀도를 가지고 있을 때에는 서로 밑으로 들어가지 않는다. 대신에 지각들은 부서지면서 거대한 산맥을 형성한다. 이와는 달리 가끔 두 개의 지각이 서로를 지나 다른 방향으로 움직이기도 한다. 마찰이 두 개의 지각을 끌어당기지만, 압력이 증가하다가 두 개의 지각이 갑자기 어긋난다. 이러한 어긋나는 현상이 지진을 만들어낸다. 이상이 판구조론의 기본적인 아이디어다. 판구조론은 산맥의 형성 경위와 대륙의 이동에 대한 이유뿐만 아니라 왜 태평양의 주위를 돌며 화산과 지진의 둥근 고리가 있는지를 설명해 준다.[5] 판구조론은 지구가 부서진 달걀껍질처럼 왜 일련의 판으로 부셔져 있는지, 그리고 이 판의 변두리에서 화산과 지진과 같은 격렬한 활동이 왜 일어나는지에 대한 이유를 해명해 준다. 지구 표면의 70%가 바다로 둘러싸여 있다는 것을 감안하면 인류가 경험하는 대륙지각의 분열과 운동은 수면 밑의 해양지각의 분열과 운동에 크게 영향을 받고 있다는 것이 판구조론의 핵심이다.

3) 기상계의 조절 기능

바다는 주위의 지표면에서 열을 흡수하고 그곳으로 서서히 열을 넘겨주는 거대한 온도조절 장치 역할을 한다. 이런 역할은 지구 전체 기후에 중요한 영향을 미쳐 연안 지역과 인접 영역에 보다 시원한 여름과

---

5) 불의 고리는 지구상의 활화산의 75%를 포함하며, 지구상에서 발생하는 지진 90%가 여기서 발생한다. URL: https://www.thoughtco.com/ring-of-fire-1433460(검색일: 2018년 10월 1일).

보다 온난한 겨울을 제공한다. 바다, 대륙, 그리고 지구 기후 사이의 상호작용은 해류의 확립에 상당한 영향을 주며, 해류는 다시 지구 전체에 걸쳐 인간 활동에 영향을 미쳐왔다.

바다는 너무나 크고 거대하며 생물권의 가장 거대한 부분이어서, 바다의 영향을 받지 않는 지역은 없다. 바다는 그로부터 심지어 멀리 떨어진 육지에서도 환경을 조성하는 데 도움을 주는 기상계의 엔진이다. 인도양과 태평양 사이에서 전진과 후퇴의 기압 대진동인 남방진동(Southern Oscillation)은 지상에서 가장 거대한 날씨 결정자이다. 남방진동은 열대 동태평양과 서태평양 사이에서 발생하는 대규모 기압 변동을 말한다. 태평양 지역의 해수면 온도가 평소보다 5개월 이상, 0.5℃ 이상 높게 계속되는 현상을 엘니뇨라 한다. 엘니뇨가 나타나면 동남아시아에서는 가뭄, 남아메리카에서는 홍수가 발생한다. 뿐만 아니라 멀리 떨어진 아프리카와 북미 대륙의 가뭄과 홍수의 원인이 된다. 또한 태평양의 온도가 올라가면 태풍이 자주 발생하고 그 위력도 더욱 강해져 큰 피해를 준다. 페루 연안에서는 엘니뇨로 어획량이 감소하는 피해를 입기도 한다. 반면 라니냐는 태평양 지역의 해수면 온도가 평소보다 5개월 이상, 0.5℃ 이상 낮게 계속되는 현상이다. 보통 엘니뇨가 끝나면 뒤이어 라니냐가 발생하곤 한다. 라니냐가 나타나면 엘니뇨가 나타날 때와 반대로 동남아시아에서는 홍수, 남아메리카에서는 가뭄이 발생한다.[6]

북대서양진동(North Atlantic Oscillation)은 북대서양과 그 주변 대륙의 기후에 막대한 영향을 미치는 자연적인 패턴이다. 겨울에 발생하며, 진동

---

6) MetOffice, "El Niño, La Niña and the Southern Oscillation", URL: https://metoffice.gov.uk/research/climate/seasonal-to-decadal/gpc-outlooks/el-nino-la-nina/enso-description(검색일: 2018년 6월 18일).

이 강할 때는 북미와 북유럽 대륙에서 발생하는 폭풍의 횟수와 세기, 강수량, 기온 등을 증가시키는 반면, 약할 때는 반대로 감소시킨다.[7] 북대서양 진동은 대륙 러시아 중심부에서의 혹독한 겨울 날씨에 영향을 준다.[8]

2. 바다의 탐험과 담론의 생산

1) 바닷길: 사람, 상품, 문화, 그리고 종의 교환

지도에서 대륙은 생기에 찬 공간으로 그려지는 반면에 바다는 그저 텅 빈 공간으로 제시된다. 말하자면 산이나 협곡과 같은 대륙에 점점이 박힌 지리적 특징들이 바다에는 묘사되지 않는다. 이러한 지도는 바다를 왜곡시킨다. 크고 작은 바다는 지구상에서 가장 높은 산과 가장 깊은 해구들을 포함하고 있기 때문이다. 바다 역시 대륙과 마찬가지로 역동적인 공간이다. 과학자들과 최근에는 인문학자들도 해류가 강과 흡사하다고 주장한다. 증기와 철도의 도입 이전에 대륙을 가로지르는 강이 탐험과 교류의 대동맥으로 기능했듯이, 해류 역시 끊임없는 풍향의 도움을 받아 범선시대 동안 주된 연결로들을 제공해 왔다. 뿐만 아니라 해류와 바람은 인간의 노동과 경제적 주기에서 주요한 역할을 해왔다.

---

7) D.B Stephenson, H. Wanner, S. Brönnimann, and J. Luterbacher, "The History of Scientific Research on the North Atlantic Oscillation", in J.W. Hurrell, Y. Kushnir, G. Ottersen, and M. Visbeck, eds., *The North Atlantic Oscillation: Climatic Significance and Environmental Impact* (Washington, D.C. : American Geophysical Union, 2013), pp. 37~50.

8) Felipe Ferdinández-Amesto, "Maritime History and World History", Daniel Finamore, ed., *Mariitime History as World History* (Florida: University of Florida, 2004), p. 9.

인류는 어느 시점에서부터 강과 바다, 대양을 통한 교역이 육상 교역보다 훨씬 더 경제적이라는 것을 인식했다.

배는 말·낙타와 같은 짐 운반용 동물보다 더 많은 화물을 옮길 수 있었다. 그리고 속도도 더 빨랐다. 불행하게도 난파가 빈번하게 일어났지만 배의 빠른 속도와 적재능력이 잠재적 위험을 상쇄하였다. 수백 년이 걸렸겠지만, 인류가 인도양의 계절풍, 대서양의 무역풍, 그리고 노호하는 40도대(roaring forties)의 바람과 해류에 대해 완전히 파악하면, 바다는 자주 이용하는 고속도로로 바뀌었다. 바다의 움직임에 통달하는 것은 선체 구조, 돛 형태, 항해용 계기와 관련된 기술 진보에 중요한 자극을 제공했다.

원거리 교역은 세계의 바다 연안을 따라 살고 있는 사회들에게 엄청난 문화적 영향을 주었을 뿐만 아니라 지구적 규모의 종의 교환을 초래했다. 원거리 교역은 8~9세기 아프로-유라시아(Afro-Eurasia) 권역에서 활성화되기 시작하여, 15세기 구대륙과 아메리카대륙 사이의 교역으로 확장되었다. 이러한 바닷길은 16세기 아카풀코와 마닐라 사이의 태평양으로 연결되고, 17세기 노호하는 40도대를 넘어 오스트랄라시아가 연결됨으로써 전 지구적 네트워크가 된다.

인간이 바다를 가로질러 항해하면서, 사람, 물자, 사상, 종교, 정보, 식물상과 동물군, 병균 등도 쌍방향으로 교환되었다. 지구적 규모의 바닷길 네트워크의 기폭제가 되었던 구대륙과 아메리카대륙 사이의 바닷길의 활성화는 이른바 "콜럼버스의 교환(Columbian Exchange)"을 촉진시켰다. 구대륙에서 아메리카대륙으로는 감귤, 사과, 바나나, 망고, 양파, 커피, 밀, 쌀, 말, 돼지, 닭, 양, 염소, 벌, 흑인노예와 이주민, 기독교, 천연두와 황열 등이 유입되었다. 아메리카대륙에서 구대륙으로는 옥수수,

토마토, 감자, 바닐라, 고무, 카카오, 담배, 칠면조, 알파카(alpaca), 라마 (llama), 핀타(pinta, 열대성 백반피부염), 비 성병 매독 등이 유입되었다.[9] 해상교역로를 따라 이루어진 종교적 세계관들과 사상의 교류는 세계사에 엄청난 영향을 미쳤다. 의도한 것은 아니지만 병균, 즉 질병의 경우도 마찬가지로 중요하였다. 세계 전역에 걸쳐 수입된 질병은 그에 대한 면역력이 없었던 토착민을 절멸시키기도 했다.[10]

2) 바닷길의 지구적 연결 – 지구화

1800년대 이후에는 세계 바다의 통합만이 아니라 대양 항해와 대양 사이의 연결을 촉진하게 될 새로운 기술의 발전도 일어났다. 항해 기술의 진보는 대서양과 인도양, 태평양 간에 연계를 심화시켰다. 특히 증기 엔진은 바다의 물리적 상태에 따라 이루어지던 노동과 교역의 계절적 주기를 점차 소멸시켰으며, 바다를 가로지르는 데 드는 시간을 크게 줄였다. 또한 통신기술(해저케이블과 전신)의 발달과 수에즈 운하와 파나마 운하 건설은 세계의 바다들 간의 네트워크를 강화시켰다. 이러한 과학 기술에 힘입어 유럽의 열강들이 팽창할 수 있었고, 얼마 안 가 다른 세력의 함대들도 해양력의 증가를 확고히 하려는 시도 속에서 유럽의 열강 함대들과 합류하였다. 그 결과 대양을 횡단하는 제국들이 나타났고

---

9) Alfred W. Crosby Jr., *The Columbian Exchange: Biological and Cultural Consequences of 1492* (London: Praeger, 2002), pp. 208~219.

10) 질병의 유입과 토착민의 절멸은 지속되고 있고 앞으로도 지속될 것이다. 예컨대 1871년에서 1947년 사이에 티에라 델 푸에고(Tierra del Fuego) 원주민의 수는 7,000~9,000명 정도에서 150명으로 격감하였다. 대부분이 지금도 중남미 차코(Chaco) 원주민의 주요 사망원인인 홍역(measles)으로 사망하였다. *Ibid.*, p. 208.

전 지구에 걸쳐 인간의 이주를 증가시킨 복잡한 바다의 모습이 창출되었다.

증기선의 등장은 철제 선체의 도입과 더불어 일련의 과학적인 혁신이 뒤따라서 가능하였다. 예를 들면 증기선의 발전에는 풀턴(Robert Fulton)의 외륜선 도입 이후, 풍력과 증기를 동시에 활용하는 혼합선(hybrid ships)을 거쳐, 스크류 프로펠러와 복식기관의 도입 등이 연속적으로 일어났다. 이로 인해 부정기선에서 정기선으로의 발전, 배송예정표의 도입과 표준시 책정의 길을 열었다. 여러 세기 동안 바다는 사람과 상품의 수송로였다. 제트기가 등장할 때까지, 원양여객선은 주된 여객 운송수단이었다. 대체로 1800년대는 자발적이든 강제적이든 대서양을 가로질러 아프리카와 유럽에서 아메리카 대륙으로, 그리고 태평양을 통해 아시아에서 아메리카 대륙과 오세아니아로 가는 대규모 이주가 있었다. 말하자면 지구적 규모의 사람의 이동은 바닷길을 통해 진행되었다. 1960년대 이래 사람의 이동은 제트 비행기로 대체되지만 말이다.[11] 1960년대 이후 사람의 이동은 항공 운송으로 옮아갔지만, 대용량 화물은 여전히 해운의 몫이다. 20세기 마지막 25년 동안 해상 운송의 특징은 이른바 '컨테이너화(containerization)'로 압축할 수 있다.

컨테이너화는 여행 가방에 바퀴를 다는 것과 같이 컨테이너로 알려진 금속상자 속에 포장화물을 넣는 것에 불과한 단순한 과정으로 시작되었다. 그러나 한 개 혹은 두 개의 기본 크기로 구성된 표준화된 단위들로 조화를 이루게 되면, 이 컨테이너들은 이전에 비해 훨씬 저렴한 항만 비용과 빠른 속도로 처리될 수 있었다. 적재는 단순화 되었다. 이어서 컨

---

11) Michael B. Miller, *Europe and Maritime World* (Cambridge: Cambridge University Press, 2012), pp. 322~332.

테이너는 최소한의 교환과 작업, 혹은 인터모달리티(inter-modality)라고 불리는 과정을 통해 육지와 바다를 이동할 수 있게 된다. 컨테이너와 인터모달리티는 이전에 비해 빠르고, 훨씬 규칙적이며, 저렴한 비용으로 많은 양의 화물을 이동할 수 있게 만들었다. 전산화, 항공 여행, 고삐 풀린 거대한 자본의 흐름이 오늘날 지구적 연결성을 가능하게 만들었다면, 컨테이너는 완제품 혹은 반가공품 및 미완제품의 물류에서 지구적 연결성을 실현시킴으로써 지구화를 가속할 수 있었다.

이렇게 시작된 컨테이너화는 항만과 선박이 컨테이너만을 위한 운반 기구와 수송에 적합하게 디자인되도록 만들었다. 왜냐하면 컨테이너들은 운송 체인의 모든 국면들이 체계적으로 컨테이너를 취급할 수 있도록 설계되었을 때만이 진가가 나타났기 때문이다.[12] 전 세계를 돌아다니는 수백만 개의 컨테이너 위치의 추적, 그리고 그것들의 분배와 회수를 위한 계획에 맞는 수단이 IT기술로 가능하게 되었다. 인터모달리티를 달성하기 위해서, 수송의 세 가지 다른 유형들, 즉 선박, 철도, 트럭 사이에 표준화가 진행되어야 했다. 무엇보다도 컨테이너화는 이른바 "글로벌 소싱"을 가능하게 만들었다. 왜냐하면 도난의 위험, 적하역 시간. 그리고 기타 간접비용을 줄였던 컨테이너화는 그만큼 해운 운임 비용을 낮출 수 있었기 때문이다. 이제 운임 비용은 글로벌 구매와 판매에 관한 경제적인 결정에 거의 고려하지 않아도 될 정도로 저렴한 수준으로 떨어졌다. 글로벌 구매의 대표적인 인용 사례는 바비 인형(Barbie doll)이다. 바비 인형의 머리카락은 일본에서, 플라스틱은 대만에서, 옷은 중국에서, 금형은 미국 또는 유럽에서 만들어지며, 인도네시아와 말

---

12) 마크 레빈슨, 이경식 옮김, 『더 박스』(청림출판, 2017), 18~28쪽.

레이시아 및 중국에서 조립된다. 조립된 완제품들은 바다를 통해 홍콩으로 운송되었으며, 이곳에서 취합된 인형들은 최종적으로 미국으로 다시 운송되었다.[13] 컨테이너화는 지구화의 결과이면서 동시에 지구화를 촉진시키는 역할을 했다.

3) 바다 공간을 둘러싼 담론

수천 년 동안 사람들은 바다에서 활동했지만, 바다에 대한 전면적인 독점권을 천명한 경우는 거의 없었다. "해양은 자연법에 의해 만인이 공유하는 것이며, 공기와 마찬가지로 해양의 사용은 만인에게 자유롭게 개방되어있다"는 공해의 개념을 처음으로 뒤흔든 것은 1494년과 1529년에 스페인과 포르투갈이 체결한 토르데시야스조약과 사라고사조약이다. 구대륙과 아메리카대륙 사이의 바닷길 개척에 앞장섰던 스페인과 포르투갈이 세계의 바다를 양분하고 바다에 대한 독점권을 선언했던 것이다.

한편 스페인과 포르투갈의 해양지배에 도전했던 네덜란드와 영국은 해양질서의 재편을 위해 공해의 자유를 주장하였다. 네덜란드의 후고 그로티우스(Hugo Grotius)는 몰루카 제도에서의 포르투갈의 바다 공간의 지배권을 부정하기 위해 바다 공간은 만인에게 자유로워야 한다는 이른바 '자유해'를 주장했다.[14] 1세기 뒤 같은 나라의 코르넬리스 폰 바인케르스훅Cornelis van Bijnkershoek)은 공해(公海)가 자유의 영역이어야 한

---

13) Michael B. Miller, *op. cit.*, p. 343.

14) Hugo Grotius, *The Freedom of the Seas Or the Right Which Belongs to the Dutch to Take Part in the East Indian Trade* (London: Forgotten Books, 2015).

다는 데는 동의했지만 한 나라의 바다 공간에 대한 권리, 즉 영해(領海)를 주장했다. 그는 영해의 기준으로 연안 방어 대포의 사정거리인 3해리를 제시했다. 18세기에는 "바다의 자유가 교역의 자유다"는 슬로건 하에서 자유항행의 담론이 지배하였지만,[15] 19세기가 되면 유럽의 국민국가들이 해양을 둘러싼 경쟁을 벌이면서 바다라는 공간은 국민국가의 주권이 투사되는 정치공간으로 변한다. 바다 공간에 대한 재판권(imperium)의 개념이 지배권(dominion)의 개념으로 대체되는 것도 이 시기이다.[16] 대체로 20세기 중반까지 바다 공간을 둘러싼 담론은 교역을 위한 항해권과 연안 수역에서의 어업권과 관련된 사안을 두고 전개되었다.

그런데 1950년대 이래 바다는 대륙들 사이에 원료와 상품을 정기적으로 나르는 단순한 수송로가 아니다. 어업권 이외에 바다에 내재하는 부의 원천에 눈을 돌리게 된 것이다. 따라서 바다 공간을 둘러 싼 담론은 20세기에 바다의 광물자원을 발견하면서 한층 더 복잡하게 제기되었다. 이미 오래 전부터 인류는 바닷물 속의 광물자원에 대해 관심을 가져왔다. 그러나 본격적인 개발은 해분(海盆; ocean basins)에서의 석유매장층의 발견 때문이었다. 해저자원을 둘러싼 자국의 권리를 인식한 트루먼 대통령은 1945년 9월 미국이 자신의 주변 대륙붕에 속한 자원을 이용할 배타적 권리를 가진다고 선언했다. 이 선언에 이어 곧 멕시코와 중앙 및 남 아메리카 국가들의 배타적 권리 선언이 뒤따랐다. 이 문제를 해결하기 위해 국제적인 논의가 필요하다는 것이 명백해졌다. 결국

---

15) 데이비드 커비·멜루자리자 힌카넨, 정문수 외 옮김, 『발트해와 북해』(선인, 2017), 208쪽.

16) Elizabeth Mancke, "Oceanic Space and the Creation of a Global International System, 1450-1800", in Daniel Finamore, ed., *op. cit.*, pp. 157~162.

1950년대에 새로 구성된 유엔은 해양법을 보다 면밀하게 조사하였다.

문제를 더욱 복잡하게 만든 것은 대양저(大洋低; ocean's floor)에서의 망간 단괴(團塊)의 위치였다. 대잠수함 전투방식의 개발과 맞물려 해저에 대한 연구가 늘어나면서, 과학자들이 대양저에 이러한 단괴들이 산재해 있음을 발견했다. 그 단괴들을 분석해보니, 다량의 망간만이 아니라 구리, 철, 니켈 같은 다른 광물들이 함유되어 있었다. 더욱이 과학자들은 이런 광물자원이 대륙에 비해 대양저에 집중되어 있다는 것을 알았다.

해저자원개발의 가능성이 현실화되자 조심스런 대화가 곧 공개회의들로 이어졌다. 이런 회의 중 가장 중요한 것은 1982년의 유엔해양법조약(United Nations Convention of Law of the Sea)이었다.[17] 대부분의 나라들이 비준한 이 조약은 영해의 폭을 최대 12해리로 확대하였으며, 200해리 배타적경제수역제도를 신설하였다. 물론 심해저 부존광물자원을 인류의 공동유산으로 정의하고, 해양오염 방지를 위한 국가의 권리와 의무를 명문화하며, 연안국의 관할수역에서 해양과학조사시의 허가 등을 규정하였지만, 이 조약으로 인해 세계 바다의 3분의 1이 이제 국민국가의 통제 하에 들어갔다. 이처럼 바다 공간을 둘러싼 담론은, 바다가 상품 수송로의 기능에 국한된 20세기 중반까지는 영해가 3해리로 국한되는 등 항해의 자유를 지지하였다. 반면, 해저자원개발이 현안으로 떠오른 20세기 중반 이후 바다를 둘러싼 담론은 영해의 12해리 확장과 배타적 경제수역 200해리 신설 등 공해의 감소를 지지하는 경향을 보인다.

---

17) United Nations Division for Ocean Affairs and the Law of the Sea, "The United Nations Convention on the Law of the Sea (A historical perspective)", URL: https://www.un.org/Depts/los/convention_agreements/convention_historical_perspective.htm(검색일: 2018년 8월 30일).

3. 바다와 인간의 관계 역전

동물성 자원이든 광물 자원이든 해양 자원의 입지와 이용은 환경에 대한 관심을 촉발시켰다. 일부 과학자들과 최근에는 일부 역사가들도 인간과 바다 사이의 관계가 역전되었다는 것을 알고 있다. 1900년 무렵까지도 인간이 크고 작은 바다를 여전히 생명과 재산에 대한 주요한 위협으로 여기고 있었다면, 지난 한 세기 동안이 지나면서 인간은 바다에 대한 주된 위협 중 하나로 등장했다.

어업은 관계 변화를 알려주는 최초의 산업 중 하나였다. 1800년대에 포경업이 수많은 고래들을 멸종 직전 상태로 몰아넣었지만, 그보다 작은 다양한 바다 생물이 유사한 충격을 겪게 되는 것은 다음 세기에 이르러서였다. 1950년경 어업은 강력한 저인망 어선을 도입했는데, 그것은 물고기를 잡는 데만이 아니라 물고기 떼의 위치를 파악하는 데도 첨단 기술을 사용했다. 이런 발전은 어획량을 증가시키는 동시에 지구 전체의 어류의 비축량을 급감시키기 시작했다. 이와 같은 어업 남획이 가져온 결과는 생태계의 먹이사슬에 장기적인 손실을 증가시켜 앞으로 여러 세대 동안 지구 전역의 사람들에게 영향을 줄 수도 있다.

세계의 바다에 크게 영향을 끼치는 또 다른 요소는 해양오염과 부영양화이다. 화학 오염물질, 플라스틱, 오수, 농업 침출수 등이 세계의 바다에 악영향을 미칠 수 있다. 경미한 경우에, 그런 오염물질들이 먹이사슬로 들어가 결국 어류의 소비를 통해 인간의 몸으로 돌아오게 된다. 일단 먹으면, 오염물질들은 암과 유산의 원인이 될 수 있다. 최악의 경우는 어류 전체가 하나씩 사멸하고, 그리하여 지구 전역에 걸쳐 기근이 광범위하게 퍼지는 상황이다. 또한 바다의 오염은 연안 지역을 따라 장기적인 조류 대증식에 기여하기도 한다. 주기적인 조류 대증식은 드문 일이 아니었지만, 북해와 같은 일부 해역에서는 수면의 약 5퍼센트를 조류가 뒤덮고 있으며, 이는 생태계의 변화를 분명하게 보여준다.

위험 물질의 운송이 환경 악화를 부채질하고 있다. 유조선과 석유시추선들은 주된 위험의 또 다른 원천이다. 해상 유출과 사고로 석유가 끔찍한 '유막과 기름으로 범벅이 된 바닷새'와 함께 수백 또는 심지어 수천 평방마일의 바다와 해변을 뒤 덮어 동물을 질식사시키고 어업과 양식에 치명적인 영향을 준다.

바다에 대한, 그리고 따라서 인간 생명에 대한 가장 최근의 위협은 소위 온실효과이다. 간단히 말해, 온실효과는 지구 대기권 내의 기온 상승을 가져오며, 이는 극지방의 빙원을 느리지만 서서히 녹이게 되고 결국 바다 수위의 상승으로 이어진다. 이러한 기온 상승이 실제로 인간이 야기한 것인지에 대해서는 상당한 논란이 있지만, 많은 과학자들은 이제 지구 대기권 내 이산화탄소의 축적이 산업혁명 이래 화석연료 사용의 증가와 그에 수반하여 세계의 마지막 열대다우림 보호구역에 악영향을 미치는 산림벌채 활동과 연관이 있다는 데 동의하고 있다. 대기권의 이산화탄소 함량이 증가하면서 그것이 태양열을 더 많이 잡아두게 되고 결국 빙원을 녹이는 것이다.

인류 역사 초기에는 바다에서 살아가고 모험하는 사람들을 위협했던 것은 바다였지만 오늘날 해양생태계를 위협하고 치유하는 대책을 모색하는 행위자는 인간이다. 인류로 인한 지구온난화와 생태계 침범을 특징으로 하는 현재의 지질학적인 시기, 즉 인류세(Anthropocene)는 바다와 인간의 관계 역전을 경고하고 있다.[18] 인간과 바다 사이의 관계는 최근

극적인 변화를 겪어왔다. 이제 인간은 바다 세계에 대해 경외감을 갖지 않으며, 인간은 바다에 대한 주된 위협으로 빠르게 등장하고 있다. 그러나 장기적인 척도에서 보면 위기에 처한 것은 바다가 아니라 인간이다.

III. 학제적 연구 전통의 복원과 창조

이상에서 간략히 살펴보았듯이 바다와 인간의 관계를 다루는 인문학은 바다와 관련된 여러 학문의 성과와 상호 소통하는 작업 즉 학제적 연구가 필요하다. 그런데 근대 이전의 인문학은 학제적 연구를 당연시하였다. 서양에서는 과학혁명을 계기로 자연과학, 사회과학, 인문학의 분화와 더불어 학문(science)의 의미가 학문일반에서 자연과학을 지칭하는 것으로 세분화되었다. 또한 학문의 방법론도 자연과학의 방법론을 전범으로 삼게 된다.[19] 이리하여 자연과학은 학문의 전범이 되고 사회과학과 인문학은 자연과학과의 학문 방법론을 모방하거나 자연과학과는 구별되는 학문 방법론을 도입하려는 경향으로 나아갔다. 그 결과 오늘날의 학문은 크게 보면 자연과학, 사회과학, 인문학의 경계가 분명하게

---

18) 2000년 IGBP's Global Change Newsletter 41에서 크뤼첸과 스토이머(Crutzen and Stoermer)는 자연과 인간의 관계 역전을 강조하기 위해 현재의 지질학적 시기를 인류세라고 부를 것을 제안했다. Paul Crutzen and Eugene F. Stoermer, "Opinion: Have we entered the 'Anthropocene'?", URL: http://igbp.net/news/opinion/opinion/haveweenteredtheanthropocene.5.d8b4c3c12bf3be638a8000578.html(검색일: 2018년 8월 24일).

19) 14세기 중반 과학의 의미는 학문 일반을 가리켰으나 그 이후 과학은 실험적 지식 즉 자연과학의 지식으로 국한된다. "Scicence", *Online Etymology Dictionary*, URL: https://www.etymonline.com/ search?q=Science (검색일: 2018년 9월 28일).

되고, 각 학문영역의 세부 학문들 간의 분화가 심화된다. 이리하여 오늘날 학문의 혁신은 학문들 간의 소통을 주장하는 학제적(inter-discipline), 범학적(trans-discipline) 연구와 밀접한 연관을 갖는다.

동양에서는 상대적으로 과학혁명의 성과와 전개에 따른 자연과학, 사회과학, 인문학의 세분화와 그에 따른 학문 방법론의 발전보다는 수기와 치인이라는 목표에 따라 불기(不器)의 전통이 강하였다. 이런 전통은 서학의 접촉과 내재적인 학문론의 성숙에 따라 기(器)의 학문을 수렴하려는 경향이 뚜렷하였다. 말하자면 상대적으로 통합적 학문전통이 강하였다. 그러나 19세기 이래 서구의 서세동점(西勢東漸)에 따라 서양의 학문론이 근대 이후의 대세가 되고 대학의 학제도 서양의 대학을 모델로 보편화된다. 따라서 동양에서도 서양의 학문론이 안고 있는 과제 즉, 학문들 간의 소통이 현재 현안이 되고 있는 것은 마찬가지다.

그런데 오래된 미래처럼 과학혁명 이전 동양과 서양의 학문론은 자연세계와 인간세계 연구의 상호관련성을 중시하고 있었다. 특히 동양의 학문론이 그러했다. 예컨대 『대학』의 3강 8조는 인간세계의 학문 방법론을 천명하고 있는 것처럼 보이지만 자연세계와의 연관성을 강조하고 있다.

> 대학의 길은 명덕을 밝힘에 있고 백성을 새롭게 함에 있으며, 지선에 머무름에 있다.[20]

> 옛날에 명덕을 천하에 밝히려는 자는 먼저 그 나라를 다스려야 하며, 나라를 다스리려 하는 자는 먼저 그 집안을 가지런히 하여야 하며, 자신의 집안

---

[20] 3강의 원문은 「大學之道 在明明德 在新民 在止於至善」이다. 이기동, 『대학』(성균관대학출판사, 2010), 21쪽.

을 가지런히 하려는 자는 먼저 그 몸을 닦으며, 그 몸을 닦고자 하는 자는 그 마음을 바르게 하고, 마음을 바르게 하려는 자는 그 뜻을 성실히 하며, 뜻을 성실히 하려는 자는 먼저 그 앎을 지극히 하니, 앎을 지극히 함이란 사물의 이치를 궁구함에 있다.[21]

『대학』의 3강(明明德 新民 止於至善)과 8강(格物 致知 誠意 正心 修身 齊家 治國 平天下)에서, 인간 세계의 원리는 사물의 이치를 규명하는 일부터 시작해야 하는데, 여기서 지어지선과 격물치지는 자연세계에 대한 법칙을 이해하는 것으로 보인다.

또 다른 사례는 『주역』이다. 『주역』의 "천문을 살펴 변화를 알아내고 인문을 살펴 천하의 교화를 이룬다"(觀乎天文 以察時變 觀乎人文 以化成天下, 賁卦·象傳)는 말이나,[22] "위를 올려다보고 천문을 살피고, 아래를 내려다보고 지리를 알아낸다"(仰以觀於天文 俯以察於地理, 繫辭 上)[23]와 "천도가 있고 지도가 있고 인도가 있다"(有天道焉 有人道焉 有地 道焉, 繫辭 下)[24]는 구절은 자연세계와 인간세계의 법칙의 상호 연관성을 함축하고 있다. 구체적으로는 천지인의 3재 사상과 천도·지도·인도의 상호관련성을 천명하고 있는 것이다.

조선시대의 정도전은 천지인의 상호관련성을 더욱 명확하게 요약하였다. 그는 "일월성신은 천의 문이고, 산천초목은 지의 문이며, 시서예악은 인의 문인데 천은 기로, 지는 형으로, 인은 도로 말미암는다"(日月星

---

21) 8조의 원문은 다음과 같다. 「古之欲明明德於天下者 先治其國 欲治其國者 先齊其家 欲齊其家者 先修其身 欲修其身者 先正其心 欲正其心者 先誠其意 欲誠其意者 先致 其知 致知在格物」, 위의 책, 31쪽.

22) 이기동, 『주역』(성균관대학출판사, 2010), 341쪽.

23) 위의 책 865쪽.

24) 위의 책 979쪽.

辰 天之文也 山川草木 地之文也 詩書禮樂 人之文也 然天以氣 地 以形 人則以道)고 설명한다. 그는 더 나아가 "문은 도를 싣는 그릇이니, 인문이라 하는 것은 그 도를 얻어 시서예악의 가르침을 천하에 밝혀, 삼광의 운행을 따르고 만물의 마땅함을 다스리면, 문이 성함에 이르러서 극에 달한다"(文者載道 之器 言人文也 得其道 詩書禮樂之教 明於天下 順三光之行 理萬物之宜 文之盛至此極矣, 三峰集, 陶隱文集序)고 인문에 방점을 찍고 있다.[25] 인문의 원리가 천문과 지문의 원리와 합치된다는 설명은 다름 아닌 학문의 학제성과 학문의 학제적 방법론을 말하는 것이다.

학제적 연구 자체는 새로운 것이 아니라 근대 과학혁명 이전의 학문적 전통을 복원하는 단순한 작업일 수도 있다. 그러나 동양의 학문적 전통에서는 해도(海道)나 해문(海文)의 원리를 간과하고 있다. 필자들은 천지의 원리뿐만 아니라 바다(海)의 원리를 더해 천지해인의 원리와 학문적 성과가 상호 작용하여 전개되는 것이 바다와 인간의 관계를 연구하는 학문의 지향점이 되어야 한다고 본다. 이런 맥락에서 바다와 인간의 상호관계를 다루는 한국해양대학교 국제해양문제연구소의『바다 인문학』은 해도와 바다의 무늬와 관련된 학문적 성과와 상호 소통해야 한다. 물론 이러한 연구는 근대 이전의 학제적 연구 전통의 복원을 지향하면서 동시에 그것을 넘어서는 작업이다. 동양의 학문론에서 천지인의 관계를 중시하면서도 해도와 인도나 해문과 인문의 관련성에 대해 그다지 주목해오지 않았던 사실을 감안하면,『바다 인문학』은 학문 간의 칸막이를 허무는 작업 이상의 의미를 지니기 때문이다.

---

25) 정도전, 민족문화협회 역,『삼봉집』(솔, 1997), 242~243쪽.

Ⅳ. "바다 인문학"

바다와 인간의 관계를 다루는 학문은 바다의 물리적 운동이 인류의 사회경제에 미친 영향과 인류가 바다의 물리적 운동을 이해하고 심지어 바다에 영향을 주는 상호 관계를 연구하는 것이다. 또 바다와 인간의 관계를 다루는 학문 방법론은 학문 간의 상호소통을 단절시켰던 근대 프로젝트의 폐단을 어느 정도 극복하는 학제적 연구를 지향하며 특히 전통적 학문 방법론에서 주목하지 않았던 바다와 관련된 학문적 성과를 인문과 결합한다는 점에서 참신하다.

근대의 바다와 관련된 담론, 예컨대 "바다를 지배하는 자, 세계를 지배한다"는 근대 프로젝트인 진보와 진화에 기여하였고, 세계의 중심과 주변의 양극구조, 가치의 일원화 · 균질화, 지배와 종속에 기여하였다. 반면 이 글에서 주목하는 21세기 바다와 관련된 담론은 탈근대적인 전망, 즉 진보와 진화론에 대한 반성, 관용과 공존, 보편 다양성의 전망을 제시한다. 중국의 고대사상가인 노자는 최고의 선은 물(上善若水)이라고 했다. 왜냐하면 "물은 선하여 만물을 이롭게 하면서도 다투지 않고, 모든 사람들이 싫어하는 곳에 처하므로 도에 가깝기" 때문이다.[26] 그런데 세상에서 가장 낮은 물이 '바다'이다. 바다는 가장 낮은 물이지만 가장 큰 물이다. 왜냐하면 모든 물은 바다로 귀속되기 때문이다. 통감절요에서도 유사한 문구를 찾아낼 수 있다. 진(秦)나라의 경계인이었던 이사(李斯)는 진시황에게 인재 등용의 관용을 건의하면서 "강과 바다는 작은 냇

---

26) 양방웅, 『초간 노자』(예경, 2003), 95쪽.

물을 받아들였기에 능히 그 깊이에 도달하였다"(河海不擇細流 故能就其深)고 하였다.[27] 그런가하면 중국의 후세 지식인 들은 "바다는 모든 물을 다 받아들이기에 그 너그러움이 거대하다"(海納百川 有容乃大)라는 통감절요의 문구를 전유한다.

그리스 신화에서 유래한 오션(ocean)이나 해양이라는 용어에서도 중국의 사례와 비슷한 의미를 찾을 수 있다. 영어의 해양에 해당하는 오션은 그리스 신화 오케아누스(Oceanus)에서 유래한다. 그는 우라노스와 가이아 사이에 태어난 아들로 그의 여동생 테티스와 결혼하여 3,000개에 이르는 강을 생산한다. 바다는 모든 강들의 근원인 것이다. 그리스인들은 모든 강은 바다로 흘러가고 바다는 대지를 둘러싼 가장 큰 강으로 인식했다.[28]

그러나 우리말의 바다는 훨씬 간명하며 함축적이다. 모든 물을 다 '받아들이기' 때문에 이름이 '바다'인 것이다.[29]) 필자들은 노자의 가르침에서 한 걸음 더 나아가 '바다는 최고의 선'이라는 '상선약해(上善若海)'의 철학과 비전을 제시하는 것도 가능하리라 본다. 그렇다면 21세기의 바다는 만물의 근원이자 공생과 소통의 새로운 질서의 비전을 담고 있는 최고의 선이다. 21세기 바다와 관련된 담론은 상선약해로 대변되는 최고의 선을 추구해야 한다. 이런 비전에 서면, 진보 · 진화론을 대체하면서 인간과 인간, 사회와 사회, 인간과 자연의 관계를 하나의 체제라는 인식 속에서 관계론적이고 유기적으로 성찰할 수 있다.

---

27) 사마천, 정범진 역, 『사기』 5권(까치, 1995), 412쪽.

28) N.G.L. Hammond and H. H. Scullard, eds., *The Oxford Classical Dictionary* (Oxford: Oxford University Pree, 1970), p. 744.

29) 신영복, 『강의』(돌베개, 2008), 289쪽.

바다와 관련된 많은 학문적 요소들은 그 자체 세계와 인간에 대한 새로운 이해의 분석틀을 제공할 수 있다. 필자들은 방법론적 해항도시를 통해 이런 점을 아주 일부나마 확인할 수 있다.[30] 이것은 그 자체가 앞으로의 연구방향이 어디에 초점을 두어야 할지를 제시하고 있는 것이라고 생각한다. 그런 점에서 바다와 인간의 관계를 다루는 학문은 전통적으로 인문학의 경계에 포함된다고 여겨지는 많은 요소들만이 아니라 우주학, 생명과학, 지구학, 지질학, 기후학, 해양학, 생태학 등 바다의 운동과 관련된 자연과학의 성과를 인문학적 개념 및 범주로 재인식하고 재구성하는 작업을 통해 인간 이해와 세계 분석의 틀은 더욱 깊어질 것이라 생각한다. 이것을 추구하는 작업은 어쩌면 바다와의 관계를 다루는 새로운 인문학의 제안이라는 점에서 참신하다. 맹자는 진심장구상(盡心章句上) 제24장에서 바다를 관찰하는 법에 대해 다음과 같이 말한다.

바다에서 물을 본 사람은 아무리 많은 물도 보잘 것 없는 것으로 보이기 때문에 제대로 물을 설명하기 어렵다. (작은 물은 큰물에 비하면 물이 아니기 때문이다.) … 물을 관찰하는 데 방법이 있으니 반드시 그 물결을 봐야 한다. (물의 양과 깊이에 따라서 물결이 달라지기 때문이다.) 해와 달에는 밝음이 있으니 빛을 받아들이는 곳에는 반드시 비춘다. 흐르는 물은 웅덩이를 채우지 않으면 다음으로 흘러가지 못한다.[31]

그런데 맹자의 바다를 관찰하는 법은 중력이나 광학의 원리로 설명해도 서로 통한다. 뉴턴의 만유인력의 법칙에 의하면, 바닷물의 수면이 주

---

30) 정문수·류교열·박민수·현재열, 『해항도시 문화교섭연구 방법론』(선인, 2014), 58~59
   쪽, 229쪽 참조.
31) 「觀於海者難爲水 … 必觀其瀾 日月有明 容光必照焉 流水之爲物也不 盈科 不行」, 이기동 주석,
   『맹자강설』(성균관대출판부, 2010), 646~648쪽.

기적으로 높아졌다 낮아지는 조석현상은, 달이 자기보다 무거운 지구를 끌어당기지는 못하지만 바닷물은 끌어당길 수 있기 때문으로 설명된다. 달에서 가까운 쪽과 먼 쪽의 바닷물을 서로 다른 정도로 끌어당기기 때문에 파도가 출렁거린다.[32] 한편 인간의 맨눈으로 지각되는 파장 범위를 가진 빛, 가시광선은 빨강, 주황, 노랑, 초록, 파란, 남, 보라색이다. 가장 크고 낮은 물인 바다가 푸른색으로 보이는 이유는 무엇일까? 파장이 긴 붉은색이나 노란색은 보통 수심 5m 이내에서 흡수되고, 파장이 짧은 푸른색은 더 깊이 진행하여 일부는 물 입자들과 부딪혀 산란한다.[33] 그래서 큰물인 바닷물은 더욱 파랗게 보이고, 얕은 물인 개울물은 그다지 파랗게 보이지 않는 것이다. 이렇듯 바다와 인간의 관계를 연구하는 학문은 21세기가 요구하는 가치인 관용과 보편다양성을 지향하면서 또한 자연과학과 인문학의 경계를 넘는 시도이자 모든 학문의 성과를 다 받아들인다는 의미의 '바다' 인문학이라는 명칭을 쓸 수 있음직하다. 그것은 결정론적 기계론적 세계관이라기보다는 우연과 확률이 지배하는 불확실성을 강조하는 세계관이며, 모든 생명체가 그러하듯 질서정연하게 규칙적인 운동을 수행하는 정적인 체제가 아니라 불규칙하지만 유연하고 역동적인 체제로 급변하는 환경에 적응하는 카오스적인 상태를 뜻한다.

---

32) 뉴턴은 1729년 『자연철학의 수학적 원리』에서 존 매킨(Jhon Machin)의 중력에 의한 달의 움직임에 대한 설명을 제시하면서, 달과 태양에 의한 중력과 지구의 자전에 의해 행사되는 중력에 의해 조석현상이 나타난다고 설명한다. Issac Newton, *Mathematical Principles of Natural Philosophy*… (1729), URL: https://books.google.co.kr/books?id=Tm0FAAAAQAAJ&pg=PA1&redir_esc=y#v= onepage&q&f=false(검색일: 2018년 9월 28일).

33) Issac Newton, *Opticks: or, a treatise of the reflexions, refractions, inflexions and colours of light*, Also two treatises of the species and magnitude of curvilinear figures, Commentary by Nicholas Humez, ed. by Palo Alto (California: Octavo, 1998)(*Opticks* was originally published in 1704).

V. 맺음말

2008년부터 『2018년까지 10년간 진행된 해항도시 문화교섭연구는 21세기 학문론이 요구하는 학제적 연구와 그동안 인문학계에서 등한시해 온 바다와 관련된 학문들의 성과와 소통을 지향해 왔다. 이러한 해항도시 문화교섭 연구의 성과[34]를 바탕으로 설계된 향후 7년간의 "바다 인문학"은 해항도시 문화교섭 연구를 심화 발전시킨 것이면서 동시에 인문학의 상대적 약점으로 지적받아 온 사회와의 유리에 대한 비판을 적극적으로 수용하였다. 말하자면 인문학이 사회적 요구에 좀 더 발 빠르게 대응할 필요를 공감하고, "바다 인문학"은 기존의 성과를 바탕으로 바다와 인간의 관계에서 발생하는 현안에 대해 해법을 제시하는 "문제 해결형 인문학"을 지향한다.

21세기 학문론에서 요구되는 것은 학문 간의 대화와 소통이며, 인문학의 경우도 인문학의 제분과 학문성과뿐만 아니라 인문학 이외의 학문성과를 받아들이고 소통해야 한다는 의미에서 '바다(받아들이다)'라는 수식어를 단 '바다' 인문학의 기법이 필요하다. 따라서 "바다 인문학"에서 바다는 물리적 대상으로서 바다와 연구 기법인 학제적 연구를 의미하는 '바다(받아들이다)'의 이중적 의미를 함축하고 있다.

인간과 자연의 관계는 인류가 등장한 이래 오랫동안 인류가 수세적인 위치에 있었지만 근대 이후 이 관계가 역전되기 시작하여 인류가 자연에 대해 공세적 위치에 서게 되었다. 인류사의 이러한 흐름은 인간과

---

34) Jeong Moon-Soo, "Roadmap for the Cultural Interaction Studies of Seaport Cities in the Global Age", 『해항도시문화교섭학』 10호(2014), 265~298쪽.

바다의 관계에도 그대로 적용된다. 바다와 인간의 관계 역전은 지구온 난화와 해수면 상승, 환경오염, 생태계의 교란, 인간이 축적한 데이터로 는 예측 불가능한 자연재해의 빈번한 발생 등에서 보듯이 위기에 처한 것이 바다가 아니라 인간이라는 것을 보여준다.

이러한 관계는 대양 및 해역 속에서 인간과 바다와의 조우를 통해 일 어나는 것이며, 이 과정에서 대양과 해역은 장애와 경계가 아니라 교통 로로서 사람과 문화의 접촉과 교류가 진행되어 왔다. 그리고 이러한 접 촉과 교류에 힘입어 대양과 해역을 둘러싸고 인간 공동체가 형성되어 온 것이다. 오늘날 대양과 해역을 둘러싸고 형성된 해역 공동체의 위기 와 현안을 장기적 탐색을 통해 근원적으로 이해하는 것은 지속가능한 인류사회 도래 가능성을 전망할 수 있는 복합적이며 실천적인 인문학의 내용을 확보하는 일일 것이다.

이런 맥락에서 "바다 인문학"은 바다와 인간의 관계 속에서 드러나는 현안에 대한 해법을 모색한다는 점에서 "문제해결형 인문학"이라 명명 할 수 있다. "바다 인문학"의 연구수행 과정은 연구 아젠다 수행을 위한 학문적 수준에서의 다양한 문제를 선도적으로 수렴하는 선도연구 주제 와 함께 인간과 바다의 조우 속에서 대두되는 현안에 대해 해법을 모색 하는 문제해결형 중점주제를 선정하여 성과를 도출할 예정이다. 2018년 부터 7년간 진행되는 인문한국 플러스사업 "바다 인문학: 문제해결형 인문학"의 1단계(2018~2021)와 2단계(2021~2025)의 선도연구주제와 현안에 대한 해법을 모색하는 주제는 다음과 같다.[35]

---

35) 보다 자세한 내용은 정문수, 「2018년 HK⁺사업 인문기초학문 연구계획서(2유형): 바다인 문학－문제해결형 인문학」(2018) 참조.

1단계의 선도연구주제: 해역 속의 인간과 바다의 조우
1년차는 대양과 해역 속의 인간과 바다의 관계
2년차는 인간과 바다 사이의 조우의 종적 비교
3년차는 인간과 바다 사이의 조우의 횡적 비교

2단계 선도연구 주제는 바다와 인간의 관계에서 발생하는 현안 해결을 통한 해역 공동체의 형성과 발전으로, 연차별 주제는 미정 상태이다.
해문과 인문의 관계에서 발생하는 현안에 대한 문제해결 중점주제는 다음과 같다.

1년차: 해양 분쟁의 과거, 현재, 미래
2년차: 구항재개발의 비교연구
3년차: 중국의 일대일로 정책과 한국의 북방 및 신남방정책
　　　 －길항과 협력 사이
4년차: 표류와 난민－역사적 경험과 현재의 문제들
5년차: 선원도(船員道)와 해기사도(海技士道)
6년차: 해항도시 문화유산의 활용 비교 연구
7년차: 인류세(Anthropocene)－새로운 미래 비전을 향해

▌참고문헌

데이비드 커비 · 멜루자-리자 힌카넨, 정문수 외 옮김, 『발트해와 북해』, 선인, 2017.
데이비드 크리스천, 이근영 옮김, 『시간의 지도』, 심산, 2013.
레이첼 카슨, 이충호 옮김, 『우리를 둘러싼 바다』, 양철북, 2003.
마크 레빈슨, 이경식 옮김, 『더 박스』, 청림출판, 2017.
사마천, 정범진 역, 『사기』 5권, 까치, 1995.
신영복, 『강의』, 돌베개, 2008.
양방웅, 『초간 노자』, 예경, 2003.
이기동 주석, 『맹자강설』, 성균관대출판부, 2010.
_____, 『대학』, 성균관대학출판사, 2010.
_____, 『주역』, 성균관대학출판사, 2010.
정도전, 민족문화협회 역, 『삼봉집』, 솔, 1997.
정문수, 「2018년 HK⁺사업 인문기초학문 연구계획서(2유형): 바다인문학－문제해결
　　　형 인문학」, 2018.
_____ · 류교열 · 박민수 · 현재열, 『해항도시 문화교섭연구 방법론』, 선인, 2014.

Crosby Jr., Alfred W., *The Columbian Exchange: Biological and Cultural Consequences
　　　of 1492*, London: Praeger, 2002.
Crutzen, Paul and Eugene F. Stoermer, "Opinion: Have we entered the 'Anthropocene'?",
　　　URL: http://igbp.net/news/opinion/opinion/haveweenteredtheanthropocene.5.
　　　d8b4c3c12bf3be638a8000578.html(검색일: 2018년 8월 24일).
Ferdinández-Amesto, Felipe, "Maritime History and World History", in Daniel Finamore,
　　　ed., *Mariitime History as World History*, Florida: University of Florida, 2004.
Grotius, Hugo, *The Freedom of the Seas Or the Right Which Belongs to the Dutch
　　　to Take Part in the East Indian Trade*, London: Forgotten Books, 2015.
Hammond, N.G.L. and H. H. Scullard, eds., *The Oxford Classical Dictionary*,
　　　Oxford: Oxford University Press, 1970.
Jeong Moon-Soo, "Roadmap for the Cultural Interaction Studies of Seaport Cities in
　　　the Global Age", 『해항도시문화교섭학』 10호(2014), 265~298쪽.
Mancke, Elizabeth, "Oceanic Space and the Creation of a Global International System,
　　　1450-1800", in Daniel Finamore, ed., *Mariitime History as World History*, Florida:

University of Florida, 2004.

Miller, Michael B., *Europe and Maritime World*, Cambridge: Cambridge University Press, 2012.

Newton, Issac, *Opticks: or, a treatise of the reflexions, refractions, inflexions and colours of light*, Also two treatises of the species and magnitude of curvilinear figures, Commentary by Nicholas Humez, ed. by Palo Alto, California: Octavo, 1998(*Opticks* was originally published in 1704).

Read, Herbert Harold and Janet Watson, *Introduction to Geology*, New York: Halsted, 1975.

Stephenson, D.B., H. Wanner, S. Brönnimann, and J. Luterbacher, "The History of Scientific Research on the North Atlantic Oscillation", in J.W. Hurrell, Y. Kushnir, G. Ottersen, and M. Visbeck, eds., *The North Atlantic Oscillation: Climatic Significance and Environmental Impact*, Washington, D.C.: American Geophysical Union, 2013.

MetOffice, "El Niño, La Niña and the Southern Oscillation", URL: https://metoffice. gov.uk/research/climate/seasonal-to-decadal/gpc-outlooks/el-nino-la-nina/ens o-description(검색일: 2018년 6월 18일).

Newton, Issac, *Mathematical Principles of Natural Philosophy*···(1729), URL: https: //books. google.co.kr/books?id=Tm0FAAAAQAAJ&pg=PA1&redir_esc=y#v=one page&q&f=false(검색일: 2018년 9월 28일).

United Nations Division for Ocean Affairs and the Law of the Sea, "The United Nations Convention on the Law of the Sea (A historical perspective)", URL: https://www.un.org/Depts/los/convention_agreements/convention_historical_ perspective.htm(검색일: 2018년 8월 30일).

"Scicence", *Online Etymology Dictionary*, URL: https://www.etymonline.com/search? q=Science(검색일: 2018년 9월 28일).

URL: https://www.thoughtco.com/ring-of-fire-1433460(검색일: 2018년 10월 1일).

바다 위의 삶

: 문화교섭 공간으로서의 상선(商船)

최 진 철

Ⅰ. 들어가는 말

지구상의 어떤 직업세계도 해상근무에 기반하고 있는 상선이라는 업무공간만큼 지구화의 흐름에 직접적으로 영향을 받는 곳은 없을 것이다. 교통과 통신 기술의 발달에도 불구하고 전 세계 교역의 약 80% 이상은 바다를 통해 이루어지고 있으며, 우리나라에서 수출하는 상품의 99%는 선박을 통해 해외로 수출된다. 따라서 상선은 국내외 경제에 있어 중추역할을 담당하는 지구화의 선봉에 있는 업무공간이다. 이렇듯 세계의 무역흐름에 영향을 받는 글로벌 해운산업은 각국 해운선사들의 소리 없는 전쟁터와 같다.

국내외 경기침체, 한진해운의 파산, '워라밸(Work-and-Life Balance)'을 추구하는 일에 대한 가치관 변화 등으로 인해 최근 해운환경은 국적선 선원구성이나 업무환경에서 급격한 변화를 경험하고 있다. 과거 '마도로스의 낭만적 공간'[1]으로만 인식되었던 상선은 이제 임금 경쟁력을 가진 다양한 국적의 선원, '승선근무예비역' 군복무를 위해 승선한 젊은 해기사(항해사/기관사)[2], 전통적 남성중심의 직업세계에 과감히 뛰어든 소수의 여성 해기사, 바다를 평생직장으로 20~30년 이상 승선하고 있는 경험이 풍부한 선장과 기관장에 이르기까지 그야말로 다양한 인간 군상들이 물리적으로 또 심리적으로 협소하기만 한 공간 안에서 고강도 업무를 진행하고, 주거와 휴식을 포함하여 생활하는 문화접촉의 공간이다. 따라서 오늘날의 상선은 세계 곳곳을 누비며 다양한 문화를 보고 경험할 수 있는 그저 낭만적인 공간만은 아니다. 치열한 글로벌 경쟁 체제 안에서 최대한 신속·정확하고 안전하게 화물을 운송해야 하는 압박감, 20명 남짓의 구성원들이 짧게는 3개월, 길게는 1년 간 제한된 공간 및 인간관계 속에서 생활해야 하는 업무환경, 해양사고예방과 해양환경보호를 위해 자국항만에 입항하는 외국 선박의 구조 및 설비를 엄격히 점검하는 항만국통제(Port State Control) 등은 전통적으로 일과 삶의 구분이 모호했던 상선의 업무환경을 더욱 더 팍팍하게 만들고 있다. 여기에 선박소유자, 선박관리회사, 선원 송출업자 등 다양한 이해관계자들이 저마다 각자의 관점에서 자신들의 방식으로 선박과 선원을 소유 및 고용하여 관리하고자 시도하고 있다.

본 연구는 상선을 다양성과 다원성이 지배하는 '문화교섭(cultural interaction)'의 공간, 즉 '바다 위의 작은 사회'로 규정하고, 다국적 선원구성으로 인

---

1) 최은순·안미정, 「한국 상선 해기사의 항해 경험과 탈경계적 세계관」, 『해항도시문화교섭학』, 19(2018), 119~122쪽.
2) 위의 논문, 114쪽 이하.

한 환경변화, '4차 산업혁명'의 허상에 도취된 채 사람이 아닌 기술과 직무 중심으로 진행되는 선박관리, '꼰대 대 비꼰대'로 대변되는 나이든 선원과 젊은 선원 간의 문화충돌, 안전을 강조하지만 결국 경제적인 이유로 최소승무정원만을 유지하려는 선주 및 선박관리회사 등 상선을 둘러싸고 있는 다양한 주체들의 행동양상을 고찰하고자 한다. 이를 통해 선박은 육상지원팀(선박소유자 또는 선박관리회사)과 본선 간의 지속적인 긴장관계 속에서 작동하는 공간이며, 구성원 간의 국적과 언어의 차이뿐 아니라 세대, 출신학교, 남녀, 직급 및 업무영역, 심지어는 성적 정체성의 차이로 발현되는 다원적 정체성들이 조우하는 다문화적 공간임을 조명할 것이다. 본 연구는 우선 이러한 다양성 발현 상황을 현장의 목소리를 통해 재현하고자 하며, 보다 심도 깊은 분석연구는 각 세부 주제에 대한 후속 연구에서 진행할 예정이다. 이번 연구는 연구자가 국내 상선에 승선하는 사관들을 대상으로 한 선내문화와 관련한 직무교육을 진행하면서 취합한 선내·외 다양한 이해관계자들의 목소리와 일화를 통해 문화접촉 공간으로서의 상선의 실체를 기술하고 있다. 이를 통해 도출된 연구결과는 상선사관 및 선박관리회사의 직원들과 이루어진 대화와 심층면담을 기반으로 하고 있으며, 상선을 연구대상으로 하는 문화기술지적(ethnographic) 연구방법을 구현하고 있다.

II. 상선 업무의 특징

해운은 고대 초기단계의 물품 교역이 이루어지던 시절부터 범선과 증기선 시대를 지나 현재에 이르기까지 지역 및 국가, 연안공동체들 간의 다양한 교류와 교섭활동의 일부였다.[3] 지구화의 증가와 함께 해운은 '지역(regional)'과 '국제(international)'를 뛰어넘는 '글로벌(global)'의 영역으로 그 범위를 확장하고 있다. 장기 해운 불황을 준비하는 전 세계 해운기업들의 글로벌 대응전략이라는 거시적인 관점에서 뿐만 아니라 선박 내 다국적 선원구성과 다원적 정체성의 조우와 혼종 상황은 바다를 터전으로 일과 삶을 공유하는 업무공간인 선박을 글로벌 공간으로 만들고 있다. 따라서 오늘날 해운선사 및 선박소유자의 국적이나 본사의 위치는 선원 구성과 선내 업무문화에 있어 과거에 비해 그렇게 중요한 의미를 지니지 않는다. 예를 들어, 다음과 같은 사례를 통해 특정 선박을 에워싸고 있는 글로벌 이해관계자들의 복잡성이 설명될 수 있을 것이다: '이탈리아 선주가 자신의 배를 이탈리아 선적으로 등록하고, 몰타에 있는 선박관리업체에 관리를 맡기고, 영국 보험회사에 선박보험을 들고, 노르웨이 재보험 회사에 선박 재보험을 가입한다. 선박의 승무원 중 사관은 덴마크 출신이며, 부원은 필리핀과 인도네시아 사람들이다. 이 선박을 독일 해운회사가 용선하여 전 세계로 운항한다.'

국내 해운기업들 역시 글로벌 선사들과의 경쟁을 위해 비용 절감과 수익창출에 앞장서고 있다. 글로벌 경쟁에 따른 선원 인력난 해소와 인건비 절감은 국적선의 선원 다국적화를 가져왔다. 실제 국내 선사관계자들은 다음과 같은 언급을 하고 있다.

"한국 초임 3등항해사/3등기관사 1명의 예산으로 외국선원 1.5명을 배승할 수 있으며, 한국선원 2명 대비 같은 예산으로 외국선원 3명을 승선시키는 게

---

3) 데이비드 커비 · 멜루자 리자 힌카넨, 정문수 외 옮김, 『발트해와 북해』(선인, 2017), 246쪽.

선박 운용면에서 가성비가 높다. 또한 승선하고 싶어 하는 임금이 낮은 외국
인 선원들은 많이 있다."

따라서 한국 국적선의 선원구성도 한국인 선원으로만 구성된 선박이
예외적인 상황으로 인식되어, 외국인 선원과 함께 승선하는 선박을 일
컫는 '혼승선(混乘船)'이라는 용어조차 이제는 무의미한 상황이 되어가고
있다.

상선은 그 자체 그대로의 모습으로도 이미 '하나의 작은 세계(micro-
cosmos)'를 형성하고 있다. 상선이 망망대해를 움직이며 항해하는 순간
은 외부세계와는 물리적으로 완벽히 차단된 공간이다. 이러한 상선의
특수성은 선박 구성원들에게 장점과 동시에 수많은 단점을 제공한다.
특히 상선에서의 업무는 선내 구성원들끼리 적시에 정보를 올바르게 인
지하고 소통하지 않으면 사소한 상황이 치명적인 사고로 귀결될 수 있
다는 특징을 가진다. 업무가 끝나면 퇴근을 할 수 있는 육상조직에서의
업무와는 달리, 집으로 갈 수 있는 기회가 원천적으로 차단되어 있는 해
상조직, 즉 상선에서의 업무 속에서 선원들은 거의 24시간(당직 선원들의
경우 당직교대 후 선내대기, 비당직 선원들의 경우 일과업무 후 선내대기)을 함께 일
하고 생활하며 보낸다. 실제로 많은 선원들이 자신들의 업무시간은 '배
를 타는 순간부터 한 항차가 끝나고 내리는 순간까지'라고 말한다. 그러
기에 20명 남짓의 선내 구성원들은 외연적으로 그리고 다양한 측면에서
'서로 적극적으로' 상호 의존할 수밖에 없는 특수한 상황에 노출되어있
다. 이들에게 3개월 혹은 1년 정도의 항해기간은 고스란히 다른 선내
구성원들과 함께하는 항해업무의 공적인 일상뿐 아니라 개인의 자유
시간, 식사, 생일, 질병 시와 같은 지극히 사적인 일상도 어쩔 수 없이

공유해야 하는 하나의 운명공동체를 형성하게 된다.

업무시간과 여가시간, 업무일과 휴일, 공휴일과 명절 등 업무계획과 일과 상에 구체적으로 명시된 업무 프로세스를 기반으로 진행되는 육상 조직에서의 업무와 달리, 선원들은 육상에서의 일반적인 업무와 생활리 듬으로부터 일정 기간 동안 작별해야 한다. 육상조직에서 직원들이 사 용하는 휴가와 개인적인 여가시간을 일정 기간 유예한 후 선원들은 한 항차(voyage)가 끝난 이후에야 비로소 이러한 육상에서의 휴식과 여가를 누릴 수 있게 된다. 그러므로 하선 이후의 비교적 긴 휴가는 일반적인 육상조직의 사무실 업무와는 비교될 수 없는 상선이라는 업무공간에서 의 고되고 외롭고 위험한 업무와 생활을 감내한 결과로 주어지는 달콤 한 휴식인 것이다. 바다 위 선원들은 생활리듬이 지속적으로 바뀌는 교 대근무 체계와 주말, 휴일, 국경일에도 근무하는 업무조건 아래서 개인 의 사적인 시간과 공간은 일정 정도 포기할 수밖에 없다. 뿐만 아니라 화물의 양하를 위해 방문하게 되는 타국항의 이국적 정취와 타지에 대 한 호기심을 누릴 수 있는 시간 역시 화물 양하 작업, 정박항 및 정박지 항만당국에 의해 이루어지는 복잡한 검사 및 통제로 인해 제대로 주어 지지 않는다. 생필품, 의료용품 등 선용품 공급이나 장비수리 등이 아니 라면 타국의 대문 앞에 잠시 서 있다 다시 또 다른 정박지로 나아가는 여정인 것이다.[4] 결국 정박지 체제시간 최소화를 통한 비용절감의 경

---

4) 오늘날 상선 선원들의 세계경제 '첨병(尖兵)'으로서의 모습은 독일 사회학자 게오르그 짐멜 의 '이방인(stranger)'의 개념과 많이 닮아있다. 짐멜의 '이방인' 개념의 원형 역시 '유대상인' 이었다. 짐멜에 따르면, 상인들은 상품과 재화를 이곳에서 저곳으로 옮겨 다니며 수요에 따라 거래하는 정주보다는 이동에 익숙한 사람들이었다. 이들은 낯선 이국땅에 속하지는 않지만 오늘 왔다 내일 가고, 경우에 따라 또 잠시 정주하는 그런 직업군이었다. Georg Simmel, Exkurs über den Fremden, *Soziologie*. Untersuchungen über die Formen der Vergesellschaftung, 1. Aufl. (Berlin: Duncker & Humblot, 1908), pp. 509~512; Everett M.

제논리뿐 아니라 정박지 항만당국의 선박 안전에 관한 각종 국제 기준 준수여부를 점검하는 항만국통제 등과 같이 점차 복잡해지고 있는 다양한 국제협약과 관련한 의무조항에 따른 업무과중은 외국 체류와 경험이라는 낭만적인 선원의 이미지를 1960~70년대 영화나 드라마 속에 존재하는 박제된 이미지로 만들었다.

선박의 크기와 종류에 관계없이 선박은 전통적으로 위계적 공간이었다. 이러한 특징은 과거에도 오늘날에도 별로 달라진 것이 없다. 상선은 외형적으로 선장과 기관장에서부터 실습항해사와 실습기관사에 이르는 관리자인 사관계급과 갑판장부터 말단 외국인 부원에 이르기까지 운항실무자인 부원계급 등 저마다 국제해사기구(IMO) 규정에 명시된 각자의 책임과 권한에 따라 움직이는 철저히 구획되고 표준화된 조직이다. 이러한 명확한 직급과 신분의 차이에 따라 거주 공간, 식사 공간, 여가 공간까지 차별화되고 있다.

이상에서 살펴본 육상근무와 비교한 해상근무의 특징은 다음과 같이 정리될 수 있다.

- 공간의 제한성과 폐쇄성
- 제한적 인간관계 및 사교/문화 활동의 제약
- 업무 후에도 업무공간에 체류 (항시대기)
- 일과 휴식 간 경계 모호 (공과 사 구분 모호)
- 교대(당직)근무, 주말/휴일(공휴일, 명절) 부재
- 외국 항 입항 산발적 체류 및 접촉 가능성

Rogers, "Georg Simmel's Concept of the Stranger and Intercultural Communication Research", *Communication Theory*, 9-1(1999), pp. 58~74.

- 위계적 업무구조
- 업무의 위험성

Ⅲ. 선상 문화교섭의 양상

1. 다국적 선원구성: '내국인 vs. 외국인'

육상의 위험한 업무와 저임금 노동에 외국인 노동자들이 투입되고 있듯이, 한국 국적 선박에서 근무하는 외국인 선원들은 이미 모든 선박에서 없어서는 안 될 구성원으로 자리 잡고 있다.[5] 2019년 한국선원통계연보에 따르면, 2018년 말 기준 국내 취업선원은 총 6만 1,072명이었으며, 이들 가운데 한국인 선원은 3만 4,751명(57%), 국내 선박에서 일하는 외국인 선원은 2만 6,321명으로 전체 선원의 43%를 차지하는 것으로 나타났다(〈표 1〉 참조). 외국인 선원은 15년 전인 2005년 1만 2,777명의 2배 정도, 1992년 192명보다 137배 이상 늘어난 수치다. 한국인 선원은 최근 10년 동안 연평균 약 0.5%씩 지속적으로 감소하고 있는 반면, 외국인 선원은 매년 약 12%씩 증가하고 있는 것으로 나타나 뚜렷한 대조를 보이고 있다. 일과 삶의 균형을 추구하는 젊은 층을 중심으로 나타나고 있는 내국인의 선원직 기피현상[6]과 단계적인 외국인 선원고용정책으로 국적

---

5) 『해양한국』, 516호, 2016년 8월 29일, "국적 승선, 외국인 선원이 이미 '대세'".

6) 이지혜·이상일, 「항만선원복지위원회의 실효성 확보방안에 관한 연구」, 『해사법연구』 제29권 1호(2017), 255쪽.

선의 외국인 선원 승선은 지난 1991년 58명의 조선족 출신 중국 부원의 승선으로 시작된 이래 꾸준히 증가하였다. 특히 2000년대 중·후반 선원 고용개방정책이 급진전되면서 고용인원이 크게 증가하고 있다.

〈표 1〉 외국인 선원고용 현황

구분 연도	관리현황					국적별						
	계	외항선	원양 어선	내항선	연근해 어선	계	중국	인도 네시아	베트남	미얀마	필리핀	기타
2010	17,558	7,899 (74)	4,006	497	5,156	17,558	4,457	4,248	1,907	3,221	3,653	72
2011	19,550	9,037 (125)	4,540	564	5,409	19,550	4,002	5,339	2,385	3,856	3,880	88
2012	21,327	9,672 (57)	4,647	597	6,411	21,327	3,654	6,275	2,628	4,031	4,587	152
2013	20,789	9,691 (159)	4,298	607	6,193	20,789	2,341	6,073	3,282	3,687	5,175	231
2014	22,695	10,576 (157)	3,551	655	7,913	22,695	2,179	6,731	4,208	4,001	5,504	72
2015	24,624	12,136 (70)	3,374	673	8,441	24,624	2,000	6,895	4,697	4,619	6,321	92
2016	23,307	11,211 (70)	2,991	791	8,314	23,307	1,737	6,991	4,642	4,235	5,503	199
2017	25,301	12,184 (75)	3,810	823	8,484	25,301	1,669	8,275	4,720	4,512	5,903	222
2018	26,321	11,860 (47)	3,850	878	9,733	26,321	1,501	9,084	5,355	4,346	5,779	256

주 : ( )안은 외항여객선으로서 전체에 포함되어 있음.
출처 : 2019년도 한국선원통계연보.

외국선원 고용이 증가함에 따라 최근 들어 선박이라는 제한된 공간에서 발생하는 선원들 간의 의사소통과 (문화적) 갈등 문제가 점점 더 심각하게 부각되고 있다. 혼승 선원 간의 갈등이나 분규에 따른 심신 불안정은 자칫 선내 폭력, 외국인 선원 무단이탈, 선내 안전사고 등 크고 작은 해상사고로 이어지고 있다.[7] 따라서 현재 선박의 다국적 구성에 따른 선내 구성원 간의 소통과 선내 다문화 현상에 대한 이해가 중요한 문제로 부각되고는 있으나, 선박을 관리하는 주체도, 선내 구성원들도 이에 대한 체계적인 연구 및 분석과 건설적인 접근이 여전히 미흡한 상황이다. 더욱이 선박운용기술 등 하드웨어 중심의 사고에 기반하고 있는 해운산업 분야의 관리체계는 이러한 인간의 문제에 접근하는 소프트웨어 기반 관리체계나 문제접근 방식을 구상하기에는 여러 가지 어려움과 한계를 지니고 있다. 그러하기에 해운분야 선박인력관리 전문가들은 이러한 선내 구성원 간의 갈등과 소통의 양상에 대해 심도 깊은 분석을 바탕으로 한 해결책 마련보다는 외국인 선원 문제, 선내 자살사고 등 최근 지속적으로 발생하는 문제들에 대처하는 매뉴얼 마련이나 기존의 기술 중심 직무교육에 리더십, 조직 활성화 교육 등을 주제로 두세 시간 정도 교육 프로그램을 마련하여 상선 사관들의 소프트 역량을 강화하고자 노력하고 있다. 그나마 이러한 교육 프로그램도 규모가 큰 해운선사 및 선박관리회사의 경우에만 해당될 뿐이다. 이들 사관 직무교육은 대개 영어를 매개로한 의사소통의 한계, 식습관의 차이, 이슬람 선원들의 종교적 의식 등과 같은 국가 문화적 차이로 인한 갈등을 최소화하기 위한 표준화된 선원교육을 강화해 나가야 함을 강조하고 있다. 하지만 이러한 국가 문화차이에 기반하고 있는 선내 갈등 예방교육은 자칫 국적선에 승선하는 외국인 선원들의 출신국에 대한 과도하게 일반화된 고정관념과 선입견을 조장할 수 있는 부작용을 내포하고 있다.

아래 외국인 선원들과의 승선 경험을 이야기하고 있는 한국인 선원들의 목소리를 통해 혼승선 내 한국인과 외국인 선원 간의 소통 양상은

---

7) 신상철, 「외국인(중국, 베트남, 인도네시아) 선원노동자 근로환경과 범죄에 대한 연구」, 『아시아연구』 제17권 1호(2014), 161~192쪽.

공용어 사용문제, 노동계약, 선내 업무문화, 식문화 및 종교의식 등 다양한 측면과 관점에서 원인을 찾고 분석해야할 필요가 있음을 보여주고 있다.

언어문제

"선내 공용어인 영어로 의사소통하는 데에는 거의 어려움이 없는 편이다. 하지만 일부 나이 드신 선기관장님들은 영어가 잘 안 되는 경우가 많다."

선내 업무문화 차이

"문화적인 측면에서 문제가 많은 편이다. 한국인 선원은 overtime을 해도 군소리가 없으나, 필리핀 선원은 MLC(Maritime Labour Convention, 해사노동협약)에 위배되지 않는 범위 내의 overtime 근무를 고집한다. 그것도 일하면서 중얼중얼 거리는 편이다. 한국은 군대 및 유교문화가 깊게 자리하고 있는데, 필리핀 선원은 그렇지 않아 상급자의 말을 잘 듣지 않는 편이다."

"계약에 명시된 근무시간을 초과하여 일하는 경우나 선원들에게 지적하면서 혼낼 때 소리 지르는 등의 상황에서 필리핀 선원은 이를 육상에 신고하여 불이익을 받게 하는 경우가 많다."

"우리는 자기 일이 끝나도 다른 동료나 상사의 일을 도와주는 것이 일상적인데, 외국인 선원들은 이를 이해하지 못한다. 이들은 자신의 일이 아니면 도와주지 않는다. 한번은 한국인 선원이 자신의 일을 인도네시아인 부원에게 맡겼는데 분위기가 험악하게 되어 기관장이 중재했었다."

식문화 차이

"요리사가 인도네시아 사람이라 음식에 적응하기가 너무 힘들었다."

"제가 하선 후 휴가기간에 아예 요리강좌를 수강해서 한국요리 배워서 배에서 해먹습니다."

종교의식

"쿠웨이트 항구에 입항하기 위해 이슬람 도선사가 탑승하였는데, 갑자기 도선사가 입항 작업 중에 절을 하기 시작하였습니다. 신중함을 요하는 작업 중에도 종교적 의식을 게을리 하지 않는 모습이 의아하기도 했지만, 그만큼 그들의 의식 속에서 종교는 무엇보다도 중요한 것임을 느꼈습니다."

"한번은 미얀마 선원이 불교기도 의식 중 선내에서 향을 피웠는데, 향냄새를 화재로 인한 연기냄새로 착각하여 선내가 발칵 뒤집힌 경험이 있습니다."

2. 다수와 소수: '남성 vs. 여성'

오늘날 다양한 직업세계에서 여성의 영역에 남성들이 뛰어들 듯이 금녀의 영역에 뛰어드는 여성들이 점점 늘어나고 있는 추세이다. 전통적으로 남성 직업군으로 분류되는 군인, 경찰, 소방 분야뿐만 아니라 미신에 약할 수밖에 없는 선원들의 직업세계 역시 금녀의 벽이 무너지고 있는 추세이다. 중세시대부터 뱃사람들은 '배에 여자가 타면 재수가 없다'는 미신을 믿어오고 있는데, 이로 인해 항해에 여성이 참여하는 경우는 거의 없었다. 해운분야, 특히 육상이 아닌 해상의 선박은 다른 직종에 비해 최근에야 비로소 여성들에게 문호를 개방한 직업세계이다. 물론 19세기 초반 유럽 등지에서는 여성 스튜어디스들이 크루즈 선박에 승선하기도 하였지만, 여성들이 상선의 관리자 계급을 차지하고 항해사나 기관사로 본격적으로 활약하기 시작한 것은 세계적으로도 불과 1970년대 정도부터이다. 우리나라에서는 현재까지도 여전히 예외적인 상황정도로 받아들여지긴 하지만, 1990년대 이후 국적선에서도 여성 항해사와 기관사들의 진출이 미약하게라도 늘어나고 있는 추세이다.

여성의 분야에 뛰어든 많은 남성들이 남성만의 유리한 조건들을 활용해 비교적 성공적인 경력을 쌓아나가는 것과 달리 해상업무 분야의 여성들은 여전히 고전을 면치 못하고 있다. 여성해기사들은 직업 경력의 초반부터 남성 중심 직업세계가 만들어놓은 편견과 선입견에 시달리기 쉽고, 이를 용케 벗어난다고 해도 유리 천장에 부딪혀 뻗어 나가는 데 한계를 경험할 수밖에 없기 때문이다. 더욱이 한 선박에 여러 명의 여성 선원이 동시에 승선하는 경우는 지극히 드문 상황이다. 그러므로 여성 선원들은 20명 남짓한 선내 구성원들 중 유일한 여성 혹은 소수라는 보이지 않는 낙인(stigma)을 짊어진 채 승선할 수밖에 없다. 이러한 상황은 국내뿐만 아니라 비교적 여성의 사회진출에 우호적인 제도적 장치를 마련하고 있는 유럽이나 북미의 해운산업 분야도 마찬가지이다.[8] 일반적으로 양성평등의 흐름에 어느 정도 동조하는 육상조직의 여성 고용에 비해 선사나 선박관리회사들은 일과 삶의 공간이 평행 공존하는 상선의 특수한 업무환경에 여성 선원을 고용하는데 여전히 유보적인 자세를 취할 수밖에 없다. 우선 여성 선원 고용은 선사에 남성 선원에 비해 추가적인 문제들, 예를 들어 동일 직급의 남성 선원들의 업무역량을 감당할 수 있는 직무역량 존재 여부에서부터 여성 선원을 위한 선내 구조 변경이나 공간 마련, 나아가 해적 출몰 위험지역에서의 대체선원 확보, 다수 남성 선원들과 비교적 장기간 함께 승선하는 상황에서 일어날 수 있는 성희롱, 성추행 등과 같은 문제들을 고민하게 한다. 뿐만 아니라 해운산업 분야에서는 '여성 사관들은 육상에서의 좀 더 안정적인 직업을 얻기

---

8) Cristina Dragomir et al., Final Report IAMU 2017 Research Project No. 20170305, *Gender Equality and Cultural Awareness in Maritime Education and Training* (IAMU, Tokyo, 2018).

위한 수단으로 승선하며, 설사 장기간 승선을 하려고 해도 결혼과 출산 등으로 장기 승선이 불가능하다'는 남성 중심의 편견과 고정관념이 만연해있는 상황이다. 그러므로 한국 국적선 갑판부와 기관부의 여성 선원이나 사관의 비율은 여전히 낮은 편이다. 물론 최근 몇 년간 국내외 해운선사에서 한국인 출신 여성선장이 배출되는 등 변화의 조짐이 나타나고 있기는 하지만, 여전히 국내 상선에서 여성은 예외적 존재로 머물고 있다. 그럼에도 불구하고 한국해양대학교와 같은 해기교육기관에 지원하는 여성학생의 비율은 꾸준히 유지되고 있다.

아래 내용은 선박관리회사의 인력채용 담당자와 여성사관과의 승선 경험이 있는 남성사관들의 진술들이다. 여기서 1990년대 이후 국내 해운업계에서 막 시작된 여성사관의 상선승선과 고용경험은 짧은 역사만큼이나 남성 중심의 시각과 관점에서 소수자인 여성의 입장을 일방적으로 일반화시켜 이들에 대한 고착화된 이미지를 생성시키고 있음이 드러나고 있다.

"대개 젊은 여성 사관들은 해수부 공무원에 지원할 수 있는 자격을 갖추기 위해 승선한다. 그래서 일정기간이 지나면 하선해버리는 경우가 많다. 그러니 여성 사관들은 믿을 수가 없다."

"(여성 사관들은) 처음에는 오랫동안 승선하겠다고 하지만, 조금 힘들면 포기하는 편이다."

"어차피 결혼하면 그만둘 것이다."

"선박 내 남녀 사관이 둘이 사귀게 되어 성관계를 하였으며, 하선 후 임신 사실이 드러나 여성의 부모가 선사에 항의하자 선장에게 책임을 묻는 일이 발생하기도 하였다."

"선사들은 지금까지 여성 해기사들로부터 충분히 속아 왔다."

"쉽게 말해, 여성 3항사에게 치핑(chipping) 작업(선박의 부식된 표면의 찌꺼기를 제거하는 작업)을 시키면 안 하려고 한다. 그런데 남자들은 한다. 왜냐하면 가장으로서 참고 견뎌야 승진하고 올라갈 수 있기 때문이다. 그런 책임의식이 남녀가 다를 수밖에 없다."

3. 세대 간 대결: '꼰대 vs. 비꼰대'

최근 조사에 따르면, 직장인 10명 중 9명이 직장 내 세대 차이를 경험한 적이 있으며 세대 차이를 가장 많이 느끼는 부분은 '커뮤니케이션 방식'인 것으로 나타났다. 취업포털 잡코리아가 직장인 475명을 대상으로 '직장 내 세대 차이'에 대한 설문조사를 실시한 결과, 응답자의 92.2%가 '직장 내 세대 차이를 경험한 적이 있다'고 응답했다. 이들을 대상으로 세대 차이를 느끼는 부분을 조사한 결과(복수응답) '커뮤니케이션 방식'(53.2%)이 1위를 차지했다. 이어 '출퇴근 시간, 복장 등 직장생활 방식'(36.3%), '회식 등 친목도모 모임 방식'(32.6%), '회의, 보고 등 업무 방식'(28.5%), 'TV프로그램 등 일상적인 대화 주제'(21%) 등의 순이었다.[9]

각종 직업선호도 조사에서도 교사, 군인, 경찰 등 공무원에 대한 인기가 높은 현상이 젊은 층을 중심으로 구직에 있어 일과 삶의 균형을 맞출 수 있는 직업을 선호하는 경향이 높아지고 있음을 반증하고 있다. 이와 함께 2018년 7월 정부는 '주 52시간 근무제'를 도입하여 OECD국가 중 가장 긴 노동시간을 보이고 있는 우리 사회의 업무 문화에 대한 변

---

9) 『잡코리아』, 2017년 8월 21일, "직장인 10명 중 9명 '직장 내 세대차' 겪었다".

화를 시도하고 있으며, 이에 발맞춰 대기업 및 벤처 기업들을 중심으로 탄력 근무 제도를 도입하는 경우도 늘어나고 있는 추세이다. 이는 결국 한국인의 일에 대한 인식과 가치관이 과거에는 국가와 조직에 대한 맹목적 희생과 가족부양에 맞추어져 있던 것과 달리 점점 개인 및 직계 가족 중심의 이해관계와 개인의 사생활과 공적 업무를 구분하는 방향으로 변화하고 있음을 나타내는 것이다.

앞서 언급했듯이, 일과 삶의 균형을 찾는 것이 거의 불가능한 근무 조건에서 일해야 하는 선원직은 그러하기에 젊은 세대가 그리 선호하지 않는 직업이 되어가고 있다. 선원은 크게 항해사와 기관사 교육을 전문적으로 받은 관리자 직급의 '사관(officer)'과 사관의 지휘에 따라 선박의 운용을 담당하는 '부원(ratings)'으로 나누어진다. 해기사는 국립해사고등학교(부산, 인천), 국립해양대학교(한국해양대, 목포해양대), 국립해양수산연수원 오션폴리텍 과정 등 국가가 지원해 양성하는 해상의 전문 인력들이다. 매년 이들 교육기관으로부터 신규 해기사가 배출되고 있긴 하지만, 실제로 배를 타는 해기사 그리고 장기간 승선을 하는 해기사는 점차 줄어들고 있는 추세이다. 이러한 추세는 제한적인 인간관계, 사회로부터의 격리, 문화생활 및 인터넷 사용 제한, 장기간의 해상생활 등으로 최근 구직의 가장 중요한 측면인 '워라밸', 즉 일과 삶의 균형이 사실상 실현 불가능한 선박 근무의 특수성과 깊은 상관관계가 있을 것이다. 적어도 1990년대까지는 해상직이 지상직에 비해 임금이 높다는 유인 동기가 있었지만, 최근에는 임금 격차까지 어느 정도 줄어들면서 해운업계 전반이 인력난을 호소하고 있는 실정이다.

그럼에도 불구하고 지금까지 해기전문인력 수급을 유지할 수 있었던 중요한 버팀목 중의 하나는 '승선근무예비역 제도'[10]라고 할 수 있다. 이

제도는 젊은이들이 해기사라는 특수한 직업분야를 선택하는 중요한 유인 동기가 되어 왔다. 하지만 출산율 저하에 따른 병력 자원 감소로 지난 정부부터 시작된 국방부의 병역 특례 및 대체복무 제도의 단계적 축소 및 폐지 방침으로 인해 해양·수산업계에서는 승선근무예비역 제도의 폐지 가능성에 심각한 우려를 표하고 있다. 특히 상선 인력 자원뿐만 아니라 청년들이 기피하는 수산업의 경우는 인재확보에 더욱 차질이 생길 것이라는 전망이다.[11] 실제 해양수산부는 2019년 11월 21일 승선근무예비역 배정인원을 2026년부터 현재 1,000명에서 800명으로 감축하는 내용을 포함한 '병역 대체복무제도 개선대책'이 확정되었다고 밝힌 바 있다.

뿐만 아니라 선원통계에 따르면, 해양계 대학을 졸업하고 3년의 승선 근무예비역을 마친 후 수많은 해기사들이 업계를 떠나고 있음을 보여주고 있다. 2018년 말 기준 한국인 선원의 연령 구성을 살펴보면, 한국인 선원 가운데 50세 이상이 2만 3,213명으로 전체 선원의 약 67%를 차지하였다. 특히 이들 중 60세 이상은 전체의 36.9%인 1만 2,833명으로 2010년 말 6,505명보다 거의 두 배 정도 증가하는 등 선원의 고령화가 지속적으로 그리고 매우 급격하게 진행되고 있음을 알 수 있다〈표 2〉 참조〉. 즉, 대부분의 해양계 대학 남학생 지원자들은 졸업 후 3년 동안 승선하면 군 복무가 해제되는 유인 동기로 인해 해기사라는 특수 직업을

---

10) 승선근무예비역은 전시·사변 또는 이에 준하는 비상시에 국민경제에 긴요한 물자와 군 수물자 수송을 위한 업무 등의 지원을 위하여 소집·승선 근무하여 군 복무를 대신하는 제도이다. 대체·전환복무제도가 아닌 현역병에 속하는 승선근무예비역은 한 해 1,000명이 복무하고 있으며, 해양수산부장관이 지정한 학교를 졸업하고 자격을 갖추면 해당자는 3년 간 지정된 선박에서 복무하고 이후 60세까지 전쟁, 국가 재난 등 유사시 강제로 국가 필수선박에 운항요원으로 차출되는 제도이다. 3년이 지나 복무해제가 되면 다른 대체 복무와 달리 유사시 특별한 의무가 부가되는 현역병사이다.

11) 『현대해양』, 2018년 5월 8일, "흔들리는 승선근무예비역제도, 무엇이 문제인가".

선택하고, 군 복무로부터 자유로워진 이후에는 일과 삶의 균형을 찾을 수 있는 육상의 직종으로 이직한다는 것이다. 하지만 여기서 보다 심각한 문제는 이러한 젊은 사관들의 승선 동기가 선박 안에서 진행되는 이들의 업무와 인간관계에 직접적으로 영향을 미치고 있다는 측면이다. 더욱이 육상에서 나타나고 있는 일에 대한 급격한 가치관 변화를 경험한 젊은 세대와 승선 경험이 많은 선원 전체의 70% 가까이를 차지하고 있는 기성세대 사관들 사이에 존재하는 세대 간의 간극이 엄청나다는 것이다. 바로 이 '세대갈등'의 문제가 현재 선박관리회사들이 꼽는 해상인력관리에 있어 가장 큰 현안이다.

〈표 2〉 연령별 선원고용 현황

구분		2010	2011	2012	2013	2014	2015	2016	2017	2018
	계	38,758	38,998	38,906	38,783	37,125	36,976	35,685	35,096	34,751
연령별	25세 미만	1,183	1,137	1,275	959	1,150	1,161	1,065	1,299	1,201
	25세 이상 30세 미만	2,163	2,587	2,630	2,613	2,961	2,969	2,398	2,654	2,566
	30세 이상 40세 미만	4,032	4,054	3,940	4,388	3,771	3,909	3,299	3,154	3,131
	40세 이상 50세 미만	9,329	8,610	8,125	8,864	7,156	6,902	5,116	4,747	4,640
	50세 이상 60세 미만	15,546	14,506	14,466	14,233	12,742	12,252	11,429	10,454	10,380
	60세 이상	6,505	8,104	8,470	7,726	9,345	9,783	12,378	12,797	12,833

출처 : 2019년도 한국선원통계연보.

아래 진술들은 상선 내 주니어 사관과 시니어 사관들이 서로를 어떻게 바라보고 있는지를 잘 보여주고 있다. 시니어 사관들은 자기 세대의 관점에서 주니어 사관들의 심리적 체력적 나약함과 직무역량의 부실함을 지적하고 있으며, 주니어 사관들은 '워라밸'을 지향하는 현재의 업무자세와 삶의 가치관에 입각하여 시니어 사관들의 시대착오적인 사고와 업무방식을 비난하고 있다. 두 집단 모두 자신이 속한 세대의 업무자세와 삶의 가치관을 이상적 지향점으로 놓고 상대를 평가하고 있는 것이다.

시니어 사관(선장, 기관장, 1등 항해사 및 기관사)이 보는 주니어 사관

"예전에는 상상도 못했던 일들이 지금 배에서 일어난다. 요즘 친구들은 조금만 거슬리면 부모님에게 톡으로 알리거나 아니면 선주회사에 연락해버린다. 업무역량뿐 아니라 인내심이나 위계의식이 너무 부족하다. 예전에는 윗사람 말이면 군소리 없이 다했는데 요즘은 몸으로 보여주고 일일이 구체적으로 지시하지 않으면 일이 안 된다."

"해양대를 없애야 한다. 인성을 갖춘 제대로 된 해기사를 양성하는 것은 학교의 몫이 아닌가? 요즘 젊은 친구들은 일할 자세도 의지도 체력도 되어있지 않다."

"세대차이 느낀다. 사용하는 대화용어를 모른다거나 공유할 수 있는 관심사가 현저히 다르다."

"상급자의 업무지시에 거부감을 느끼는 주니어가 많다. 안전관련 주의사항을 설명하는 것 자체를 싫어한다."

"책임지지 못하고 행동하며, 모든 것을 결정을 내려줘야 할 때가 너무 실망스럽다. 너무 아이 같고 스스로 결정하질 못하고 책임감이 너무 떨어진다."

"옛날에는 군대를 다녀와서 학교졸업하고 초임사관을 했는데 지금 주니어 사관 및 1등 사관도 군대를 가지 않고 했기에 단체행동과 단합하는 마음이 부족한 것 같다."

"정당한 업무지시도 본인이 어렵다고 느끼면 '못하겠다!'라고 대답한다."

"업무시간 이후에는 (노트북이 있어) 개인적으로 생활한다."

"직업의식이 너무 부족하다. 단순히 승선근무예비역만 마치면 승선을 그만 둔다는 생각이 너무 많다."

"ISM(International Safety Manual) 코드에 의거하여 선원 각자의 책임과 권한이 부여되어 있지만, 젊은 세대는 오히려 책임은 위쪽으로 전가하고 자기들 좋은 방식으로 해석하고 활용한다."

"선기관장에게만 젊은 세대들의 새로운 가치관이나 문화를 이해하라 할 것이 아니다."

"선내 갈등이 생기면 대내적으로 해결해보려 시도하지 않고 회피(하선 또는 사직)하려 한다."

"동료들과 인간적인 유대관계 형성에 관심이 없고, 의무승선 기간 이후의 삶에 초점이 맞춰진 생활을 한다."

"배 만큼 좋은 직장도 없다. 육상조직에서는 정말 다양한 사람들의 눈치도 봐야 하고 많은 스트레스에 시달려야 한다. 하지만 배에서는 그런 스트레스가 없다. 내가 맡은 일 열심히 하면 된다. 그래서 하선해서 육상에 근무하던 사람들이 다시 배를 타는 것이다. 요즘 젊은 사관들도 이를 빨리 깨달아야 한다."

주니어 사관(2등, 3등 항해사 및 기관사)이 보는 시니어 사관

"요즘 배에서도 카톡이나 인터넷 정도는 할 수 있다. 하지만 개인별로 할당된 데이터가 소진되면 선장에게 요청해야 한다. 이런 부분이 답답하다."

"실제로 문제가 있는 선임사관이나 선기관장에게 바로 현장에서 이야기해 봐야 일이 더 커지거나 악화될 수 있기 때문에 내부고발 제도를 활용하는 편이다. 아니면 해상인력관리 본부장님께 바로 카톡으로 전달한다. 그리고 경우에 따라서는 상대방이 선임이기 때문에 (이야기해봐야) 자기 선에서 커트시키는 경우가 허다하다."

"시대의 흐름을 거스를 수 없다. 선내 문화도 시대 흐름에 맞게 변화해야 한다. 개인주의화 되는 것이 뭐가 문제인가? 개인의 사생활을 보호할 수 있어 긍정적이다. 단체로 일할 때는 일하더라도 쉬는 때는 개인의 시간을 보장해줘야 한다."

"'개인주의'라는 단어보다는 '상대주의(?)' 다양성을 인정해나가는 과정, 개개인이 다름을 인정하는 방향으로 지속적으로 선내문화가 바뀌어나가야 한다."

"선기관장님들은 선박 구성원들의 고충보다는 회사를 우선시하는 것 같다 (예, 스토어 청구비용 대폭 삭감)."

"각종 변화(기술, 세태 등)에 너무 둔감하며, 선내 문화지원비를 개인 쌈짓돈으로 생각하는 분도 있다."

"휴식시간에 찾아서 업무를 시킨다. 당직 근무 후 개인의 사적인 시간이 보장되는 것은 당연한 것이다."

"본인 일만 잘 해나간다면, 문제될 게 없다. 개인주의화가 되어가는 것은 선내문화뿐 아니라 사회적인 변화이므로 당연하게(?) 받아들이지만, 아직 시니어들은 개인주의를 이해 못하시는 분들이 많으므로 주니어 사관들의 이해와 노력도 필요하다."

Ⅳ. 바다 위의 작은 사회 '상선'

상선은 산업재/소비재, 완제품/반제품 등 다양한 종류의 상품, 원유, 정유, 곡물, 천연가스, 철광석 등 산업에 필요한 원료나 소재를 바다를 통해 운송함으로써 국가 간, 지역 간, 기업 간, 개인 간의 무역을 가능하게 하는 글로벌 무역의 혈관과 같은 역할을 한다. 하지만 이러한 해운 산업의 중요성에 대한 인식은 일반인들에게는 여전히 부족한 상황이다. 6개월간의 상선 승선 경험을 책으로 펴낸 영국의 저널리스트 로즈 조지 (Rose George)는 일반인들은 '마이크로소프트(Microsoft)'라는 미국의 컴퓨터 소프트웨어 회사는 잘 알고 있지만, 이 회사와 유사한 규모의 영업 실적을 내고 있는 세계 1위 해운기업인 덴마크의 '머스크(Maersk)'에 대해서는 잘 모를 정도로 우리는 '해맹(海盲, sea blindness)'에 시달리고 있다고 언급하고 있다.[12] 즉, 우리 주변 환경을 둘러싸고 있는 모든 것의 90% 이상이 배를 통해 우리에게 전달되고 있는 데, 정작 우리는 육역적 세계관에 함몰된 나머지 해상에서 어떤 일이 벌어지고 있는지, 우리가 접하는 대부분의 물품과 먹거리를 운송하는 선박에서는 무슨 일이 일어나고 있는지에 대한 아무런 이해와 관심이 없었다는 역설인 것이다. 본 연구에서 강조하고자 하는 것 역시 상선이라는 공간을 단순히 상품과 재화의 이동에 기여하는 중요한 글로벌 경제 동맥으로만 이해하면 되는 것인지에 대한 근원적 의문이다. 바다보다는 땅을 중심으로 하는 세계관은 상선을 물자의 이동에 기여하는 기업조직의 일부로만 이해하도록 강요하고

---

12) Rose George, *Ninety Percent of Everything* (New York: Picador, 2013), p. 4.

있다. 하지만 여기서 간과하게 되는 것은 바다와 선박을 터전으로 일하고 살아가는 사람들과 관련된 다양한 인간 군상의 이야기들이다. '4차 산업혁명 시대' 자율운항 선박과 친환경 선박 등 급격한 기술발달과 첨단화에 대한 논의 흐름에 가려진 채, 정작 중요한 해상 업무공간에서의 사람의 문제는 간과되고 있지 않은가 돌아봐야 할 것이다.

앞서 언급한 바와 같이 선박소유자, 선박을 용선하여 관리해주는 선박관리회사, 선원인력 관련업자의 상선에 대한 관리관점은 지극히 기업의 관리자 중심적이며, 기업조직의 이윤추구에 입각한 안전사고 예방, 직무교육, 최저투자 최고이익(임금이 저렴한 외국인 선원고용, 계약직 선원 고용, 최소승무정원 유지 등)을 위한 다양한 임금차등 및 고용정책 등 사람보다는 선사의 이익을 추구하는 측면으로 기울어 있다. 이러한 상황이 본선 내 구성원들의 업무 및 생활여건, 인간관계, 안전문제 등에 직접적으로 영향을 미치고 있다. 어쩌면 이러한 상황은 육상의 기업조직들 역시 별반 다르지 않을 것이다. 그럼에도 불구하고 본 연구를 통해 드러나고 있는 상선 공간의 다양한 상황들은 상선을 단순히 기업조직의 일부로 간주하는 관리자들의 관점에 대해 시급한 인식의 전환을 요구하고 있다. 즉, 상선은 A에서 B로 물자를 이동하는 특정한 목표를 달성하여 이윤을 추구하는 기업조직의 일부이긴 하지만, 외국인/내국인, 소수자/다수자, 신/구세대 등 다양한 층위의 사람들이 만나 일하고 생활하는 '바다 위의 작은 사회' 공간임을 인식하여야 한다. 그러하기에 상선에 승선하는 선원구성원들뿐만 아니라 육상에서 본선을 관리하고 지원하는 (육상의) 해상인력관리 주체들 역시 이러한 인식전환을 바탕으로 상선에서 나타나고 있는 다양성과 다원성의 주체들의 관계와 교섭의 문제에 대해 보다 체계적이고 분석적으로 접근해야 할 것이다.

상선이라는 공간 안에서의 국적, 성별, 나이, 학력, 업무영역 등에 따른 상이한 문화적 정체성을 지닌 선원 구성원들의 소통과 공존 양상에 대한 해결방안 모색은 결국 상선이라는 공간에 대한 철저하고 명확한 분석과 이해 없이는 불가능하다. 왜냐하면 상선이라는 특수한 행동맥락 자체가 구성원 간의 상호작용에 지대한 영향을 미치기 때문이다. 앞서 상술된 상선이라는 업무 및 생활공간이 지닌 특수성으로 인해 선상에서의 문화교섭 양상은 육상의 일반 기업조직에서의 양상과는 확연히 구분되고 있으며, 그러한 측면에서 다문화 발현으로 인해 드러나는 구성원들 사이의 '차이'에 대한 접근방식은 육상조직에서의 접근방식과 달라야 한다.13) 선박은 국민국가의 물리적·심리적 경계를 넘어서서 인간과 인간, 인간과 바다, 인간과 기술, 기술과 기술 간의 상호작용을 기반으로 하여 움직이는 '초국가적 사회 공간(transnational social space)'14)이다. 루드거 프리스(Ludger Pries)에 따르면, 초국가적 사회 공간이란 다양한 구성원들의 일상적 사교행위, 소통을 위한 상징체계, 문화적 구현물들이 일정 기간 동안 특정 공간 안에서 압축적으로 나타나는 현상을 지칭하고 있다. 이러한 공간은 탈지역적(de-local)이고 탈영토적(de-territorial) 성격을 띠게 된다. 우리는 바로 이러한 공간의 양상을 상선에서 만날 수 있다. 따라서 선박소유자, 선박관리자, 선박운항책임자, 선원 등 선·내외 다양

---

13) 여기서 '상선'이라는 업무공간은 외형적으로 특정 기업의 일부로 영업이익을 내기 위해 존재하는 일반 기업조직의 특징을 보이고 있으나, 항차가 진행되는 과정에서 온전히 하나의 독립된 사회공간으로서의 기능을 하고 있다는 측면에서 '다문화사회'의 특징을 다분히 내포하고 있다. 그러므로 상선 업무공간의 인력관리와 소통에 대한 관리는 이러한 상선의 특수성을 충분히 고려하여 이루어져야 한다. '기업조직'과 '다문화사회' 행동맥락에 따른 '문화차이'에 대한 상이한 접근방식에 대한 세부 논의는 아래 논문 참조. 최진철, 「문화 간 커뮤니케이션 연구의 문화개념과 연구방향」, 『독일어문학』 제65집(2014), 207~237쪽.

14) Ludger Pries, *Internationale Migration* (Bielefeld, 2001), p. 53.

한 주체들은 기존의 기술 중심적인 시각에서 인간 중심적인 시각으로의 인식의 전환을 위해 노력해야 한다. 그러한 관점에서야 비로소 선내에서 조우하는 다양한 정체성의 구성원들 간의 일과 삶을 다층위에 기반하여 바라볼 수 있게 되는 것이다. 나아가 이러한 시각은 '외국인 선원 문제', '여성 선원 문제', '세대 갈등 문제'라는 파편적이고 단편적인 접근 방식의 한계를 극복할 수 있도록 도와줄 것이다. 아래 그림에서처럼 선원 개개인이 만나 일정 기간 업무와 생활을 함께 해야 하는 공간 안에서 선내 구성원들이 이해해야 하는 것은 각 개인이 가진 다층적 다문화적 정체성이며, 선원이 갖추어야할 중요한 역량은 선내 구성원들의 다문화적 정체성에 대한 이해와 인정을 바탕으로 한 공동의 문화층위를 만들어갈 수 있는 능력이다〈그림 1〉참조).

〈그림 1〉 다층위 기반 문화 간 커뮤니케이션 도식[15]

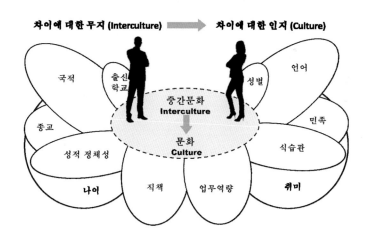

15) 최진철, 「글로벌 핵심역량으로서 문화 간 커뮤니케이션 능력에 대한 새로운 개념정립 시도」, 『독일언어문학』 제71호(2016), 43쪽 이하.

따라서 선박과 관련된 해운산업의 다양한 주체들은 선박에 대한 공학적 전문지식뿐만 아니라 인간에 대한 이해와 인본주의 가치를 포용할 수 있는 지식과 역량을 길러야 할 것이다. 점점 더 다양화되고 복잡해지고 있는 세계 속에서 직업 활동은 직능수행 역량을 넘어 나오는 다른 사람들을 이해하고 포용하며 나아가 그들과 함께 행복한 시너지를 만들어낼 수 있는 새로운 인재를 요구하고 있다. 그러하기에 인문학적 접근과 질적 분석방법이 바다 위의 작은 사회, 선박을 논함에 있어 필요한 것이다. 예를 들어, 문화인류학의 행동맥락 속 상황과 조건들에 대한 중층 기술(thick description)16)과 고찰방법을 통해 국가문화, 세대문화, 남녀문화, 부서문화 등의 단편적이고 일방적 해석을 개선할 수 있을 것이며, 연구방법 차원에서도 심층인터뷰, 참여관찰, 생애사 연구 방법 등 다양한 질적 접근법을 통해 기존의 양적인 연구결과들을 바탕으로 채우지 못했던 부분들을 충족시킬 수 있을 것이다. 단순히 구성원 사이에 존재하는 '차이'라는 고안된 결과적인 차원의 비교를 넘어 차이로 인한 갈등의 생성원인과 상황들을 다각도로 조명하는 접근방식을 인류학적 접근방법을 통해 획득할 수 있을 것이다.

V. 나가는 말

선내 다양성 및 이로 인해 야기될 수 있는 결과에 대해 해운업 분야

---

16) 클리포드 기어츠, 문옥표 옮김, 『문화의 해석』(까치, 1998), 11~47쪽.

종사자들은 이미 인식하고 있으며, 국제해사기구를 중심으로 이러한 인적 다양성에 대한 대처방안과 전략개발을 시도하고 있는 중이다. 하지만 육상의 (다국적) 기업조직들과는 달리 해상업무를 중심으로 하는 해사분야의 다양성 관리 전략은 다양성이라는 '문제' 자체를 억제하는데 중점을 두고 있다. 선내 구성원들 사이에 존재하는 다양성, 다원성, 차이, 공통점은 뒷전으로 밀쳐두거나 아니면 업무세계와는 별개의 것으로 간주하려는 경향이 주류를 이루고 있다. 따라서 선박 내 현존하고 있는 다양성이라는 장애물을 뛰어넘을 수 있는 선원들만의 집단정체성을 더욱 공고히 하여 이러한 도전의 상황에 대처하려는 것으로 보인다.

본 연구를 통해 상선이라는 업무공간에서 발현되고 있는 다양성의 문제는 단순히 선원들의 언어 및 국적의 다양성뿐만 아니라 세대, 성별, 종교, 출신학교, 선내 직급, 선내 업무 내용, 성적 정체성 등 다양한 하위 요소들을 포함하고 있음을 알 수 있었다. 그러하기에 해운분야 인적자원관리에 있어 '다양성관리(diversity management)'에 대한 진지한 논의가 필요하며, 세계경제의 중추역할을 담당하는 바다 위의 직업에 대한 자긍심을 심어주는 노력 역시 다양한 주체들이 함께 병행하여야 할 것이다. 즉, 국내 경제에 미치는 선원업무의 중요성에 대한 인식의 부재와 선원으로서의 자긍심 결핍은 '선원도(Seamanship)'가 부재한 상선사관을 양산하고 있으며, 이로 인해 발생하는 육체적 심리적 정신적 스트레스와 불안이 선내 구성원의 인간관계 문제로 변질되고 있음을 명심해야 할 것이다. 선박소유자나 선박관리회사 역시 선상에서 외국인 선원으로 인해 문제가 발생하면 '국가 문화차이', 승선근무예비역 또는 주니어 사관의 문제가 발생하면 '세대차이'의 문제로 치부해버리는 근시안적 인식의 근본적인 변화가 필요하다. 그래서 '외국인 선원 가이드북', '직장 갑질

매뉴얼' 등과 같은 임시방편적 대처와 같이 '영혼' 없는 제도나 정책보다는 진정성 있는 변화의 움직임이 절실하며, 이것은 곧 바다를 대상으로 하는 인문학이 기여해야할 중요한 분야라고 할 수 있다. 사회의 특정 문제에 해결방안을 제시하는 혜안 역시 인문학이 제공하는 것이다.

▌참고문헌

1. 논문 및 단행본

클리포드 기어츠, 문옥표 옮김, 『문화의 해석』, 까치, 1998.

이창순, 「해양사고의 인적요인에 관한 연구」, 중앙대학교 글로벌인적자원개발대학
    원 석사학위논문, 2011.

이지혜·이상일, 「항만선원복지위원회의 실효성 확보방안에 관한 연구」, 『해사법연
    구』 제29권 제1호(2017), 255~278쪽.

신상철, 「외국인(중국, 베트남, 인도네시아) 선원노동자 근로환경과 범죄에 대한 연
    구」, 『아시아연구』 제17권 제1호(2014), 161~192쪽.

장유락 외, 「우수 해기인력을 통한 국가안보 강화방안」, 『해사법연구』 제30권 제1호
    (2018), 35~73쪽.

최은순·안미정, 「한국 상선 해기사의 항해 경험과 탈경계적 세계관」, 『해항도시문
    화교섭학』 제19호(2018), 113~143쪽.

최진철, 「글로벌 핵심역량으로서 문화 간 커뮤니케이션 능력에 대한 새로운 개념정
    립 시도」, 『독일언어문학』 제71호(2016), 25~50쪽.

＿＿＿, 「선상(船上) 문화교섭 연구의 필요성과 방향」, 『해항도시문화교섭학』 제11
    호(2014), 189~218쪽.

＿＿＿, 「문화 간 커뮤니케이션 연구의 문화개념과 연구방향」, 『독일어문학』 제65
    집(2014), 207~237쪽.

데이비드 커비·멜루자-리자 힌카넨, 정문수 외 옮김, 『발트해와 북해』, 선인, 2017.

해양수산부, 『2019년 선원통계연보』, 2019.

Dragomir, Cristina et al., Final Report IAMU 2017 Research Project No. 20170305,
    Gender Equality and Cultural Awareness in Maritime Education and Training,
    Tokyo: IAMU, 2018(URL http://gecamet.ro/ 검색일: 2019. 03. 10).

DO, Hoang-Chien·Yoon, Daegwun(2018), 「A Study on Women Seafarer in Hai
    Phong」, 『해운물류연구』 제34권 제1호(2018), pp. 25~46.

George, Rose, *Ninety Percent of Everything: Inside Shipping, the Invisible Industry
    That Puts Clothes on Your Back, Gas in Your Car, And Food on Your Plate*,
    New York: Picador, 2013.

Pries, Ludger, *Internationale Migration*, Bielefeld, 2001.

Rogers, Everett M., "Georg Simmel's Concept of the Stranger and Intercultural Communication Research", *Communication Theory*, 9-1(1999), pp. 58~74.

Simmel, Georg, Exkurs über den Fremden, *Soziologie. Untersuchungen über die Formen der Vergesellschaftung*, 1. Aufl. Berlin: Duncker & Humblot, 1908, pp. 509~512.

2. 언론자료

『부산일보』, 2016년 12월 19일자, "선원 생활 가장 힘든 건 '가족과의 단절'" (URL: http://www.busan.com/view/busan/view.php?code=20161218000085. 검색일: 2019. 03. 10).

『시사IN』, 2018년 6월 13일자, "배 떠나는 해기사, 씨 마르는 해운 인력" (URL: https://m.sisain.co.kr/?mod=news&act=articleView&idxno=32024. 검색일: 2019. 03. 10).

『시사IN』, 2018년 6월 12일자, "군대 대신 탄 배에서 스스로 목 맨 까닭" (URL: https://m.sisain.co.kr/?mod=news&act=articleView&idxno=32023. 검색일: 2019. 03. 10).

『시사저널』, 2016년 6월 22일자, "바다 위 작은 사회 원양어선, 계급과 문화차이가 오해를 부른다" (URL: http://www.sisapress.com/news/articleView.html?idxno=154272. 검색일: 2019. 03. 10).

『한겨레』, 2016년 7월 5일자, "'네 나라로 돌아가라'는 말에 극단행동 한 이유" (URL: http://www.hani.co.kr/arti/society/area/750849.html. 검색일: 2019. 03. 10).

『현대해양』, 2018년 5월 8일자, "흔들리는 승선근무예비역제도, 무엇이 문제인가: 선원 기피현상 심각해져…, '해운·수산 유사시 4군 역할', 인식 전환 시급" (URL: http://www.hdhy.co.kr/news/articleView.html?idxno=6885. 검색일: 2019. 03. 10).

『해양한국』, 516호 2016년 8월 29일자, "국적 승선, 외국인 선원이 이미 '대세'" (URL: http://www.monthlymaritimekorea.com/news/articleView.html?idxno=18260 (검색일: 2019. 03. 10).

『잡코리아』, 2017년 8월 21일자, "직장인 10명 중 9명 '직장 내 세대차' 겪었다" (URL: https://m.jobkorea.co.kr/GoodJob/Tip/View?News_No=13075&schCtgr=0 (검색일: 2019. 03. 10).

'대서양사' 연구의 현황과 전망

: 폴 뷔텔의 『대서양』에 기초하여

현 재 열

I. 서 론

'대서양사(Atlantic history)'는 1990년대부터 초기 미국 역사나 아메리카 식민지의 역사를 연구하는 미국의 역사가들을 중심으로 제기된 역사학의 한 분야이다. 1990년대 중반 버나드 베일린(Bernard Bailyn)이 처음으로 대서양사의 독자성과 그 기원을 제시한 이래[1] 20년 정도가 지났고, 이제 대서양사는 미국의 대학과 연구소를 중심으로 상당한 연구 성과와 인력 풀을 갖추고 독자적인 학술지[2]도 나오고 있다. 하지만 미국을 중

---

[1] Bernard Bailyn, "The Idea of Atlantic History" *Itinerario* vol. 20, no. 1(1996), pp. 19~44. 이 논문은 나중에 대서양사 연구방법론 저술인 Bernard Bailyn, *Atlantic Histroy: Concept and Contours* (Cambridge, Mass.: Harvard University Press, 2005), pp. 1~56에 일정한 수정과 확장을 거쳐 재수록되었다. 이 책은 백인호 옮김,『대서양의 역사−개념과 범주』(뿌리와 이파리, 2010)로 국내에도 간행되었지만, 필자는 영어 원본을 참조했다.

심으로 이렇게 활발하게 성과를 내고 자기 발언권을 강화하고 있는 이 대서양사가 국내에는 거의 소개되어 있지 않다. 2010년에 영국사와 관련하여 '대서양사'를 일정 부분 다룬 글이 있지만,[3] 그것도 중심은 영국사 역사서술의 새로운 경향성 검토에 두어져 있다.

필자는 몇 년 전 프랑스의 저명한 대서양 역사연구자 고(故) 폴 뷔텔 (Paul Butel)의 『대서양(The Atlantic)』을 번역하여 간행한 바 있다.[4] 이 책을 번역하면서 필자는 대서양 연구와 대서양사에 관심을 두고 살펴보게 되었다. 물론 필자가 '대서양사'라는 말을 이때 처음 들은 것은 아니다. 몇 년 전 페르낭 브로델(Fernand Braudel)의 '해역세계(Maritime World)' 개념을 살펴보는 기회를 가지면서,[5] '대서양사'를 내건 연구 집단의 존재를 확인했고 이를 소개하는 논문[6]을 본 적 있다. 하지만 그때는 주관심이 브로델에게 있었기에, 대서양사와 관련해 드는 의문들을 뒤로 미루어 둘 수밖에 없었다. 그러던 중 뷔텔의 책을 번역하면서 다시금 대서양사에 관심을 두게 된 것이다.

필자가 대서양사와 관련해 가진 주된 의문은 이것이다. 대서양사를 내세우는 주요 학자들이 이를 역사학 내의 하나의 하위 분야(a sub-field)로 확정하여 설명하는데, 과연 그럴 만한가. 바다(혹은 대양)를 중심에 두

2) 2004년부터 간행되는 온라인 학술지 *Atlantic Studies*를 말한다. 2020년 현재까지 vol. 17, no. 1까지 간행되었다.

3) 김대륜, 「영국사, 대서양사, 지구사 ─ 영국사 연구의 새로운 지평?」, 『영국연구』 23(2010), 1~29쪽.

4) Paul Butel, *The Atlantic* (1999), 현재열 옮김, 『대서양: 바다와 인간의 역사』(선인, 2017).

5) 현재열, 「브로델의 『지중해』와 '해역세계(Maritime World)'」, 『역사와 세계』 42(2012), 193~219쪽.

6) Nicholas Canny, "Atlantic History: What and Why?", *European Review*, vol. 9, no. 4(2001), pp. 399~411.

고 그것을 역사적 분석단위로 상정하려는 노력과 제안은 이미 일반화되었고,[7] 이런 학문 경향이 오늘날 세계사(혹은 글로벌사)의 일부가 되었음은 주지하는 바와 같다. 하지만 하나의 특정 바다(혹은 대양/해역)를 특화해서 별개의 분야로 제시하는 것은 그리 익숙하게 느껴지지 않는다. 지중해와 태평양, 인도양을 연구하는 많은 학자들이 자신이 연구하는 바다를 특화시켜 하나의 분야(field)로 내세우는 것 같지는 않다.[8] 물론 바다(혹은 대양)들이 그 자체로 하나의 해역세계를 구성하거나 내부에 수많은 해역세계들을 포괄하는 광역단위로 상정되어 연구되는 것은 당연하다. 그런데 이는 무엇보다 육지 중심의 인위적인 국가적·제국적 경계로 구분된 역사를 극복하는 방법으로서 제시되는 것이다.[9] 그래서 바다에 중심을 두는 역사는 기존의 영토적 경계를 넘어서는 것을 지향하기에 새로운 경계의 획정에 민감하게 반응해야 한다. 그런 점에서 '대서

---

7) Jerry H. Bentley, "Sea and Ocean Basins as Frameworks of Historical Analysis", *The Geographical Review*, vol. 89, no. 2(1999), pp. 215~224; 羽田正 編, 『海から見た歴史』(東京: 東京大學出版會, 2013); 현재열, 「바다에서 보는 역사'와 8~13세기 '해양권역'의 형성」, 『역사와 경계』 96(2015), 183~214쪽.

8) 대표적인 예로 저명한 인도양 역사연구자인 K.N. 초두리(Chaudhuri)가 '인도양사(Indian Ocean history)'를 말하지는 않는다. K.N. Chaudhuri, *Asia before Europe* (1990), 임민자 옮김, 『유럽 이전의 아시아: 이슬람의 발흥기로부터 1750년까지 인도양의 경제와 문명』(심산, 2011). 브로델도 '지중해세계'의 역사를 다루고 있지만, 그것을 '지중해사(Mediterranean history)'라고 주장하지는 않는다. Fernand Braudel, *La Méditerranée et le monde méditerranéen à l'époque de Philippe II* (1949, 9th éd. 1990), 주경철 외 옮김, 『지중해: 펠리페 2세 시대의 지중해 세계』, 전3권(까치, 2017). 2011년에 *American Historical Review*, vol. 111, no. 3은 AHR Forum의 주제를 "Oceans of History"로 잡고서 지중해, 태평양, 대서양의 역사연구 현황 및 방법에 대한 논문 3편을 게재하였는데, 이중 대서양에 해당하는 논문만이 '대서양사'라는 표현을 제목으로 하고 있다.

9) Bentley, "Sea and Ocean Basins as Frameworks of Historical Analysis", pp. 215~216; Haneda Masashi, 「17·18세기 아시아 해항도시 비교연구의 틀과 방법」, in Haneda Masashi (ed.), *Asian Port Cities, 1600-1800* (2009), 현재열·김나영 옮김, 『17-18세기 아시아 해항도시의 문화교섭』(선인, 2012), 15~16쪽.

양사'라는 새로운 개념은 바다에 무엇인가 또 다른 경계를 설정하는 것이 아닌가 하는 의문을 들게 한다. 예컨대 경계가 허물어진 바다를 중심으로 한 역사에 '유럽인만의, 유럽인이 주도한 바다의 역사'라는 새로운 경계를 말이다.

이 글은 대서양에 대한 수많은 역사연구에 기초하여 고대부터 현대에 이르는 장기간에 걸쳐 대서양의 역사를 기록한 폴 뷔텔의 『대서양』을 중심으로 대서양사의 연구성과와 현 상태를 점검하고, 아울러 지금까지 주기적으로 나온 대서양사에 대한 방법론적 논의들[10]에 기초하여 대서양사의 대상과 범위 역시 살펴보면서, 최종적으로 필자가 제시한 위의 의문에 답하고자 한다.

II. '대서양사'의 정의와 대상

앞서 얘기했듯이 1990년대 중반부터 '대서양사'에 대한 개념 잡기와 방법의 문제가 논의되었지만, 사실 대서양사로서 포괄할 수 있는 연구들은 그 이전부터 꾸준히 간행되고 있었다. 주지하듯이 1949년 브로델

---

10) Bailyn, "The Idea of Atlantic History"; Canny, "Atlantic History: What and Why?"; David Armitage, "Three Concepts of Atlantic History", in David Armitage and Michael J. Braddick (eds.), *The British Atlantic World, 1500-1800* (New York: Palgrave, 2002), pp. 11~27; Alison Games, "Atlantic History: Definitions, Challenges, and Opportunities", *American Historical Review*, vol. 111, no. 3(2006), pp. 741~757; Wim Klooster, "Atlantic and Caribbean Perspective: Analyzing a Hybrid and Entangle World", in Peter N. Miller (ed.), *The Sea: Thalassography and Historiography* (Ann Arbor: The University of Michigan Press, 2013), pp. 60~83.

의 『지중해: 펠리페 2세 시대의 지중해세계(*La Méditerranée et le monde méditerranéen à l'époque de Philippe II*)』가 출간된 이래 많은 학자들이 바다를 중심에 두는 역사를 시도하게 되었고, 이런 속에서 대서양을 무대로 하여 브로델과 같은 시도를 하고자 하는 연구자들이 계속 이어져 왔다.[11] 비록 대서양사 논의를 본격적으로 시작한 폴 베일린은 브로델의 영향을 아주 단호하게 부정하고 오히려 제2차세계대전 이후 냉전구조 속에서 이루어진 아메리카와 유럽 간의 소위 '대서양체제(Atlantic System)'의 성립을 강조하지만 말이다.[12] 이 뿐만 아니라 오래 전부터 이어져 온 대서양을 둘러싼 노예제와 노예무역에 대한 연구들도 역시 대서양사 연구의 일환으로서 인정되고 있다.[13] 이런 속에서 1990년대 중반부터 이런 연구 흐름을 '대서양사'라는 개념으로 포괄하면서 하나의 독자적 연구 분야로 설정하려는 노력이 이루어졌고,[14] 적어도 대서양의 서쪽

---

11) 이에 해당하는 대표적인 연구로, Pierre Chaunu et Hugette Chaunu, *Séville et l'Atlantique, 1504-1650*, 12 vols. (Paris: SEVPEN, 1955-1960)을 들 수 있다. 특히 피에르 쇼뉘는 세계사적 전망 속에서 대서양 연구를 수행한 출발점에 위치하며, 브로델만큼이나 바다를 중심으로 한 역사에 큰 영향을 미쳤다. 그럼에도 쇼뉘 역시 '대서양사'라는 말을 쓴 적은 없다. 폴 뷔텔의 대표작인, Paul Butel, *Histoire des Antilles françaises, XVIIe-XXe siècles*, 4 vols. (Paris: Perrin, 2004)도 이에 해당하는데, 그는 "Histoire de l'Atlantique"라는 말을 쓴다.

12) Bailyn, "The Idea of Atlantic History", pp. 4~12.

13) Canny, "Atlantic History: What and Why?", p. 401. 대표적인 연구자는 필립 커틴(Philip D. Curtin)이다. Philip D. Curtin, *The Rise and Fall of the Plantation Complex: Essays in Atlantic History* (Cambridge: Cambridge University Press, 1990, 2nd ed. 1998). 또한 A. Brucki, D. Eltis and D. Wheat, "Atlantic History and the Slave Trade to Spanish America", *American Historical Review*, vol. 120, no. 2(2015), pp. 433~461도 참조하라.

14) 이런 노력에서 가장 큰 공헌을 한 것으로 많은 학자들이 드는 것이, 잭 그린(Jack Greene)의 주도로 1970년대부터 1990년대 초까지 존스홉킨스 대학에서 간행한 '존스홉킨스 대서양사 및 문화연구(Johns Hopkins Studies in Atlantic History and Culture)' 총서와 폴 베일린의 주도로 하버드 대학에서 1990년대부터 지금까지 진행되고 있는 '대서양세계의 역사 국제세미나(International Seminar on the History of the Atlantic World)'이다. 이 세미나에 대해선, http://www.fas.harvard.edu/~atlantic/index.html을 참조하라.

편에서는 이런 개념이 거의 안착되었다고 보인다.

그렇다면 이렇게 제기된 대서양사는 정확히 무엇이고 무엇을 대상으로 연구를 수행하는 것인가 살펴보자. 대서양사의 정의에 대한 가장 간단한 정의는, 많은 학자들이 인정하듯이, 존 엘리엇(John Elliott)이 제시하고 있다. 그는 대서양사를 "대서양 해분을 중심으로 그를 가로지르며 일어난 사람과 상품과 문화적 실천의 운동의 결과로서 공동체들의 창출과 파괴, 그리고 재창조"를 연구하는 것이다.[15] 즉 대서양사를 한 마디로 정의하면 "근대 초기 대서양에 면하고 있는 4개 대륙의 사회들에서 일어난 심오한 변화를 조직하기 위해"[16] 역사가들이 설정한 역사학의 전문 분야이다. 그것은, 16세기 유럽인의 '신세계'와의 접촉 이후 대서양에 면하고 있는 대륙들(남북아메리카, 유럽, 아프리카)은 하나의 '총체(totality)'로서 연구될 수 있는 경제적 · 문화적 교환의 권역 체계 혹은 공통 영역을 이루었다는 생각을 전제로 하고 있다.

하지만 콜럼버스 이후의 대서양을 하나의 역사적 분석단위로 상정하여 파악할 수 있다는 것은 시대적 한계를 가진다. 즉 19세기 이후 해양 기술과 선박의 발전으로 대양 간의 경계가 허물어지고 전 지구적 연계가 이루어지면서부터는 대서양사라는 설정은 유효하지 않게 된다.[17] 즉 대서양사의 시간 범위는 1500년에서 1800년 전후로 한정되어 있다는

---

15) John Elliott, "Afterward. Atlantic History: A Circumnavigation", in Armitage and Braddick, *The British Atlantic World*, p. 239. Klooster, "Atlantic and Caribbean Perspective", p. 60도 참조.

16) Trevor Burnard, "The Idea of Atlantic History", Oxford Bibliographies(URL: http://oxford bibliographies.com/view/document/obo-9780199730414/obo-9780199730414-0007.xml 2018년 3월 6일 참조).

17) Canny, "Atlantic History: What and Why?", p. 408; Bentley, "Sea and Ocean Basins as Frameworks of Historical Analysis", p. 220.

것이 일반적인 시각이며, 그래서 미국 쪽에서의 대서양사 연구를 주도하고 있는 한 축인 하버드대학의 '대서양세계의 역사 국제세미나'도 시간 범위를 1500년에서 1825년까지로 두고 있다.[18] 인터넷 상에서 역사연구자들의 국제적 연구를 주도하고 있는 H-Net의 대서양 연구 네트워크(H-Atlantic)도 자신을 "1500년에서 1800년까지 대서양세계의 역사를 다루는 국제적 네트워크"이며 "북아메리카 식민지와 미국, 유럽, 서아프리카, 카리브해, 남미를 대서양횡단적(transatlantic) 맥락에서 연구하는 학자들을 위한 학제 간 네트워크"로 소개한다.[19]

시간적 범위를 위와 같이 상정한다면, 공간적 범위도 위의 논의 속에 담겨있다. 즉 공간적 연구대상은 대서양에 면한 4개 대륙의 연안 영역과 그것들의 상호관계, 그리고 그런 상호관계 속에서 전개된 각 대륙 사회들의 변화이다. 그리고 대서양을 가로지르는 인간, 물건, 문화의 흐름이 무엇보다 연구대상으로 된다.[20]

하지만 대서양사의 연구가 이런 큰 틀에서 합의가 있다고 해도, 모두가 일관된 형태를 갖고 있는 것은 아니다. 데이비드 아미티지(David Armitage)는 대서양사를, "환대서양 역사(circum-Atlantic history)"와 "대서양횡단 역사(trans-Atlantic history)", 그리고 "대서양 한쪽의 역사(cis-Atlantic history)"의 세

---

18) 1825년 또는 그 무렵을 대서양사의 하한 범위로 잡는 것은 이 시대를 아메리카 식민지 체제의 종식 시기로 보기 때문이다. Games, "Atlantic History: Definitions, Challenges, and Opportunities", p. 751. 크루스터(Klooster)도 대서양사의 시간범위를 1492년과 1830년경 사이로 보면서 이 연대를 "유럽의 팽창 및 아메리카 대륙의 정복 시작과 주요 대서양 제국들을 해체하는 과정의 완성"이라고 한다. Klooster, "Atlantic and Caribbean Perspectives", p. 60.

19) H-Atlantic(URL: https://networks.h-net.org/h-atlantic).

20) Canny, "Atlantic History: What and Why?", pp. 400~401; Games, "Atlantic History: Definitions, Challenges, and Opportunities", pp. 742~744; Klooster, "Atlantic and Caribbean Perspectives", pp. 61~64.

가지 유형으로 분류한다.[21] 여기서 첫째 유형은 대서양 전체를 하나의 단위로 다루고, 둘째 유형은 연구방법에서 대서양을 둘러싼 대륙의 지역들 간 비교 연구를 강조하며, 셋째 유형은 대서양적 맥락 내에서 특정한 장소를 세밀히 검토하는 방식이다.[22] 사실 대서양사 연구 성과의 태반은 셋째 유형에 속한다. 가장 쉽고 학위논문 작성에도 유리하기 때문이다.[23] "대서양횡단 역사"는 비교의 방법을 취하는데, 실제로는 거의 영국령 대서양(British Atlantic)에 집중되어 있으며, 주제 면에서는 노예제와 노예무역에 대한 테마가 가장 많다.[24] 하지만 이런 연구경향은 실제로 이런 유형의 연구들이 전통적인 '식민지 제국사'와 어떤 차별성을 가지는지 불분명하게 만든다.[25] 대서양사 연구가 바다를 중심에 두는 연구로서 브로델의 계기를 계승하면서 이를 실현하려고 한다면, 당연히 첫째 유형인 "환대서양 역사"가 이에 해당할 것이다. 여러 평자들은 이 첫째 유형의 역사가 진정으로 '대서양사'라고 불릴 수 있는 역사라고 하지만,[26] 아직까지는 이런 유형에 해당하는 대서양사 연구 성과는 극히

---

21) David Armitage, "Three Concepts of Atlantic History", p. 15.

22) 아미티지 본인의 설명을 영어 표현 그대로 옮기면 이러하다. 첫째유형 - "the transnational history of the Atlantic world", 둘째 유형 - "the international history of the Atlantic world", 셋째 유형 - "national or regional history within an Atlantic context." Ibid.

23) Ibid., pp. 21~25; Games, "Atlantic History: Definitions, Challenges, and Opportunities", p. 746; Klooster, "Atlantic and Caribbean Perspectives", p. 62.

24) 예컨대, David Richardson, "The Slave Trade, Sugar, and British Economic Growth, 1748-1776", Journal of Interdisciplinary History, vol. 17, no. 4(1987), pp. 739~769를 보라. 하지만 비교의 방법을 취하는 최근의 가장 중요한 성과는 생태환경사 분야에서 나왔다. J.R. McNeill, Mosquito Empires: Ecology and War in the Greater Carribean, 1620-1914, (New York: Cambridge University Press, 2010).

25) Armitage, "Three Concepts of Atlantic History", pp. 18~21; Games, "Atlantic History: Definitions, Challenges, and Opportunities", p. 746.

26) Armitage, "Three Concepts of Atlantic History", pp. 17~18; Games, "Atlantic History:

드물다고 할 수 있다.[27] 이런 연구 현황 속에서 대서양사 연구에서 비교적 보기 힘든 프랑스 역사가인 폴 뷔텔의 『대서양』은 다양하게 전개된 대서양사 연구의 성과들을 종합할 뿐 아니라 첫째 유형의 역사를 지향한다는 의미에서 주목할 만하다.

III. 『대서양』과 '대서양사'

폴 뷔텔의 『대서양』은 영어판이 1999년에 출간되었고, 프랑스어판은 1997년에 출간되었다.[28] 따라서 이 책에는 적어도 1990년대와 그 이전의 대서양사 연구 성과들이 비교적 충실하게 담겨 있으며, 아울러 뷔텔이 프랑스 역사가인 만큼 대서양사에 관한 여러 평론들에서 다루지 않는 프랑스어권 역사가들의 업적들도 포함하고 있다. 게다가 뷔텔은 일

Definitions, Challenges, and Opportunities", p. 747; Klooster, "Atlantic and Caribbean Perspectives", p. 70. 아미티지에 따르면, '환대서양 역사'라는 용어를 처음 제시한 것은, Joseph Roach, *Cities of the Dead: Circum-Atlantic Performance* (New York, Columbia University Press, 1996)이다.

27) Games, "Atlantic History: Definitions, Challenges, and Opportunities", p. 747; Klooster, "Atlantic and Caribbean Perspectives", p. 72. 게임즈는 이런 유형에 속하는 역사로 앨프리드 크로스비(Alfred W. Crosby)의 『콜럼버스적 교환(*The Columbian Exchange*)』을 들고 있는데, 과연 크로스비의 이 기념비적인 저작을 대서양사로 분류하는 것이 옳은지 의문이다. Alfred W. Crosby, *The Columbian Exchange: Biological and Cultural Consequences of 1492* (1972), 김기윤 옮김, 『콜럼버스가 바꾼 세계』(지식의 숲, 2006).

28) 뷔텔의 책의 프랑스어판 제목은, *Histoire de l'Atlantique: De l'Antiquité à nos jours*이다. 필자가 "옮긴이 후기"에서도 지적했지만, 뷔텔의 책의 영어판과 프랑스어판은 편제와 내용에 있어 상당한 차이를 갖고 있어 별개의 책으로 봐야 한다. 프랑스어판에서는 '프랑스령 대서양(French Atlantic)'에 대한 내용이 큰 비중을 차지하는데, 영어판의 경우는 영어권 독자에 맞추어 프랑스령 대서양의 내용을 줄이고 영국령 대서양의 내용을 크게 늘여 놓았다.

반적으로 대서양사 연구자들이 이야기하는 대서양사의 시간 범위인 16
세기~18세기의 경계를 넘어서 고대부터 현대에 이르는 2,000년이 훨씬
넘는 시간 범위를 대상으로 책을 서술하고 있다.[29] 이런 점에서 뷔텔의
『대서양』을 살펴보는 것은, 대서양과 관련한 거의 모든 연구 성과들을
대략적으로 일별할 수 있는 기회가 될 것이다.

뷔텔은 프랑스의 보르도 3대학(Université de Bordeaux III)의 근대사 교수
로서 대서양공간사연구센터(Centre d'histoire des espaces atlantiques)를 세우고
그 소장을 역임했다. 1973년에 받은 박사학위 논문의 주제 "18세기 후
반 보르도의 상업사"가 보여주듯이,[30] 처음에는 프랑스 대서양 연안의
대표적 해항도시 보르도의 무역 및 경제사를 주로 연구했으나, 점차 영
역을 확대해 16세기에서 18세기에 이르는 대서양의 프랑스령 식민지의
경제적 양상들을 다루었다.[31]

책의 내용은 먼저 1장에서 유럽의 '지리적 팽창' 이전 대서양에서 유
럽인의 활동 양상을 정리하고, 2장부터 5개 장에 걸쳐 15세기 이후 아프
리카 연안으로의 포르투갈의 확장 과정과 콜럼버스의 아메리카 발견,
그리고 그 결과로서 등장한 스페인·포르투갈 중심의 '서인도 항로'의
등장과 전개, 17세기 이베리아 국가들의 대서양에 대한 여타 유럽 국가
들의 도전을 다룬다. 이어서 18세기 대서양을 둘러싸고 전개된(사실은 세
계 패권을 둘러싸고 전개된) 영국과 프랑스의 경쟁을 다룬 후 17세기와 18세

---

29) 하지만 뷔텔도 자신의 책에서 16~18세기의 시기를 가장 비중 있게 다루고 있어 이 시기에
    해당하는 내용(260쪽 정도)이 전체(510여 쪽)의 반 정도를 차지한다.

30) Paul Butel, "L'Histoire commerciale bordelaise dans la seconde moitié du XVIIIe siècle",
    Ph.D. diss., Université de Paris I(1973).

31) 그 대표적 성과가 주 11)에서 소개한, 4권으로 구성된 『프랑스령 앤틸리스제도의 역사
    (Histoire des Antilles françaises)』이다.

기에 대서양에서 이루어진 정치적·사회적·문화적 측면의 변화를 정리하고, 무엇보다 대서양을 횡단하여 전개된 사람(이민 및 노예)의 이동을 강조한다. 이후 나머지 2개 장은 각각 19세기와 20세기의 대서양을 다루는데, 19세기의 대서양 부분은 전적으로 이주의 역사에 할애되고 있으며, 20세기의 경우는 대서양세계의 성격변화, 그리고 대서양세계 핵심 축의 이동을 설명하고 있다.[32)]

뷔텔의 책이 여러 모로 주목되는 이유는, 앞서도 말했듯이 대서양사의 일반적 시간 경계를 넘어서 고대 부분만이 아니라 19세기 이후 현대까지의 역사도 다루고 있는 점이다.[33)] 그리고 무엇보다 뷔텔의 책이 기여하는 바는 대서양의 중심축이 동과 서에 위치한 대륙 간의 동·서 축에서 20세기 이후 남·북 축이 더 중요해지고 전체적인 대서양 상의 물적·인적 교류의 양상이 호리병 구조를 갖게 되었음을 강조하는 것이다.[34)] 이는 분명 대서양사 연구의 전체적 인식에 중요한 기여를 한 것이라고 여겨진다.

하지만 뷔텔의 책은 그 자체로 대서양사 연구가 현재 가진 한계도 드러낸다고 생각한다. 분명 시대적 경계를 넘어서, 게다가 일반적으로 대서양사가 가지는 동·서 축을 넘어서 남·북 축까지도 고려하는 장점을 가짐에도, 뷔텔의 책은 기존의 대서양 연구에 기초한 것이기에, 전적으로 유럽인들의 대서양 진출의 역사로 구성되어 있다고 단정해도 좋을

---

32) 이상의 내용과 책의 주요 구성은 Butel, 『대서양』의 목차를 보면 대략적으로 파악할 수 있다.

33) 현재 주로 근대 초기(즉, 근세)에 한정되어 있는 대서양사를 근대로까지 확장할 것을 주장하는 글은, Donna Gabaccio, "A Long Atlantic in a Wider World", *Atlantic Studies* 1(2004), pp. 1~27 참조.

34) Butel, 『대서양』, 501~510쪽.

정도이다. 고대부터 15세기까지의 역사도 순전히 바이킹이나 서유럽의 대서양 연안 지역 어부들의 북대서양 항로 개척 및 진출 과정에 대한 서술로 일관한다. 15세기 이후의 서술에서는 노예제와 노예무역 문제가 비중 있게 다루어짐에도, 정작 아프리카 자체에 대한 연구 성과의 반영은 거의 이루어지지 않는다.[35] 심지어 1990년대 후반이라는 시점에 글을 썼음에도 뷔텔은 아프리카를 "암흑대륙(dark continent)"이라고 부르며 유럽 중심적인 인식 태도를 강하게 드러낸다.[36]

대서양은 인간과 무관하게 지금으로부터 2억 년 전에 모습을 드러내기 시작했고 그 이후 5,000년에 걸쳐 계속 지질학적 변동을 거치며 1억 년을 전후해 완전히 모습을 갖추게 되었다.[37] 그때부터 오늘날의 지리 단위로서 아메리카와 유럽, 아프리카가 대서양에 접해 존재했다.[38] 그리고 그곳들에서는 수많은 사람들이 대서양과 관계를 맺으며 살아왔다. 하지만 뷔텔의 『대서양』은 유럽인들이 대서양을 인식한 시점부터 시작하고 그들의 인식이 변해가는 추이를 기본적인 얼개로 삼아 진행된다. '대항해시대'라고 칭송되는 16세기 이래 유럽인들의 대양 진출에 대해서도 오로지 그들이 대서양에서 벌인 활동만 이야기되며, 대서양 양안의 많은 다른 이들이 무엇을 했는지는 이야기되고 있지 않다. 마치 대서양

---

35) Games, "Atlantic History: Definitions, Challenges, and Opportunities", p. 746.

36) Butel, 『대서양』, 335쪽.

37) 정확히는 북대서양과 남대서양이 서로 연결되는 9,400만 년 전이라고 볼 수 있다. Rainer F. Buschmann, *Oceans in World History* (New York: McGraw-Hill, 2007), p. 2.

38) 우리가 현재 사용하고 있는 대양과 대륙의 명칭들을 하나의 '담론적 구성'으로 파악하여 역사 지리적으로 접근하는 있는, Martin W. Lewis, "Dividing the Ocean Sea", *Geographical Review*, vol. 89, no. 2(1999), pp. 188~214; Martin W. Lewis and Kären W. Wigen, *The Myth of Continents: A Critique of Metageography* (Berkeley: University of California Press, 1997)를 참조.

이란 유럽인만이 관계 맺은 바다인 것처럼 쓰인 책의 내용은 어쩌면 이 '대서양사'가 완전한 것과는 거리가 먼 아주 일부분의 역사에 지나지 않음을 그대로 보여준다고 생각된다.

그리고 솔직히 이런 비판적 평가는 뷔텔에게만 해당되는 것도 아니다. 필자와 마찬가지로 뷔텔의 이런 경향을 강하게 비판하는 게임즈도 정작 대서양사의 연구 성과를 정리하면서는 그것이 유럽인의 아메리카 식민지 역사에 대한 연구에 양적으로 집중되어 있음을 인정한다.[39] 2013년에 작성된 크루스터의 대서양사에 대한 평론 논문도 참고하고 있는 연구 성과의 거의 80퍼센트 이상을 아메리카 식민지 역사와 노예제 및 노예무역 연구에 의거하고 있다.[40] 즉 뷔텔의 『대서양』이 가지는 한계는 대서양사 연구의 전체가 가지는 한계를 반영한 것이며, 이는 사실 현재까지도 계속 이어지는 상황이라고 할 수 있다.

IV. 비판적 전망

20세기 후반에 전통적 역사서술의 대안 중 하나로서 정착한 세계사 (World History) 역사서술의 일환으로 자리 매김한 '바다에서 보는 역사 (Sea[Ocean]-based history)'는 바다를 인간의 발전을 방해한 장애물이 아니라 인간의 활동과 역사적 전개에 깊은 영향을 준 활발한 "운동"의 공간으로 파악한다.[41] 그래서 '바다에서 보는 역사'는 인간 역사에 바다가 끼친

---

39) Games, "Atlantic History: Definitions, Challenges, and Opportunities", p. 750.

40) Klooster, "Atlantic and Caribbean Perspectives"의 각주에 인용된 논문들을 참조.

영향에 초점을 두고 바다에서 전개된 인간의 활동에 관심을 기울이며 바다를 자율적 역사공간으로 상정하고자 하는 역사이다.[42] 이렇게 바다를 중심에 두고 역사를 바라볼 때 "인간이 생활하는 공간, 사람·물건·정보가 이동 교류하는 장으로서의 바다"를 해양권역으로 상정할 수 있다. 대서양은 적어도 16세기 이후 바다를 통한 빈번한 사람·물건·정보의 이동 교류가 이루어져 왔기에, 충분히 이런 해양권역으로서 인정할 만하다. 하지만 하나의 해양권역을 인정한다고 해서 다른 측면에서 상정 가능한 해양권역을 인정하지 못하는 것은 아니다. 예컨대, 대서양보다 훨씬 넓은 권역을 이루는 태평양을 하나의 해양권역으로 인정한다고 해서 그 태평양의 북쪽 지역에서 이루어진 베링 해협 및 알래스카 권역이 무시되어선 안 되며, 태평양의 북서쪽에 위치한 소위 '동아시아 해양권역'을 인정해선 안 되는 것도 아니다. 그런 점에서 대서양사의 여러 평론들에서 보이는 해양권역 개념은 일정하게 폐쇄적이라는 느낌을 갖게 한다.

사실 대서양사 연구자들 사이에서 대서양사를 역사학 내에서 위치 설정하는 문제는 일관되지 않고 일정하게 바뀌어 왔다. 처음 베일린은 대서양사의 고유성을 강조했고, 나아가 연구 대상을 유럽과 아메리카 대륙으로만 한정했다.[43] 이런 독자성 내지 고유성에 대한 강조는 2000년대 초까지 이어져 케니의 글은 대서양사가 세계사의 일부가 아니며 그와 분리해서 접근되어야 한다고 강조했다.[44] 하지만 2000년대 중반부

---

41) Buschmann, *Oceans in World History*, pp. 2~6.

42) 현재열, 「바다에서 보는 역사와 8~13세기 '해양권역'의 형성」, 『역사와 경계』 96(2015), 188~189쪽.

43) 이는 Bailyn, *Atlantic History: Concept and Contours*의 전체 기조이다.

44) Canny, "Atlantic History: What and Why?", pp. 408~409.

터 이런 대서양사의 고유성, 독자성에 대한 강조는 세계사의 "일부(a slice)"라는 인정으로 바뀐다. 게임즈는 대서양사를 세계사의 일부로 인정하면서 "그것은 닫힌 한 단위(a contained unit) 내에서 일어나는 글로벌적인 과정과 리저널(regional)적인 과정을" 동시에 교차하며 바라보는 "방식"이라고 주장한다.[45] 그리고 최근에는 나아가 대서양사를 '해양학(Thalassography)' 프리즘에 입각해 역사서술을 수행하는 것이라고 보며, 대서양사가 바다를 중심으로 보는 역사의 일부임을 인정하고 있다.[46]

그럼에도 여전히 대서양사라고 범주화되는 역사에는 몇 가지 문제가 상존하고 있는 것으로 보인다. 무엇보다 앞에서 말했듯이, 유럽인과 유럽인의 아메리카 식민지의 역사의 비중이 여전히 크며, 이들과 기존의 유럽 근대 제국사 연구와의 차별성이 무엇인지 여전히 불분명하다.[47] 게다가 대서양사를 상정하면서도 정작 대서양세계 형성의 최초 계기에 해당한다고 할 수 있는 경제사 연구 부분이 극히 적다.[48] 이는 아무래

---

45) Games, "Atlantic History: Definitions, Challenges, and Opportunities", p. 748.

46) Klooster, "Atlantic and Caribbean Perspectives", p. 60.

47) 2006년에 게임즈가 제시한 하버드 대학의 '대서양세계의 역사 국제세미나'에 제출된 워킹 페이퍼에 대한 양적 분석 결과는 이를 잘 보여준다. 1996년과 2004년 사이에 이 세미나에 제출된 워킹 페이퍼 268개 중 115개(약 43 퍼센트)가 영국령 대서양에 관한 것이며, 그 외 이베리아 국가들의 영역들과 초기 미국역사, 여타 유럽 국가들의 영역과 관련한 논문을 합치면 220개(약 82 퍼센트)가 유럽인과 관련된 것들이다. 나머지 중 43개 페이퍼가 국가적 경계를 넘는 비교 연구나 이주나 경제사에 해당하는 것들이었고, 불과 5편이 아프리카에 관련한 페이퍼였다. Games, "Atlantic History: Definitions, Challenges, and Opportunities", p. 750, 주 29) 참조. 크루스터는 대서양사가 전통적인 제국사 서술의 경향성을 극복하지 못한 것을 인정하며 이를 "지켜지지 않은 약속들(unfulfilled promises)"이라고 한다. Klooster, "Atlantic and Caribbean Perspectives", p. 70.

48) 예컨대, 대서양사에 관련한 모든 평론들은 대서양 경제사의 고전적인 연구라 할 수 있는 얼 해밀턴(Earl J. Hamilton)의 연구들을 대서양사에 포함시키지 않고 있다. Earl J. Hamiton, "Imports of American Gold and Silver into Spain, 1503-1660", *The Quarterly Journal of Economics*, vol. 43, issue 3(1929), pp. 436~472; Earl J. Hamilton, "American Treasure and the Rise of Capitalism(1500-1700)", *Economica* 27(1929), pp. 338~357.

도 대서양 내에서 전개된 경제적 현상에 대한 접근이 대서양 외부와의 연결을 고려하지 않고는 불가능하다는 것 때문인 것 같다.[49] 한편 대서양세계를 상정할 때 중심 주제로 당연히 인정되어야 할 이주사 영역은 현재와 같은 시간 범위의 설정 속에서 극히 일부만을 볼 수 있을 뿐이다. 대서양세계의 인간의 이동에는 물론 장기간에 걸친 아프리카인 노예의 이동 문제가 포함되지만, 보다 중요하게 바라봐야 할 부분은 19세기 중반에서 20세기 초까지 전개된 대규모 유럽인의 이주일 것이다.[50] 즉 이 문제를 대서양사에서 다루기 위해서는 시간 범위를 19세기로, 나아가 20세기 초까지로 하향할 필요가 있는 것이다.[51]

　　아울러 대서양사 연구에서 가장 강조되고 있고, 연구 성과의 소개에서도 가장 중점을 두는 주제인 노예제 및 노예무역의 역사를 대서양사로 편입하는 것이 타당한지도 의문이다. 뷔텔의 『대서양』이 보여주듯이 이 주제에 대한 연구의 전통은 아주 오래되었고, 연구 성과도 아주 다양하게 축적되어 있다. 현재 대서양사는 주로 아프리카 노예를 하나의 주체로 상정하고 그들이 이주해간 사회에서 주체적으로 일으킨 변화에 관련해 많은 성과들을 산출하였다.[52] 그러나 이것은 노예제 및 노예무역을 아프리카에서 아메리카로의 사람의 이동이라는 측면으로만 강조하

49) Dennis O. Flynn and Arturo Giráldez, "Born with a 'Silver Spoon': The Origin of World Trade in 1571" Journal of World History vol. 6, no. 2(1995), pp. 201~221 참조.

50) Butel, 『대서양』, 430쪽에 따르면, 1840년에서 1914년 사이에 약 3,500만 명의 유럽인이 대서양을 건넜고 이중 600만 명이 이주의 파고가 가장 정점에 이른 1900년대에 대서양을 건넜다.

51) Games, "Atlantic History: Definitions, Challenges, and Opportunities", pp. 747~748; Klooster, "Atlantic and Caribbean Perspectives", pp. 72~73. 또한 Ulbe Bosma, "Beyond the Atlantic: Connecting Migration and World History in the Age of Imperialism, 1840-1940", International Review of Social History 52(2007), pp. 116~123도 참조.

52) Klooster, "Atlantic and Caribbean Perspectives", pp. 64~65.

게 되어 노예제 및 노예무역에 연루된 유럽인들의 반인륜적이고 비윤리적 측면에 대한 인식을 희석하는 결과를 낳는 것은 아닌지 의문이 들게 만든다. 오히려 수많은 노예제 및 노예무역의 발전과 전개를 고려한다면, 이 주제야말로 별개의 하나의 연구 분야로 인정하고 그 안에서 주체와 문화 형성 문제나 식민지 사회사의 문제, 아프리카 사회에 미친 영향과 그 결과에 대한 문제가 다루어져야 하는 것은 아닌가하는 생각이 든다.[53]

또한 대서양사의 당연한 일부로 간주되는 카리브해의 역사를 그저 대서양사의 일부로 여기는 것이 타당한지 하는 생각도 든다. 대서양사 연구자들은 카리브해를 "대서양의 축소판(microcosm)"이라고 부르고, "카리브해의 패턴에 대한 연구가 하나의 분야로서 대서양사를 대신해선 안된다"라고 강하게 주장하지만,[54] 카리브해를 연구하는 역사가들의 입장은 좀 다르다. 그들은 카리브해를 "세계사의 교차로"로 파악하며 끊임없이 변화하는 해양권역으로서의 성격을 가지기에, 세계사의 한 분야로서 독자적 시각 하에서 연구되어야 한다고 본다.[55] 한편으로 유럽을 그렇게 강조하면서도, 콜럼버스 이전에 유럽의 대서양 연안에서 전개된 활발한 인적·물적·문화의 다양한 교류가 대서양사에 포함되지 않는 이유도 불분명하다. 이 교류의 역사는 오랜 시간 범위를 가지며 긴밀하게 이루어졌기 때문에 당연히 하나의 해양권역으로 인정하는 것이 타당하

53) 이와 관련하여 아프리카 연구의 권위자인 G. 오스틴(Austin)의 논문이 주목된다. Gareth Austin, "Reciprocal Comparison and African History: Tackling Conceptual Eurocentrism in the Study of Africa's Economic Past", *African Studies Review*, vol. 50, no. 3(2007), pp. 1~28.

54) Klooster, "Atlantic and Caribbean Perspectives", pp. 73·76.

55) Gary Van Valen, "The Caribbean as Crossroads of World History", *World History Bulletin*, vol. 22, no. 2(2006), pp. 30~34.

다.56) 결국 대서양사에서는 해양권역의 설정에 대해 좀 더 유연한 접근의 필요가 제기된다. 앞서도 말했지만 거대한 해역이 하나 상정되었다고 해서 그 내에서 역사적으로 다양하게 전개된 다른 규모의 해양권역들을 무시해야 할 이유는 없다. 오히려 그런 해양권역들의 전개를 인정하고 그 속에서 이루어지는 연구 성과들을 모두 포괄할 수 있을 때, 앞서 말한 '환대서양 역사'로서의 대서양사가 제출될 수 있을 것이다.

이런 문제 때문인지 대서양사라는 역사 분야의 설정에 적극적으로 개입하고 참여하는 것은 주로 미국 역사가들이고 유럽 쪽의, 특히 프랑스나 스페인 및 포르투갈의 역사가들은 전통적인 역사적 시각을 견지하고 있다. 하지만 대서양사라는 설정이 가능하려면, 이들 역사가들의 연구 성과 역시 포괄적으로 접근해서 수용해야 한다.57)

V. 결 론

이상의 검토에 기초해서 보면, 현재 대서양사를 내세우는 역사가들이 대서양사의 독자성과 경계성을 지나치게 강조하면서 역사학의 한 하위 분야로 강하게 제시하는 것은 적절하지 않게 보인다. 오히려 대서양이라는 시간적·공간적 광역 범위를 포괄적으로 접근 가능한 역사학의 분

---

56) Donna A. Vinson, "The Western Sea: Atlantic History before Columbus", *The Northern Mariner/Le Marin du nord*, vol. 10, no. 3(2000), pp. 1~14.

57) 크루스터는 최근의 평론에서 카리브해 연구 성과를 정리하면서 프랑스나 스페인 쪽의 연구 성과도 일부 다루고 있지만, 전체적으로 대서양사 관련 평론들에서 프랑스나 스페인 쪽의 연구 성과를 다루는 것은 보기 힘들다.

석 단위 중 하나로 인정하면서 그 영역 내의 수많은 해역들의 설정과 접근을 인정해야 할 필요가 있는 것이 아닌가 한다.

현재 대서양사가 가지고 있는 문제를 요약하면 다음과 같다.

① 해양권역의 경계 설정이 지나치게 경직되어 있다. 즉 대서양사의 대상이 되는 시간적·공간적 범위를 정하는 데 유연함이 요구된다. 무엇보다 광역 해양권역으로서 대서양세계를 설정하더라도 그 내부에서 역사적 시간 흐름 속에서 발생하고 전개된 다양한 해양권역들을 인정하지 않는 것은 문제이다.

② 연구 성과가 유럽인의 대양 활동과 아메리카 개척 부분에 지나치게 집중되어 있어, 유럽중심주의의 위험을 항상 안고 있으며, 기존의 제국사 및 국가사와의 단절성이 모호해진다.

③ 이를 극복하기 위해 노예제 및 노예무역 연구를 대서양사는 적극적으로 포섭하고 있지만, 과연 이런 포섭이 타당한지 의문이다. 오히려 대서양사보다 더 오래된 역사적 연구 및 역사서술의 전통을 가진 노예제 및 노예무역의 역사는 그 자체로 하나의 연구 분야로 인정되어야 할 것이다.

지금까지의 경제적·생태학적 연구 성과에 근거해 봤을 때, 대서양사의 시간 범위의 시작으로 설정한 16세기 이후 대서양에서 전개된 인적·물적·문화의 교환은 결코 대서양만의 것일 수 없다. 이미 그 시기 다른 대양과 대륙과의 연결이 강하게 전개되고 있었다.[58] 이런 면에서 '대서양세계'의 경계성에 대한 지나친 강조는 오히려 대서양에 대한 유

---

58) Dennis O. Flynn, "Silver in a global perspective", in *The Cambridge World History*, vol. VI, part 2, eds., by J.H. Bentley, *et al.* (Cambridge: Cambridge Univ. Press, 2015), pp. 213~239.

럽의 주인의식을 옹호하고 일종의 '대서양 예외주의'라는 결과를 낳게 되는 것은 아닌지 의심스럽다. 예컨대, 2000년대 초에 나온 영향력 있는 대서양사 평론 논문은 대서양세계의 형성에 유럽인과 유럽계 아메리카인의 기여가 가장 컸고 따라서 그에 대한 집중은 정당하다고 주장했다.[59]

이런 태도는 지금은 많이 사라졌고, 대서양사 연구 성과들도 이전보다는 좀 더 다양한 모습을 갖고 있지만, 그럼에도 대서양사는 여전히 프랑스와 스페인, 포르투갈 등 비(非)영·미권 역사가들의 지지를 받지 못하고 있다. 이를 두고 대서양사 연구자들은 비영·미권 역사가들이 낡고 전통적인 국가사나 제국사 패러다임에서 벗어나지 못하고 있다고 평하고 있지만, 오히려 비영·미권 역사가들의 입장에서 보면, 대서양사야 말로 새로운 부대를 가장하면서 내용은 낡은 술을 담고 있는 것으로 보인다. 대서양사 연구자들이 원하듯이, 진정으로 새 술을 새 부대에 담고자 한다면, 앞서 지적한 여러 가지 한계를 넘어서야 하며, 무엇보다 해양권역 설정에서 가진 경직성을 극복해야 할 것이다.

---

59) Canny, "Atlantic History: What and Why?", p. 408.

▌참고문헌

Armitage, David, "Three Concepts of Atlantic History", in David Armitage and Michael J. Braddick (eds.), *The British Atlantic World, 1500-1800*, New York: Palgrave, 2002, pp. 11~27.

Austin, Gareth, "Reciprocal Comparison and African History: Tackling Conceptual Eurocentrism in the Study of Africa's Economic Past", *African Studies Review*, vol. 50, no. 3(2007), pp. 1~28.

Bailyn, Bernard, "The Idea of Atlantic History", *Itinerario*, vol. 20, no. 1(1996), pp. 19-44. Reproduced in Bernard Bailyn, *Atlantic Histroy: Concept and Contours*, Cambridge, Mass.: Harvard University Press, 2005, pp. 1-56.

_____, *Atlantic Histroy: Concept and Contours*, Cambridge, Mass.: Harvard University Press, 2005.

Bentley, Jerry H., "Sea and Ocean Basins as Frameworks of Historical Analysis", *The Geographical Review*, vol. 89, no. 2(1999), pp. 215~224.

Bosma, Ulbe, "Beyond the Atlantic: Connecting Migration and World History in the Age of Imperialism, 1840-1940", *International Review of Social History* 52(2007), pp. 116~123.

Brucki, A., D. Eltis and D. Wheat, "Atlantic History and the Slave Trade to Spanish America", *American Historical Review*, vol. 120, no. 2(2015), pp. 433~461

Buschmann, Rainer F., *Oceans in World History*, New York: McGraw-Hill, 2007.

Butel, Butel, "L'Histoire commerciale bordelaise dans la seconde moitié du XVIIIe siècle", Ph.D. diss., Université de Paris I(1973).

_____, *Histoire des Antilles françaises, XVIIe-XXe siècles*, 4 vols., Paris: Perrin., 2004

Canny, Nicholas, "Atlantic History: What and Why?", *European Review*, vol. 9, no. 4(2001), pp. 399~411.

Chaunu, Pierre et Hugette Chaunu, *Séville et l'Atlantique, 1504-1650*, 12 vols., Paris: SEVPEN, 1955-1960.

Curtin, Philip D., *The Rise and Fall of the Plantation Complex: Essays in Atlantic History*, Cambridge: Cambridge University Press, 1990, 2nd ed., 1998.

Elliott, John, "Afterward. Atlantic History: A Circumnavigation", in David Armitage and Michael J. Braddick (eds.), *The British Atlantic World, 1500-1800*, New York: Palgrave, 2002, pp. 233~249.

Flynn, Dennis O., "Silver in a global perspective", in *The Cambridge World History*, vol. VI, part 2, eds., by J.H. Bentley, et al., Cambridge: Cambridge Univ. Press, 2015, pp. 213~239.

_____ and Arturo Giráldez, "Born with a 'Silver Spoon': The Origin of World Trade in 1571" *Journal of World History*, vol. 6,, no. 2(1995), pp. 201~221.

Gabaccio, Donna, "A Long Atlantic in a Wider World", *Atlantic Studies* 1(2004), pp. 1~27.

Games, Alison, "Atlantic History: Definitions, Challenges, and Opportunities", *American Historical Review*, vol. 111, no. 3(2006), pp. 741~757.

Hamilton, Earl J., "Imports of American Gold and Silver into Spain, 1503-1660", *The Quarterly Journal of Economics*, vol. 43, issue 3(1929), pp. 436~472.

_____, "American Treasure and the Rise of Capitalism(1500-1700)", *Economica* 27(1929), pp. 338~357.

Klooster, Wim, "Atlantic and Caribbean Perspective: Analyzing a Hybrid and Entangle World", in Peter N. Milller (ed.), *The Sea: Thalassography and Historiography*, Ann Arbor: The University of Michigan Press, 2013, pp. 60~83.

Lewis, Martin W., "Dividing the Ocean Sea", *Geographical Review*, vol. 89, no. 2 (1999), pp. 188~214.

_____ and Kären W. Wigen, *The Myth of Continents: A Critique of Metageography*, Berkeley: University of California Press, 1997.

McNeill, J.R. *Mosquito Empires: Ecology and War in the Greater Caribbean, 1620-1914*, New York: Cambridge University Press, 2010.

Richardson, David, "The Slave Trade, Sugar, and British Economic Growth, 1748-1776", *Journal of Interdisciplinary History*, vol. 17, no. 4(1987), pp. 739~769.

Roach, Joseph, *Cities of the Dead: Circum-Atlantic Performance*, New York, Columbia University Press, 1996.

Van Valen, Gary, "The Caribbean as Crossroads of World History", *World History Bulletin*, vol. 22, no. 2(2006), pp. 30~34.

Vinson, Donna A., "The Western Sea: Atlantic History before Columbus", *The Northern Mariner/Le Marin du nord*, vol. 10, no. 3(2000), pp. 1~14.

Braudel, Fernand, *La Méditerranée et le monde méditerranéen à l'époque de Philippe II* (1949, 9th éd. 1990), 주경철 외 옮김, 『지중해: 펠리페 2세 시대의 지중해 세계』 전3권, 까치, 2017.

Butel, Paul, *The Atlantic* (1999), 현재열 옮김, 『대서양: 바다와 인간의 역사』, 선인, 2017.

Chaudhuri, K.N., *Asia before Europe* (1990), 임민자 옮김, 『유럽 이전의 아시아: 이슬람의 발흥기로부터 1750년까지 인도양의 경제와 문명』, 심산, 2011.

Crosby, Alfred W., *The Columbian Exchange: Biological and Cultural Consequences of 1492* (1972), 김기윤 옮김, 『콜럼버스가 바꾼 세계』, 지식의 숲, 2006.

Haneda Masashi (ed.), *Asian Port Cities, 1600-1800* (2009), 현재열·김나영 옮김, 『17-18세기 아시아 해항도시의 문화교섭』, 선인, 2012.

김대륜, 「영국사, 대서양사, 지구사−영국사 연구의 새로운 지평?」, 『영국연구』 23 (2010), 1~29쪽.

현재열, 「브로델의 『지중해』와 '해역세계(Maritime World)'」, 『역사와 세계』 42(2012), 193~219쪽.

_____, 「바다에서 보는 역사'와 8~13세기 '해양권역'의 형성」, 『역사와 경계』 96 (2015), 183~214쪽.

羽田正 編, 『海から見た歷史』, 東京: 東京大學出版會, 2013.

Burnard, Trevor, "The Idea of Atlantic History", Oxford Bibliographies, URL: http://oxfordbibliographies.com/view/document/obo-9780199730414/obo-9780199730414-0007.xml(2018년 3월 6일 참조).

H-Atlantic, URL: https://networks.h-net.org/h-atlantic.

International Seminar on the History of the Atlantic World (Harvard University), URL: http://www.fas.harvard.edu/~atlantic/index.html.

제II부

동아시아 해역의
배와 선원

円仁의 『入唐求法巡禮行記』에 기록된
船舶部材 '搙栿'에 대한 비판적 고찰
  – 김성준

李志恒 『漂舟錄』 속의 漂流民과
海域 세계
  – 김강식

영국범선의 용당포 표착 사건
  – 이학수·정문수

한국 상선 해기사의 항해 경험과
탈경계적 세계관
  : 1960~1990년의 해운산업 시기를
   중심으로
  – 최은순·안미정

円仁의
『入唐求法巡禮行記』에 기록된
船舶部材 '摙椳'에 대한
비판적 고찰

김 성 준

I. 머리말

일본은 견당사를 15회 파견하였는데,[1] 838년 견당사의 항해와 관련해서는 이에 동승한 엔닌(円仁)이 『入唐求法巡禮行記』를 남김으로써 그 항해의 전말이 상세하게 남아 있다. 이 기록에서 특히 관심을 끄는 것은 엔닌이 승선한 견당사선이 중국의 揚州 海陵縣 연안에 표착했을 때인 6월 29일자에 기록된 船舶部材 '摙椳' 또는 '檋椳'다. 가장 오래된 필사본인 東寺 觀智院 본에 '摙椳'로 표기되었으나 인쇄본으로 출판하는 과정에서 '檋椳'로 오기되었고, 이것이 널리 알려지게 되었다. 摙는 捻

---

[1] 石井謙治, 『圖説和船史話』(至誠堂, 1983), 20쪽; 上田雄, 『遺唐使全航海』(草思社, 2006), 34쪽. 이에 대해 도노 하루유키(東野治之)는 20회로 세분하고 있다. 東野治之, 『遺唐使船』(朝日新聞, 1999), 28~29쪽.

(비틀 ⑭), 搵(잠길 ⑳), 拄(떠받칠 ㉜) 등의 의미가 있으며, 중국식 발음으로
는 niǎn, wèn, zhǔ로 각각 달리 발음되고, 우리나라에서는 비틀 ⑭/⑭,
문지를 ⑭/⑭, 버틸 ㉜ 등으로 발음되고 있다.2) 이에 대해 橷는 鑛(괭
이 ⑭), 耨(김맬 ㉜)와 같으며, '괭이'나 '호미'를 뜻한다. 하지만 樴는 중국,
한국, 일본에서 전혀 사용되지 않는 한자다. '搙樴'로 쓸 경우 지지용 선
박부재일 것으로 추정할 수 있으나, '橷樴'로 쓸 경우에는 무엇을 의미
하는지 불분명하게 된다.

따라서 船底 結構, 횡강력재, 披水板(側版) 등 여러 견해가 제기된 바
있다. 韓·中·日의 『입당구법순례행기』 편역자들은 대개 선박 관련 비
전문가들이어서 '搙樴' 또는 '橷樴'를 글자 위주로 해석하여 선저 구성
재, 선저 結構, 船體 部材 등으로 해석하거나, '搙栿'의 오기로 보아 '선
체 지지용 부재'로 해석하기도 한다. 이를 테면 『入唐求法巡禮行記』 주
요 출판본에서는 '搙樴' 또는 '橷樴'를 "선저의 한 구성재(結構)",3) "선저
용골을 지지하는 버팀(撑) 結構",4) "선체 부재 중 일부",5) "배 밑의 組立
材",6) "배 밑의 골격을 이루는 횡목"7) 등으로 해석하는 반면, 최근식은
"신라형 범선의 견당사선에 설치된 피수판"8)으로 보았고, 허일은 '橷樴'

---

2) 『漢語大字典』(四川/湖北 辭書出版社, 1993), 811쪽; 단국대학교 동양학연구소, 『漢韓大辭典』
   6(2003), 26쪽; 張三植 著, 『韓中日英 漢韓大辭典』(教育出版公社, 1996), 630쪽.

3) 『入唐求法巡禮行記』, 『大日本佛敎全書』 제113권(文海出版社有限公司印行, 1915), 2쪽.

4) 白化文·李鼎霞·許德楠 修訂校註, 周一良 審閱, 『入唐求法巡禮行記校註』(花山文藝出版, 1992),
   7쪽.

5) Edwin Reischauer, Ennin's Diary(Ronald Press Co., 1955), p. 7.

6) 申福龍 번역·주해, 『입당구법순례행기』(정신세계사, 1991), 109~110쪽.

7) 深谷憲一 譯, 『入唐求法巡禮行記』(中央公論社, 1995), 26쪽; 金文經 역주, 『엔닌의 입당구법순
   례행기』(중심, 2001), 25쪽.

8) 최근식, 『신라해양사연구』(고려대학교출판부, 2005), 109~110쪽.

를 '桭袱'의 오기로 보아 "횡강력재"[9]로 보았다.

이 논문은 『입당구법순례행기』에 기록된 선박부재 '搙栿(檽栿)'가 무엇인지를 기존 견해를 비판적으로 재검토해 본 것이다. Ⅱ에서는 『입당구법순례행기』의 여러 판본에 '搙栿' 또는 '檽栿'가 어떻게 기록 내지 해석되고 있는지 살펴보고, Ⅲ에서는 견당사선의 선형에 대한 여러 연구자들의 견해를 검토할 것이다. Ⅳ에서는 여러 학자들의 주장을 따랐을 경우 견당사선의 '搙栿' 또는 '檽栿'가 선박의 어떤 부재였을 지를 비교하여 필자의 견해를 제시해 볼 것이다. 이는 『입당구법순례행기』의 편역자들이 선박 비전문가들인 데서 비롯된 필사 내지 해석상의 오류를 바로잡는다는 점에서 학계에 자그마한 기여를 할 것이다.

Ⅱ. 『入唐求法巡禮行記』의 선박부재 관련 기사와 해석

『입당구법순례행기』의 필사본으로는 東寺 觀知院 本과 津金寺 本이 알려져 있다. 東寺 觀知院 本은 1291년 兼胤이 필사한 것으로 寬圓 스님에 의해 재필사된 뒤, 1391년 賢寶 스님이 주석을 달았다. 東寺 觀知院 本의 촬영판이 오카다 마사유키(岡田正之)에 의해 1926년 東洋文庫論叢 제7권으로 출판된 바 있다.[10] 津金寺 本은 교토 인근 比叡山의 松禪院에 소장되어 있던 필사본을 1805년 나가노(長野) 縣에 있는 津金寺의

9) 허일·崔云峰, 「입당구법순례행기에 기록된 선체구성재 누아에 대한 소고」, 『한국항해항만학회지』 제27권 제5호(2003), 597쪽.

10) 岡田正之 識, 『入唐求法巡禮行記』(東京: 東洋文庫刊, 1926).

住持 초카이(長海) 스님이 필사한 것이다.[11] 津金寺 本은 池田 本으로도 불리는데, 이는 津金寺의 승려였던 이케다 초덴(池田長田)이 관장하고 있었기 때문이다.

『입당구법순례행기』는 보통 1915년 『大日本佛敎全書』의 遊方傳叢書에 포함된 출판본이 저본으로 널리 활용되고 있다. 『大日本佛敎全書』의 『入唐求法巡禮行記』는 東寺 觀知院(일본 京都 소재) 本[12]을 1906년 『續續群書類從』(제12권, 國書刊行會)에 처음 활자본으로 수록되었고,[13] 활자본으로 수록된 것을 다시 津金寺 本(1805; 『四明餘霞』 제329호 부록, 1914)을 참조 및 수정하여 출판된 것이다.[14] 이밖에도 호리 이치로(堀一郎)가 편역한 堀 本,[15] 오노 가쓰토시(小野勝年)가 출판한 小野 本,[16] 아다치 기로쿠(足立喜六)가 역주한 足立 本,[17] 후카야 겐이치(深谷憲一)가 번역한 深谷 本[18] 등이 일본에서 출판되었고, 顯承甫와 何泉達이 교주한 上海古籍出版社 本[19]과 白化文 등이 小野 本을 교주한 花山文藝出版社 本[20] 등이 중화권에서 출판되었다. 그리고 영어권에서는 Reischauer가 1915년 『大日本

---

11) Edwin Reischauer, *Ennin's Diary*, p. viii.

12) 東寺 觀知院 소장 필사본은 寬圓 스님에 의해 재필사되었고, 1391년 賢寶 스님이 필사본에 주석을 달았다. 東寺 觀知院 소장 필사본의 팩시밀리판이 岡田正之(오카다 마사유키)에 의해 1926년 東洋文庫論叢 제7권으로 출판된 바 있다. 岡田正之 識, 『入唐求法巡禮行記』(東京: 東洋文庫刊, 1926).

13) 國書刊行會 編, 入唐求法巡禮行記, 『續續群書類從』 第12: 宗敎部2(東京: 國書刊行會, 1906).

14) 김문경 역주, 『入唐求法巡禮行記』, 일러두기.

15) 堀一郎, 『入唐求法巡禮行記』, 國譯一切經, 史傳部 25(大東出版社, 1935).

16) 小野勝年, 『入唐求法巡禮行記の研究』(鈴木學術恒團, 1964-68).

17) 足立喜六 譯註・塩入良道 補註, 『入唐求法巡禮行記』 2권, 東洋文庫 권157(平凡社, 1985).

18) 深谷憲一 譯, 『入唐求法巡禮行記』(中央公論社, 1990).

19) 顯承甫・何泉達 點交, 『入唐求法巡禮行記』(上海古籍出版社, 1986).

20) 白化文・李鼎霞・許德楠 修訂校註, 周一郎 審閱, 『入唐求法巡禮行記校註』(花山文藝出版社, 1992).

佛教全書』에 포함된 출판본을 저본으로 한 영역본을 1955년에 출판한 바 있다.[21] 한국어로는 申福龍의 주해본과 金文經 역주본이 출판되었다.

이상에서 살펴본 바와 같이, 『입당구법순례행기』의 여러 판본들은 기본적으로 1915년 『大日本佛教全書』에 포함된 東寺 觀智院 소장 필사본의 수정·출판본을 底本으로 하고 있다. 여기에서는 『入唐求法巡禮行記』의 '搊栿' 또는 '欞栿' 관련 기사를 살펴보고, 각 판본의 편역자들의 견해를 살펴볼 것이다. 그리고 이러한 견해들을 종합적으로 검토하여 『入唐求法巡禮行記』에 기록된 '搊栿' 또는 '欞栿'가 선박의 어떤 구성재일지를 추정해볼 것이다.

먼저 承和五年(838) 6월 28일과 29일자 엔닌의 일기 가운데 선박과 관련한 주요 기사의 원문을 살펴보기로 하자.[22]

承和五年 (陰曆) 六月二十八日
停留之說 事以不當 論定之際 **剋逮酉戌**…船舶卒然超昇海渚…乍警落帆栿角 摧折兩度 東西之波 互衝傾船舶 栿葉著海底 船艛將破 仍截栿弃栿 卽遂壽漂蕩 東波來船西傾 西波來東側 洗流船上 不可勝計….

이곳에 머물러야 한다는 주장은 옳지 않은 것 같다. 논란을 정하려는 사이에 **오후 6~8시**가 되었다.…배가 갑자기 서서히 움직여 얕은 모래톱으로 올라섰다.…놀라서 엉겁결에 돛을 내렸으나, 키의 모서리(栿角)가 두 번이나 부서졌다. 동서에서 밀려오는 파도가 서로 부딪혀 배를 기울어뜨렸다. 키 판(栿葉)이 해저에 닿아서 배 고물(船艛)이 장차 부서질 듯하여 돛대를 자르고, 키를 버리니 곧 배가 큰 파도를 따라 표류하였다. 동쪽에서 파도가 밀려오니 배가 서쪽으로 기울었고, 서쪽에서 파도가 오니 (배가) 동쪽으로 기울었다. 물결이 배위를 휩쓸어가기를 헤아릴 수 없었다….

---

21) Edwin Reischauer, *Ennin's Diary*, p. x.

22) 원문 『入唐求法巡禮行記』, 『大日本佛教全書』, 1~2쪽; 번역문은 신복룡(1991)과 김문경(2001) 이 역주한 번역본을 참조하여 오역을 바로잡은 것이다.

承和五年 (陰曆) 六月二十九日

曉朝固 淦亦隨竭 令人見底 底悉破裂 沙埋撦桅 衆人設謀 今舶已裂 若再逢
潮生 恐增摧散歟 仍倒桅子 截落左右艫棚 於舶四方建棹 結纜撦桅 亥時望見
西方遙有火光 人人對之 莫不忻悅 通夜瞻望 山嶋不見 唯看火光

　새벽이 되자 조수가 빠져나감에 따라 흙탕물도 빠져나갔다. 사람을 시켜
배 밑을 살펴보게 했더니 배 밑이 모두 부서지고, 누아(撦桅)는 모래에 묻혀
있다고 했다. 여러 사람이 모여 대책을 세웠다. 만약 조수가 다시 밀려오면
배가 완전히 부서지지 않을까 두려워했다. 그리하여 돛대를 넘어뜨리고, 좌
우 노붕(艫棚)을 잘라내 사방에 탁자다리(棹)[23]처럼 세워 닻줄로 누아(撦桅)
에 묶었다. 밤 9시에 (해안을) 바라보니 서쪽 멀리서 불빛이 보였다. 서로 얼
굴을 바라보며 기뻐하지 않는 사람이 없었다. 밤을 새워 바라보았으나 산이
나 섬은 보이지 않고 불빛만 보였다.

　『入唐求法巡禮行記』 기사 중 선박부재와 관련한 용어를 간추려 보면,
平鐵, 桅葉, 桅角, 船艫, 桅, 撦桅, 艫棚, 纜, 船底二布材 등이다. 6월 27
일자에 "파도의 충격으로 떨어져 나간 것으로 기록된 平鐵(ひらがね)"은
"선체의 모서리나 이음새를 보호하기 위해 덧댄 쇠붙이"(隅鐵, すみがね)[24]

---

23) 棹는 zhào/ ⓥ로 읽을 때는 櫂와 동자이나, zhuō/ ⓦ으로 읽을 때는 卓과 동자다. 『漢語
大字典』(四川/湖北 辭書出版社), 517쪽; 李家源・權五惇・任昌淳 감수, 『東亞漢韓大辭典』(동아
출판사, 1982), 874쪽. 이 문장에서는 艫棚을 잘라 세웠으므로 櫂로 보기보다는 '卓'으로
보아야 한다. 신복룡은 위의 문장을 "돛대를 쓰러뜨려 자른 다음 좌우 노붕의 네 모서리
에 세우고 닻줄로 누아에 달아매었다"고 해석하여 돛대를 누아에 묶은 것으로 보고 棹를
해석하지 않았다(申福龍 번역・주해, 『입당구법순례행기』, 32쪽). 이에 대해 김문경은 "돛
대를 넘어뜨리고 좌우의 노붕을 잘라내어 배의 사방에 노를 세우고 닻줄로 누아에 묶었
다"고 해석해 棹를 '노'로 해석하였다(김문경 역, 『엔닌의 입당구법순례행기』, 25쪽). 한편,
E. Reichauer는 "We therefore took down the mast and cut down the left and right bow
planking and erected poles at the four corners of the ship and bound together"(우리는
돛대를 잘라내고, 좌우 선수의 노붕을 잘라내, 배의 네 귀퉁이에 세우고 누아에 묶었다)로
번역하였는데(Edwin Reischauer, Ennin's Diary, p. 7), 이는 잘라낸 '노붕'을 네 귀퉁이에,
즉 '탁자다리'처럼 세우고 누아에 묶었다고 본 것이다. 후카야 겐이치는 "좌우의 棚狀의
난간을 잘라 배의 사방에 장대(棹, かい)를 세우고 닻줄로 누아에 묶었다."(深谷憲一 譯,
『入唐求法巡禮行記』, 26쪽)고 번역하였다. 필자는 Reichauer와 후카야 겐이치의 견해가 타
당하다고 본다.

로 보기도 하지만, 일본어 독음인 'ひら
がね'의 또 다른 한자어 '平金' 또는 '扁鉦
으로 보아 "신호용 작은 징(gong)"으로 보
는 Reischauer의 설이 타당한 것으로 보
인다.[25] 柂葉의 柂는 柁나 舵와 같은 글
자이므로[26] 타엽은 키의 잎, 즉 키 판
(rudder blade)을, 柂角은 키의 모서리[27]를
각각 가리킨다. 船艫는 배의 선수 또는
선미,[28] 桅는 돛대, 艫棚은 선수 또는 선
미에 설치된 상부 구조물,[29] 纜은 닻줄을

東寺 觀知院 本의 필사체

---

24) 足立喜六 譯註·塩入良道 補註, 『入唐求法巡禮行記』 1권, 12쪽; 김문경 역주, 『入唐求法巡禮行記』,
22쪽; 申福龍 번역·주해, 『입당구법순례행기』, 20쪽.

25) Edwin Reischauer, *Ennin's Diary*, p. 4.

26) 단국대학교 동양학연구소, 『漢韓大辭典』 7(2003), 179쪽; 李家源·權五惇·任昌淳 감수, 『東
亞美韓大辭典』, 859~860쪽.

27) 柂角을 키(舵, rudder)로 보기도 하나(足立喜六 譯註·塩入良道 補註, 『入唐求法巡禮行記』 1
권, 7쪽; 김문경 역주, 『入唐求法巡禮行記』, 25쪽), Reischauer는 "corner of the rudder"로
번역하고 주석에서 "tiller를 의미할 수도 있다"고 부연설명하고 있다(Edwin Reischauer,
Ennin's Diary, p. 6).

28) '艫'는 쓰임에 따라 船頭와 船尾를 모두 의미할 수 있으나(『漢語大字典』[四川/湖北 辭書出版
社, 1416쪽; 『辭源』[北京, 商務印書館, 1979], 1279쪽), 여기에서는 키가 위치한 부분이 파
손되었기 때문에 선미로 보아야 한다.

29) Reischauer는 이를 "글자 그대로는 shelves(棚)를 의미하지만, 상부구조물의 일부(some
sort of superstructure)를 의미하는 게 분명하다"고 보고, 艫棚을 "bow planking"으로 번역
하였다(Edwin Reischauer, *Ennin's Diary*, p. 7). 그러나 필자는 棚이 갑판에 설치된 '거주
구역(船屋, ship's cabin) 內壁이나 外壁의 선반'으로 볼 수도 있다고 생각한다. 이 경우 棚
은 오늘날의 관념상으로는 편평한 板材를 연상하게 되지만, 옛 가옥이나 선박에서는 판재
를 쓰기보다는 껍질만 벗긴 圓材를 그대로 사용했을 가능성이 있다. 특히 貢物과 개인 물
품 등을 보관해야 하는 견당사선에서 판재로 선반을 만들 경우 배의 요동에 따라 물품이
떨어질 염려가 있다. 그러나 원재 형태의 나무로 선반을 만들게 되면 일부는 선반 위에
올릴 수도 있고, 일부는 물품을 줄로 매달 수도 있다는 장점이 있다. 이 점을 고려하면
棚은 용도상 선반이 분명하지만, 그 형태는 판재가 아니라 원재나 각재 형태였을 가능성

각각 의미한다. 7월 2일자에 기록된 船底二布材는 龍骨[30])이나 "선저 내부의 이중으로 깔려 있는 판재 중 두 번째 판재(船の內底の二重目 板)",[31]) 船底材[32])로 보기도 하지만, 이는 선저 파손부에 덧댄 임시 판재로 보는 게 타당한 것 같다.[33])

그런데 '撜栿' 또는 '橃栿'는 문자 그대로는 무엇을 의미하는지 불분명하다. 撜는 비틀 ⓝ/ⓥ, 문지를 ⓑ/ⓐ, 버틸 ⓣ 등으로 사용되고 있고, '橃'는 耩(김맬 ⓖ)나, 鏺(괭이 ⓟ)와 同字로 농기구인 '괭이'나 '호미'를 뜻하고,[34]) '栿'는 한·중·일 주요 字典에는 수록되어 있지 않는 글자여서 오기일 가능성이 높다. 따라서『入唐求法巡禮行記』의 여러 판본에서는 이를 그대로 적기도 하고, 이를 오기로 보아 대체어로 적기도 한다.

───────────────

이 크다. 圓材나 角材 형태의 棚이어야 이를 잘라내어(截畧) 탁자다리처럼 좌우사방에 세우고 닻줄로 橃栿(撜栿)에 묶을 수 있고, 어느 정도의 지지력도 확보할 수 있다.

또 다른 가능성으로는 '艫'를 同字인 '艪'로 볼 경우 艪棚(=櫓棚)이 되므로 이는 갑판부에서 선측 바깥으로 설치한 '노를 젓는 자리'로 볼 수도 있다. 艪棚(=櫓棚)으로 보게 되면, 노를 젓기 위한 발판으로 깔아놓은 角材나 圓材가 되어 이를 '탁자다리'처럼 좌우 사방에 세울 수 있다. 艪棚(=櫓棚)에 대한 이미지는 石井謙治 責任編輯, 復元日本大觀 4『船』(世界文化社, 1988), 70쪽을 참조하라.

30) 足立喜六 譯註·塩入良道 補註,『入唐求法巡禮行記』1권, 14쪽; 申福龍 번역·주해,『입당구법순례행기』, 23쪽; 김문경 역주,『入唐求法巡禮行記』, 27쪽.

31) 小野勝年,『入唐求法巡禮行記の硏究』권1, 113쪽.

32) 石井謙治,『圖說和船史話』, 26쪽.

33) 6월 28일 좌초 후, 6월 29일 선저 파손 확인 및 艫棚을 잘라 탁자다리처럼 세워 고정하고, 7월 1일자에는 미부노 가이산(壬生開山)을 해안으로 보내 구조대를 불러오도록 했다. 그런데 6월 30일자 일기가 누락되었는데, 이 날 파손된 선저에 '布材'를 덧대는 등 임시조치를 했던 것으로 보인다(Edwin Reischauer, Ennin's Diary, p. 8). '二'라는 숫자는 원래의 파손된 외판을 '元材, 즉 一材'로 보면, 그 위에 덧댄 것은 '二布材'가 된다. 또 다른 관점에서 보면, 선저 파손 부위가 여러 군데였고, 두 번째 파손 부에 덧댄 것이었기 때문에 '二布材'로 썼을 개연성도 있다. 선저 파손부를 판재로 막았기 때문에 7월 2일자에 "조수가 밀려오자 배가 떠서 수백 町 남짓 나아가다가 소용돌이와 세찬 조수에 배가 좌우로 크게 기울면서 二布材가 떨어져 흘러가 버린 것"으로 보인다.

34)『漢語大字典』(四川/湖北 辭書出版社), 531쪽;『辭源』, 874쪽; 諸橋轍次 著,『大漢和辭典』卷6(大修館書店, 1985), 494쪽; 李家源·權五惇·任昌淳 감수,『東亞漢韓大辭典』, 885쪽.

아래에서는 여러 판본에 '搙栰' 또는 '槈栰'를 어떻게 표기 및 해석하고 있는지 정리해 볼 것이다.

1. 岡田正之 識, 『入唐求法巡禮行記』(東京: 東洋文庫刊, 1926)
가장 오래된 필사본인 東寺 觀知院(일본 京都 소재) 本의 영인판으로 '搙栰'로 확인된다.[35]

2. 國書刊行會 編, 「入唐求法巡禮行記」, 『續續群書類從』 第12(東京: 國書刊行會, 1906)
東寺 觀知院(일본 京都 소재) 本 중 史料編纂掛所藏 寫本을 활자본으로 처음 출판된 판본으로 '搙栰'로 적었다.[36]

3. 『大日本佛教全書』 제113권 『入唐求法巡禮行記』(文海出版社有限公司印行, 1915)
이 판본은 교토 東寺 觀智院 소장 필사본을 津金寺 本(池田長田 소장본)을 참고하여 수정한 출판본으로, 원문에서는 '槈栰'로 적고, 註에서 '**振**時誤作**槈**或**桭栿**歟栰'라 하여 "振(들 ㉧)은 때때로 **槈**나 桭으로, 栿는 栰로 잘못 쓰여지기도 한다"고 설명하여 '振(桭)栿'의 오기일 가능성을 제시하였다.[37] 중국에서 출판된 顧承甫 · 何泉達 點交, 『入唐求法巡禮行記』, 한국에서 출판된 申福龍의 한글번역본과 金文經의 한글번역본이 모두 '槈栰'를 그대로 적었다.

4. 小野勝年, 『入唐求法巡禮行記の研究』 巻1(鈴木學術財團, 1964)
'**搙栿**(누복)'으로 적고, 각주에 "抄本에는 **搙**栰로 적혀있는데, 槈는 농기구의 일종이고, 搙는 이것을 사용하여 밭을 가는 것"이라고 설명하였다."[38]

5. 白化文 · 李鼎霞 · 許德楠 修訂校註, 周一良 審閱, 『入唐求法巡禮行記校註』(花山文藝出版, 1992)

35) 岡田正之 識, 『入唐求法巡禮行記』, 5와 6쪽.

36) 國書刊行會 編, 「入唐求法巡禮行記」, 『續續群書類從』 第12(東京, 1906), 3과 165쪽.

37) 『入唐求法巡禮行記』, 『大日本佛教全書』 제113권, 2쪽.

38) 小野勝年, 『入唐求法巡禮行記の研究』 巻1, 106~107쪽.

小野 本을 저본으로 한 중국어 교주본으로, '樓栿(누복)'으로 적고, "선저 용골을 지지하는 결구"로 校註하였다.[39]

6. 足立喜六 譯註·塩入良道 補註, 『入唐求法巡禮行記』 1(平凡社, 1985)
'樓栿(누즙)'으로 적고, 다음과 같이 상세하게 주를 달았다.

"樓은 '拄'를 뜻하며, 곧 '支'와 의미가 같다. 栿은 和名으로는 '加遲(かじ)'라고 하는데, 이는 배를 빠르게 하는 데 사용한다(使舟捷疾). 그러므로 樓栿은 拄栿이 되므로 선측의 견고한 횡목을 의미한다. '沙埋樓栿은 선저가 파열된 뒤 모래(갯벌)가 침입하여 선복에 충만한 것을 말하며, 船의 四方에 棹를 세워 닻줄(纜)로 樓栿에 묶은 것(船四方建棹 結纜樓栿)은 船의 전복을 방지하기 위한 것이다."[40]

7. 기타
Edwin Reischauer는 1915년 『大日本佛教全書』 제113권 『入唐求法巡禮行記』를 저본으로 한 영역본을 출판하면서 본문의 '榺栿' 부분을 "……"으로 놔둔 채, 각주에서 "榺栿는 'nou'로 읽고, 글자 그대로는 괭이(hoe)를 뜻하며, 『大日本佛教全書』에서는 '榐栿'(처마 ㉓, 들보 ㉟)을 의미할 수도 있는 것으로 보았다"[41]고 설명하였다.

이상의 내용을 정리해보면 〈표 1〉과 같다.
〈표 1〉에서 확인할 수 있는 것은 필사본에서는 東寺本의 '樓栿'와 津金寺 本(池田本)의 栿(榺)栿[42]가 병존하고 있었다. 이 두 판본을 참고하

---

39) 白化文·李鼎霞·許德楠 修訂校註, 周一郎 審閱, 『入唐求法巡禮行記校註』, 2쪽.

40) 足立喜六 譯註·塩入良道 補註, 『入唐求法巡禮行記』 1, 12쪽.

41) Edwin Reischauer, *Ennin's Diary*, p. 7.

42) 足立喜六 譯註·塩入良道 補註, 『入唐求法巡禮行記』 1, 13쪽. 필자는 津金寺本(池田本)의 영인본인 『四明餘霞』의 부록에 실린 「入唐求法巡禮行記」를 확인하지 못했다. 그러나 東寺 本(樓栿)과 池田 本을 참조한 『大日本佛教全書本』(1915)에서는 榺栿로 표기했다는 점과 "振은 때로 樓나 振으로, 栿는 栿로 오기되기도 하며 池田本(津金寺 本)에서는 栿를 榺로 썼다(振時誤作樓或榐栿歟栿池本作榺)"는 각주를 단 점을 고려하면 足立喜六이 '樓栿'로 적어야 할 것을 '榺榺'로 오기한 것으로 추정된다.

여 인쇄본으로 출판한『大日本佛敎全書』本에서는 橓栧가 채택되었으나 註를 통해 '振(桭)栿'의 오기일 가능성을 제시하고 있다.[43] 堀本에서는 東寺本의 표기인 橺栧를 취했다. 그러나 栧가 전혀 사용되지 않은 한자였기 때문에 小野本, 白化文本, 深谷本에서는 橺栿[44]이 채택되었고, 足立本에서는 전혀 새로운 橺橶으로 해석하였다.

〈표 1〉 橺栧 표기의 변천

판본(연도)		표기
東寺本	續續群書類從(1906)	橺栧
	東洋文庫(1926)	橺栧
津金寺本(池田本)(1805)		栧(橺)栰
大日本佛敎全書本(1915)		橓栧 (振/桭栿)
堀本(1935)		橺栧
小野本(1964)/ 白化文本(1992)		橺栿
足立本(1985)		橺橶
深谷本(1995)		橺栿

이상에서 살펴본 바와 같이, 가장 오래된 판본인 東寺本에 橺栧로 기록되었던 것이 1915년『大日本佛敎全書』本에서 橓栧로 오기되면서 널리 퍼졌으나, 堀本에서 다시 橺栧로 바로잡혔다. 그러나 栧가 사용되지 않는 한자였기 때문에 小野本에서는 橺栿, 足立本에서는 橺橶으로 대체되었다. 이를 고려해 볼 때『入唐求法巡行記』의 여러 판본에 橺栧, 橓栧, 栧(橺)栰, 橺栿, 橺橶 등으로 기록된 선박부재는 橺栿의 오기로 보는 것이 타당하다고 판단된다.[45] 橺栿의 오기로 본다면, 이는 '지지

---

43)『入唐求法巡禮行記』,『大日本佛敎全書』제113권, 2쪽; E. Reischauer, *Ennin's Diary*, p. 7 각주 18).

44) 深谷憲一 譯,『入唐求法巡禮行記』, 26쪽.

45) 이에 대해 허일 등은 桭栿의 오기로 보았다(許逸·崔云峰,「입당구법순례행기에 기록된 선

용 들보, 즉 횡강력재'가 된다.

III. 견당사선과 '摙栿'

1. 견당사선

일본의 견당사선을 묘사한 그림으로 吉備大臣入唐繪詞(12세기 말), 鑑
眞和上東征繪伝(1298), 弘法大使繪伝, 華嚴緣起繪卷 등이 남아 있으나,
이 그림들은 9세기 중엽 최후의 견당사선이 파견된 지 300여 년이 지난
뒤에 그려진 것이다. 이 견당사선 그림에 대해 도노 하루유키(東野治之)
는 "견당사선은 중국의 범선, 즉 정크형 선박이고, 문헌 기록에 나오는
棚板과 艫棚을 덧붙이면 기본적인 견당사선의 이미지가 된다"고 주장했
다.[46] 이시이 겐지(石井謙治)와 아다치 히로유키(安達裕之)도 견당사선을
중국형 선박으로 보고 있다. 이시이 겐지(石井謙治)는 "摙栿는 船底材와
다르지 않고, V형 선저형상의 특징을 보인다는 점에서 泉州 출토 宋船
의 선저구조를 보여주고 있음을 볼 때 후기 견당사선은 航洋形 대형 정
크였다"[47)]고 보았다. 아다치 히로유키(安達裕之)는 "7세기부터 8세기 이

체구성재 누아에 대한 소고」, 597쪽). '栿'은 처마 ③, 두 기둥 사이 ④, 정리할 ③ 등으로
사용되므로(단국대학교 동양학연구소, 『漢韓大辭典』 5, 1234쪽) '栿栿'는 '처마 들보'나 ' 두
기둥 사이의 보'가 되어 '선박용 용어'로는 적절치 않다. 최근식은 '摙栿'를 "피수판"(腰舵,
腰板)으로 보았으나, 앞서 살펴본 바와 같이 '摙栿'의 오기일 가능성이 크다는 점을 고려하
면 이는 명백한 오류로 보인다. 최근식, 『신라해양사연구』, 109~110쪽.

46) 東野治之, 『遣唐史船』, 81~84쪽.

전의 견당사선은 길이 30m, 너비 3m의 대형 準構造船으로 한반도 남해안과 서해안을 따라 산둥(山東)반도로 들어가는 북로를 이용했으나, 8세기 이후에는 동중국해를 횡단하는 남로를 이용했다. 남로는 준구조선으로 안전하게 항해할 수 없었기 때문에 중국의 조선기술이 도입되었다고 보는 것이 좋다"[48]고 주장했다.

이에 대해 우에다 다케시(上田雄)는 "비록 견당사선을 그린 그림은 300여 년이 지난 뒤에 그려졌음에도 불구하고 범선의 구조와 모양은 크게 변하지 않았을 것이므로 가마쿠라(鎌倉) 시대에 그려진 견당사선은 나라(奈良)·헤이안(平安) 시대(710~1185)의 배 모양에 가까웠을 지도 모른다"[49]는 견해를 밝혔다.

한편, 견당사선이 일본 史書에 '百濟舶'과 '新羅船'으로 기록된 한선일 가능성도 있다. 白雉元年(650)에 安藝國(아키노쿠니, 현 広島)에 명하여 百濟舶 二隻을 만들게 하였고,[50] 天平4년(732)에는 近江(오우미, 현 滋賀縣), 丹波(단바, 京都府 중부와 兵庫県의 중동부), 播磨(하리마, 현 兵庫県의 서남쪽), 備中(비츄우, 현 岡山県 서부)에 선박 4척을 건조하게 했다.[51] 그 뒤에도 天平18년(746), 天平 宝字 5년(761), 宝龜2년(771), 同 宝龜6년(775), 同 宝龜9년(778) 등 총5회 安藝國에서 선박을 건조하게 했다.[52] 이시이 겐지(石井謙

47) 石井謙治, 『圖說和船史話』, 26~27쪽.

48) 安達裕之, 『日本の船』(日本海事科學振興財團, 1998), 37~38쪽.

49) 上田雄, 『遣唐使全航海』(草思社, 2006), 246쪽.

50) 성은구 역주, 『日本書紀』 卷24 (정음사, 1987), 白雉元年 冬10月 次條, 431과 434쪽.

51) 『續日本紀』 二, 卷11, 天平4年 9月 甲辰條 靑木和夫, 稻岡耕二, 笹山晴生, 白藤禮幸 校注, 新日本古典文學大系 13(岩波書店, 1990), 262쪽.

52) 『續日本紀』, 卷15, 天平18年 冬10月 丁巳條 同書 卷23, 天平實字5年 冬10月 辛酉條 同書 卷33, 寶龜2年, 11月 癸未朔條 同書 卷33, 寶龜 6年 6月 辛巳條 同書 卷35, 寶龜 9年 11月 庚申條 최근식, 『신라해양사연구』, 78쪽 각주 130)에서 재인용.

治는 "天平 4년의 견당사선 4척을 건조한 4개국이 모두 내륙이라는 점에서 이들 4국은 건조비만 부담하고, 실제는 安藝國에서 건조했을 것"으로 판단하였다. 그는 또한 白雉元年(650)의 기사에는 "百濟舶을 건조하게 했다"는 명확한 기록이 있는 반면, 天平4년(732) 이후의 기사에는 "造舶; 造遺唐使船; 造入唐使舶; 造使船" 등으로만 기록되어 있다는 점을 들어 8세기 이후에는 중국의 造船 기술을 익힌 집단이 安藝國에 정착해 이들이 견당사선을 만들었을 것이라고 주장하였다.[53]

그러나 일본과 가장 가까운 관계를 유지했던 나라가 백제였다는 점, 百濟舶을 견당사선으로 건조한 문헌 기록이 존재한다는 점, 安藝國이 한반도에 가깝다는 점, 백제 멸망(660년) 이후 많은 백제인들이 일본으로 피신했다는 점 등을 고려하면 安藝國에서 건조한 선박을 百濟舶으로 볼 여지도 있다. 주오대학(中央大學) 교수였던 모리 가쓰미(森克己)는 견당사선이 백제식 선박이었을 것이라고 주장하였다.

7세기 중엽에는 대체로 安藝國에 명하여 백제선을 건조하게 했고, 그 후에도 대체로 같은 나라에 명하여 견당사선을 건조한 것을 미루어보면 견당사선은 다분히 백제식 선박이었을 것 같다. 663년 白村江 水戰 패배이후 백제 귀족들이 일본으로 건너왔고, 그 후 백제인 기술자들이 大宰府 주변에 백제식 산성을 쌓는 것을 시작으로, 여러 면에서 일본의 문화와 기술에 공헌하였다. 百濟式 船도 백제식의 기술에 따라 건조되었을 것이다.[54]

또한 일본 史書에는 '新羅船'을 언급한 기록이 자주 등장하고 있다. 承和6년(839) (일본정부가) "大宰府에 명하여 新羅船을 만들어 능히 풍파를

---

53) 石井謙治, 『圖說和船史話』, 38쪽; 石井謙治 責任編輯, 復元日本大觀 4 『船』, 72쪽.

54) 森克己, 「3. 遣唐使船」, 須藤利一 編, 『船』(法政大學出版局, 1968), 66~67쪽.

견딜 수 있게 했고"(命大宰府 造新羅船 以能堪風波也)[55], 承和5년(838) 7월 25일 "遣唐廻使들이 타고 다니는 新羅船을 府衙(大宰府)에 주어 명령을 내려 그 모양 그대로 전하는 것이 主船의 맡은 바다."(遣唐廻使所乘之新羅船 授於府衙 令傳彼樣 是尤主船之所掌者也)[56]는 기록이 있다. 또한 엔닌의 『入唐求法巡禮行記』에도 "일본의 朝貢使가 신라선 5척을 타고 萊州 廬山 근처에 밀려서 닿았다"(本國朝貢使 駕新羅船五隻 流著萊明 廬山之邊)[57]는 기록이 있다. 이와 같은 기록을 고려한다면 9세기 일본의 견당사선을 新羅船으로 볼 수도 있다. 8세기 이전의 百濟舶과 9세기의 新羅船이 각각 다른 선형이었는지, 아니면 660년 백제 멸망 이후 百濟舶이 전승되어 통일신라시대 이후 신라선으로 통칭되었는지는 알 수 없다.[58] 그러나 百濟舶이든 新羅船이든 그 기본적인 造船法은 후대의 韓船으로 이어졌을 것임에 틀림없을 것이다. 따라서 9세기 일본의 견당사선이 百濟舶이나 新羅船으로 통칭되는 한선형 선박이었을 개연성도 있다.

이상에서 살펴본 바와 같이, 일본의 견당사선은 그 선형이 정확하게 밝혀진 바가 없기 때문에 중국형 정크, 和船形 準構造船, 한선형 선박이었을 가능성을 모두 고려해야 한다. 따라서 견당사선을 중국형 정크, 화선형 준구조선, 한선형 선박으로 가정했을 경우 搙栈 또는 槈栈, 곧 搙栿이 어떤 船舶部材일지를 검토해볼 것이다. 搙栿은 지지용 들보, 즉 선박의 횡강력재가 된다는 점은 앞에서 논증하였다. 그런데 많은 편역자들이 搙栈 또는 槈栈를 "**선저**에만 있는 구성재"로 본 것과는 달리,

55) 『續日本後紀』 上, 森田悌 譯, 卷8, 承和6년 秋7月 庚辰朔 丙申條(株式會社講談社, 2010), 306쪽.

56) 國史大系編修會 編, 『類聚三代格』 前篇, 太政官 謹奏 條(吉川弘文館, 1983), 211쪽.

57) 『入唐求法巡禮行記』 卷2, 開成4年(839) 4月 24日條.

58) 최근식은 "백제인이 만든 백제박이 전승되어 통일신라시대 이후 삼국시대의 신라선과 융합되어 신라선으로 이어지게 되었다"고 보고 있다. 최근식, 『신라해양사연구』, 83쪽.

선저부와 갑판 부근 양쪽에 모두 존재하는 선박부재로 추정된다.[59] 왜 나하면, 『入唐求法巡禮行記』6월 29일자 기사에 "底悉破裂 沙埋搙栿 (搙栿) …舳四方建棹 結纜搙栿(搙栿)"라고 기록하고 있기 때문이다. 즉 선저부의 搙栿(搙栿)는 모래에 묻혔지만, 갑판 부근의 搙栿(搙栿)는 멀 쩡했기 때문에 사방에 艣棚을 탁자다리처럼 세우고 닻줄로 묶을 수 있 었다. 이상과 같은 논리적 추론을 종합해보면, 搙栿(搙栿)는 '선저부에 서는 모래에 묻힐 수도 있고, 갑판부에서는 닻줄로 艣棚을 묶을 수도 있는 횡강력재'가 된다.

2. 搙栿

여기에서는 한중일의 대표적인 선형을 비교·검토함으로써 搙栿을 선저 하부와 상갑판부에 있는 횡강력재일 경우 일본의 견당사선이 어떤 유형의 선박일 지를 추론해 볼 것이다. 먼저 일본의 도노 하루유키(東野 治之), 이시이 겐지(石井謙治), 아다치 히로유키(安達裕之) 등의 연구자들이 주장하는 '중국의 정크형 선박'의 선형을 살펴보도록 하자. 중국의 3대 해선은 沙船, 福船, 廣船을 꼽을 수 있는데,[60] 중국식 정크라고 하면 이 들 3대 해선을 모두 포함한다. 따라서 일본의 견당사선의 선형을 확인 하기 위해 현재까지 연구된 주요 선형, 즉 唐代 초기의 江船, 宋代 해선 인 泉州船, 元代 해선인 新安船, 明代 蓬萊2号船을 검토할 것이다.

---

59) 허일·崔云峰, 「입당구법순례행기에 기록된 선체구성재 누아에 대한 소고」, 596쪽.
60) 위의 책, 317쪽.

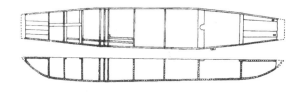

〈그림 1〉 唐代 후기 江船의 단면도[61]

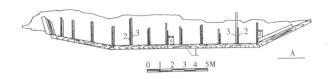

〈그림 2〉 송대 泉州船의 종단면도[62]

　　1973년 요우자이지양(又在江) 수루가오시안(苏如皋县) 마강허(马港河)에
서 출토된 唐代 초기의 목선인 〈그림 1〉을 살펴보자. 잔존 길이(殘長)
17.32m, 최대 너비(最寬) 2.58m, 선창 깊이(艙深) 1.6m인 唐代 초기 목선
은 선창을 9개로 나누고, 각 선창 사이에 隔艙板을 설치하였으며, 선창
윗면(艙面, 즉 갑판)은 나무판(木板)이나 대나무(竹蓬)를 덮었다.[63]
　　〈그림 2〉는 1974년 푸젠성(福建省) 취안조우완(泉州灣) 디호우주(的后渚)
에서 출토된 宋代 해선인 천주선으로 殘長 24.2m, 너비 9m, 깊이(深)
1.98m이며, 침몰연대는 1277년경으로 추정되고 있다.[64]

---

61) 王冠卓 編著, 『中國古船圖譜』, 99쪽.

62) 席龙飞, 『中國古代造船史』(武漢大學出版部, 2015), 205쪽.

63) 王冠卓 編著, 『中國古船圖譜』, 99쪽.

64) 席龙飞, 『中國古代造船史』, 206・211쪽.

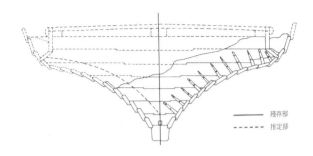

残存部
推定部

〈그림 3〉 원대 新安船의 횡단면도[65]

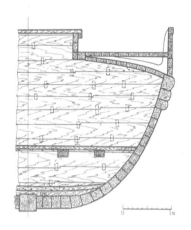

0   1m

〈그림 4〉 蓬萊2号船 5号 横艙壁[66]

〈그림 3〉은 1982~84년 한국 신안 道德島 해역에서 인양된 원대 해선인 신안선으로 殘長 28.4m, 최대너비 6.6m, 깊이(型深) 3.66m이며, 침몰연대는 1323년경으로 추정되고 있다.[67] 〈그림 4〉는 2005년 산동성(山東

65) 국립해양유물전시관, 『신안선 보존과 복원, 그 20년사』(2004), 52쪽.

66) 『蓬萊古船』, 104쪽.

67) 국립해양유물전시관, 『신안선보존복원보고서』(2004), 64쪽; 席龙飞, 『中國古代造船史』, 249
    쪽; 金炳勤, 「신안선의 항로와 침몰원인」, 『아시아·태평양 해양네트워크와 수중문화유산』,

省) 펑라이시(蓬莱市) 水城에서 발굴된 蓬莱2호선으로 殘長 22.5m, 잔존 너비(殘寬) 5m, 용골잔존 길이 16.2m이며, 목재의 탄소측정법에 따르면 명대 초기(1412년경)의 선박으로 추정되고 있다.[68]

〈그림 1〉의 수루가오시안(苏如皐县) 江船과 〈그림 4〉의 蓬莱二号船은 모두 U자형 평저선이고, 〈그림 2〉의 泉州船과 〈그림 3〉의 新安船은 모두 V자형 첨저선이다. 선저 형상의 차이와 唐代 초기부터 明代 초기까지의 時間 差에도 불구하고, 이들 선박의 횡강력재는 모두 隔壁(隔舱板이나 艙壁)이다. 만약 견당사선이 〈그림 1~4〉와 같은 중국식 정크였다면, 摈栿은 '격벽'일 수밖에 없다. 격벽은 선저부에서부터 갑판 하부까지 이어져 있어서 선저부 파손 시 모래에 묻힐 수 있다(底悉破裂 沙埋). 하지만 격벽은 판재 형태이고 격벽이 선저부터 갑판 하부까지 連接해 있기 때문에 좌우 사방에 艪棚을 세우고, 닻줄로 묶는 것(左右艪棚 於船四方建棹 結纜)은 매우 어렵거나 불가능하다. 그러므로 摈栿(摈栿/摈栿)을 갖춘 일본의 838년 견당사선이 중국식 정크였을 것이라는 주장은 개연성이 다소 떨어진다고 할 수 있다.

다음으로 견당사선이 일본식 和船일 경우를 검토해 보자. 아다치 히로유키(安達裕之)에 따르면, 일본식 화선은 準構造船에서 棚板구조선으로 발달했다. 준구조선은 가와라(航)라 부르는 선저부에 네다나(根棚), 나카다나(中棚), 우와다나(上棚)를 중첩하여 잇는 3단 구조나, 네다나(根棚)와 우와다나(上棚)만 중첩하여 잇는 2단 구조를 기본으로 하고 양현의 다나이타(棚板)는 후나바리(船梁)로 지지하도록 한다.

신안선 발굴 40주년 기념 국제학술대회(목포, 2016. 10. 26~27), 456쪽.

[68] 山東省文物考古研究所·烟台市博物館·蓬莱市文物局, 『蓬莱古船』(文物出版社, 2006), 89쪽; 王錫平·石錫建·于祖亮, 「蓬莱水城古船略論」, 席龙飞·蔡薇 主編, 『國际學術討會文集: 蓬莱古船』(長江出版社, 2006), 120쪽.

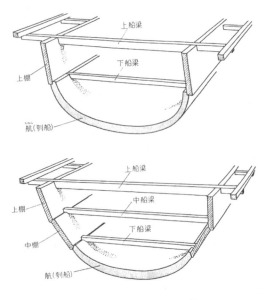

<그림 5> 和船의 準構造船[69]

　준구조선의 단점은 선저판인 가와라(航)로 사용할 대형 녹나무(楠)가 필요하고, 녹나무의 크기에 따라 선박의 크기가 제한된다는 점이다. 이러한 단점 때문에 16세기 중엽에 이르러 둥근 圓材인 '가와라(航)'를 板材로 바꾼 棚板 構造船이 출현하게 된 것이다.[70] 일본의 견당사선이 和船이었다면, 횡강력재인 摖栿(摖栿/摖栿)는 船梁이 되고, 下船梁은 선저 파손시 모래에 묻힐 수 있고(底悉破裂 沙埋), 갑판부를 지탱하는 上船梁에는 '좌우 사방에 艪棚을 세우고, 닻줄로 묶을 수도 있다(左右艪棚 於舡四方 建棹 結纜).

　마지막으로 일본의 견당사선이 日本 史書에 百濟舶이나 新羅船으로

69) 石井謙治, 『圖克和船史話』, 47쪽.

70) 安達裕之, 『日本の船』, 31~32쪽.

기록된 한선형 선박일 경우를 검토해 보자. 〈그림 6〉은 전형적인 현대의 한선형 어선의 횡단면도이고, 〈그림 7〉은 2006년에 복원된 장보고 선단이 이용했을 것으로 추정된 선박이다. 〈그림 8〉은 2005년 중국 산둥반도의 蓬萊에서 발굴된 蓬萊高麗古船의 선체 형상을 기본으로 하여, 좌우 외판을 隔壁이 아닌 加龍木과 駕木으로 지지한 것으로 추정한 선박이다. 물론 〈그림 7〉과 〈그림 8〉과 같은 선박은 문헌기록이나 발굴선을 통해 역사적으로 실재했음이 입증된 것은 아니다. 그러나 일본의 견당사선도 그 선형에 대해서는 '百濟船'이나 '新羅船'이라는 문헌 기록이 있는 것을 제외하면 이렇다 할 근거가 없다. 따라서 백제선이나 신라선으로 통칭되는 한선형 선박을 현재까지의 연구결과를 토대로 다양하게 검토할 필요가 있다. 〈그림 8〉의 蓬萊高麗古船은 격벽으로 兩舷을 지지했지만, 한선에서 격벽이 사용된 유일한 예이고, 그 시기도 14세기라는 점에서 9세기 일본의 견당사선을 추정하는 데 그대로 활용하기에는 무리가 있다고 판단된다.

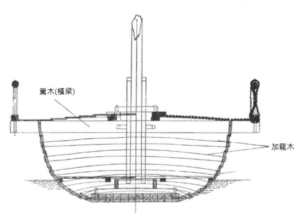

〈그림 6〉 현대 어선형 한선의 횡단면[71]

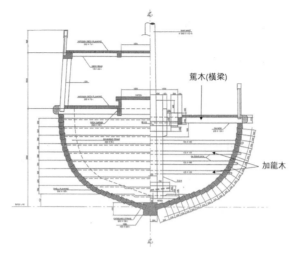

駕木(橫梁)

加龍木

〈그림 7〉 장보고 선단의 추정선박[72]

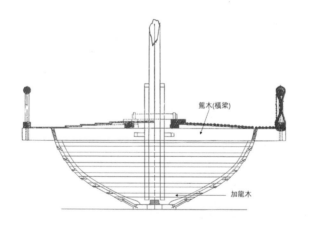

駕木(橫梁)

加龍木

〈그림 8〉 蓬萊高麗古船의 선체와 韓船의 횡강력재 결합 추정선[73]

71) 이원식, 『한국의 배』(大元社, 1990), 12쪽.

72) (재)해상왕장보고기념사업회, 『장보고무역선복원연구』(2006. 2).

73) 『蓬萊古船』, 8쪽.

『入唐求法巡禮行記』의 6월 28일자에 "東波來船西傾 西波來東側"했다는 기록을 근거로 엔닌이 탑승한 견당사선이 V자형의 첨저선에 가까운 선박이었다고 추정하기도 한다.[74] 그러나 필자는 평저선일 가능성도 배제해서는 안 된다고 생각하고 있다. 평저선일 경우에도 "선저부가 모두 파손(底悉破裂)"되었기 때문에 파도에 의해 좌우로 경사할 가능성은 얼마든지 있기 때문이다. 그래서 엔닌이 탑승한 견당사선이 한선형 선박일 경우, 저판은 蓬萊高麗古船처럼 평평하되, 상갑판과 저판의 비율이 5:1 내외이고, 兩舷을 가목과 가룡목으로 지지한 것으로 추정할 수 있다.

이와 같은 논거들을 종합해보면, 엔닌이 탑승한 견당사선이 百濟舶이나 신라선으로 통칭되는 한선형 선박일 경우 摠栿은 횡강력재인 가룡목과 가목일 수밖에 없다. 이렇게 볼 경우 『入唐求法巡禮行記』에 기록된 '모래에 묻힌(沙裡) 선저부의 摠栿(樀栿/摠栿)은 加龍木이고, '좌우 사방에 艫棚을 세우고, 닻줄로 묶을 수도 있는(左右艫棚 於舶四方建棹 結纜) 갑판부의 摠栿은 駕木이 된다.

Ⅳ. 맺는말

이상에서 살펴본 바를 정리해 보면, 다음과 같다.

첫째, 『入唐求法巡禮行記』 6월 29일자에 기록된 '摠栿' 또는 '樀栿'와

---

74) 石井謙治, 『圖說和船史話』, 26쪽; 최근식, 『신라해양사연구』, 89쪽.

관련하여 필사본인 東寺本(1291년 필사, 1906년 인쇄)에는 摀椴로, 津金寺本 (池田本)에는 椴(橏) 槐로 각각 기록되어 있었다.

둘째, 두 필사본을 참조한 인쇄본인 『大日本佛敎全書』本에서는 橏 椴가 채택되었으나, 그 의미가 불분명했기 때문에 振/桭狀일 개연성이 있음을 첨언하였고, 堀本에서는 東寺本의 표기인 摀椴를 취했다.

셋째, 橏椴로 쓸 경우, '橏'는 鎬(괭이 ㉪), 耩(김맬 ㉪)와 同字로 농기구 인 '괭이'나 '호미'를 뜻하지만, '椴'는 한·중·일 주요 字典에는 수록되 어 있지 않는 글자여서 그 의미가 불분명하다. 摀椴로 쓸 경우 '지지용 선박부재'일 것으로 추정할 수 있다.

넷째, 따라서 小野本, 白化文本, 深谷本에서는 摀狀의 오기로 보았고, 足立本에서는 摀椵으로 적었다. 摀狀의 오기로 볼 경우 摀는 '扗'나 '支' 와 같은 의미이고 狀는 들보를 의미하기 때문에 '지지용 들보', 즉 '횡강 력재'가 되고, 摀椵은 '노를 지지하는 선측의 견고한 횡목'을 의미한다.

다섯째, 『入唐求法巡禮行記』의 기사의 "沙埋"와 "左右艫棚 於船四方 建棹 結纜'이란 기사를 통해 볼 때 摀椴(橏椴)는 선저부와 갑판부 양측 에 있는 선박부재로 추정되기 때문에 摀椵으로 보기보다는 字形이 유 사한 摀狀의 오기로 보는 것이 타당하다고 판단된다.

여섯째, 일본의 견당사선의 선형에 대해서는 학자에 따라 중국식 정 크, 화선형 선박, 백제박이나 신라선으로 기록된 한선형 선박 등으로 보 는 견해가 제기되었다. 838년의 견당사선을 중국식 정크로 볼 경우 摀 狀은 '격벽', 和船으로 볼 경우에는 下船梁과 上船梁, 한선일 경우에는 가룡목과 가목(橫梁)일 것으로 각각 추정할 수 있다.

일곱 째, 摀狀을 중국식 隔壁으로 볼 경우, 격벽이 선저부터 갑판 하 부까지 連接해 있기 때문에 좌우 사방에 艫棚을 세우고, 닻줄로 묶는 것(左右艫棚 於船四方建棹 結纜)은 매우 어렵거나 불가능하다.

여덟째, 𣏒栿을 和船式의 船梁으로 볼 경우, 선저부의 下船梁은 선저 파손 시 모래에 묻힐 수 있고, 갑판부를 지탱하는 上船梁에는 닻줄로 艫棚을 묶을 수도 있다. 일본의 화선은 16세기 중엽 準構造船에서 棚板構造船으로 발전했는데, 9세기의 견당사선이 화선일 경우 준구조선으로 건조되었을 것이다. 準構造船은 선저판인 가와라(航)로 사용할 대형 녹나무(楠)가 필요하고, 녹나무의 크기에 따라 선박의 크기가 제한되기 때문에 100여 명 이상이 탑승하는 대형선을 건조하는 데 한계가 있다.[75] 이를 고려하면 일본의 견당사선이 준구조선식 和船일 개연성은 다소 떨어진다고 할 수 있다.

아홉째, 𣏒栿을 百濟舶이나 新羅船으로 통칭되는 한선의 가룡목과 가목으로 볼 경우, 선저부의 가룡목은 모래에 묻힐 수 있고, 갑판부의 가목에는 艫棚을 닻줄로 묶을 수도 있다. 일부는 엔닌이 탑승한 견당사선은 V자형의 첨저선에 가까운 선박이었다고 추정하기도 하지만, 평저선일 개연성도 배제해서는 안 된다. 평저선일 경우에도 "선저부가 모두 파손(底悉破裂)"되었기 때문에 파도에 의해 좌우로 경사할 가능성도 얼마든지 있기 때문이다.

결론적으로 『入唐求法巡禮行記』의 『大日本佛敎全書』本에 6월 29일자에 기록된 𣏒桄(𣏒桄)는 자형이 유사한 𣏒栿의 오기이고, 𣏒栿으로 볼 경우 이는 지지용 들보, 즉 횡강력재가 된다. 𣏒栿은 중국식 정크일

---

75) 石井謙治는 후기 견당사선의 크기를 길이 30m, 너비 5m, 흘수 2m, 280배수톤, 탑승인원 140명 내외로 추정했고(石井謙治, 『圖說和船史話』, 27쪽), 宋木哲와 上田雄는 길이 30m, 너비 8m, 300배수톤으로 추정했다(上田雄, 『遣唐使全航海』, 250~254쪽).

円仁의 『入唐求法巡禮行記』에 기록된 船舶部材 '𣏒桄'에 대한 비판적 고찰 139

경우에는 격벽, 준구조선식 화선일 경우에는 船梁, 한선일 경우에는 가룡목과 가목으로 볼 수 있다. 그러나 중국식 정크의 격벽은 艣棚을 묶기 어렵고, 준구조선식 화선은 대형선을 만드는 데 한계가 있다. 이 점을 고려하면 838년 일본의 견당사선은 百濟舶이나 新羅船으로 기록된 한선식 선박일 개연성이 큰 것으로 보인다. 많은 일본 연구자들이 일본의 조선술 발전에 중국의 영향이 컸다는 점을 강조하고 있으나, 일본 화선에서 중국식 횡강력재인 격벽이나 중국식 조선법을 사용한 실례는 아직까지 확인되지 않고 있다. 오히려 한선의 횡강력재인 加龍木과 駕木은 그 모양이나 용도에서 화선의 下船梁이나 上船梁과 완전히 동일하다. 이로부터 중요한 시사점을 얻을 수 있다. 일본 和船의 造船術의 발전에 백제와 신라 등이 영향을 주었다는 사실을 艪栿이 입증해준다는 것이다. 그렇다고 해서 백제박이나 신라선을 조선기술적으로 우수한 선박이었다고 보아서는 안 된다. 이 시기는 百濟舶이나 新羅船 式의 韓船도 조선기술사적 측면에서 보았을 때 초기 단계에 있었다. 따라서 일본의 견당사선이 남로를 택한 4회 중 1차례만 왕복 항해 모두 무사했고, 귀항시 전 선박이 조난당한 것이 1회, 왕항 및 귀항 시 모두 조난당한 것이 2회였다. 모리 가쓰미(森克己)가 언급한 바와 같이, 이는 조선기술이 拙劣했기 때문이다.[76] 물론 이 논문에서 제기한 주장들은 문헌기록과 실물자료, 전문가들의 연구를 통해 확증되어야 함은 두말 할 나위없다.

---

76) 森克己, 「3. 遣唐使船」, 70쪽.

▌참고문헌

1. 史料

岡田正之 識, 『入唐求法巡禮行記』, 東京: 東洋文庫刊, 1926.

國史大系編修會 編, 『類聚三代格』 前篇, 東京: 吉川弘文館, 1983.

國書刊行會 編, 入唐求法巡禮行記, 『續續群書類從』 第12, 東京, 1906.

堀一郎, 『入唐求法巡禮行記』, 國譯一切經, 史傳部 25, 東京: 大東出版社, 1935.

金文經 역주, 『엔닌의 입당구법순례행기』, 중심, 2001.

白化文 · 李鼎霞 · 許德楠 修訂校註, 周一郎 審閱, 『入唐求法巡禮行記校註』, 花山文藝
　　　　出版社, 1992.

성은구 역주, 『日本書紀』, 정음사, 1987.

小野勝年, 『入唐求法巡禮行記の研究』, 東京: 鈴木學術財團, 1964-68.

申福龍 번역 · 주해, 『입당구법순례행기』, 정신세계사, 1991.

深谷憲一 譯, 『入唐求法巡禮行記』, 東京: 中央公論社, 1995.

足立喜六 譯註 · 塩入良道 補註, 『入唐求法巡禮行記』 2권, 東洋文庫 권157, 東京: 平
　　　　凡社, 1985.

顧承甫 · 何泉達 點交, 『入唐求法巡禮行記』, 上海: 上海古籍出版社, 1986.

『續日本後紀』 上 · 下, 森田悌 譯, 東京: 株式會社講談社, 2010.

『入唐求法巡禮行記』, 『大日本佛教全書』 第113卷, 文海出版社有限公司印行, 1915.

Edwin O. Reischauer, *Ennin's Diary : The Record of a Pilgrimage to China in Search
　　　　of the Law*, New York : Ronald Press Co., 1955.

2. 辭書類

단국대학교 東洋學研究所, 『漢韓大辭典』, 2003.

李家源 · 權五惇 · 任昌淳 감수, 『東亞漢韓大辭典』, 동아출판사, 1982.

張三植 著. 『韓中日英 漢韓大辭典』, 教育出版公社, 1996.

諸橋轍次 著, 『大漢和辭典』 卷6, 東京: 大修館書店, 1985.

『辭源』, 北京: 商務印書館, 1979.

『漢語大字典』, 四川/湖北: 辭書出版社, 1993.

3. 硏究論著

(재)해상왕장보고기념사업회, 『장보고무역선복원연구』, 2006. 2.

국립해양유물전시관, 『신안선 보존과 복원, 그 20년사』, 목포, 2004.

_____, 『신안선보존복원보고서』, 목포, 2004.

金炳勤, 「신안선의 항로와 침몰원인」, 『아시아·태평양 해양네트워크와 수중문화유산』, 신안선 발굴 40주년 기념 국제학술대회(목포, 2016. 10. 26~27).

東野治之, 『遣唐使船』, 東京: 朝日新聞, 1999.

山東省文物考古硏究所·烟台市博物館·蓬萊市文物局, 『蓬萊古船』, 文物出版社, 2006.

森克己, 「3. 遣唐使船」, 須藤利一 編, 『船』, 東京: 法廷大學出版局, 1968.

上田雄, 『遣唐使全航海』, 東京: 草思社, 2006.

席龙飞, 『中國古代造船史』, 武漢: 武漢大學出版部, 2015.

石井謙治 責任編輯, 復元日本大觀 4 『船』, 東京: 世界文化社, 1988.

石井謙治, 『圖說和船史話』, 東京: 至誠堂, 1983.

安達裕之, 『日本の船』, 東京: 日本海事科學振興財團, 1998.

王冠倬 編著, 『中國古船圖譜』, 北京: 生活讀書新知 三联书店, 2001.

王錫平·石錫建·于祖亮, 「蓬萊水城古船略論」, 席龙飞·蔡薇 主編, 『國際學術討會文集: 蓬萊古船』, 長江出版社, 2006.

이원식, 『한국의 배』, 大元社, 1990.

최근식, 『신라해양사연구』, 고려대학교출판부, 2005.

허일·崔云峰, 「입당구법순례행기에 기록된 선체구성재 누아에 대한 소고」, 『한국항해항만학회지』 제27권 제5호(2003).

李志恒
『漂舟錄』 속의
漂流民과 海域 세계

김 강 식

I. 머리말

세계의 바다는 하나로 연결되어 있다. 바다를 연결하는 海域은 바다
가 둘 이상의 지역을 나누는 것이 아니라 지역을 하나로 합치면서 연결
하는 공간이다. 동북아시아를 중심으로 하는 아시아해역은 9세기에 형
성되어 변화 · 확장되어 나왔다. 이러한 동북아시아 해역세계는 대륙과
달리 다양하면서도 개방적이고 다문화적인 세계였는데,[1] 沿海 · 環海 ·
連海에 의해 성립된다.[2] 전근대시기 동아시아에서도 해역을 통한 네트
워크는 국가 차원에서는 교역이나 장거리 교역로를 통해서 朝貢貿易의
免稅 특혜를 활용하여 주요 교역항을 다각적으로 연결시키고 있었다.

---

1) 정문수 외, 『해항도시 문화교섭연구 방법론』(선인, 2014).
2) 濱下武志, 「동양에서 본 바다의 아시아사」, 『바다의 아시아』 1 (서울: 다리미디어, 2003).

반면에 민간 차원의 해역은 다층적이면서도 자연적인 성격이었는데,[3] 자연발생적인 漂流도 官의 조공 통치 저변에 적용되어 해역으로서 영향력이 유지되고 있었다. 동북아시아 해역사의 관점에서 보면 표류민 문제는 한국, 일본, 중국, 나아가 동남아시아까지 국경을 초월한 연구 주제였다. 사실 표류라는 우연히 발생한 사고가 국가의 대외 관리 입장에서는 사건으로 취급되었다. 때문에 표류민 문제에는 국가 사이의 대처에서부터 표류민 사이의 개별적인 異文化 인식과 해외 정보에 이르기까지 다양한 문제가 존재하고 있었다고[4] 파악되고 있다. 전근대시기에 표류는 본인들이 원하지 않은 결과였지만, 뜻하지 않게 海外旅行을 하고 異國文化를 체험했던 특이한 사건이었다.

지금까지 조선후기의 표류민에 대한 연구경향을 넓게 정리하면 朝貢貿易의 체제론적 측면의 연구,[5] 지역사의 입장의 연구,[6] 문화교섭의 입장으로 정리할 수 있다.[7] 최근에 표류민에 대한 중요한 연구경향으로는 국민국가 성립 이후의 해역 체제의 변화를 살펴볼 수 있는 중요성을 가지고 있다고[8] 파악하고 있다. 사실 표류가 일어난 지리적 해역은 항상적으로 존재하지만, 통제적 해역의 시기에도 해역 내부에서의 메카니즘이 작동하고 있었음을 보여주는 대표적인 문제가 표류민이라고 파악

---

3) 尾本惠市 外 엮음, 김정환 옮김, 『바다의 아시아』 1 (서울: 다리미디어, 2003).

4) 劉序楓, 「표류, 표류기, 해난」, 『해역 아시아사 연구입문』(민속원, 2012).

5) 荒野泰典, 『近世日本と東アジア』(東京: 東京大出版會, 1988); 高橋公明, 「朝鮮外交秩序と東アジア海域の交流」, 『歷史學硏究』 573 (歷史學硏究會, 1987); 李薫, 「朝鮮後期 대마도의 漂流民送還과 對日관계」, 『국사관논총』 26, (국사편찬위원회, 1991); 李薫, 『朝鮮後期 漂流民과 韓日關係』(국학자료원, 2000).

6) 池內敏, 『近世日本と朝鮮漂流民』(臨川書店, 1998).

7) 高橋公明, 「朝鮮外交秩序と東アジア海域の交流」; 『歷史學硏究』 573, (歷史學硏究會, 1987).

8) 모모키 시로 엮음, 최연식 옮김, 『해역 아시아사 연구입문』(민속원, 2012).

할 수 있다. 이에 표류를 통해서 지리적인 해역을 확인하고, 민간 교류 해역의 실상을 파악할 수도 있다.

조선후기에 조선에서 외국으로 표류했던 조선인 표류민이 넘긴 자료 가운데서 李志恒의 『漂舟錄』에 대해서 주목해 보고자 한다. 지금까지 이지항의 『표주록』에 대한 구체적인 연구는 이지항의 『漂舟錄』과 『李志恒漂舟錄』을 비교 분석한 연구,[9] 이지항이 표류하여 송환되기까지의 과정, 이지항 일행의 교류, 이지항의 일본인식과 그들이 체험했던 생활 문화를 다룬 연구,[10] 이지항 일행의 의사소통을 詩書와 筆談에서 다룬 연구,[11] 『표주록』에 나타나는 아이누어의 의미를 다룬 연구,[12] 이지항 일행의 교역을 다룬 연구,[13] 이지항 일행의 표류를 통해서 17~18세기의 조선의 사회상을 살핀 연구,[14] 여행문학과 체험이라는 문학적 시각에서 『표주록』을 바라본 연구로[15] 구분할 수 있다.

---

9) 池内敏, 「李志恒 ≪漂舟録≫について」, 『鳥取大学教養部紀要』 28 (1994).

10) 池内敏, 앞의 책, 「第5章 17世紀 蝦夷地に漂着した朝鮮人」; 남미혜, 「『표주록』을 통해 본 李志恒(1647~?)의 일본 인식」, 『이화사학연구』 33 (이화사학연구소, 2006); 남미혜, 「17세기 말 조선 무관 李志恒의 蝦夷 지역 체험」, 『한국 근현대 대외관계사의 제조명』(이화여대 한국근현대사연구실, 2007); 하우봉, 『조선시대 한국인의 일본인식』(혜안, 2006).

11) 허경진, 「표류민 이지항과 아이누인, 일본인 사이의 의사 소통」, 『열상고전연구』 32 (열상고전연구회, 2010).

12) 中村和之, 「李志恒 ≪漂舟録≫に見える'石將浦'について」, 『동북아시아문화학회 제13차 국제학술대회 발표집』(2006); 中村和之, 「李志恒 ≪漂舟録≫にみえる'羯悪島'について」, 『史朋』 39 (2007); 中村和之 研究ノト, 「李志恒 ≪漂舟録≫にみえるアイヌ語について」, 『北海道民族学』 3 (2007).

13) 中村和之, 「李志恒 ≪漂舟録≫にみえる蝦夷錦について」, 『北海島の文化』 70 (北海島文化財保護協會, 1998).

14) 金甲周, 「17C後半~18C前半의 社會樣相의 一端－北海道 朝鮮漂人 關系 記録을 中心으로－」, 『국사관논총』 72 (국사편찬위원회, 1996).

15) 趙朱翼, 「한 武人의 北海島 표류－李志恒의 ≪漂海録≫－」, 『여행과 체험의 문학』(민족문화문고간행회, 1985); 崔來沃, 「漂海録 硏究 比較」, 『民俗學』 10 (비교민속학회, 1993).

본고에서는 李志恒의 『漂舟錄』에16) 대한 기존의 연구성과를 토대로
하여 해역과 해항사의 측면에서 접근해 보고자 한다. 먼저 이지항의
『표주록』에 나타난 표류민의 실상을 통해서 동북아시아의 지리적 해역
을 확인하고, 다음으로 표류민을 통한 해역의 교류와 송환 과정을 살펴
보고자 한다. 이를 통해서 전근대시기에 표류는 단순한 해난사고에만
그치는 것이 아니라, 그들이 겪었던 표류 생활과 이문화 접촉이 부분적
으로 민간 차원의 문화교섭의 통로가 되었으며, 그들이 표류하여 표착
했던 해역의 범위와 부정기적인 네트워크를 그려보고자 한다.

Ⅱ. 『漂舟錄』 속의 해역

1. 표류과정

『漂舟錄』의 저자 李志恒은 李先達이라고 기록되기도 했는데, 그의 자
는 茂卿이다. 그의 선조는 永川 출신의 학자로 동래부에서 살아왔는데,
그의 아버지는 記官을 지낸 李應立이다. 그는 1647년(인조 25)에 태어났
으며, 1675년(숙종 1) 別試에서 조총 貫 2中, 邊 1中을 쏘아 殿試에 直赴
하고17) 武科에 급제하였다.18) 그는 1677년 여름에 守門將으로 천거를

---

16) 본고는 『漂舟錄』(국역 『海行摠載』 Ⅲ, 민족문화추진회, 1975)과 『福山祕府』 「朝鮮舟漂人部」
  (『新撰北海島史』 第5卷 史料1, 北海島廳, 1936)을 토대로 하여 작성하였다.

17) 『備邊司謄錄』 권3, 숙종 원년 10월 8일.

18) 『乙卯增廣別試榜目』(규장각한국학연구원想白古 351.306-B, 1675], 肅宗 1년(1675) 乙卯 增廣

받았으나 병으로 取才에 응하지 못했다. 이후 守禦廳의 軍官으로 있다가 본청의 정식 將官으로 임명되어 資級 6품에 이르렀다.[19] 1696년 부친의 喪을 당하여 고향으로 내려가 喪期를 마쳤다.

이지항이 부산을 출발한 것은 1696년 4월 13일이었다.[20] 일행은 출항 후 바람이 고르지 못하여 각 浦마다 들러 정박하였기 때문에 10여 일을 보내었다. 일행은 4월 28일 오후에 출항했으나 橫風이 불고 파고가 높아져 배의 眉木이 부러지면서 표류하기 시작하여 5월 12일 蝦夷地의[21] 북서쪽 끝의 礼文島에 漂着하였다. 이후 蝦夷地의 서쪽 해안을 따라 3,600里를 내려가 7월 27일에 松前府에 도착하였으며, 이어서 江戸의 對馬藩邸로 호송된 후 大坂과 對馬島를 거쳐 1697년 3월 5일 부산으로 귀국하였다. 이처럼 이지항의 『표주록』은 전체 약 11개월이 걸린 긴 여정을 기록하고 있는 표류 기록이다.[22]

試 丙科 37位);『承政院日記』13책(탈초본 249책), 숙종 1년(1675) 11월 1일 을유.

19) 이지항은 표류 후 돌아와서 禿用山城 別將을 지내고(『승정원일기』 27책(탈초본 503책) 숙종 43년 8월 19일 경자), 副同果까지 지냈지만(『승정원일기』 28책(탈초본 521책) 숙종 46년 2월 10일 정미), 죽은 해는 알려져 있지 않다.

20) 이지항의 출항 연도에 대해서 다소의 논란이 있다. 먼저 文璇奎는 丙子年을 1756년(영조 32)으로 보았지만(국역『海行摠載』 해제 400~403쪽), 김갑주는『福山祕府』朝鮮漂人部에 元禄 9년(1696)이라고 분명하게 밝히고 있다(『福山祕府』「朝鮮漂人部」, 262쪽). 아울러『漂人領來謄錄』에도 金先達 일행이 1697년에 돌아오고 있으며(『漂人領來謄錄』 3, 제6책 戊寅(1698), 125~127쪽, 159~165쪽),『邊例集要』에도 1696년에 기록되고(『邊例集要』 권3 漂人, 戊寅 3월) 있어서 1696년이 타당하다고 본다.

21) 현재의 일본 北海島를 말하며, 에조치(蝦夷地)라고 불렀다. 북해도는 1869년에 일본에 공식적으로 편입되었다. 江戸時代에는 和人(일본인)이 거주했던 남부의 松前 지역, 에조(蝦夷)]라 불리는 민족이 사는 東蝦夷地와 西蝦夷地로 구분되어 있었다(菊池勇夫,「松前藩とアイヌ」, 榎森進 編,『アイヌ歴史と文化』 I (創童社, 2003), 174쪽).

22) 李志恒의 蝦夷地(北海島) 표착에 대해서 서술하고 있는 책은『漂舟錄』과『李志恒漂舟錄』이 있다.『표주록』은 국립중앙도서관 소장본과 일본 東京大 소장본 두 종류가 사본 형태로 남아 있다.『이지항표주록』은 이지항이 직접 쓴『표주록』을 간략하게 정리한 것으로 그의 형제가 쓴 것으로 추정되지만,『표주록』에 없는 내용도 다소 보이고 있어서 단정하기

먼저 이지항 일행이 표류하게 된 동기는 『표주록』에 서술되어 있
다.[23] 1696년(병자년, 숙종 22) 봄에 부친의 상을 당하여 고향에 내려가 있
을 때 寧海에 왕래할 일이 있었다. 釜山浦 사람 孔哲·金白善이 말하기
를, "읍에 사는 사람 金汝芳과 魚物 興販을 같이 하는데, 배를 타고 강원
도 연해의 각 고을을 다니려면 그곳을 지나가야 한다."고 말하는 것을
듣고, 3말의 쌀과 돈 2냥을 가지고 뱃머리에 이르러 奴僕과 말을 돌려보
내고 배를 탄 것으로 序文에 기록되어 있다.[24]

다음으로 보다 구체적인 이지항의 표류 동기는 1696년 7월 27일에 松
前府에서 심문 받을 때 新谷十郞兵衞에게 써 준 글에 나타난다.

　삼가 일본국 松前 太守 閤下에게 답합니다. 나는 조선국 경상도 동래부에
살고, 일찍이 武科에 급제한 사람입니다. 마침 私務가 있어서 강원도 원주의
布政司의 衙門에 가려고 한 지 오래였습니다. 지난 4월에 동래부에 사는 魚
商들이 우리가 타고 온 작은 배를 타고 강원도 연해의 고을로 간다고 하기에
함께 배를 빌려 탔습니다. 우리는 동해 바다의 길을 따라 출발하여 강원도와
의 경계에 닿지 못하여, 그 달(4월) 28일 未時쯤에 해양 중에서 졸지에 橫風
을 만나게 되었습니다. 배의 尾木이 부러져서 배를 제동할 수 없게 되었습니
다. 거기다가 날이 저물어 大海에 표류하여 지척을 분간 못한 채 바람 부는
대로 표류했습니다. 여러 날이 지난 뒤, 양식과 먹을 물이 다 떨어져 우리들

는 곤란하다고 한다(池内敏, 앞의 논문, 61~62쪽, 92~96쪽).

23) 이지항이 배를 탄 이유에 대해서는 기록에 따라 다소의 논란이 있다. 이지항이 『표주록』
앞부분에서는 寧海로 가기 위해서였다고 했지만, 일본의 松前太守와의 대화에서는 강원도
原州의 布政司에 가기 위해서였다고(『표주록』 423쪽) 했으며, 『福山祕府』 「朝鮮漂人部」에
실린 李志恒 呈辭에는 主將이 강원도 감사에 제수되어 그를 만나기 위해 가게 되었다고
진술하고 있다.

24) 이지항 일행이 쌀 3말과 돈 2냥을 가지고 있었기 때문에 그들의 출항 목적을 일본 연안에
서 밀무역을 하기 위한 것으로 파악한 견해도 있다(中村和之, 「蝦夷地と北方の交易」, 榎森
進 編, 『アイヌ歴史と文化』 Ⅰ[創童社, 2003], 40쪽). 하지만 배의 규모, 인원, 물자 등을 고
려한다면 표류로 보는 편이 타당할 것이다.

은 다 飢渴 때문에 거의 죽을 뻔했습니다. 다행히도 하늘의 도움을 받아 5월 12일에 비로소 북쪽 땅에 정박하여, 비록 바닷물 속에 빠져 죽는 것은 면했습니다. 하지만 배가 닿은 곳에 사는 무리들이 貴國人(일본인)이 아니어서 말이 통하지 못했고, 또 서로 아는 문자도 없었으며, 또 곡식을 먹고 사는 무리들이 아니어서 다만 그들의 풍속대로 한 그릇의 魚湯만을 주어 목숨만은 비록 붙어 있었지만, 굶주림이 심해서 살아날 길이 없었습니다. 마침 우리가 오던 길에서 貴府의 사람인 新谷十郞兵衛를 採金하는 집에서 만나, 식사 제공과 구호를 받아 모두 살아날 수가 있어서 여기까지 오게 된 것입니다. 우리들은 감히 엄한 貴地를 침범했으니 진실로 죄가 중하지만, 바라건대 足下께서는 특별히 交隣에 있어 誠信으로써 하는 의리를 유념하시고, 우리 인명을 불쌍히 여기시어 돌아갈 길을 지시해 주시고 본국으로 잘 호송하도록 선처하여 주신다면, 실로 善業을 쌓음으로 훗날의 복이 있으시리라 생각합니다. 황송한 생각이 지극함을 이기지 못합니다.

某月 某日
朝鮮國 武科及第者 李先達[25]

위의 두 기록에서 이지항이 배를 타고 가려고 한 목적지가 영해와 원주로 다르게 나타나고 있지만, 부산에서 강원도로 배를 타고 간다면 연안 지방인 영해로 가기 위해 배를 탄 것으로 보는 것이 타당할 것이다.

한편 이지항 일행이 표류한 배에 같이 탄 사람은 모두 8명이었다. 그들의 거주지는 동래 2, 부산포 2, 울산 4명이었다. 주목되는 것은 배를 소유한 沙工 金自福, 노를 젓는 格軍 金貴同 · 金北實 · 金漢男은 모두 울산의 서낭당[城隍堂] 마을에 사는 海夫들이었다. 李志恒 일행의 乘船者 명단은 아래와 같다.

25) 『표주록』 422~423쪽.

<표 1> 1696년 李志恒 일행의 표류자[30]

이름	신분	거주지	나이	참고
李志恒	出身	동래	50	李枝恒(行)로 표기,[26] 武科 급제
金白善	僉知	부산포	71	일본어 가능,[27] 魚物 興販
孔哲	神將	부산포	33	孔仲哲로 표기,[28] 魚物 興販
金汝芳	神將	동래	35	金汝方으로 표기, 魚物 興販
金自福	沙工	울산 성황당리	61	海夫
金貴同	格軍	울산 성황당리	41	海夫
金北實	格軍	울산 성황당리	40	海夫, 金同北으로 표기[29]
金漢男	格軍	울산 성황당리	27	海夫

　　이지항이 탔던 배는 울산인 金自福이 沙工으로 金貴同 등 3명을 格軍
으로 데리고 魚物을 판매하는 상인들이 이용하는 배였다. 실제 장사는
동래의 金汝芳과 金白善·孔哲이 한다고[31] 기록되어 있다. 이지항의 일
행의 나이는 27세의 金漢男이 제일 어리고 71세의 金白善이 가장 많지
만, 다양하게 분포되어 있다.

　　이지항의 일행 8명은 한 배에 타고서 左海(동해)로 돌아 항해했다. 이
지항 일행이 표류를 시작한 것은 4월 28일부터였다. 28일에 바람이 다
소 순하게 불자 行船하였는데, 申時쯤에 橫風이 크게 일어나 파도는 하

---

26) 『備邊司謄錄』과 『承政院日記』에는 李枝恒, 『邊例集要』에는 李枝行으로 표기되어 있다.

27) 金白善이 일본어를 할 수 있었던 이유는 1643년 通信使의 일원으로 일본에 다녀온 경험이
　　있었기 때문이었다. 그는 松前府에서 심문 받을 때 이 같은 사실을 진술하였다(『福山祕府』
　　「朝鮮給票人部」, 268쪽).

28) 『福山祕府』 「朝鮮給票人部」.

29) 『李志恒漂舟錄』 8쪽.

30) 『漂舟錄』과 『福山祕府』 「朝鮮給票人部」를 토대로 작성하였다. 여기에 대해서는 池內敏이 이
　　미 제시한 바가 있다(池內敏, 앞의 논문, 94~95쪽).

31) 『표주록』 405쪽.

늘에 닿을 듯하고 배의 尾木이 부러지고 부서져서 거의 빠지게 되었다. 이때 노를 대신 저어 비록 물 속에 빠져 죽는 것은 면했지만, 횡풍으로 大海에 떠밀려 밤새도록 표류했다. 이지항 일행은 기갈과 굶주림을 이겨내고, 5월 12일에 비로소 蝦夷族이 사는 西蝦夷 땅 諸毛谷에[32] 漂着했다. 그곳은 사람 사는 집은 없고 산기슭에 임시로 지어 놓은 초가 20여 채만 있었다. 그때의 감격을 이지항은 다음과 같이 표현하여 기록하였다.

5월 12일 未時쯤에 前路에 泰山과 같은 것이 비로소 보였는데, 위는 희고 아래는 검었다. 희미하게 보이는데도 배 안에 있는 사람들은 모두 기뻐했다. 점점 가까이 가 살펴보니, 산이 푸른 하늘에 솟아 있어 위에 쌓인 눈이 희게 보이는 것이었다. 우리가 나아가 정박하려는 사이에 날은 이미 저물고 있었다. 배는 동요하여 안정되지 않고, 주림과 갈증으로 기력이 없어진데다가, 파도가 배를 쳐 배 안에는 물이 가득해져서 거의 뒤집혀지려고 하였다. 여러 사람이 일시에 배를 움직이며, 작은 두 개의 통으로 물을 퍼내어, 물에 빠져 죽는 것만은 면했다. 그러나 우리들은 옷이 다 물에 젖어 추워 덜덜 떨었다. 겨우 물이 얕은 굽이진 곳을 찾아 정박하고는 비옷을 덮고 밤을 지냈다.[33]

전근대시기에 표류민들은 표착지에서 해당국의 조사를 받았다. 이지항 일행의 소지품은 松前府에서 江戸에 보고한 내용인데, 漂船의 크기와 漂民들의 소지품 등이 자세하게 파악되고 있다. 松前藩에서 이지항 일행이 소지품을 검사했을 때 가지고 있던 물품은 다음과 같다.

---

32) 현재의 北海島 북단 서해안인데,『福山祕府』「朝鮮漂人部」에는 レフンシリ섬으로 기록되어 있다.

33)『漂舟錄』408쪽.

<표 2> 이지항 일행의 소지품[34)

소유 구분	구분	물품
李志恒	의복류	#羊皮衣 1, 衣裳(地龍紋茶色) 1, #의상(紗綾白紙) 1, 의상(布萠黄) 1, 頭巾 3(1개는 가죽), #禒 1足, 바지[袴] 1(地力ビクン), 부들방석[蒲團] 2(内萠黄 1), 무명버선[木綿足袋] 1足, 갓笠] 1(蓋緒水晶), #貂皮 大小 40장(소우야에서 아이누족과 구입품)
	서책류	書物 9책, 西漢演議評 권3(1책 唐本), 醫學正傳 권3(1책 和本), 諸藥抄方 1책(寫本), 肘後方 1책(사본), 藥性歌 1책(사본), 世應擲錢解 1책(사본), 西關幕遊錄 1책(사본 詩集), 詩集 1책, (寫本 無外題), 世應論抄集 1책(折小本), 朝鮮曆 1책
	기타	벼루상자[硯箱] 1개(内書付故紙), 쇠주발[カナ鉢] 1개, 수제[サジ] 2本, *칼집이 있는 작은 칼 1本(小刀 鞘サヤトモ二)
孔哲	의복류	布衣 1, 바지[布袴] 1, 면바지[木綿袴] 1, #설피(籠履) 1
	기타	磁石 1, #작은 칼(戒刀 サスカ) 1
金白善 및 나머지 일행	기타	바늘ハ針] 1本, #작은 칼(マキリ) 9丁, #솥(다시마 채취 도구, カマ) 2정, #テウノフ 1정, 끌(ノミ) 1정, 송곳(キリ) 1本, 전복용 도구(鮑ハナシ) 5정, 대못[大釘] 2本

#: 蝦夷 지역에서 蝦夷族으로부터 받았던 선물 및 松前府로 오는 과정에서 받았던 선물로 추정되는 품목.

이지항 일행의 소지품에서 주목되는 점은 일행이 부산에서 출발할 때는 4월이어서 따뜻한 봄이었다. 때문에 방한용 옷들은 蝦夷族에게서 얻은 물품이라고 추정할 수 있다고[35) 한다. 특히 地龍紋茶色의 衣裳은 비단옷으로 蝦夷錦이라고도 하는데, 蝦夷族이 山丹貿易을 통해서 淸으로부터 수입한 물품이었다고[36) 한다.

한편 이지항 표류민 일행이 타고 갔던 배에 대해서는 松前府에서 江戸에 보고한 내용에 나타난다.[37) 船의 크기는 길이 3丈 6尺 4寸, 폭은

---

34) 『福山祕府』「朝鮮漂人部」, 272쪽. 金甲周는 이지항과 일행의 도구와 배의 도구에 대해서 자세하게 제시하고 있다(김갑주, 앞의 논문, 179~180쪽).

35) 남미혜, 앞의 논문(2007), 47쪽.

36) 中村和之, 앞의 논문(1998), 39쪽.

37) 『福山祕府』「朝鮮漂人部」, 271쪽.

8척 2촌, 깊이 3척 2촌이었다. 大柱 길이 3장 8촌, 小柱 길이 2장 5촌, 帆돛 2通 가운데 1통 한쪽 4端, 1통 한쪽 3단이었다. 楫조정간 길이 7척 9촌이며, 櫓는 3挺, 길이 2장 3척 4촌이며, 細網 2房이며, 碇닻 2정이었다.

이지항이 소유하고 있던 물품 중에서 주목되는 부분은 이지항이 많은 서책을 가지고 있다는 점이다. 이 때문에 이지항은 무인이었지만, 文人的 소양을 갖춘 인물로 파악하기도[38] 하였다. 나머지는 의복류가 대부분이었다. 한편 이 밖에도 여러 가지의 도구와 생활용품이 있었는데, 솥大小 2, 물독 大 2, 주발 3, 접시 1, 찻술 4, 술독 3, 확 2,[39] 대패 1, 도끼 1丁, 大竹 45개는 길이 6척에서 3척, 細竹 10개는 길이 2.3척, 香水 대소 6, 작은 상자 4개였다. 재봉도구로는 쇠바늘 낚시실 끊는 것, 옷감자 박지, 蝦夷族의 갓 딴 콩이었다.

2. 표류 해역

이지항 일행이 표류했던 해역은 조선과 일본 북쪽의 동해였는데, 동북아시아 해역에 해당한다. 이지항 일행은 1696년(숙종 22) 4월 13일에 순풍을 타고 부산을 떠나 연해로 돌아 동해로 항해했다. 風勢가 순하지 않아서 浦마다 들러 정박했다. 28일 오후 4시쯤에 橫風이 크게 일어나 표류하기 시작하여 5월 12일에 蝦夷地에 漂着하였다. 여기서 다시 北海

---

38) 남미혜, 앞의 논문(2007), 37쪽.

39) 방앗공이로 찧을 수 있게 돌절구 모양으로 우묵하게 판 돌을 말한다.

島 연안을 따라 내려왔는데, 6월 1일에 探金店을 떠난 배가 7월 25일에 松前府에 들어왔다. 중간에서 4~5일 체류한 일이 있었지만, 뱃길 20여 일의 거리로써 따져보면 2천여 리가 되는 곳이었다. 이처럼 이지항 일행은 우리나라의 동해 연해에서 蝦峻國에 표착했다가 다시 일본 연해로 표류하여 내려왔다.

조선후기에 조선에서 일본으로 표류했다 송환된 표류기록인『漂人領來謄錄』에는[40] 경상도 표류민의 표류시기는 10월부터 2월 사이의 겨울철이 많았지만, 3~5월에도 3건이 발생하였다.[41] 이러한 경상도 표류민의 일본 표착지와 표착 해역에는 일정한 경향성이 있다고 한다. 경상도 해역에서 표류하면 對馬島나 長門에 표착하는 경우가 많았다고 한다. 그 이유는 연중 대륙 쪽에서 동쪽으로 불어오는 바람 때문이었으며, 해류의 영향도 컸다고[42] 한다. 한반도의 동남쪽으로는 일본열도 밑을 흐르고 있는 黑潮에서 갈라져 나온 對馬 해류와 東鮮 해류 등이 해난사고 다발 지역 근처를 지나가고 있으며, 동해안의 북쪽에서 남쪽으로 리만 해류가 지나가고 있기 때문이었다. 대부분의 표류인 조사에서 조선인들은 사고 해역에서 돌풍 또는 서풍이나 서북풍을 만나 사고를 당하였다고[43] 진술하고 있다. 조선인이 주로 겨울에 동해 해상을 지나는 북북서풍과 대마해류가 만나는 지점에서 휘말리게 되면 일본해 연안지방에 도달한다고[44] 한다. 반면에 여름철에는 표류사례가 거의 없었다.

---

40)『漂人領來謄錄』一~七 (보경문화사, 1993).

41) 박진미, 앞의 논문, 206쪽.

42) 宇田道隆,『海の探究史』(河出書房, 1941); 池內敏, 앞의 책.

43) 대마도와 長門에서는 겨울에 부는 서풍이나 서북풍을 아나지(穴風)이라고 부른다고 한다 (岸浩,「長門北浦に漂着した朝鮮人の送還－唐人送り－」,『山口縣地方史硏究』54 [1986], 7쪽).

44) 위의 논문, 7쪽.

이처럼 조선에서 일본으로 표류가 발생하는 주요 이유는 近海에서는 해풍이 제일 중요한 이유였음을 알 수 있다. 이것은 조선후기 대부분의 표류 원인이 경상도 연안에서 바람을 만나 표류하게 되었다고 언급하고 있는 사실에서 확인할 수 있다. 한편 遠海에서는 해류의 영향을 많이 받았을 것으로 보인다. 구체적으로 朝·日의 해역에 흘러가는 黑潮의 지류인 對馬 해류의 영향을 받았을 것으로 보인다. 이것은 일본에 표류민이 표착한 지역이 대부분 일본 본토의 북서쪽 지역이 많은 데서 알 수 있다.

1696년 4월에 표류했던 이지항 일행은 蝦夷地에 漂着하여 松前府를 거쳐 본토의 江戸로 이송되었다가 對馬島를 경유하여 부산으로 송환되어 왔다. 그 여정을 살펴보면 울산→5월 12일 諸毛谷〈레분시리도(レフンシリ, 礼文島)→리이시리도(リイシリ, 利尻島)〉[45] →소우야(ソウヤ, 小有我, 宗谷)→溪西隅→5월 20일 羽保呂→7월 24일 松前藩[46]→津輕郡→9월 27일 江戸→10월 17일 大坂城→兵庫堡→下關→赤間關→芝島→勝本島→壹岐島→壇浦→12월 14일 對馬島→3월 5일 부산포였다. 이지항 일행이 표류했던 동북아시아의 해역은 전반부는 동해를 가로질러 蝦夷地의 諸毛谷에 표착할 때까지, 여기서 松前藩로 연해를 따라 내려오는 과정이었다. 나중에 江戸에서 大阪을 거쳐 對馬島를 경유하는 길은 조선후기의 일반적인 표류민의 송환과정을 따랐다고 보아진다.

---

45) 레분시리도(レフンシリ, 礼文島)와 리이시리도(リイシリ, 利尻島)는 북해도 서해 연안에 있는 섬으로 아이누어다. 두 섬의 이름은 『표주록』에는 나타나지 않고, 『福山祕府』에 나타난다(『福山祕府』「朝鮮漂人部」, 272쪽).

46) 『표주록』에는 7월 27일로 기록되어 있다.

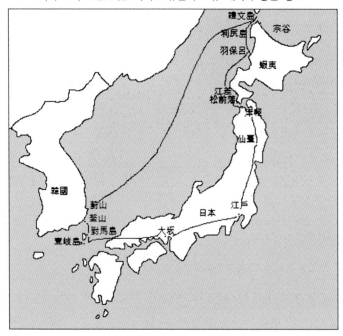

〈지도 1〉『漂舟錄』 속의 표류민의 표류 해역과 송환 경로

Ⅲ. 이문화의 체험과 교류

1. 표류 생활과 체험

이지항 일행은 일본에 표착할 때까지, 그리고 표착한 후 표착지에서
여러 생활을 체험하였다. 이들 일행의 표류생활은 『漂舟錄』에 구체적으
로 묘사되어 있다. 크게 蝦夷地에서의 생활과 松前府에서의 생활로 구
분할 수 있다. 『표주록』에는 江戸 이후의 모습에 대해서는 언급이 거의

없다.

먼저 이지항 일행은 생존을 위해서 표류 도중에 극한의 상황을 몸소 이겨냈다. 이지항 일행이 표류 도중에 경험했던 생존의 방안을 『표주록』에서 날짜별로 찾아보면, 표류 중에 우리는 정박했던 곳에서 죽이 나 밥을 지어 먹은 이래, 다만 생쌀을 씹고 약간의 물로 목마름을 풀어 갔다. 그리고 물을 먹기 위해서 실제 마실 물을 손수 제조하여 먹었다. 이지항은 증류수를 만드는 지식을 보유하고 있었다.

　7일째에는 물이 다 떨어졌다. 작은 꾀를 시험해 보려고 생각하여 바닷물을 솥에 담아 솥뚜껑을 거꾸로 닫고 燒酒 내리듯이 하여 솥뚜껑에 겨우 반 사발 가량의 蒸溜水를 받았는데, 그 맛이 과연 담담하였다. 그것을 각 사람에게 나누어 먹여 약간 飢渴을 풀게 했다. 그 후로 번갈아 가면서 불을 지펴 증류수를 받아서 먹었다.[47]

또 小有我에서는 잎은 파초 잎과 비슷하고 뿌리는 무와 비슷한 풀뿌리로 끓인 죽을 처음으로 배부르게 먹었다. 溪西隅에서 처음으로 일본 본토의 사람을 만났으며, 일본인이 준 쌀로 밥을 짓고, 소금과 장으로 국을 끓여 20여 일 만에 처음으로 밥을 먹었다.

　5월 12일에 우리들은 옷이 다 물에 젖어 추워 덜덜 떨었다. 겨우 물이 얕은 굽이진 곳을 찾아 정박하고는 비옷을 덮고 밤을 지냈다. 5월 13일 풀을 캐어다가 죽을 쑤어 각기 나누어 먹으니, 다 배부르고 속이 편하였다. 닷새 동안 그곳에 머물면서 많이 캐어다가 죽을 쑤어 포식했다. 다음날에 다시 남쪽을 향해 7일을 갔는데, 오랫동안 어물만 먹어서 齒根이 솟아 나오고, 아파서 다들 고통을 느꼈다. 7월 1일에 오랫동안 표류하는 배에서 지내고, 또 들

---

47) 『표주록』 407~408쪽.

판에서 잠을 자면서 뜨거운 열에 삶아지고 瘴氣의 엄습을 받았고, 飢渴 등으로 몸이 상해진데다가 밤이면 모기에게 물리고, 또 벼룩과 이에 뜯기는 괴로움을 당해서 기력이 다 빠졌다.

더욱이 이지항은 약을 복용하고 있었는데, 이 약을 가지고 갈증을 해결하기도 했다. "나는 집에서 먹던 兎絲子丸 반 劑를 짐 속에 넣어 가지고 왔으나, 잊고 내 먹지를 않았다. 그것을 꺼내어 선인들에게 나누어 주어 물로 넘기니, 飢渴증이 다소 풀렸다."

한편 전근대시기에 극한 상황을 바다의 신에게 의지하고, 운세를 보아서 자신들의 안전을 예측하기도 했다. 동아시아 해역에서는 보편적인 항해의 수호신으로 媽祖信仰과 觀音信仰이 펴져 있었는데, 관음신앙은 조선, 일본, 중국 연안에서 널리 존재하였다.[48] 조선후기에 바다에서 생활하는 어촌사람들에게는 관음신앙이 알려져 있었음을 볼 수 있다. 그리고 이지항은『周易』을 볼 줄 알아서 占卦를 찾아내어 그들의 운세를 예측하기도 하였다.

8일째 酉時쯤에 마침 한 마리의 물개海狗가 배의 수 里 밖에 나타나더니, 배깃에다 발을 걸치기도 하고, 혹은 동쪽으로 달아났다가 다시 오기도 하는 것이었다. 金北失이 칼을 가지고 찔러 죽이려 했다. 나는 그의 손을 잡아 말리고는, "물개가 배를 따르는 것으로 점괘를 만드니, 天地否卦를 얻었다. 괘는 비록 불길하나 世爻가 才爻를 띠었고 日辰은 福德에 닿으니, 우리는 반드시 죽음을 면할 것이다."라고 달래니, 모두 곧이어 觀世音菩薩을 외우며 그치지를 않았다.[49]

---

48) 豊見山和行, 尾本惠市 外 엮음, 김정환 옮김,『바다의 아시아』5 (다리미디어, 2005), 257~258쪽.

49)『표주록』407쪽.

이처럼 이지항은 직접 점을 볼 수 있는 문인적 소양을 갖추고 있는 武人이었다. 이런 모습이 극한의 상황에서 배를 같이 탄 船人들을 설득하는데 도움이 되었다.

한편 이지항의 『漂舟錄』은 조선인 최초의 蝦夷地 방문자가 남긴 실제 체험적 기록으로서 중요하며, 그의 문화교류 활동과 일본인식도 주목할 만한 기록이라고[50] 평가된다. 『표주록』에는 蝦夷에 대한 소개가 있다. 표류민 이지항 일행은 다양한 이국문화를 체험했다.[51] 이런 기록은 조선후기의 실학자 李德懋의 『蜻蛉國志』와 李書九의 『蝦夷國記』의 蝦夷國에 대한 서술과 같은 부분이 많다고[52] 한다. 우선 蝦夷地의 생활, 풍습, 의복에 대해 자세하게 묘사해 놓고 있다.

그들의 모습을 보니, 모두 누른 옷을 입었고 검푸른 머리칼에 긴 수염에다가 얼굴은 검었다. (중략) 그들의 모양을 자세히 살펴보니, 실로 일본인들은 아니고 끝내 무엇들인지를 알 수가 없었다. 우리는 살해당하지나 않을까 하여 더욱 놀라고 공포에 떨었다. 그들 중의 늙은 몇 사람은 몸에 검은 털가죽의 옷을 입고 있었다. 자그마한 배를 타고서 가까이 다가와서 말을 하였는데, 일본어와는 아주 달랐다. 우리와 그들은 서로 아무 말도 교환하지 못한 채, 다만 묵묵히 바라보기만 하고 있었다. 그 가운데 한 늙은이가 손에 풀잎을 받쳐 들고 있었는데, 그 속에는 삶은 물고기 몇 덩어리가 있었다. (중략) 그

---

50) 하우봉, 앞의 책, 262쪽.

51) 숙종 22년(1696, 병자)에 동래의 武科 出身 李某가 표류하다가 蝦夷國에 도착하였는데, 그 지역이 일본의 동북쪽에 있어 우리의 六鎭 및 原春 등의 지역과 바다를 사이에 두고 있으므로 자세히 기록해야 할 것이라고 하였다(『順菴集』 권7, 書, 與李廷藻家煥書 乙酉).

52) 趙宋翼은 『표주록』에 묘사된 蝦夷地의 풍속은 李德懋의 『蜻蛉國志』에 나오는 蝦夷地의 인물, 풍속과 비슷하다고 보았다(조수익, 앞의 논문). 하지만 하우봉은 李德懋의 『蜻蛉國志』에 수록된 蝦夷地의 서술은 『和美三才圖會』 권13, 異國人物을 요약한 것이라고 보았다(하우봉, 「李德懋의 《蜻蛉國志》에 대하여」, 『전북사학』 9(1985)). 그러나 이지항이 직접 견문한 하이지의 묘사는 두 자료보다는 자세하게 관찰한 부분이 있어서 자세한 검토가 필요하다고 한다(池內敏, 앞의 논문, 93쪽).

들의 연장을 살펴보니, 별로 鎗劍이나 예리한 칼 같은 것은 없고, 다만 조그
마한 칼 한 자루만을 차고 있었다. 그들의 집은 鹽幕과 같고, 은밀한 곳이란
없었다. 그들이 저장하고 있는 물건은 말린 물고기, 익힌 鰻魚, 油皮의 옷들
에 불과했고, 그 밖의 연장으로는 낫, 도끼, 반 발 정도의 크기로 된 나무활
[木弓], 사슴의 뿔로 만든 화살촉을 단 한 자[尺] 정도 길이의 나무화살 등뿐
이었다. 그들이 강한가 부드러운가를 시험해 보니, 모양은 흉악하게 생겼지
만 원래 사람을 해치는 무리들은 아니었다. (중략) 그들의 집 앞에는 횟대를
무수히 만들어 놓아 물고기를 숲처럼 걸어 놓았고, 고래의 脯도 산더미처럼
쌓여 있었다. 그들은 본시 글자로 서로 통하는 풍습이 없고 피차 말로 통할
수가 없기 때문에, 입과 배를 가리키며 배가 고프고 목이 마르다는 시늉을
시험 삼아 해 보였더니, 다만 魚湯을 작은 그릇 하나에 담아 줄 뿐이지 밥을
주려 하지 않았다. 남녀가 혹은 나무껍질로 짠 누른 베의 긴 옷을 입었고, 혹
은 곰 가죽과 여우 가죽 또는 담비 가죽으로 만든 털옷을 입었다. 그들의 머
리털은 겨우 한 치[寸] 남짓하였고 수염은 다 매었는데, 혹은 한 자[尺] 혹은
한 발이나 되었다. 귀에는 큰 은고리를 달았고, 몸에는 검은 털이 나 있었다.
눈자위는 모두 희고, 남녀가 신과 버선을 신지 않고 있었다. 形容은 남녀가
모두 같았는데, 여자는 수염이 없어서 이것으로 남녀를 분별할 뿐이었다. 60
세가량의 늙은이가 목에다 푸른 주머니를 달고 있어서 풀기를 청하여 그것을
보니, 수염이 매우 길어서 귀찮아 주머니를 만들어 그 안에다 수염을 담고
있는 것이었다. 손으로 수염을 잡아 재니, 한 발 반 남짓이나 되었다. 날이
저무니, 그들은 또 어탕 한 그릇과 고래 포 몇 조각을 주는 것 외에는 끝내
밥을 짓는 거동이 없었다. 나는, "천하의 인간은 다 곡식 밥을 먹는다. 이 무
리는 사람의 모양을 하고 있는 터이니, 어찌 밥 짓는 풍속이 없겠는가. 이것
은 반드시 우리 여러 사람의 밥을 먹이는 비용을 꺼리고, 쌀을 아끼느라 이
처럼 밥을 짓지 않는 것이다."라고 생각하였다.53)

특히 羽保呂에서 松前의 奉行 新谷十郎兵衞를 통해서 어떤 지역인지
도 몰랐던 蝦夷族의 풍속에 대해서 자세하게 설명을 듣게 되었으며, 비
로소 蝦夷地가 일본의 영토가 아니며 언어도 다름을 알게 되었다.

---

53) 『표주록』 409~410쪽.

蝦夷의 지경입니다. 여기서 2천여 리나 떨어져 있고, 송전에서는 합계 3천 6백 리나 됩니다. 이 나라는 사방이 다 바다이고, 우리나라의 아주 먼 북방의 지역입니다. 海浦가 서로 이어져 있고, 땅의 넓이는 어느 곳은 4백여 리가 되고, 어느 곳은 7백여 리가 됩니다. 길이는 3천 7백~3천 8백 리나, 혹 4천여 리도 됩니다. 살고 있는 무리들에게는 원래 다스리는 왕이 없고, 또 太守도 없습니다. 문자를 모르고 農耕도 하지 않으며, 다만 해산물을 業으로 삼고, 魚湯만을 먹어 농사 짓는 이치를 모릅니다. 산에 올라 여우나 곰을 잡아, 그 가죽으로 옷을 만들어 입고서 추위를 막고, 여름에는 나무의 껍질을 벗겨서 아무렇게나 짜 옷을 지어 입습니다. 일본에 속해 있으면서도, 貢物을 바치는 일이 없고, 다만 松前府에 익힌 전복[熟鰒]을 매년 만여 同만을 바치고 있습니다. 정월 초하루가 되면, 각 마을마다의 우두머리 한 사람씩 송전 태수의 앞에 나가 배알합니다. 그러나 언어가 같지 않고 금수와 같아서, 일이 있으면 송전은 蝦夷語 通事를 별도로 두어, 그 말을 익히게 하며, 매년 한 번씩 송전에서 侍者를 보내어 그들의 나쁜 바가 있는가를 살피어 다스리고 있을 따름입니다. 또 그들은 마을 안에 나이가 많은 자를 그 首長으로 정해서는 마을 안에 나쁜 자가 있으면 적발하여 잡아내어, 그들끼리 그의 죄악의 경중을 논해서 손바닥 모양으로 만든 쇠매[鐵楇]로 등을 서너 번 때리고 그치고, 더욱 죄악이 중한 자면 다섯 번을 때리고 그칩니다. 그 밖에 아주 심한 자면, 송전 태수의 앞으로 잡아다 놓고 죄를 논하여 알리고 斬首케 합니다. 그 무리들의 성질은 본래 억세고 포악하여, 신이나 버선을 신지 않은 채 山谷이나 우거진 숲속을 돌아다닐 수가 있으며, 가시덩굴을 밟고 넘어 높은 언덕 위에서 여우나 곰을 달려가 쏘아 잡습니다. 작은 배를 타고서 바다에서 큰 고래를 찔러 잡고, 눈과 추위를 참아 습한 땅 위에서 자도 병에 걸리지 않으니, 실로 금수와 다름이 없는 자들입니다.[54]

이 밖에도 蝦夷地에서 체험한 그들의 생활상 가운데 음식과 관련한 것을 소개하면 다음과 같다.

堯老和那라는 풀로 죽을 써 먹는 모습이다. 마침 길가에 집 한 채가 있고,

---

54) 『표주록』 417~418쪽.

연기가 많이 피어올랐다. 그 집을 찾아 들어가 보니, 솥을 걸어 놓고 불을 때는데 마치 죽을 쑤는 것 같았다. 솥 안의 것을 자세히 보니, 우리나라 시골 사람들이 먹는 수제비[水麪] 같았다. 입을 가리키면서 그것을 좀 달라고 청했더니, 한 그릇을 주었다. 받아 먹어보니 맛은 薏苡 같았는데, 곡식 가루로 만든 것은 아니었다. 먹어도 쓰지 않았고 배부르고 속이 편안했다. 원 모양을 구해 보니 과연 풀뿌리인데, 형체가 어린애의 주먹같이 생겼고 색은 희고 잎은 파랗다. 우리나라에서는 볼 수 없는 풀로 잎은 芭蕉 잎과 비슷하고 뿌리는 무와 비슷했으며, 별로 이상한 냄새도 나지 않았다. 풀의 이름을 물으니, 堯老和哪라 했다. 곧 船人을 불러 그 풀뿌리를 보이고, 또 孔仲哲을 불러 죽의 맛을 말해 주고 한 그릇을 얻어서 두 사람에게 먹였더니, 모두 속이 편하고 배부르다고 말하였다. 다른 船人들도 말하는 것을 듣고는 얻어먹고자 했다.[55]

이지항의 『표주록』에는 蝦夷地의 지리, 동물 생태에 대해서도 기록하고 있다. "언덕 위로 올라가 두루 다니며 구경을 해보니, 平原과 曠野는 沃土가 아님이 없었다. 흐르는 냇물과 두터운 둑이 다 논으로 만들 수가 있었는데, 한 재[尺]도 갈지 않았다. 綿竹이 우거지고 갖가지 풀과 큰 나무 숲에 살쾡이[狸]·수달[獺]·담비[貂]·토끼·여우·곰 등의 짐승이 무수히 있었다. 육지에는 길이라곤 없고, 또 죽은 사람을 묻은 묘도 없었다. 5월인데도 산 중턱 위에는 눈이 녹지 않았으니, 일찍이 들어보지 못한 곳이었다."[56]

특히 표류와 관련하여 주목되는 것은 蝦夷地에는 商船이 표류하기도 하는데, 표류한 사람을 불태워 죽인다는 것이다. 그리고 羯惡島에는 蝦夷族과 다른 종족[57]이 살고 있었다고 한다.

---

55) 『표주록』 412쪽.

56) 『표주록』 413쪽.

57) 아마도 지금의 러시아 영토인 사할린 쪽의 사람들로 추정된다.

옛날 남방 사람의 商船이 그곳에 표류되었는데, 이 무리들은 선인들을 죽이고 물건을 약탈하였다가 그 일이 발각되어, 松前에서는 그 謀殺했던 무리들을 적발해서 부모·처자·족당들을 불에 태워 죽였는데, 근래에는 사람 죽이는 짓은 없어진 듯합니다. 그래도 이번에 그곳으로 표류했다가 빠져 나올 수가 있었으니, 복 받은 분이라 할 만합니다. 또 들으니, 당신께서 처음 정박했던 곳의 외방에 별도로 羯惡島라 불리는 곳이 있습니다. 어느 나라에 속해 있는 땅인지 모르지만, 그곳의 사람은 키가 8~9尺이나 되고, 얼굴·눈·입·코가 모두 鰕夷族과 같고, 모발은 길지 않고 그 색깔은 다 붉으며, 창으로 찌르기를 잘 합니다. 혹간 鰕夷族이나 일본인이 그곳으로 표류를 하면 다 죽여 그 고기를 먹는다고, 가끔 살아 도망쳐 온 자들이 전해 줍니다. 만일 며칠만 더 표류했더라면 더욱 무섭고 위험할 뻔했습니다.[58]

한편 일본에 대해서 李志恒은 일본인들의 품성을 조용하다고 파악하였다. 또 일본의 경제적 번성에 감탄하였는데,[59] 그는 나름대로 일본 번성의 원인을 세습제에서 찾고 있다.

다음날(7월 28일)에 숙소로 올 적에 奉行 倭人 등이 앞에 서서 인도하여 돌아왔다. 비록 노상에는 구경꾼들이 많았지만, 조금도 떠들지 않았다. 松前 太守의 侍衛의 융성함과 고을 안의 인물 및 市廛 물산의 풍성함은 우리나라 州府보다 100배나 더하였으니, 그 직을 대대로 물려주기 때문에 이같이 성한 것이나 아닌가.[60]

58) 『표주록』 413쪽.

59) 이지항의 일본에 대한 인식은 긍정적이었다고 한다(남미혜, 앞의 논문(2006), 51~53쪽; 하우봉, 앞의 책, 261~263쪽).

60) 『표주록』 413쪽.

2. 현지인과의 교류

1) 인적 교류

이지항은 武科 別試에 及第한 武人이었지만, 『周易』을 볼 줄 알았으며, 詩文과 書道에 조예가 있었던 인물이었다.[61] 특히 그가 표류 중에도 책을 읽고 글을 썼다는 점에서 그의 문인적 기질을 엿볼 수 있다고[62] 한다. 그래서 이지항은 蝦夷地와 松前府에서 문화교류를 할 수 있었다. 이지항 일행이 蝦夷地에서 표착한 이후 교류한 인물은 다음과 같다.

〈표 3〉 李志恒과 교류한 일본인[65]

상대	신분과 직역	구체적 내용
鈴木戸次兵衛	商倭	七言小詩를 지어 줌[63]
頭倭 다수	倭兵	五言, 七言 詩 지어 줌
新谷十郎兵衛	倭兵, 金掘奉行	筆談, 漢詩 지어 줌
高橋淺右衛門	松前藩 奉行	편지 14통, 筆談
松前藩主	松前志摩守	편지, 詩文 唱酬[64]
瑞流	阿吽寺 住持僧	詩文 唱酬 다수

이처럼 이지항이 蝦夷地에 표착한 이후에 교류한 일본인은 松前 太守, 승려, 商倭 등 비교적 다양하였다. 그는 이들과 詩書를 주고받았다. 맨 먼저 이지항이 교류한 인물은 蝦夷地에 표착한 후 다시 나흘을 가다

---

61) 이지항이 松前府에서 조사를 받을 때 가지고 있던 서적이 9권, 『朝鮮曆』 1책과 벼루상자를 가지고 있었다(『福山秘府』 「朝鮮漂人部」, 272쪽).

62) 하우봉, 앞의 책, 258쪽.

63) 이 시는 국립중앙도서관 소장본 『李志恒漂舟錄』, 5쪽에 실려 있다.

64) 이지항이 松前 藩主에게 지어 준 6수의 시 가운데 네 번째 시가 국립중앙도서관 소장본 『李志恒漂舟錄』, 7쪽에 실려 있다.

65) 『표주록』에서 발췌함.

가 역풍을 만나 포구에 정박하여 머물 때 만난 鈴木戶次兵衛였다. 그곳
에는 장사하는 왜의 배가 먼저 와 있었다. 이때 商倭 30여 명 중의 頭倭
한 사람이 와서 堀金船을 맞이하는데, 여러 倭人이 상선의 頭倭를 향하
여 모두 마루[床] 밑에서 절하고 무릎을 꿇고 그들의 사정을 아뢰었다.
오직 十郎兵衛만이 마루에 올라가 같이 揖하였다. 이때 같이 앉기를 청
해서는 공손히 술과 생선을 내어 와 후히 대접하였다. 글로 그의 성명
을 묻자, 鈴木戶次兵衛라 했다. 十郎兵衛가 나의 시를 짓는 재주를 말
하자, 그 倭人이 시를 지어 주기를 아주 간절하게 청하였다. 이에 七言
小詩를 지어 주자, 그 왜인은 머리를 조아리고 감사를 올리고는 재삼 보
고 칭찬하여 마지않았다. 이것은 왜인들이 시를 잘 몰라서 그러는 것이
다라고[66] 이지항은 파악하고 있다.

　다음은 松前 太守였다. 하루는 太守가 侍倭를 보내어 문안하고 唐紙
열 장을 보내 와서 金白善을 통하여 말하기를, "尊座는 曳沙峙로부터 육
지의 길을 오시면서 이 고을의 경치를 보셨으니, 시를 지어 보내 주심이
어떠합니까." 하였다. 이에 할 수 없이 오던 길에 생각나는 대로 시 여
섯 首를 聯書하여 보냈다. 太守는 詩思를 제법 즐기고, 또 繪畫를 좋아
해서 그 자신도 그림을 잘 그리며, 항상 江戶에서 온 중 瑞流라는 이와
시와 그림 논하기를 게을리 하지 않고 宿食도 같이 한다고[67] 하였다.
내가 지은 시를 그 중과 같이 보고 次韻을 하여 보내 왔는데, 그 시는
다음과 같다.

---

66) 『표주록』 419쪽.

67) 『표주록』 427쪽.

봄이 와도 머리에 흰 눈 쌓였다 말하지 마소 / 莫言春到雪蒙頭
고향길 먼 데 있는 그대가 딱하이 / 羇旅憐君鄕路悠
소·이(蘇李)가 옷깃을 나누매 다시 만나기 어려워라 / 蘇李分裳難再遇
하량의 한 번 이별함이 이미 천 년일레라 / 河梁一別已千秋
명리(名利)에 떠들썩함이 싫어서 / 應厭利門名政喧
편주로 물결을 타고 도화원 묻네 / 扁舟駕浪問桃源
돌아와 다시 집사람 만나 얘기하면서 / 歸鄕又遇家人語
손잡고 이게 꿈인가 의심했지 / 把手猶疑是夢魂(하략)[68]

그 후 松前 太守는 다시 唐紙를 보내어 글을 써 주기를 청하였다. 이에 唐詩의 글귀 세 줄을 草書로 써서 주자, 글씨 體의 좋고 나쁜 것은 모르고 잠깐 筆劃이 이리저리 어지러운 것만을 보고는 칭찬하여 마지않았다. 太守의 칭찬으로 하여 거기에 사는 頭倭 등이 唐紙를 가지고 와서, 글씨를 써 주기를 청하는 사람들이 헤아릴 수 없이 많았다. 오는 대로 五言, 혹은 七言으로 종이의 長短에 따라 써 주어 위로하였다.

이지항이 松前藩에 머무르는 동안 48~49일 만에 종이에 쓴 것이 100여 권에 이를 정도로 많은 사람들에게 글을 써 주었다. 松前 太守는 이지항에게 글씨를 청하는 사람이 많다는 것을 듣고 흰 토끼털로 만든 중소의 붓을 보내주기도 했다. 異國의 문화인을 맞이한 일본 민중의 호기심은 대단하였음을 알 수 있다. 그것은 江戶 이북 지역에서는 조선인과의 문화교류가 없었기 때문이었다고[69] 한다. 실제 조선후기에 通信使들이 일본에 내왕할 때 江戶까지만 갔다가 돌아왔다. 그래서 일본의 동북 지역에서는 조선과 교류가 거의 없었다. 이에 松前藩에서 이지항 일행에 대해 매우 호의적이었던 것이다. 나중에 漂舟船도 이지항의 요구

---

68) 『표주록』 427~429쪽. 전체 七言律詩 3편의 분량이지만, 나머지는 생략하였다.

69) 하우봉, 앞의 책, 260쪽.

에 응하여 蝦夷地에서 부산까지 호송해 주었다.[70]

마지막으로 승려 瑞流였다. 그는 阿吽寺의 住持僧 慧海였다. 그는 본래 江戶 사람으로 松前藩에 와서 산 지 70년이 되었는데, 太守와 詩畫를 논하던 인물이었다. 그는 漢詩에 조예가 깊어서 이지항과 詩文唱酬를 많이 하였다. 瑞流의 시는 『漂舟錄』에 12수, 『福山祕府』에는 40수나 수록되어 있다.[71] 그는 異國과 타향에서의 외로움을 이지항과 공감하면서 자신의 인간적인 고뇌도 토로하고 서로 위로하였던 사이였다. 특히 이지항이 출발하기 전에 직접 찾아와서 서로 異域에 있어서 앞으로 다시 만날 기회가 없는 소회를 읊었는데 悲感하기까지 하다.

> 올 때엔 書契로 정 더욱 화목했는데 / 來時書契情尤睦
> 오늘엔 기쁨과 근심이 얽히고 설키누나 / 今日喜愁共有依
> 미처 다 뵙지 못하고 님 보내니 / 未謁芝眉送錦袖
> 내 혼은 꿈마다 그대 따르리 / 別魂夢結夜追衣[72]

반면 이지항은 일본에서 조선말과 尺量法을 가르쳐 주기도 했다. 東西南北의 방위, 春夏秋冬의 계절, 人間, 親父母兄弟姉妹, 男女, 屏風, 술, 불, 물, 筆墨, 正月~十二月 등의 단어를 한자로 표기하고, 조선식으로 발음하는 법을 가르쳐 주었다.[73] 또 도량형은 地尺, 布尺, 木綿尺의 크기를 알려 주었다.

전근대시기에 표류민은 표착 현지에서 상호 교류하다가 송환되었는

---

70) 『邊例集要』 권3, 漂差.

71) 『표주록』 431~432쪽; 『福山祕府』 「朝鮮漂人部」, 292~297쪽.

72) 『표주록』 431쪽.

73) 『福山祕府』 「朝鮮漂人部」 朝鮮詞, 287~288쪽.

데, 의사소통이 문제였다. 이지항 일행은 漂着 후 蝦夷族과 의사소통하기 위해서 많은 노력을 했지만, 그들이 문자를 알지 못하여 실패하였다. 그러나 이지항은 그들이 했던 소리를 『표주록』에 한글로 적어 놓고 있어서 17세기 후반의 蝦夷語를 알 수 있는 소중한 자료가 되고 있다. 그리고 이 소리의 의미는 7월 1일에 發船하여 松前 太守를 알현하기 위해 돌아갈 때, 이지항이 자신이 알아듣지 못하고 있었던 말과 물정을 蝦夷語 通事에게 물어서 파악하게 되었다.

> 蝦夷族들이 '마즈마이'라 하는 것은 무슨 말이오?
> 松前(마쯔마에)을 말하는 것입니다.
> 앙그랍에는 무엇이오? 平安이라는 말입니다.
> 빌기의는 무엇이오? 아름답다는 말입니다.
> 악기는 무엇이오? 물(水)입니다.
> 아비는 무엇이오? 불(火)입니다.[74]

그런데 이 말들을 倭語와 견주어 보았을 때, 아주 딴판으로 달랐다고 한다. 다음은 蝦夷族과의 의사소통에 사용되었던 어휘를 『표주록』 등에서 추출하여 의미를 추정하면 다음과 같다.

〈표 4〉 이지항과 아이누족의 의사소통에 사용된 어휘

『漂舟錄』	『李志恒漂海錄』	アイヌ語[75]	의미
[마즈마이]	麻子麻耳		松前(마쓰마에)
[앙그랍에]		[anggeurabe] [irankarapte]	平安
[빌기의]		[pirkawa]	아름답다
[악기]	臥可	[wakka]	물(水)
[아비]	阿比	[ape]	불(火)

---

74) 『표주록』 418~419쪽.

다음으로 松前 이전부터 일본인을 만나면서는 이지항 일행은 詩와 筆
談으로 의사소통을 하였다.[76] 먼저 鈴木戶次兵衞에게 七言小詩를 지어
주었다. 7월 10일 金白善과 다른 船人들을 밖의 대청에 따로 앉게 하고,
딴 사람으로 하여금 대접하게 하면서 그는 붓과 벼루를 내어 놓고 毛綿
紙에다 글씨를 써서 사정을 물었다. 내가 거기에 닿게 된 내력을 다 써
서 주자, 잘 봉해서는 급히 松前 太守에게로 보내 알렸다.

그리고 松前에서는 일본어를 사용하여 의사를 소통하였다. 奉行 倭人
高橋淺右衞門는 蝦夷語 通事로 문자를 알기에 서로 글로 통했으며, 혹
은 金白善으로 말을 전하게 하였다. 그것은 김백선이 일본어를 다소 알
고 있었던 인물이었기 때문이다.

2) 물물교역

이지항 일행은 蝦夷地에 漂着한 후부터 원시적인 형태의 물물교환을
했는데, 가장 먼저 풀뿌리를 얻어서 목숨을 연명할 수 있었다.

나는 말하기를, "배 안에 있는 여행용 그릇 일부를 주고, 그 풀뿌리를 가리
키어 얻어 와서는 죽을 쑤어 많이 먹는 것도 불가할 것이 없다."고 했다. 곧
선인 金漢男이 그릇을 가지고 다른 선인들과 함께 일시에 가서 그릇을 주니,
그 무리들은 대단히 좋아하였다. 여러 가지로 가리켜 얻겠다는 시늉을 지어
보이자, 비록 자세히 알아차리지는 못했지만, 내가 말한 대로 풀뿌리를 가리
키면서 시끄럽게 지껄였기 때문에 헤아려 알아들었다. 선인들을 이끌고 산기

---

75) 이 부분은 中村和之의 연구노트를 참고하였다(中村和之, 앞의 논문[2007], 25~26쪽).

76) 北海島大學 도서관이 소장하고 있는 『漂流朝鮮人李先達呈辭』에는 10장 20면 분량의 수십
수의 시가 실려 있다고 한다(허경진, 앞의 논문, 59쪽). 허경진은 이지항 일행과 蝦夷族·
日本人과의 의사 소통을 아이누어, 일본어, 필담과 서찰, 한시 창화, 공술로 나누어 자세하
게 제시하고 있다.

숲으로 가는데, 1帳의 거리쯤에 지나지 않았다. 나도 함께 따라가 보니, 그 풀이 많이 있었다. 그것을 캐어다가 죽을 쑤어 각기 나누어 먹으니, 다 배부르고 속이 편하였다. 닷새 동안 그곳에 머물면서 늘 많이 캐어다가 죽을 쑤어 포식했다. 배의 기구 만들기를 마치자, 생기가 다소 돌았다. 한편으로는 풀뿌리를 캐고, 한편으로는 魚物의 남는 것을 구했다.[77]

한편 추위를 극복하기 위해서 털옷과 담비 가죽을 바꾸기도 하였다. 이러한 물물교환은 교역의 형태로 나아가기도 했다.[78]

또 어떤 곳에 이르니 마침 날씨는 바람이 불고 추웠는데, 하나는 곰 가죽의 털옷을 입었고 하나는 여우 가죽을 입었으며, 둘은 담비 가죽의 털옷을 입은 네 사람이 바다와 河水가 통하는 어구에서 그물을 쳐 고기를 잡고 있었다. 그물은 7~8발[把]에 지나지 않았는데, 실로 짠 것이 아니라, 나무껍질의 실[木皮絲]로 짠 것이었다. 잡은 고기는 松魚와 그 외에 이름 모를 雜魚가 무수했다. 내가 잡아 놓은 물고기를 보고 부러워하며 만지니, 그 중에서 한 자[尺]가 넘는 송어 20여 마리를 내 앞에 던지고는 가져가라고 가리켰다. 또 담비 가죽의 옷을 입은 자가 내 앞으로 다가서서 내가 입고 있는 남빛 명주의 襦衣를 가리키고, 제가 입고 있는 담비 가죽 옷을 벗어서는 번갈아 가리키며 지껄이는데, 바꾸어 입자고 그러는 것 같았다. 그러므로 나는 바꾸고자 하는 것인 줄 알고는 즉시 허락하여 옷을 벗어 주고 바꾸었는데, 그가 좋아하는 것을 알 수 있었다.[79]

"이후 무리를 지어 각기 털옷을 가지고 와서 우리 옷과 바꾸자고 하는 자가 몇이나 되는지를 알 수가 없었다. 船人들은 혹은 그릇을 주고 바꾸기도 하였는데, 나도 가지고 있던 옷을 다 주고, 담비 갖옷 9가지와

---

77) 『표주록』 412~413쪽.

78) 이지항과 일행이 蝦夷族과 교환한 물품의 가격을 추정하기도 하였다(남미혜, 앞의 논문 (2007), 47~49쪽).

79) 『표주록』 413~414쪽.

가려서 바꾸었다. 갓끈에 단 水晶 하나하나와 바꾸기를 청하자, 나는 수정 두 알씩을 가지고 담비 가죽 2~3장과 바꾸었다. 그 가죽의 수는 60장이나 되었다. 또 허리에 두른 玉을 가리키면서 붉은 가죽 일곱 장과 바꾸기를 청하고, 또 여우 가죽 열다섯 장을 가지고는 의복과 바꾸기를 청하기에, 가죽의 품질이 크고 두터워 北皮의 모양과 같아서 나는 허리에 찬 玉을 끌러 주었다. 또 우리 일행이 소지하고 있는 식기와 물에 젖은 綿布 홑이불 여섯 벌, 보자기 두 장을 다 주고 바꾸었는데, 수달피석 장을 더 가져왔다. 그 물건은 아주 커서 한 장으로 털 부채를 만들면, 4자루쯤 만들 수가 있다"고[80] 하였다.

이처럼 이지항 일행은 蝦夷地에서 물물교환을 통한 교역을 하였다. 이지항 일행이 蝦夷族과 물물교환한 물품은 아래와 같다.

〈표 5〉李志恒 일행과 蝦夷族의 물물교역품[81]

대상	조선 물품	蝦夷族 물품
李志恒	남빛 羅紬 襦衣	貂皮 가죽옷 1벌
	옷	담비 갖옷 9벌
	갓끈의 수정구슬	담비 가죽 60장
	허리에 두른 玉	붉은 가죽 7장
	의복	여우가죽 15장
이지항 일행	食器	堯老和那(풀뿌리)
	식기, 綿布 홑이불 6장, 보자기 2장	수달피 가죽 3장

이지항 일행은 자신들이 보유한 물품들을 蝦夷族의 가죽, 의복, 풀뿌리 등과 바꾸었다. 이지항 일행과 蝦夷族은 각자가 가져보지 못했던 물품의 희소가치를 인정하면서 물물교환에 나섰던 것이다. 우선 이지항은

---

80) 『표주록』 414쪽.

81) 『표주록』 414쪽(남미혜, 앞의 논문(2007), 45쪽에도 제시되어 있다).

옷, 목면, 수정을 주고 貂皮(담비가죽) 60장을 바꾸었으며, 蝦夷錦도 입수하였다. 이 교역은 蝦夷族이 먼저 교환을 요구해서 응한 것이었지만, 蝦夷의 모피가 품질이 좋음을 확인하였으며, 교환한 수량이 많은 점에서 경제적인 동기도 있다고[82] 파악되기도 한다. 船員들도 대량으로 교환을 했는데, 극한적 상황에서도 교역이 이루어지고 있는 점이 주목된다. 이지항 일행이 교환한 貂皮와 蝦夷錦은 蝦夷族의 주요 교역품이었다. 이때 그들이 구입했던 물품들은 조선에 전래되었을 것이며, 이것은 조선과 蝦夷의 교류사라는 점에서 의미 있는 사건이었다고[83] 할 수 있다. 이는 국가 권력이 개입되지 않은 순주 민간인끼리의 교류였다.

이지항 일행은 蝦夷地의 小有我에 머문 지 5일이 되자, 그들과 얼굴이 익어, 비록 언어로 뜻을 통하지는 못했지만, 이미 옷과 물건을 바꾼 情分이 있어 여러 사람이 각기 마른 고기를 안고 와서 情을 표시하였다. 부득이 하여 주는 대로 받자, 고기가 다섯 섬[石]이 넘었다고[84] 한다.

Ⅳ. 표류민의 송환과정

1. 표착 후의 절차

이지항 일행은 蝦夷地와 일본 本州에서 대접을 각각 후하게 받았다.

---

82) 中村和之, 앞의 논문(1998), 39쪽.

83) 中村和之, 위의 논문, 39~40쪽.

84) 『표주록』 414쪽.

이지항의 『표주록』에는 일본 본주에 대해서는 거의 기록을 남기지 않고 있는데, 이것은 松前藩과 일본 본주에 대한 인식이 달랐기 때문이라고[85] 한다. 전근대시기에 표류민은 표착한 나라에서 일정한 절차를 거친 후 송환되었다. 먼저 이지항 일행은 羽保路浦의 金掘 奉行인 新谷重郎兵衞의 안내를 받아서 松前府로 향하면서부터 호송 상황과 각 포구에서 지켜야 할 사항이 松前府에 보고되고 있었다.

1. 포구의 蝦夷人의 집에 함부로 들어가지 못하게 함.
   夷와 아무거나 작은 거도 교환하지 못하도록 함.
   夷言은 한마디도 배우지 못하도록 함.
1. 松前사람이 배를 만나면 길 안내 외에 함부로 말하지 말 것.
1. 金僉知라는 이는 일본어를 알고 있어 용건을 심문할 수 있음.
1. 8명 가운데 2명은 우리 배에 오르게 하여 왔음.
1. 쌀이 부족하므로 쌀을 차용해 주기 바람.[86]

이처럼 표류민의 상황을 江戸에 계속 보고하고 지시를 받고 있음은 德川幕府 이후 일본의 표류민 송환체제가 작동하고 있었음을 보여준다.[87] 이처럼 蝦夷族과의 접촉을 철저하게 차단하고 있다. 이러한 모습은 송전부의 숙소에서도 계속되었다.[88] 7월 22일에는 松前太守 松前志摩守가 江戸의 南部侯에게 이지항 일행의 근황을 보고하고 지시를 구하는 서찰을 올렸다.[89] 이것 역시 표류민의 상황을 江戸에 보고하고 지시

---

85) 池內敏, 앞의 책, 159~160쪽.

86) 『福山秘府』「朝鮮漂人部」, 262쪽.

87) 荒野泰典, 앞의 책, 254쪽.

88) 『福山秘府』「朝鮮漂人部」, 264쪽.

89) 『福山秘府』「朝鮮漂人部」, 266쪽.

를 받고 있고 있음은 德川幕府 이후 일본의 표류민 송환체제가 작동하고 있었음을 보여준다. 이후 松前府에서는 무엇보다도 먼저 太守가 글로써 李志恒에게 표류에 대해서 공식적으로 자세하게 물어왔다.

이번 행차에서 당신 등은 무엇 하려고 배를 타셨으며, 어디에 닿으려던 것이 바다 속으로 표류하게 되었던 것입니까. 며칠간 표류하다가 우리의 경내에 도착하게 되었습니까. 海上에서 일본의 商船을 만났었습니까. 朝鮮에서 發船한 것은 어느 달 어느 날이었습니까. 또 해상에서 표류했던 날수는 얼마나 되었습니까. 또 李先達·金僉知의 두 字가 붙은 분들은 어느 곳에 사는 분이며, 姓名·官名과 그리고, 官品의 高下는 어떠합니까. 거듭 묻기를, 朝鮮國에서는 佛法을 믿습니까. 神에게 제사를 지냅니까. 儒道를 존중합니까. 또 耶蘇敎 사람이 포교하고 있습니까. 또 鰕夷族들이 당신들에게 불법적인 짓을 한 일이 있었습니까. 그리고 이 나그네 길에서 요구할 것이 있으시면 말씀해도 좋습니다.[90]

이러한 질문 가운데서 주목되는 것은 종교와 관련한 부분이 많다는 점이다. 이것은 德川幕府 이후의 鎖國政策과 관련되어 있었다고[91] 볼 수 있다. 이지항은 위의 질문에 대하여 자신을 朝鮮國 武科及第者 李先達이라고[92] 대답하면서 본국으로 호송될 수 있도록 요청하였다.

1. 성은 李, 이름은 志恒이며, 자는 茂卿, 官號는 先達입니다.
1. 성은 金, 이름은 白善입니다. 僉知는 늙은 사람을 존칭해서 부르는 것입니다.
1. 孔 裨將과 金 裨將은 모두 武士의 몸으로 장사를 業으로 하고 있습니다. 그 나머지는 다 海夫나 船人들입니다.

---

90) 『표주록』 422쪽.

91) 荒野泰典, 앞의 책, 254쪽.

92) 『표주록』 422~423쪽.

1. 우리나라에는 佛法을 떠받드는 일은 없고, 다만 중으로서 修道하는 자가 있어, 깊은 산 조용한 곳에 절이나 암자를 짓고 佛經을 널리 읽고 있을 따름인데, 간간히 成佛한 중이 나오고 있습니다.

1. 또 神을 섬기는 일은 없고, 돌아가신 조부모·부모·처의 생일이나 별세한 忌日에는 해마다 목욕 齋戒하고 酒肴을 많이 차려 놓고서 향을 피우며 祭祀를 지낼 뿐입니다.

1. 사람들은 모두 儒道를 받들어 행하고, 孔子·孟子 같은 大聖과 十哲·十三賢을 각 도와 각 고을에 位牌를 모시기 위하여 크게 鄕校를 지어 놓았습니다. 春秋의 上丁日에는 釋奠의 大祭를 거행합니다. 式年마다 文武의 과거를 실시하여 甲·乙·丙의 3등으로 뽑고 있습니다.

1. 耶蘇敎에 대하여는 본시 모르고 있습니다.

1. 蝦夷의 무리들이 우리들에게 불법적인 일은 전혀 없었습니다.

1. 旅程에서는 술과 밥을 대접해 주어 조금도 부족한 점이 없었습니다.

1. 그리고 十郎兵衛라는 분은 探金店으로부터 여러 날 동안 우리를 대접하느라고 양식과 찬을 많이 허비했습니다. 살려 준 은혜를 입어서 여기에 이르게 되었는데, 은혜를 갚을 길이 없어 실로 한이 됩니다.

1. 또 날씨가 점점 추워지고 입었던 옷이 표류하던 중에 모두 젖어서 蝦夷族들의 털옷과 바꾸어 입었으므로 달리 입을 옷이 없고, 전번에 이리로 올 때에 남루한 옷은 묻어버렸으니, 이것이 매우 민망스럽습니다. 이것 외에는 더 말씀드릴 것이 없습니다.[93]

이지항의 답변에서도 조선의 유교 문화, 제사, 불교에 대해서 자세하게 답하고 있음을 알 수 있다. 이지항 일행이 松前府에 도착하자 접대는 극진하였다. 도중에 거느리고 오는 奉行 倭人에게 여러 번 글을 전하여 성 밖에 이르자, 奉行倭 10여 인이 하인들을 거느리고 좌우에 두 줄로 行列을 지어 맞이하였다. 모두 화려한 옷을 입고 칼을 차고 창을 들고 있었다. 그들은 서로 맞이하여 揖하며 계속 호위하여 府中의 公舍에 이르렀다. 그곳에는 잔치 자리를 풍성하게 차려 놓고, 호위하고 왔던

---

93) 『표주록』423~425쪽. 『福山祕府』「朝鮮國漂人」李志恒呈辭, 44쪽에도 기록되어 있다.

奉行 등이 영접해서 동편의 자리에 따로 앉혔고, 자기들은 서편 자리에 앉았다. 그리고 다른 사람들은 밖의 대청에 자리 잡게 했다. 그들은 金白善을 불러 말을 전하기를, '太守께서 술자리를 베풀어 위로해 주는 것입니다.' 하였다. 奉行 倭人들 중에 한 사람이 답변서를 가지고 太守 앞으로 들어가더니, 여러 왜인들이 일시에 우리를 보호하며 숙소로 갔다. 그리고 큰 판자로 만들어진 담에 붙은 外門에 下倭 세 사람을 정해서 지키게 하고, 內門에는 把守 보는 頭倭 두 사람을 지키게 해서 3일마다 교대케 하였다.[94] 여기에서도 표류민을 격리시켜 머물게 하였다.

이후 松前 太守는 이지항 일행에게 구호품을 주었다. 松前에 머물고 있는 동안 매일 세 끼니마다 밥·국·술을 세 차례씩 대접하였고, 간간이 별도로 먹을 것을 보내 주었다. 그래서 이지항 일행은 여러 날 굶었다가 점점 배부르고 편안해졌다고 한다.

다음날 午時 사이에 태수는 高橋淺右衛門을 시켜 검은 명주 3端, 솜 5片, 옥색 명주 1端, 푸른 명주 1단, 粉紙 10束, 보통 종이 5속을 나에게 보내주었고, 金白善 등 세 세람에게는 흰 모시 각 2端, 일본옷 1벌씩, 粉紙 3속, 보통 종이 3束씩을 주었으며, 선인들에게는 무명 각 2단, 일본옷 1벌씩, 보통 종이 3속씩을 나누어 주었다.[95]

다음날에 태수는 또 淺右衛門을 시켜 倭 옷 7건과 청색 무명베로 만든 요 7部를 보내오고, 떠나는 여러분이 도중에서 몸이 상할까 염려되니, 나누어 주었으면 한다는 글을 전해 주었다. 나는 奉行과 함께 앉은 자리에서 각 사람에게 나누어 주었다.[96]

---

94) 『표주록』 425쪽.

95) 『표주록』 426쪽.

96) 『표주록』 430쪽.

이처럼 전근대시기에 표류민은 표착지에서 구호를 받았다. 이지항 일행은 蝦夷地에서는 원주민의 도움으로 연명했지만, 江戸의 영향이 미치는 松前府에서는 환대를 받았다. 이지항 일행이 松前藩에서 받은 물품은 다음과 같다.

〈표 6〉松前藩에서 이지항 일행이 받은 물품[97]

대상	체류 중 받은 물품	송별 선물
李志恒	黑紬 3端, 綿子 5片, 五色方紬 1단, 綠紬 1단, 粉紙 10束, 常紙 5속	綠紬 2단, 白布 2단, 雪綿子 5편, 玉色紬褥 1部, 鷲羽 1尾, 黃金 2錢
金白善 등 3인	白苧 각 2단, 倭衣 1件, 粉紙 3속, 常紙 3속	倭衣 1건, 靑木綿褥 7부
船人	木綿 각 2단, 倭衣 1건, 粉紙 3속, 常紙 3속	

이 물품들은 대부분 의복류와 종이류였다. 특히 체류 중 받은 물품은 인도적인 차원에서 표류민에게 생필품을 지급한 것으로 볼 수 있다. 이후 교류가 이루어지면서 선물을 주고받기도 하였다.

이지항 일행이 松前府에 들어온 후에도 太守는 江戸에 서찰을 보내어 하나하나 보고하였다. 『福山祕府』에 실려 있는 7월 25일 서찰에는 『漂舟錄』에 없는 내용이 기록되어 있다.[98] 그 내용은 표류하는 동안 일본의 大船을 만나 쌀과 물을 받았으며, 오랫동안 먹을 것을 바다에서 낚시를 해서 고등어를 잡아먹고 물이 떨어지자 바닷물을 끓여 먹었으며, 佛法의 義具를 알지 못한다면서도 光善寺라는 淨土寺에 6명을 데리고 가자 부처를 향해 향을 피우고 3拜를 하고 唐店으로 염불을 하고, 8인 중

---

97) 『표주록』 426~430쪽. 池內敏은 조선인이 일본에서 받았던 물품에 대해서 松前, 江戸, 對馬島로 나누어서 제시하고 있다(池內敏, 앞의 책, 147쪽).

98) 『福山祕府』 「朝鮮國漂人」, 267~270쪽.

에 7인이 木札을 차고 있는데 한 사람은 목찰을 조선에 두고 왔다고 하
는데 조선에서는 왕래할 때 이것을 가지고 있지 않으면 집에 돌아갈 수
없다는 내용이다. 특히 절에 가서 향을 피우고 염불을 했다는 것은 성
리학이 국가이념이었던 조선사회에서도 불교가 민간에 널리 퍼져 있었
음을 알려 주는 사례로 흥미로운 기록이다.

2. 송환과정

임진왜란 이후 표류민의 송환절차가 정비되어 감에 따라 조선인의 송
환도 안정되어 갔다. 德川幕府가 표류민의 송환을 주도하면서 송환절차
는 표착지-長崎-對馬島라는 우회경로를 거쳐서 對馬島로 하여금 조선인
을 송환하도록 했다. 송환비용은 무상송환을 원칙으로 했다. 이렇게 조
선후기에 막부 주도의 송환절차가 정비됨에 따라 조선은 대마번의 표류
민 송환자를 漂差倭라는 일본 정식 외교사절로 인정하여 각종 접대를
하였다고 한다.[99]

일본에 표착한 조선 표류민의 구체적인 송환절차는 本州 및 九州에
표착한 경우와 對馬島에 표착한 경우가 달랐다. 本州 및 九州에 표착한
경우에는 長崎로 보내졌으며, 長崎에서 다시 對馬島를 거쳐 조선으로
송환되었다. 대마도에 표착한 경우는 일단 府中으로 보내졌으며, 이곳
에서 鰐浦나 佐須奈浦를 거쳐 조선 동래로 송환되었다고 한다.[100] 하지

<hr>

99) 이훈, 앞의 논문, 279~280쪽.
100) 위의 논문.

만 이지항 일행의 표류는 蝦夷地였기 때문에 江戸를 거쳐 조선으로 송환되는 예외적인 경우였다.

이지항의『표주록』은 대부분 松前藩에서 江戸까지의 송환 내용은 자세하고, 江戸에서 釜山까지의 송환에 대해서는 간략하게 언급하고 있다. 이제 松前에서 江戸까지 옮기는 과정에 대해서 지시가 다음과 같이 내려왔다.

漂者인 조선인이 육지로 향하도록 할 것(인부는 8명으로 할 것).
조선인 李先達은 駕籠으로 가게 한다고 말하고, 나머지 7명은 輕尻馬로 가게 한다고 말 할 것.
傳馬 5필 외에 3필은 조선인의 짐을 싣기 위해서임.
조선인이 탄 배는 날이 풀리는 내년 봄까지라도 大坂까지 끌고 와 大坂에서 宗次郎藏屋鋪까지 건네도록 할 것.[101]

이 지시에 따라서 松前府에서는 이지항 일행을 陸路로 호송하였다.[102] 이때 이지항은 駕籠, 나머지 7명은 말을 타고 호송하면서 예우했다. 松前 太守는 송별 선물도 보내왔다.

江戸의 關白으로부터 陸路로 데리고 오라는 통보가 8월 26일에 왔다. 太守는 별도로 그 고을의 家老 세 사람을 시켜 술을 보내어 위로하였다. 그리고 푸른 명주 2端, 흰 베 2단, 풀솜雪綿子 5片, 옥색 명주로 만든 요 1部, 독수리 날개 1尾, 황금 2錢, 떡·국수·물고기·술 등을 보내왔다. 또 頭倭를 시켜 편지를 전하기를, "명주와 솜은 先達께서 江戸로 가시는 노중에 입으실 옷을 짓는 데 쓰게 하자는 것입니다. 독수리 날개와 황금은 선달께서는 이미 武官으로 계셨으니 띠를 만들라는 것입니다. 드리는 것은 다 나의 정을 잊지

---

101)『福山秘府』「朝鮮漂人部」, 274쪽.

102) 김갑주, 앞의 논문, 173~179쪽.

마시라는 물건입니다. 그 밖의 술과 국수는 여러 사람에게 나누어 주십시오.
이에 나는 단지 독수리 날개 · 금 · 음식만 받아 감사드리고, 명주는 받지
않았다. 家老는 명주도 다른 것들과 같이 놓아두었다. 조금 뒤에 다른 한 사
람이 와 太守의 말을 전하기를, '길을 떠나는 손님에게 路資를 드리는 것은
그 예가 있는데, 하물며 타국의 漂流客'임이리까. 부디 사양하지 마십시오.'라
고 하였다. 이에 내가 '노자로 준다고 하시니, 부득이 받겠습니다.' 하자, 그
家老는 기꺼이 돌아갔다.[103]

이지항 일행은 9월 27일에 江戶에 들어왔다. 이후 일행은 對馬島主의
처소로 이관되었다. 대마도주가 우리를 그대로 대마도로 내보내려고 자
기 집에 머무르게 한 것이다. 데리고 오는 奉行 및 모든 왜인을 差定하
는 동안에 5~6일이 지났다. 10월 17일에 大坂城에 도달했다.[104] 사흘을
머물렀다가 五沙浦의 왜선을 타고 海路로 출발했다. 지나온 연안의 고
을은 兵庫堡 · 下關 · 赤間關 · 芝島 · 勝本島 · 壹岐島 · 八島 · 壇浦 등이
었다. 12월 14일에 대마도에 도달해서 한 달 남짓 머물렀다. 松前에 버
려두었던 표류선을 기다렸으나, 아직 오지 않았다. 1697년(丁丑) 2월 2일
에 왜선을 타고 差倭를 정하여 書札까지 받았지만, 바람이 순하지 못해
서 浦마다 들러 머물렀다.

3월 5일에 순풍을 만나 우리나라의 釜山浦에 도착했다.[105] 倭館의 禁
徒倭 등이 날이 어두워 검사할 수 없으므로, 날이 새기를 기다려 검사를
받은 뒤에 나왔다. 우리 일행은 가지고 온 짐을 우리와 같이 표류했던
울산 桃浦 사람 朴斗山의 배에 옮겨 실었다. 釜山鎭의 永嘉臺 앞에 정
박하여 배에서 내렸다. 釜山僉使가 표류했던 사람들의 배가 닿았다는

103)『표주록』 429~430쪽.
104)『표주록』 433쪽.
105)『표주록』 434쪽.

소식을 듣고 우리를 불러 供述을 들이라 했다. 이어서 부산성 밖에 있는 旗牌官 鄭振漢의 집에 당도하자 밤 2更이었는데, 밥을 지어 주었다. 집에서 두 아들과 종 잉질메(芿叱山)가 와서 형님이 지난해 6월에 세상을 떠나셨다는 말을 전해 주었다. 그래서 정신없이 집으로 돌아왔다. 다음날 아침 관아로 들어가 공술을 들였다. 이 공술이 이지항의 『표주록』으로 기록되게 된 상황이다.

한편 이지항 일행의 조선으로의 송환에 대해서는 『漂人領來謄錄』에서도 찾아볼 수 있다. 다만 연도가 1년 늦은 1697년에 蝦峽國에 漂到했다가 松前으로 옮겨져 일본 北海를 돌아서 長崎로 전송되었다가 무인년(1698) 3월 對馬島를 출발하여 戊寅條 以酊菴 送使 第船4船과 같이 돌아오다가 3월 18일에 磑巨里에 漂泊하였다. 이때 磑巨里에 漂泊한 우리나라 小船 1척과 禁徒倭 小船에 지난 해 蝦峽國에 漂到했던 金白善 등이 타고 왔다고 기록하고 있다.[106] 이때 禁徒倭 小船에는 頭倭 1명, 沙工倭 1명, 格倭 6명이 함께 타고 왔다고 한다.[107] 이처럼 김백선 등은 蝦夷에서 松前으로 轉送되고, 江戶를 거쳐 對馬島를 경유하여 부산으로 돌아온 것이다. 한편 이지항 일행이 타고 갔던 배는 金白善 등이 배를 蝦峽國에 버려두고 사람만 돌아왔는데,[108] 1698년 倭人에 의해서 운송되어 왔다.[109] 그런데 이 사건은 이후 표류민의 송환과정에서 空船을 운반해 오는 폐단을 없도록 하는 계기가 되고 있다.

---

106) 『漂人領來謄錄』3, 제6책 戊寅(1698), 4월 초3일, 125~127쪽, 159~165쪽.

107) 『漂人領來謄錄』3, 제6책 戊寅(1698), 4월 초3일, 125~127쪽, 159~165쪽.

108) 『漂人領來謄錄』3, 제6책, 戊寅(1698) 4월 초3일, 159~165쪽.

109) 『邊例集要』권3 漂人, 戊寅 3월.

V. 맺음말

　전근대시기에 동북아시아 海域에서 해역을 이용한 네트워크는 국가 차원과 민간 차원에서 작동하고 있었다. 해역의 성격은 다층적이면서도 지리적인 성격이었지만, 문제는 자연발생적인 漂流도 官의 朝貢 통치에 적용되어 해역으로서 영향력이 유지되었다는 점이다. 李志恒의『漂舟錄』을 통해서 조선에서 일본으로 표류했던 표류민의 사례를 통해서 지리적인 해역을 확인하고, 민간 해역 세계의 실상을 구체적으로 파악할 수가 있었다.

　조선후기에 동북아시아 지리적 해역 안에서의 표류와 민간 교류는 해류와 해풍의 영향으로 지속적으로 발생하고 있었는데, 실제로 조선 연안에서 일본 연안으로 표류민의 발생이 지속되었다. 17세기 중기에 부산에서 興海로 가는 도중 蝦夷地(北海島)로 표류했던 이지항 일행의 표류 사례는 동북아시아 해역 세계를 설명해 줄 수 있는 좋은 사례이다.

　이지항이 1696년 5월에 蝦夷地에 漂着한 것은 바람과 해류 때문이었다. 이지항 일행은 蝦夷地에 漂着 후 松前을 거쳐 江戶, 大坂, 對馬島를 경유하여 조선의 동래부로 송환되었다. 조선후기에 德川幕府가 등장한 이후 표류민의 송환 과정은 조선과 일본이라는 국가 사이의 절차를 따랐는데, 일본에 표착한 조선인은 대마도를 통해서 송환되어 왔다. 표류라는 우연한 사고가 인위적 체제를 통하여 표류민이 송환되면서 절차가 마무리되었음을 알 수 있다. 하지만 이지항 일행의 표류는 예외적인 경우여서 蝦夷地에서 江戶까지의 송환과 江戶에서 부산까지의 송환으로 구분할 필요가 있다. 특히 전반부의 경우에는 조선인과의 접촉이 없었던 상황이었기 때문에 현지인들은 조선 표류민을 후하게 우대하였다. 이지항의 『漂舟錄』에는 江戸에서 對馬島를 경유하는 기록에 대해서는 간략하게 서술되어 있다.

李志恒 일행은 표류하여 蝦夷地에 표착한 후 蝦夷族과 만나면서 다양한 이국문화를 직접 체험하였는데, 蝦夷地에서는 蝦夷族과 松前에서부터는 일본인과 접촉하면서 다양한 문화를 체험하고 정보를 입수하였다. 이러한 정보는 조선후기에 蝦夷地를 조선에 소개한 첫 기록이 되었다. 『표주록』에는 異文化의 체험이 많아서 표류민의 체험과 생활상을 이해하는데 도움이 되는데, 특히 蝦夷地에서의 체험과 생활은 좋은 정보가 되었다. 한편 전근대시기에 표류는 단순한 해난사고가 아니라 민간차원의 문화교섭의 통로가 되기도 했다. 이지항 일행은 표착지와 경유지에서 蝦夷族이나 일본인과 인적 교류와 물물교환을 통해서 교역을 하기도 하였다. 이런 과정에서는 漢字로 筆談과 詩書를 통해서 松前에서부터 의사소통이 가능하였으며, 일행 가운데 金白善이 일본어를 다소 알고 있었기 때문에 가능했다.

17세기 후반에 이지항 일행이 蝦夷地에 漂着했던 사례 연구를 통해서 동북아시아 해역에서의 표류 범위를 구체화할 수 있었다. 아울러 조선 초기부터 조선에서 국가적 차원에서 행해졌던 표류민 송환 문제가 일본에서는 근세국가 성립 이후부터 국가적 차원에서 진행되었는데, 이지항 일행의 표류와 송환 과정은 이러한 모습을 직접적으로 확인시켜 주는 좋은 사례이기도 하다.

▌참고문헌

1. 사료

李志恒, 『漂海錄』, 1925(청구기호 : 古2511-62-1-63-1).

_____, 『李志恒漂海錄』, 1937(청구기호 : 한古朝60-71).

민족문화추진회 편, 국역 『海行摠載』 Ⅲ, 탐구당. 1975; 민족문화추진회 편, 신편 국
　　　역 『槎行錄 海行摠載』 1-16, 한국학술정보, 2008.

北海道廳 編, 『新撰北海道史』 第5卷 史料1, 『福山秘府』 「朝鮮漂人部」 上, 1936.

『邊例集要』

『備邊司謄錄』

『順菴集』

『承政院日記』

『乙卯增廣別試榜目』

『漂人領來謄錄』

2. 연구서 · 논문

高橋公明, 「16世紀の朝鮮·對馬·東アジア海域」, 『幕藩制國家と異域·異國』, 校倉
　　　書房, 1989.

関周一, 『中世日朝海域の研究』, 東京: 吉川弘文館, 2012.

菊池勇夫, 「松前藩とアイヌ」, 榎森進 編, 『アイヌ歴史と文化』 Ⅰ, 創童社, 2003.

金甲周, 「17C後半~18C前半의 社會樣相의 一端-北海道 朝鮮漂人 關係 記錄을 中心으
　　　로-」, 『국사관논총』 72 (국사편찬위원회, 1996).

남미혜, 「『표주록』을 통해 본 李志恒(1647~?)의 일본 인식」, 『이화사학연구』 33 (이
　　　화사학연구소, 2006).

_____, 「17세기말 조선 무관 李志恒의 蝦夷 지역 체험」, 『한국 근현대 대외관계사
　　　의 재조명』, 이화여대 한국근현대사연구실, 2007.

李薰, 「朝鮮後期 대마도의 漂流民送還과 對日관계」, 『국사관논총』 26, (국사편찬위
　　　원회, 1991).

_____, 『朝鮮後期 漂流民과 韓日關係』, 국학자료원, 2000.

모모키 시로 엮음, 최연식 옮김,『해역 아시아사 연구입문』, 민속원, 2012.

尾本惠市 外 엮음, 김정환 옮김,『바다의 아시아』1~5, 다리미디어, 2003.

閔德基・孫承喆・河宇鳳・李薰・鄭成一,「韓日間 漂流民에 관한 研究」,『韓日關係史研究』12 (한일관계사학회, 2000).

朴眞美,「≪漂人領來謄錄≫의 綜合的 考察」,『경북사학』19 (경북사학회, 1994).

岸浩, 「長門北浦に漂着した朝鮮人の送還-唐人送り-」, 『山口縣地方史研究』 54 (1986).

宇田道隆,『海の探究史』, 河出書房, 1941.

정문수 외,『해항도시 문화교섭연구 방법론』, 선인, 2014.

정성일,「漂流記錄을 통해서 본 朝鮮後期 漁民과 商人의 海上活動」,『국사관논총』86 (국사편찬위원회, 1996).

_____,『전라도와 일본-조선시대 해난사고 분석-』, 경인문화사, 2013.

趙洙翼,「한 武人의 北海島 표류-李志恒의 ≪漂舟錄≫-」,『여항과 체험의 문학』, 민족문화문고간행회, 1985.

中村和之,「李志恒 ≪漂舟錄≫にみえる蝦夷錦について」,『北海島の文化』70(北海島文化財保護協會, 1998).

_____, 「蝦夷地と北方の交易」, 榎森進 編,『アイヌ歴史と文化』Ⅰ, 創童社, 2003.

_____, 「李志恒 ≪漂舟錄≫に見える'石將浦'について」,『동북아시아문화학회 제13차 국제학술대회 발표집』(2006).

_____, 「李志恒 ≪漂舟錄≫にみえる'羯惡島'について」,『史朋』39(2007).

_____, 研究ノト「李志恒 ≪漂舟錄≫にみえるアイヌ語について」,『北海道民族学』3(2007).

池內敏,「李志恒 ≪漂舟錄≫について」,『鳥取大学教養部紀要』28(1994).

_____,『近世日本と朝鮮漂流民』, 臨川書店, 1998.

崔來沃,「漂海錄 研究 比較」,『民俗學』10 (비교민속학회, 1993).

하우봉,「李德懋의 ≪蜻蛉國志≫에 대하여」,『전북사학』9(1985).

_____,『조선시대 한국인의 일본인식』, 혜안, 2006.

한일관계사학회 편,『조선시대 한일표류민연구』, 국학자료원, 2001.

허경진,「표류민 이지항과 아이누인, 일본인 사이의 의사 소통」,『열상고전연구』32 (열상고전연구회, 2010).

_____,『통신사 필담창화집 문학연구』, 보고사, 2011.

荒野泰典,『近世日本と東アジア』, 東京: 東京大出版會, 1988.

영국범선의
용당포 표착 사건

이 학 수 · 정 문 수

I. 머리말

1797년 정조 21년 9월 6일(양력 10월 13일) 외국 범선 1척이 부산 용당포에 표착했다. 용당포 주민들은 호기심으로 배를 저어 범선 주위로 몰려들었고 임진왜란을 겪은 지 200년, 병자호란을 겪은 지 140년이 지났건만 이양선에 놀란 수군과 행정관리들은 배에 올라 문정하고 조정에 급히 장계를 올렸다. 정조와 조정의 대신들도 이국의 범선에 대한 대책을 논의했다. 하지만 외국 범선의 표착 사건에 대해 깊은 논의는 없었고 대신 필요한 물자를 지원하여 문제의 범선을 빨리 조선 땅 바깥으로 내보내라고 지시하면서 이양선의 표착 사실을 극소수의 고위 관리들만 알게 하고 일반인들에게는 비밀에 부치도록 했다.

영국 범선의 부산 용당포 표착 사건은 일회성 사건으로 넘길 만한 일이 아니었다. 표류 사건 직후 1801년 신유사옥이 발생했고 이를 계기로 조선 조정은 중국에서 들어온 새로운 문물이나 서학에 관한 연구 또는 그 영향력을 차단하고 해금 정책을 강화하였다. 사회변동을 앞두고 있던 상황에서 조선의 기득권 계층은 방어적이고 수세적인 입장을 취했고, 경상도 해안가의 경계는 더욱 강화되었다. 하지만 조정의 단속에도 불구하고, 새로운 문물에 대한 실학자들의 관심은 줄어들지 않았고 서학의 신도 수도 증가하였으며, 해안 주민들은 외항 항해를 하며 먼 바다에 표류하는 일이 잦았다.

용당포 범선 표착 사건에 대한 기왕의 연구는 몇 권의 책에서 부분적으로 언급되었다.[1] 하지만 결정적인 오류가 있어 이를 바로잡고 또 이 사건이 지니는 의미를 보다 더 풍부히 해석하기 위해 본 논문을 집필하게 되었다. 우선 영국 범선의 용당포 표착 당시, 왜 영국은 태평양 탐사에 집중했는지를 알아보고자 한다. 나아가 용당포에 표착한 범선은 구체적으로 어떠한 범선이었는지? 영국의 범선 승조원들과 용당포 주민들과의 최초의 만남은 어떠했는지를 복원해보면서 조선사회의 타자에 대한 태도를 살펴보고, 1797년을 전후한 조선 사회와 해양과의 관계, 그리고 외국 범선의 용당포 표착 사건의 의의를 찾아보고자 한다.

용당포의 영국 범선 표착에 관한 자료들은 다행스럽게 해당 범선의 항해일지(log book)와 브로턴 함장이 출판한 항해기[2], 그리고 표착 외국 범선에 대한 조선 사회의 정확하고 상세한 당시 기록들이[3] 남아 있어

---

1) 韓相復, 『海洋學에서 본 韓國學』(해조사, 1988), 32~36, 45~50쪽; 金在勝, 『近代韓英海洋交流史』 (김해 : 인제대학교 출판부, 1977), 20~21쪽, 159~191쪽; 박천홍, 『악령이 출몰하던 조선의 바다』(현실문화연구, 2008), 49~85쪽; James E. Hoare, "Captain Broughton, HMS Providence (and her Tender) and his voyage to the Pacific 1794-8", Asian Affaires, Vol. 31, Issue 3 (Oct. 2000), pp. 303~312. Hoare는 특별한 언급 없이 브로턴 항해기를 바탕으로 조선 관련 부분을 기술하고 있다.

2) William Robert Broughton, A voyage of discovery to the north Pacific Ocean (London: British Library, Historical Print Editions, 1804).

이 사건을 복원하는 데 많은 도움이 되었다.

II. 영국의 태평양 탐사

18세기 후반기에 영국은 이미 대서양과 인도양에 수많은 해양거점을
마련하고 인도를 식민지배하고 있었지만, 아직 태평양으로는 진출하지
못하고 있었다. 미국이 독립할 무렵 영국은 왕실 해군 함선들로 구성된
해양 탐사 팀을 태평양으로 파견하기 시작했다. 미지의 해역에 관한 탐
사는 위험 요소가 많았기 때문에 원양항해에 대한 경험이 많고 명령체
계가 분명한 해군에게 부여하는 것이 당연했다. 18세기 말 대표적인 영
국의 태평양 탐사가들인 제임스 쿡, 윌리엄 블라이, 조지 밴쿠버 등은
모두 해군 장교들이었으며, 윌리엄 브로턴(William Robert Broughton)의 동
북아 해역 탐사활동 역시 위와 같은 영국 해군의 태평양 탐사 기획의
연장선에서 진행된 것이었다.

제임스 쿡 대위는 96명의 대원과 함께 〈인데버호〉를 몰고 1768년 6
월 영국에서 출발하여 혼 곶을 돌아 태평양을 횡단하여 출항 8개월 만
에 타히티에 도착했다.4) 이어 뉴질랜드를 거쳐 1770년 4월에는 오스트
레일리아 동해안에 도착했다.5) 동행한 박물학자 조지프 뱅크스(Joseph

---

3) 『朝鮮王朝實錄』, 『承政院日記』, 『日省錄』, 『鄭茶山詩文選』, 鄭東愈의 『畫永編』 등이 있다.

4) Ignacio Jáuregui-Lobera, "Navigation and History of Science : 1768-2018. 250th Anniversary
of James Cook's First Voyage", *Journal of Negative and No Positive Results,* Vol. 3, Issue
7 (2018), pp. 542~558.

5) Candice Goucher & Linda Walton, *World History: Journeys from Past to Present,* (New

Banks)는 그곳이 식민지에 적합하다고 정부에 보고했고, 영국 정부는 1770년 8월 23일 오스트레일리아 동부에 대한 영유권을 선포하고 이 지역을 뉴사우스웨일즈(New South Wales)라 명명했다.[6] 이어 쿡은 2차와 3차 태평양 탐사(1776~1779년)를 강행했다. 1786년 1월 영국 정부는 오스트레일리아 동부지역을 런던 죄수들의 유형지로 지정했다. 1788년 아서 필립(Arthur Phillip) 해군 제독이 757명의 죄수(대부분이 런던빈민가의 절도범)와 장교, 관리 등 1,030명을 태운 11척의 선단을 이끌고 포트잭슨(Port Jackson)에 상륙한 것은 널리 알려진 사건이다.[7] 영국 정부는 오스트레일리아를 영국에서 독립한 미국을 대체하는 새로운 식민지로 간주했다.

3차에 걸친 쿡 대령의 태평양 탐사로 세계의 거의 모든 해역이 유럽인에게 알려지게 되었다.[8] 쿡 원정 이후 해양탐사 활동은 서서히 막을 내리고 본격적인 해외 식민지 지배 및 제국주의 시대가 막을 올리게 되었다.

1787년 12월 23일 영국 포츠머스 항구에서 〈바운티호〉 함장 윌리엄 블라이 대령은 일등항해사 크리스천(Fletcher Christian)을 비롯한 40명의 선원과 영국왕립식물원 원예사 2명을 대동하고 지구의 반을 항해하는 대장정에 돌입했다. 〈바운티호〉의 공식 임무는 해양측량이었으나 진짜 목적은 남태평양 특산물인 '빵나무(breadfruit)' 묘목을 서인도제도로 운송하는 일이었다.[9] 당시 영국은 카리브해 식민지에서 아프리카 노예 노

York: Routledge, 2013), p. 427.

6) Ted Egan, *The Land Down under* (Houston: Grice Champion Publishing, 2003), pp. 25~26.

7) 초창기 오스트레일리아의 식민지 편입 과정에 대해서는 Alan Frost, *Arthur Phillip, 1738-1814 : His Voyaging* (Oxford University Press, 1987)을 참고하라.

8) 포경선 선원들이 해역탐사의 선구자들이라는 주장도 있다. 칼 슈미트, 김남시 옮김, 『땅과 바다』(꾸리에, 2016), 40~41쪽.

동력에 의존한 사탕수수 농장 경영으로 큰 수익을 얻고 있었다. 서인도 제도의 영국 농장주들은 미국 독립 이후 식량 공급에 어려움을 겪자 농장 노예들에게 값싼 빵나무 열매 가루로 만든 빵으로 식사를 해결하고자 왕실 해군을 움직여 타히티 섬의 자생 묘목을 서인도 제도로 실어 날랐던 것이다.

〈바운티호〉는 민간 상선 〈베시아호〉(Bethia)를 영국 해군이 구입하여 탐사에 맞게 개조한 220톤급 선박이었다. 타이티에서 선상반란으로 〈바운티호〉를 반란자들에게 빼앗긴 블라이 함장은 군사재판을 받았지만 무죄로 풀려나 해군에 계속 근무할 수 있었다. 그는 1791년에서 1793년 사이에 〈프로비던스호〉(Providence)를 지휘하여 빵나무 묘목을 타이티에서 서인도제도로 운송하는 업무를 수행했다. 오늘날에도 자메이카나 푸에르토리코에서는 수프나 고기 요리 등 빵나무 열매 가루로 만든 요리가 인기가 많은 편이다.[10] 〈프로비던스호〉의 역사로 보면 블라이 대령이 브로턴 대령의 선임함장이었던 셈이다.

조지 밴쿠버 함장은 해군사관후보생 신분으로 제임스 쿡 함장의 마지막 2차례 항해에 동행했던 인물이다. 밴쿠버 섬의 서해안에 있는 눗카 만에서 영국과 스페인 사이에 충돌이 발발한 1791년 당시 밴쿠버는 탐사대를 이끌고 쿡 선장의 항로를 따라 희망봉, 오스트레일리아, 뉴질랜드를 탐사했다. 그는 이 해역의 해도를 작성했고, 이후 북상하여 1792년

---

9) Richard A. Howard, "Captain Bligh and the Breadfruit", *Scientific American*, Vol. 188, N. 3 (1953), pp. 88~93.

10) "Ulu, breadfruit" in Elbert L. Little and Roger G. Skolmen, *Common Forest Trees of Hawaii: Native and Introduced* (University of Hawaii at Manoa, 2013). 빵나무(Breadfruit Ulu)는 3-5년 자라면 열매를 맺고, 나무 한 그루에서 연간 최대 180kg의 열매를 수확하며 열매의 녹말가루로 빵을 만든다.

에는 북아메리카 대륙에 도착했다. 밴쿠버는 1795년 케이프 혼을 경유하여 귀국했고 바로 4권으로 된 항해기를 출간했다.[11]

영국이 태평양 탐사에 집중하고 있을 당시 영국의 경쟁국인 프랑스도 태평양 탐사를 시도하는 것을 볼 수 있다. 쿡보다 2년 먼저 타히티를 탐사한 인물은 프랑스 해군 장교인 부갱빌(Louis-Antoine de Bougainville)이다.[12] 또 울릉도를 최초로 유럽에 소개한 인물은 프랑스의 해양탐험가 중 가장 대표적인 인물인 장-프랑수아 라페루즈 대령(Jean-François de Galaup, comte de Lapérouse)이다. 라페루즈 탐사대는 과학자들을 포함한 승조원 220명을 군함 〈부솔호〉(Boussole)와 〈아스트롤라브호〉(Astrolabe)에 태우고 1785년 8월 1일 브레스트 항을 출발했다. 라페루즈 대령은 포경사업과 모피교역의 가능성을 조사하고 새로운 땅을 발견하여 프랑스의 소유권을 확립하라는 루이 16세의 특별 지시를 받고 있었다.[13]

라페루즈는 남아메리카 남단을 돌아 태평양을 북상하여 러시아 캄차카 반도와 일본 삿포로 근해를 조사한 뒤 1787년 5월(정조 11년) 조선의 동해에 진입하여 울릉도와 제주도 근해를 탐사했다. 그는 자신의 항해기에서 "울릉도에서 조선인 목수들이 배를 건조하고 있는 장면"을 묘사하고 있다.[14] 당시 울릉도 어민들은 라페루즈 탐사대를 발견하고 봉화불을 밝히는 등 긴급 대응을 했지만 탐사대는 조선에 기항하지 않은 채

---

11) George Vancouver, *The Voyage of George Vancouver:1791-1795*(4 Volumes), (London: Hakluyt Society, 1984); Bern Anderson, *The Life and voyage of Captain George Vancouver : Surveyor of the Sea* (Seatle: University of Washington Press, 1960) 참고.

12) 드니 디드로, 정상현 옮김, 『부갱빌 여행기 보유』(숲, 2003); 김혜신, 「부갱빌 여행기 보유」(서평), 『해항도시문화교섭학』, 3호 (2010), 259~266쪽.

13) 도널드 프리먼, 노영순 옮김, 『태평양. 물리환경과 인간 사회의 교섭사』(도서출판 선인, 2016), 140쪽.

14) 韓相復, 앞의 책, 「200년전 라페루즈 가 본 우리나라의 모습」, 22쪽.

대한해협을 그냥 통과해버린다. 이후 라페루즈는 일본 남부, 필리핀, 동남아 해역을 거쳐 1788년 1월 오스트레일리아 시드니 항에 도착하였는데 이 땅이 이미 영국 식민지가 되어 있는 것을 확인한다. 이어 뉴칼레도니아 산타크루즈의 티코피아 섬에 도착했다가 실종되고 말았다.15) 미예-뮈로가 편집하여 출판한 『라페루즈 항해기』는 『하멜 표류기』 불어 번역본(1670년 간행)16)과 함께 조선을 서양에 널리 알린 저서가 되었으며, 특히 라페루즈 항해기는 서양인이 조선 주변 해역을 직접 관찰하고 측정하여 기록한 최초의 자료라고 할 수 있다.

18세기 말 태평양 탐사팀들은 대개 2척의 범선에 100여 명의 승조원들과 2년 치 항해에 필요한 물품을 적재하고 출항했다. 실제 항해 기간은 2년을 넘는 경우가 많았다. 17~18세기 초 영국 상선의 경우 식재료는 건빵과 밀가루, 건육, 소금에 절인 쇠고기와 돼지고기, 치즈, 말린 완두콩과 대두, 건어 등이었다. 감귤과 신선한 야채도 적재했고, 신선한 고기를 얻기 위해 선박 안에 양이나 돼지, 닭들을 키우기도 했다.17) 상

---

15) 라페루즈 함장이 항해 중간에 보낸 보고서들을 모아 프랑스 대혁명 와중인 1797년에 그의 항해기를 간행했다. Louis-Antoine Millet-Mureau(sous la direction de), *Voyage de La Pérouse autour du monde, Pendant les années 1785, 1786, 1787 et 1788*, 4 volumes (Paris: Imp. de la République, 1797). 『라페루즈 항해기』는 1798년 영역되었고, 한국에서도 최근 프랑스 원본이 번역 출판되었다. 장-프랑수아 갈로 드 라페루즈, 국립해양박물관 옮김, 『라페루즈의 세계일주 항해기』(2권) (예맥, 2016). 프랑스의 탐험가 뒤몽 뒤르빌(Jules-Sébastien-César Dumont d'Urville)은 실종된 라페루즈 탐사대를 찾기 위해 1826년부터 1829년까지 세계 일주 항해를 했다. 그는 1828년 폴리네시아 인근 해역에서 라페루즈 탐사선의 잔해들을 발견했다.

16) 라페루즈 함장은 『하멜표류기』 불역본(1670년)을 읽고 조선에 대한 사전 지식을 가지고 있었다. Hamel Hendrik, *Relation du naufrage d'un vaisseau hollandais sur la côte de l'île de Quelpaert avec la description du Royaume de Corée, publiée d'après l'édition française de 1670, Introduction, notes et postface Frédéric Max* (1670; reproduction, Paris: L'Harmattan, 2004).

17) 미야자키 마사카쓰, 이수열 외 옮김, 『바다의 세계사』(도서출판 선인, 2017), 192쪽.

선이나 군함의 역할과 구분이 뚜렷하지 않던 당시 상황으로부터 볼 때 해군 탐사선들도 이 관행에 준했을 것으로 추측된다. 1790년대에 영국 은 미국과 식민지 전쟁을 수행하면서 동시에 프랑스, 스페인, 네덜란드 등과 해전을 치르고 있었기 때문에 당시 해군 승조원들의 근무 조건이 열악하여 해군 병사들은 폭동을 일으켜 처우에 반발하기도 했다. 예컨 대 1797년 4월에는 스핏헤드(Spithead)에서 소요가 있었고 〈바운티호〉 반 란이 발생했으며, 1797년 5월에는 노어(Nore)에서도 대규모 반란이 있었 다.18) 미루어 짐작컨대 당시 북태평양 탐사선 승조원들은 대개 열악한 상황에서 근무했던 것으로 보인다.

쿡이 1차 항해의 기함으로 활용한 배는 368톤급 석탄운반선 〈인데버 호〉였고,19) 이후 이 배는 원양 탐사대에게 일종의 기준이 되었다. 무장 이 덜하고 속도가 느려도 많은 물자를 적재하고 장기간 탐사항해를 하 는 데는 민간상선이 더 적합했기 때문이다. 18세기 말 영국 해군은 600 여척의 전투함을 보유하고 있었지만 해양 탐사를 위해서는 이처럼 보조 범선들을 동원했던 것으로 보인다.

영국을 비롯한 유럽 해양강대국들은 신대륙 발견 이후 식민지 획득과 새로운 교역을 위해 해외로 진출했고, 18세기 말이 되면 영국은 처음에 는 남태평양을 나중에는 북태평양지역을 중점적으로 탐사했다. 영국은 동아시아 해역에서는 스페인, 포르투갈, 네덜란드에 비해 해양진출이 늦었고 그래서 그 만큼 더 적극적이었다. 1765년과 1793년 사이 모두 15척의 영국 범선이 탐험과 영토발견, 자원개발을 위해 태평양을 오고

---

18) Herman Melville, *Billy Budd, Sailor and Selected Tales* (London : Oxford University Press, 2009), p. 290.

19) 토니 호위츠, 이순주 옮김, 『푸른 항해』(뜨인돌, 2003), 21~22쪽.

갔다.[20] 영군 해군의 해양탐사활동은 역경과 고난의 연속이었지만 부강한 국가를 위한 열망에서 나온 노력이었음을 부인할 수는 없을 것이다.

III. 〈프로비던스호〉와 〈프린스 윌리엄 헨리호〉

1797년 10월[21] 부산 용당포에 이양선이 표착했다는 장계가 조정으로 올라왔다. 당시 장계들을 보면 범선에 대해서는 상세히 조사했지만 어느 나라 범선인지 승조원들의 국적이 어디인지는 모르고 있었다. 영국 범선 표착 사건은 일찍이 한상복과 김재승에 의해 연구되었다. 한상복은 1988년 브로턴의 항해기를 참고하면서 〈프로비던스호〉는 오키나와 근처에서 좌초했고 보조선이 용당포에 왔다고 언급하고 있다.[22] 김재승은 브로턴의 항해기와 조선의 장계들을 모두 참고하며 본선 〈프로비던스호〉의 좌초 사실과 보조선에 대해 기술하고 있지만 보조선의 이름도 〈프로비던스호〉라고 기술하고 있다.[23] 그리고 박천홍은 한상복과 김재승의 연구 성과를 참고하면서 〈프로비던스호〉가 좌초된 직후 보조선 이름이 〈프로비던스호〉로 바뀌었다고 적고 있는데[24] 이것도 사실과

---

20) 도널드 프리먼, 앞의 책, 120쪽.

21) 이국 범선이 용당포에 표착한 일자는 양력으로 1797년 10월 13일(정조 21년 9월 6일 : 음력)이다. 이후 『朝鮮王朝實錄』, 『日省錄』, 『承政院日記』 등의 일자는 원본 그대로 음력으로 표기하고 기타 일정은 양력으로 표기한다.

22) 韓相復, 앞의 책, 47쪽.

23) 김재승은 "87톤급 Sloop형 범선"과 "400톤급 Schooner Providence호"라면서 두 범선의 유형을 서로 혼돈하고 있다. 김재승, 앞의 책, 25쪽. '87톤급 스쿠너 프린스 윌리엄 헨리호와 400톤급 슬루프 범선 프로비던스호'로 정정해야 한다.

는 다른 기술이다. 용당포에 표착했던 보조선의 이름은 〈프린스 윌리엄 헨리호〉였기 때문이다.

1. 〈프로비던스호〉와 윌리엄 브로턴 함장

영국 해군 역사에 〈프로비던스호〉(HMS *Providence*)라는 함명을 가진 범선은 1637년에 처음 등장한 포함(砲艦)부터 1953년에 폐선된 소해정까지 모두 12척에 달한다.[25] 브로턴 해군 대령이 지휘하던 영국 해군성 소속 포함(Sloop-of-war) 〈프로비던스호〉는 전장 범선(Full-rigged ship)으로 1791년 4월에 진수되어 1797년 5월 좌초될 때까지 6년간 운용되었다. 런던의 페리 앤 블랙웰 조선소(Perry & Co., Blackwell Yard)에서 건조된 이 선박은 서인도제도 행 무역선으로 건조되었고, 재원은 총톤수 406톤, 3갑판, 길이 32.9m, 폭 8.9m, 승조원 100명이었다.

〈바운티호〉가 선원 폭동으로 유실되자 영국 해군성은 이를 충원할 선박이 필요했고 마침 〈프로비던스호〉가 건조되어 선거에 놓여 있자 이를 구입하여 블라이 함장에게 빵나무 묘목 운송 임무를 맡겼다. 1793년 1월 블라이 함장은 〈프로비던스호〉를 몰고 서인도제도에 도착하여 자

---

24) 박천홍, 『악령이 출몰하던 조선의 바다』, 63쪽.

25) 1637년 최초의 프로비던스호(HMS Providence)가 출범했으나 이듬해 좌초되었다. 1791년 취역하여 국내에 표착한 것으로 잘못 알려진 슬루프 프로비던스호(HMS Providence)는 8번째 범선으로 1797년 5월 오키나와 근처에서 좌초하였고 그 보조선 〈프린스 윌리엄 헨리호〉가 조선 용당포에 표착하였다. 이 범선은 1798년 5월 경 스쿠너 〈프로비던스호〉로 명명되어 9번째 프로비던스호가 된다. 12번째 〈프로비던스호〉는 소해정으로 1943년에 취역했다가 1958년에 해체되었다. 현재 영국 해군에는 〈프로비던스호〉라는 함명을 가진 군함은 존재하지 않는다.

메이카 섬을 비롯한 영국령 여러 섬에 빵나무를 하역한 사실은 앞에서
도 살펴보았다. 〈프로비던스호〉는 1793년 8월 영국으로 귀환했고 1793
년 9월 30일 포함(전투함)으로 재분류되었다.

〈그림 1〉 프로비던스호

* George Tobin, 수채화, 1791년 경. 오스트레일리아 뉴사우스웨일즈 주립도서관 소장.

윌리엄 브로턴은 15세에 장교후보생 신분으로 군함 생활을 시작하여
18세(1789년)에 항해장교로 임관했고 임관 직후 대포 74문의 〈수퍼브호〉
(Superb)에서 근무했다.26) 1782년 1월에 해군대위로 승진하여 68문 〈버
포드호〉(Burford)에 근무하다가 1784년 7월 19일 계약기간이 완료되자 약

---

26) 해군사관학교에서 장교 양성이 있기 이전 영국에서는 15세 전후의 유력자 자제들이 군함
에 승선하여 그곳에서 항해지식과 일반지식을 습득하여 장교로 임관되었다.

4년간 해군을 떠나게 된다.[27]

1788년 6월 다시 해군에 복귀한 브로턴은 소령으로 진급하여 처음으로 1790년 5월 18일 쌍돛대 범선(브릭) 〈채덤호〉(HMS Chatham) 함장에 임명되어 조지 밴쿠버 대령이 지휘하는 북서 태평양 탐사대에 합류한다. 1793년 10월 3일 브로턴은 중령으로 진급하여 윌리엄 블라이가 지휘하던 〈프로비던스호〉의 함장으로 부임한다. 수리가 지연되어 출항을 못하다가 1795년 2월 북서아메리카 해역에 도착하여 밴쿠버 대령 탐사단에 합류하려고 했다. 하지만 탐사대를 만나지 못해 독자적으로 태평양의 아시아 해안을 탐사하기로 결심한다.

브로턴은 이 해역에서 4년간(1795~1798년) 머물면서 위도 35^0-52^0 사이에 있는 쿠릴열도, 일본, 오키나와, 대만 지역을 탐사했다. 1796년 9월 그는 혼슈와 큐슈 동해안을 탐사한 후 겨울을 나기 위해 마카오 영국 해군기지로 이동했다.

브로턴 함장은 마카오에서 1796년 12월 29일 〈프로비던스호〉를 보조할 선박이 필요하다고 판단하여 소형 스쿠너선인 〈프린스 윌리엄 헨리호〉를 구입한다.[28] 원양 탐사의 경우 대개 2척의 선박이 팀을 이루어 탐사한다는 것은 흔한 일이었다. 보조선은 주선 좌초 위험에 대한 대비책, 근접 탐사선으로의 활용, 그리고 긴 탐사 일정을 소화하기 위한 식

---

27) 브로턴 함장은 햄버거 상인의 아들로 출생했으며, 1802년 11월 사촌 제미나(Jemina)와 결혼하여 슬하에 4명의 자녀를 두었다. 1821년 3월 12일 그가 거주하던 이탈리아 토스카냐 지방에서 협심증 발작으로 58세에 사망했다. 그의 시신은 이탈리아 항구도시 리보르노의 영국인 묘지에 안장되었다. 브로턴 함장의 이력에 대해서는 Andrew David, ed., *William Robert Broughton's Voyage of Discovery to the North Pacific 1795-1798*, Hakluyt Society (London : Ashgate, 2010), pp. lii-liii 참조.

28) 보조선 구매를 해군본부에 보고하는 서신에 대해서는 Andrew David, ed., *op. cit.*, p. 215; 김낙현·홍옥숙, 「브로튼 함장의 북태평양 탐사항해(1795-1798)와 그 의의」, 『해항도시문화교섭학』 18 (2018), 191쪽 참조.

량이나 식수, 땔감 등 필수 적재품 운반 용도로 필요했기 때문이다. 〈프린스 윌리엄 헨리호〉는 87톤, 돛2개, 길이 28m로 규모로만 본다면 〈프로비던스호〉의 약 1/5에 해당한다. 이 범선의 선명은 조지 3세(1760~1829년 재위) 국왕의 동생인 윌리엄 헨리(1743~1805년) 왕자의 이름에서 따왔다. 그는 육군 장교로 근무하다가 사망 직전에는 육군 원수(Field Marshal)에 오른 인물이다.29) 한편 브로턴은 1797년 1월 28일 탐사항해 도중에 대령으로 승진한다.

브로턴 함장은 이듬해인 1797년 4월 11일, 15개월분의 식수와 식량을 주선(主船) 〈프로비던스호〉와 보조선 〈프린스 윌리엄 헨리호〉에 싣고 북태평양 사할린 섬 근해 해양 탐사를 재개하기 위해 마카오 항을 출발했다. 북상하던 중 1797년 5월 17일 저녁 오키나와의 미야코 섬(Miyako Island) 근처를 통과하다가 암초에 부딪혀 〈프로비던스호〉가 좌초하게 된다. 브로턴 일행은 하루 종일 배를 구하려고 노력하다 결국 배를 포기하고 항해장비들과 서류들을 보조선으로 옮겨 싣는다. 다행스럽게도 브로턴의 개인 일기와 항해일지, 경도측정용 정밀시계인 아놀드 크로노미터 45(Arnold box chronometer 45)는 옮긴 짐 속에 들어 있었고 인명피해도 없었다.30) 다음날 오전 브로턴 일행은 난파선에서 소형 닻과 밧줄, 돛과 같은 삭구들을 건질 수 있었지만, 식량은 포기해야만 했다. 브로턴은 인근 섬 미야코섬의 히라나(Hirana) 마을로 이동하여 정박했다. 이곳에서 주민들로부터 항해에 필요한 물품을 지원받아 무사히 마카오로 회

---

29) Colin Matthew and Brian Harrison, *Oxford Dictionary of National Biography*(Oxford University Press, 2007): Prince William Henry; Jane Roberts, *Royal Landscape : The Gardens and Parks of Windsor*, Yale University Press.

30) Andrew David, ed., *op. cit.,* pp. 125~127.

항했다.

2. 〈프린스 윌리엄 헨리호〉와 브로턴 함장

브로턴 함장은 마카오에 도착한 뒤 〈프로비던스호〉 좌초 사실을 해군본부에 보고하면서 자신은 북태평양 해양탐사를 계속하겠다는 뜻을 밝혔다.[31] 브로턴의 6월 15일자 일기에는 자신의 향후 탐사 일정에 대한 계획을 다음과 같이 토로하고 있다.

스쿠너 선은 너무 협소하여 35명의 승조원만 탈 수 있고 식량도 5개월분 이상은 적재할 수가 없다. 두 번째, 북태평양 탐사는 큰 성공을 기대하기가 어렵다. 항해하기 적절한 계절이 지나가고 있고 스쿠너 단 한 척으로 탐사 항해를 한다는 것은 적절하지 않기 때문이다. 하지만 [이번 탐사로] 아직 세계에 잘 알려져 있지 않은 타타르 만(Gulf of Tartary)과 조선의 해안(Corean coasts)에 대한 해양 탐사 정보를 획득하는 것이 가능할 것이다. 승조원들은 현재 모두 건강상태가 양호하기 때문에 임무를 잘 수행할 것으로 보인다.[32]

브로턴은 북태평양 해양탐사를 계속하기 위해 부하 35명과 함께 〈프린스 윌리엄 헨리호〉를 몰고 1797년 6월 27일 마카오를 출항한다. 일본 혼슈 동해안을 따라 계속 북상했다. 브로턴 일행이 오키나와와 일본 열도를 태평양 쪽에서 북상하면서 해변가 마을에 들러 식수와 땔감을 구

---

31) 1640년대에 네덜란드 탐험가 드 브리(De Vries)가 쿠릴열도와 사할린 섬을 발견했고, 이 지역의 지도와 해도는 이미 존재하고 있었다. James E. Hoare, *op. cit.*, p. 306. 아마도 브로턴은 이러한 사실을 몰랐거나 영국 탐사선으로 증명해 보이려 했던 것으로 보인다.

32) Andrew David, ed., *op. cit.*, pp. 136~137.

하고, 홋카이도 남부의 무로란(Muroran)에서는 일본 섬 지도를 구하기까지 했다. 하지만 주민들은 대체로 브로턴 일행이 빨리 떠나기를 원했고, 지도를 획득한 사실을 절대 비밀에 부칠 것을 요구했다.33) 브로턴은 이후 홋카이도를 경유하여 9월초 사할린 서해안의 타타르해협(Tartar Strait)에 진입했다. 타타르해협 북단의 수심이 얕은 것을 발견하고는 브로턴은 사할린섬이 대륙과 연결되어 있다고 판단하고 만(Gulf)을 되돌아 나왔다.34) 라페루즈 대령은 정확히 이곳이 수로(Strait)라고 판단했다. 브로턴의 추정은 나중에 오류로 판명되었다. 크리미아 전쟁 당시 영국 해군이 타타르만을 봉쇄했다가 크게 낭패를 보기 때문이다.

〈프린스 윌리엄 헨리호〉는 타타르해협을 돌아 나와 남쪽으로 방향을 잡아 블라디보스토크 근해를 거쳐 조선의 동해안으로 내려온다. 브로턴은 무수단, 영흥만, 울산을 통과한 후 식수와 땔감 등이 부족하여 동래의 용당포에 표착하여 10월 13일부터 21일까지 9일간 이곳에 체류한다.35)

식수와 땔감용 목재, 약간의 식량을 얻어 용당포를 출항한 〈프린스 윌리엄 헨리호〉는 남해안과 제주도 근해를 탐사한다. 제주도 남단에 섬이 없다는 것을 발견한 뒤 조선의 서해안을 탐사하려고 북쪽으로 방향을 잡았다. 조선 서해안 흑산제도 남단에 있는 소흑산도(지금의 가거도)를 발견한다. 하지만 조선 서해안에 더 이상 섬이 없다고 판단한 브로턴은 남쪽으로 방향을 잡는다. 이후 오키나와와 대만을 거쳐 11월 27일 마카오 외해 티파(Typa, Taipa)에 무사히 정박한다. 브로턴의 항해일지는 마카

33) *Ibid.*, pp. xlviii~xlix.

34) *Ibid.*, pp. xlix~l.

35) *Ibid.*, pp. 184~190.

오에 도착하면서 잠시 중단된다. 그는 해도를 작성하면서 1798년 1월 21일까지 마카오에 체류한다.

그 후 〈프로비던스호〉 유실로 군사재판을 받을 것을 예상하면서 브로턴은 자신의 상관인 동인도제도 기지사령관 피터 레이니에(Peter Rainier, 1714-1808) 해군소장에게 신고하기 위해 3월에 말라카 해협을 경유하여 인도의 마드라스(지금의 첸나이) 항으로 갔다. 하지만 레이니에 제독이 스리랑카 트링코말리(Trincomalee)에 있다는 말을 듣고는 다시 이곳으로 이동하였다. 1795년부터 영국의 주요 해군기지가 된 이곳에서 용당포를 방문했던 〈프린스 윌리엄 헨리호〉의 승조원들은 급료를 받고 해산했고, 브로턴 함장은 5월 19일 군사재판에 회부되었다. 다행스럽게도 재판정은 좌초 당시 당직 장교였던 제임스 배션(James Giles Vashon) 대위에게 책임을 물었고 브로턴은 무죄 판결을 받았다.[36]

1798년 5월 24일 브로턴은 스쿠너 〈프린스 윌리엄 헨리호〉를 레이니에 제독에게 인계한 후, 6월 15일 마드라스를 경유하여 1799년 2월 6일 영국에 도착했다. 브로턴은 귀국 후 2년 동안 급료의 절반만 받고 해군에 재직하면서 자신의 북태평양탐사항해기를 집필하여 1804년 출판한다.[37]

레이니에 사령관에게 인계된 스쿠너 〈프린스 윌리엄 헨리호〉는 트링코말리에서 사령관의 결재를 받아 〈스쿠너-프로비던스호〉(HM Schooner Providence)로 명명되어 해군 자산으로 정식 등재되었다.[38] 이렇게 〈프린

---

36) *Ibid.*, pp. 226~227.

37) William Robert Broughton, *op. cit.* (1804). 브로턴의 항해기는 불어로도 번역되었다. William Robert Broughton, trans. par Jean-Baptiste Benoît Eyriès, *Voyage de Découvertes dans la Partie Septentrionale de l'Océan Pacifique,* 2 vols (Paris : Dentu, 1807).

38) Andrew David, ed.., *op. cit.,* p. li.

스 윌리엄 헨리호〉는 9번째 〈프로비던스호〉로 이름이 바뀐다. 필자들은 이 시기를 1798년 5월 말이나 6월 초일 것으로 추정한다. 이때 배의 등록일자가 1796년으로 되어 있는 것은 브로턴 함장이 보조선으로 구입한 시기로 등록일을 소급적용하였기 때문이다. 이런 이유로 필자들은 1797년 10월 용당포에 표착한 영국 범선은 〈프린스 윌리엄 헨리호〉로 정정 표기해야 한다고 본다.[39]

〈스쿠너 프로비던스호〉는 동인도회사 해군기지에 잠시 배치되었다가 영국 본국함대로 배속된다. 이 스쿠너 범선은 1804년 10월 2일 조지 키스 엘핀스톤(George Keith Elphinstone) 제독이 지휘하던 도버 해협의 블로뉴(Boulogne) 해전 때에 프랑스 함대를 공격하기 위한 화공선으로 징발되어 수명을 다한다.[40] 화약을 가득 적재한 후 프랑스 전투함들 쪽으로 접근하여 타격을 가한 후 침몰했을 것으로 보인다.

1797년 〈프린스 윌리엄 헨리호〉 표착 이후에도 영국은 조선 근해를 탐사하고 조선에 통상을 요구하기 위해 계속해서 범선을 파견한다. 1816년(순조 16년) 〈알세스트호〉(Frigate Alceste) 함장 머리 맥스웰(Murray Maxwell) 대령과 〈라이러호〉(Sloop Lyra) 함장 바질 홀(Basil Hall) 대령이 9월 1일부터 10일까지 서해 5도와 군산 및 서천군 앞바다 일대를 방문하여 수심을 측량하고 해도를 작성하였다.[41] 이들이 서해를 방문한 것은 브로턴이

---

39) 용당포에 표착한 영국 범선이 〈프린스 윌리엄 헨리호〉라는 사실은 정문수가 처음으로 국내 학계에 제기했고 이어 김낙현·홍옥숙의 논문이 발표되었다. 정문수, 「영국함선 방문역사 고증 및 상징화 사업 기본계획수립용역 종합 보고서」(부산광역시 남구, 2018. 3), 29쪽; 김낙현·홍옥숙, 앞의 논문, 194~195쪽.

40) Andrew David. ed., op. cit., p. Ii.

41) Basil Hall, *Account of a voyage of discovery to the west coast of Corea and the great Loo-Choo Island* (Philadelphia : Abraham Small, 1818). 〈라이러호〉의 클리포드 대위는 서천군에서 마량진 첨사 조대복, 비인현감 이승렬과의 만남에 대해 자세하고 흥미롭게

1797년에 끝내지 못한 조선 서해안 측량 임무를 완수하기 위해서라는 것이 추측가능하다. 맥스웰 일행은 9월 10일 오전 10시경에 군산 앞바다를 출발하여 저녁 늦게 제주에 도착하여 잠시 머물다가 제주도 해안 지도를 작성한 후 급히 조선을 떠나갔다.

IV. 영국과 조선 문화의 접촉 공간, 용당포

1. 용당포의 영국인들

브로턴 일행이 몰고 온 〈프린스 윌리엄 헨리호〉는 조선에 정박한 최초의 외국 범선이었다. 그렇다면 영국 범선의 승조원들은 어떤 사람들이었을까? 18세기 말 영국 해군에는 자원한 군인들 외에 강제 징집된 민간 선원들, 그리고 징역 면제를 위해 수병 생활을 선택한 죄수들이 혼재되어 있었다. 영국 해군 승조원들이나 포경선을 비롯한 원양어선의 선원들은 대개 〈바운티호〉 승조원들과 유사한 이력을 가진 사람들이었을 것으로 추측된다. 또 당시 잦은 전쟁으로 승조원들의 근무 조건은 대체로 열악했다. 반면 〈프린스 윌리엄 헨리호〉의 승조원들은 115명 중에서 35명의 정예요원이었기에 평균 수준보다는 다소 우수한 인원들로 구성되었다.

라페루즈 대령의 〈부솔호〉가 동해와 남해를 통과한 지 10년이 지난

기술하고 있다. 바실 홀, 김석중 옮김, 『10일간의 조선 항해기』(삶과 꿈, 2003), 18~100쪽.

1797년 10월, 부산항 용당포에 표착한 영국 해군 탐사선은 도착 이후 떠날 때까지 9일간 체류했는데 그 동안의 활동이 브로턴 함장의 항해기에 비교적 소상하게 기록되어 있다.

10월 13일. 해안에는 위험을 피할 항구가 있는 것처럼 보였다. 어선 한 척이 우리에게 가까이 오라고 손짓을 했다. 우리는 그 배의 신호를 따라 가다가 해질 무렵 모래 만에 정박했다.

10월 14일. 이른 아침에 우리를 찾아온 사람들은 대개 평민들이었다. 우리는 이른 아침 물을 찾아 육지에 올랐다. 우리가 고도와 경도를 측정한 후 산책을 할 때 주민들이 우리를 따라 다녔다. 북서쪽에는 성벽으로 둘러싸인 마을이 보였다. 성벽 사이로는 총안이 갖추어져 있었다. 정크선 몇 척이 부두에 정박해 있었다. 부두 근처에는 잘 지어진 흰색 집들이 울창한 숲에 둘러싸여 있었다. 부두에는 수많은 배들이 작업을 하고 있었는데 노와 누빈 돛을 쓰고 있는 것이 중국 배와 비슷했다.

오후에는 지위가 높은 사람들이 우리 배를 찾아왔다. 그들의 질문이 무엇 때문에 우리가 왔는지 알고자 하는 것처럼 보였으나 의사소통이 되지 않아 그들을 만족하게 해주지 못했다. 그들은 곧 떠나갔다. 오후에 상륙하여 배로 돌아오자 배 위에는 많은 방문객들이 타고 있었다. 어렵게 다소 강압적으로 그들의 배로 돌아가게 했다.[42]

승조원들에게 가장 시급했던 임무는 식수와 땔감을 찾는 일이었다. 주민들의 도움으로 쉽게 샘물을 찾았고 배에서 거리가 가까워 편리했다고 적고 있다. 멀리 성벽으로 둘러싸인 곳은 자성대(子城臺)일 것으로 보인다. 총안(銃眼)을 보고 군사들이 주둔하는 성벽이라는 것을 알았을 것이다. 흰색 집들은 초량 왜관일 것으로 추측된다. 승조원들은 많은 선박들이 부산포에서 작업을 하거나 분주하게 출입하는 모습도 목격한다.

---

42) Andrew David, ed., op. cit., pp. 184~185.

범선 도착 다음 날인 14일 처음으로 공식 방문자를 맞이했는데 그는 바로 경상좌수영 부산첨사(釜山僉使) 박종화(朴宗和)였다. 해방(海防) 제일선을 담당하는 수군이 가장 먼저 문정을 나오게 되었던 것으로 보인다.

> 10월 15일. 아침 식사가 끝나자 배 두 척이 방문객들을 가득 태우고 우리 배로 접근해 왔다. 지금까지 보아 왔던 사람들보다 옷차림이 화려하고 세련되었다. 각 배에는 작은 창을 든 군인들이 타고 있었다. 그들은 옷의 색깔에 따라 구별되는 것처럼 보였다. 그들은 우리에게 많은 질문을 했고, 우리가 빨리 떠나기를 바라는 듯 했다. 방문객이 소금에 절인 생선, 쌀, 김 등을 [우리에게] 선물했다.
> 나는 땔감, 물, 그리고 신선한 식료품이 필요하기 때문에 즉시 떠나갈 수 없다고 설명했다. 구경꾼들이 몰려오면서 우리는 임무를 수행하는 데 방해를 받기도 했다. 무엇이 필요한지 묻길래 나는 육지에서 풀을 뜯고 있는 황소를 가리키면서 공급해달라고 했지만 그들을 설득할 수가 없었다. [영국] 돈도 아무런 쓸모가 없었다. 구경꾼들이 너무 많이 몰려오는 바람에 [조선] 군인들이 배치되었다. 오후에는 주민들이 항아리와 물통에 물을 담아 우리 배에 날라 주었다. 주민들은 질서정연했다.[43]

10월 15일 브로턴 일행은 동래부사 정상우(鄭尙愚)의 방문을 받았다. 그는 창을 든 군인들의 호위를 받고 있었다. 부산첨사와 동래부사는 각기 다른 날에 외국 범선을 방문한 것이다. 사실 동래부사와 경상좌수사는 문관과 무관으로 둘 다 정3품 벼슬이어서 종종 서로 경쟁적이었으며 비협조적이었고 때로는 불화하곤 했다. 경상좌수사와 다대첨사들이 종종 임기를 제대로 채우지 못하고 이직하는 이유는 동래부사와의 갈등으로 징계를 받았기 때문이라는 연구도 있다.[44] 동래부사는 지역의 책임

---

43) *Ibid.*, p. 186.

44) 李原釣, 「朝鮮後期 地方武官職의 交替實態 -慶尙左水營先生案과 多大浦先生案의 分析-」, 『釜大史學』 9 (釜山大學校史學會, 1985), 297~336쪽.

자이자 지휘관으로 이방인들에게 건어물, 쌀, 김 등을 선물로 제공했다. 당시 조선은 부산 왜관 비용이나 표류자들의 체류 비용을 부담하고 있었기 때문에 표류한 이국선박에 대해서도 이 원칙을 지키려 했던 것으로 보인다.

영국인들은 자신들을 구경하기 위해 몰려온 주민들이 동래부사에 의해 격리되는 것을 보았다. 아마도 불필요한 마찰 등을 우려한 조치라는 인상을 받았을 것이다. 동래부사가 용당포 주민들에게 물과 땔감을 지원해주라는 지시를 내렸고 주민들은 부사의 명령대로 질서정연하게 영국인들에게 필요한 물품을 지원해주었다.

10월 16일. 바람이 심하게 부는데도 주민들이 우리 배에 물과 땔감을 실어다주었다.

10월 17일. 오후에 나무와 물을 충분히 공급 받았는지 알아보기 위해 높은 사람들의 대리자들이 우리를 방문했다. 우리 배에서 다과를 들고 난 뒤에 그들은 육지로 돌아갔다.

10월 18일. 우리의 친구들주민들은 여전히 우리에게 물과 나무를 날라주고 있다. 또 다른 대리자들이 찾아왔기에 태양을 관측하기 위해 2일 더 머물러야 한다고 그들을 설득시켰다. 10월 19일에는 우리의 출항을 살피기 위해 또 다른 대표자들이 왔다.

10월 20일. 우리의 친구들이 출항해 달라고 강력히 요구했다. 날씨가 좋지 않았고 항구의 입구에는 파도가 매우 높았다. 그들이 돌아간 후 우리의 의도가 의심쩍었는지 군인을 가득 태우고 군기를 내건 배 4척이 우리 배의 앞뒤에서 닻을 내렸다. 저녁이 되어서야 그들은 떠나갔다.

10월 21일. 해가 뜨자 우리는 항박도를 완성하기 위해 보트를 타고 내해로 들어갔다. 가까운 촌락에서 불빛을 보았는데 우리 보트와 관련된 신호 표시로 보였다. 우리 친구 4명이 찾아와 우리가 출항준비를 하는 것을 보고 대단히 기뻐했다. 나는 친구 1명에게 권총과 망원경을 선물로 주었다. 우리는 바로 수로를 따라 항구 밖으로 나와 출항했다.[45]

브로턴 일행은 부산 첨사와 동래부사 방문 이외에도 좌수영과 동래관 아로부터 거의 매일 군인이나 관리들이 파견되어 배를 감시하고 자신들에게 빨리 떠나달라고 종용받는 것을 볼 수 있다. 반면 용당포 주민들로부터는 과도한 호기심과 지원을 받았다. 그들은 주민들로부터 물과 땔감을 풍족하게 제공받았으며, 동네 주변 길 안내를 받으면서 결국 용당포 주민들을 친구라 부르는 것을 볼 수 있다.

용당포 체류기간 동안 브로턴 일행은 부산포 항박도를 작성하고 조선어 단어 38개와 식물 26종을 조사했다. 조선어 단어는 1부터 10까지의 숫자, 해와 달, 별, 바람, 물, 불 등과 같은 항해용 어휘들, 눈, 코, 입 등 신체 부위 명칭, 그리고 금, 은, 소, 돼지 등 귀중품과 동물 명칭 같은 단어들이다.[46]

특히 〈프린스 윌리엄 헨리호〉가 출항할 때의 장면은 다소 극적이다. "우리는 서로가 만족스럽게 헤어졌다. 수많은 주민들이 기쁜 마음으로 근처 산으로 올라가 우리의 출항 모습을 지켜보고 있었다. 어떠한 보상도 바라지 않고 우리에게 땔감과 물을 공급하여 준 이들에게 깊은 감사를 느꼈다."[47] 특히 브로턴 일행은 떠날 때쯤 되어 왜 조선 관리들이 자신들에게 빨리 떠나가 주기를 바랐는지 이해하려는 노력을 보이고 있다. 자기들과의 접촉을 피하려고 했기 때문에 주민들의 풍습과 태도를 기록할 기회가 매우 적었다고 아쉬움을 토로하면서, "우리에게 무심한 듯 했는데 생각해보니 우리 배의 중요성을 모르기 때문일 것이다. 우리가 어느 나라에 속하는지도 무엇을 추구하는지도 모르며 아마 우리가

---

45) Andrew David, ed., *op. cit.*, pp. 186~188.

46) 38개 단어들이 한국어-영어로 병기되어 있다. William Broughton, *op. cit.* (1804), p. 391.

47) Andrew David, ed., *op. cit.*, p. 188.

해적일지 모른다는 의심 때문에, 또는 우리가 예상할 수 없는 다른 이유로 우리가 떠나 줄 것만을 요구했다"[48]면서 조선의 입장에서 자신들의 표착을 이해하고 나아가 쿡 선장과 같은 불상사 없이 무사히 조선을 떠날 수 있었던 것에 대해 안도감을 느꼈을 것이다.

> 그들은 총과 화약, 무기에 대해 잘 알고 있었으나 우리는 그들 중에 공격용 무기를 가진 사람은 전혀 볼 수 없었고, 우리가 보유하고 있는 얼마 안 되는 무기에 대해서도 그들은 전혀 모르는 것 같았다. 영국 물건에 대해 관심을 보였는데 특히 모직 천(Woolen Cloathing, 원문 그대로)에 대해 관심이 많았다. 그들은 교역에 대해 잘 알고 있었지만, 직물 외에는 우리 물건에 거의 흥미가 없어 교환을 바라지 않는 것처럼 보였다.[49]

영국인들은 조선 군사들의 무기를 살펴보고는 공격용 무기가 없다고 판단했으며, 자신들의 주 무기인 함포의 위력에 대해 조선인들이 제대로 파악하지 못했다고 보았다. 용당포 주민들은 이국인들의 물건 중에서 오직 모직물에 대해 깊은 관심을 보였다. 면직물이나 삼베옷과는 전혀 다른 모직물은 용당포 주민들에게 신기하게 보였을 것이다. 하지만 영국인들이 생각하는 해상교역이나 화폐에 의한 교환에 대해 어촌 주민들은 관심이 없었다. 영국 선원들은 자신들의 기대와는 달리 용당포 주민들이 상업경제나 해외 교역에는 전혀 흥미가 없다는 인상을 받았을 것으로 보인다.

10월 21일 용당포를 출항한 브로턴 일행은 남해안을 탐사하다가 25일 오후에 전라좌수영이 있는 여수 근처에서 군도로 무장한 병선(兵船)

---

48) *Ibid*.

49) *Ibid*.

을 만났는데 "대장은 표범가죽 방석을 깔고 앉아 있었으며, 갑판에는 차양이 있었다"고 적고 있다. 대장이 배에 올라 여러 가지 질문을 했으며 승선 인원을 점검하면서 며칠 동안 떠나지 말 것을 주문했다고 기록하고 있다.[50] 이러한 내용은 국내 기록에 없는 것으로 보아, 아마도 전라좌수사나 첨사가 문정을 했을 것으로 보이지만 그는 문정결과를 통제사에게 보고하지 않았거나 통제사가 보고를 받고도 조정에 장계를 올리지 않았을 가능성이 크다. 물론 브로턴 일행은 추가로 조사를 받거나 병선의 요구대로 이 지점에 머물지 않고 바로 떠나간 것으로 보인다.

브로턴 함장의 항해기에는 조선의 배에 대해 언급한 내용도 나온다. "배의 목재로 전나무를 사용하며 함수는 참나무나 물푸레나무로 되었고 승조원 수는 대략 50~60명이었으며, 속력은 무척 빨랐다. 일본 배와는 달리 조선의 배들은 목재 닻을 사용하고 거적으로 만든 돛을 사용하고 있다"[51]고 적고 있다. 승조원 수로 짐작하건대 아마도 자신의 배를 조사 나왔던 병선에 대한 묘사로 추측된다.

영국인들의 입장에서 볼 때 용당포 주민들은 이국인들을 적대적으로 대하는 대신 오히려 따뜻하고 우호적으로 대했음을 알 수 있다. 앞에서 살펴보았듯이 하멜일행도 조선 사람들이 자신들을 신기해하면서도 따뜻하고 호의적으로 대해 주었다고 기록하고 있으며, 용당포의 범선 방문 20년 뒤인 1816년 9월 서해안에 왔던 바질 홀 함장은 조선인들이 친절했다는 내용과 문제의 나폴레옹 기록도 상세히 남기고 있다.[52]

---

50) *Ibid.*, p. 192.

51) 韓相復, 앞의 책, 49쪽 ; 김재승, 앞의 책, 28쪽.

52) 바질 함장은 조선인들이 낯선 이방인들인 자신들과 담배도 같이 태우고, 같이 술도 마시고, 자신들의 보트가 모래톱에 얹히자 청년들이 물에 들어가 보트를 밀어주었다고 적고 있다. 귀국 길에 세인트헬레나에 유배중인 나폴레옹을 만나, 조선의 풍물을 소개하면서

1804년 발간된 브로턴의 항해기는 이후 서구 열강의 군함, 탐사선, 상선, 포경선들이 부산항을 찾게 되는 직접적인 동인을 제공하게 되었을 것이다. 서구의 각종 선박들이 항해 중에 식수, 땔감, 식품과 같은 중간 보급이나 피항, 또는 휴식을 위해 부산항을 찾게 될 때 그들은 브로턴의 항해기를 참조했을 것으로 보인다.[53] 대표적인 예는 1852년 미국 선박으로는 처음으로 용당포에 표착한 미국 포경선 〈사우스 아메리카호〉(whaler *South America*)』의 경우이다.

2. 용당포에 정박한 〈프린스 윌리엄 헨리호〉

부산광역시 남구 용당동 산의 170번지 일원은 화강암으로 된 해안이 파도의 침식을 받아 발달된 해식동굴로 절경을 이루는 곳이다(부산시 지정기념물 제29호). 주변의 산세는 못을 둘러싼 용의 형상과 같다고 하여 용당(龍塘)이라 불렀다. 용당 뒷산 신선대 명칭은 산 정상 '무제등' 바위에 신선과 백마 발자국이 남아 있는데서 유래한다.

1888년의 자료에 의하면 당시 동래부의 인구는 27,275명이었다. 다대진(多大鎭)은 경상좌수영의 속진으로 동래부의 관하에 있었는데 다대진 관할에는 사하면(沙下面)과 남촌면(南村面) 2개 면, 16개 동이 있었고 용당포는 남촌면 16개 동 중의 하나였다. 용당포에는 43가구가 있었으며 주

"이 나라는 남의 나라를 침략해본 적이 없는 선량한 민족"이라고 말하자 나폴레옹이 "자신이 석방되면 반드시 그 조선이라는 나라를 찾아가겠다"는 말을 했다고 회고하고 있다. 바실 홀, 앞의 책, 18~100쪽; 정수일, 『문명담론과 문명교류』(파주: 살림, 2009), 107쪽.
53) 김재승, 앞의 책, 26쪽.

민 수는 모두 122명이었다. 다대진 관할 인구는 동래부 전체 인구의 약 20%를 차지하고 있었다.[54] 영국 범선 표착시기와는 약 100년의 간격이 있어 이 자료는 우리에게 대략적인 추세만 제공해줄 뿐이다. 용당포의 주민들은 다수가 영세한 어민들이었을 것으로 추측된다.

용당포(龍塘浦)는 부산 외양에서 가장 접근하기에 용이한 포구이다.[55] 조선 중기에 용당포에는 수군이 배치되어 있지는 않았지만 임진왜란 이후 부산은 국내 최대의 수군기지로 변모해 있었다. 경상좌수영에는 7진 체제가 확립되어 있었고, 좌수영 관할하의 전 병력은 사실상 부산 해안에 총집결되어 있었다.[56]

하여튼 수군의 방비가 튼튼하다고 믿고 있었기 때문에 좌수영 수군들, 동래부 관리들과 용당포 주민들은 영국 범선으로부터 위협을 느끼지는 않았을 것으로 보인다. 우선 〈프린스 윌리엄 헨리호〉가 작은 범선이었기 때문이다. 문정 기록에서도 영국 범선의 길이가 18파(27.54m, 1파는 길이 단위로 약 1.5m), 너비가 7파(10.71m)라고 되어 있다. 임란 이후 1607년부터 1811년까지 일본에 파견되었던 조선통신사선은 길이 34.5m, 너비 9.3m, 총 톤수 137톤이었다.[57] 물론 통신사선은 사행을 위한 선박이었으므로 당시 최고의 기술력을 동원해 건조한 최대의 선박이었다. 16세기 거북선의 경우에도 선체길이는 30m이고 너비는 9~10m였으며, 판

54) 金鉉丘, 「『多大鎭公文日錄』解題」, 『東來史料』1 (여강출판사, 1989), 24쪽.

55) 김정호(1851-61), 『東輿圖』(서울역사박물관, 채색필사본). 브로턴이 작성한 부산포 항박도는 다음 책에 재수록 되어 있다. 부산광역시 · 부산대학교, 『부산고지도』(서전문화사, 2008), 242쪽.

56) 김강식, 「17-18세기 동래지역의 지방행정과 관방」, 『항도부산』11 (1997), 45쪽.

57) 「역사 기록 속 조선 통신사선, 실물로 재현한다」, 『문화재청 정책소식』(문화재청, 2017. 6. 22).

옥선은 거북선보다 덩치가 더 컸다. 밀양의 후조창이나 김해 창고에서 마포로 가는 조운선들도 천석이나 2천 석의 벼를 적재하고 항해할 정도로 대형선이었음을 해양에 종사하던 자들은 잘 알고 있었다.

〈그림 2〉 국내 기록을 바탕으로 복원한 〈프린스 윌리엄 헨리호〉 설계도
출처: 엠엔씨 엔지니어링(주)

돛을 달고 온 범선이 출현했을 때 경상좌수영과 동래부의 대처는 기민하고 신속했다. 경상도관찰사 이형원(李亨元)과 수군통제사 윤득규(尹得逵)는 예하 부서에서 이양선을 문정한 내용을 보고받은 후 급히 조정에 장계를 올린다.

경상도관찰사 이형원(李亨元)이 치계(馳啓)하기를, "이국(異國)의 배 1척이 동래(東萊) 용당포(龍塘浦) 앞바다에 표류해 이르렀습니다. 배 안의 50인이 모두 머리를 땋아 늘였는데, 어떤 사람은 뒤로 드리우고 머리에 백전립(白氈笠)을 썼으며, 어떤 사람은 등으로 전립을 묶어 매었는데 모양새가 우리나라의 전립(戰笠)과 같았습니다. 몸에는 석새[三升] 흑전의(黑氈衣)를 입었는데 모양새가 우리나라의 협수(挾袖)와 같았으며 속에는 홑바지를 입었습니다.

그 사람들은 모두 코가 높고 눈이 파랗습니다. 역학(譯學)을 시켜 그 국호(國號) 및 표류해 오게 된 연유를 물었더니, 한어(漢語)·청어(淸語)·왜어(倭語)·몽고어(蒙古語)를 모두 알지 못하였습니다. 붓을 주어 쓰게 하였더니 모양새가 구름과 산과 같은 그림을 그려 알 수 없었습니다. 배의 길이는 18파(把)이고, 너비는 7파이며 좌우 아래에 삼목(杉木) 판대기를 대고 모두 동철(銅鐵) 조각을 깔아 튼튼하고 정밀하게 하였으므로 물방울 하나 스며들지 않는다고 하였습니다."하고,[58]

삼도통제사(三道統制使) 윤득규(尹得逵)가 치계하기를, "동래 부사(東萊府使) 정상우(鄭尙愚)의 정문(呈文)에 '용당포에 달려가서 표류해 온 사람을 보았더니 코는 높고 눈은 푸른 것이 서양(西洋) 사람인 듯하였다. 또 그 배에 실은 물건을 보니 곧 유리병·천리경(千里鏡)·무공은전(無孔銀錢)으로 모두 서양 물산이었다.

언어와 말소리는 하나도 알아들을 수 없고, 오직 「낭가사기(浪加沙其)」라는 네 글자가 나왔는데 이는 바로 왜어(倭語)로 장기도(長崎島)이니, 아마도 상선(商船)이 장기도부터 표류하여 이곳에 도착한 것 같다. 우리나라 사람을 대하여 손으로 대마도(對馬島) 근처를 가리키면서 입으로 바람을 내고 있는데, 이는 순풍을 기다리는 뜻인 듯하다'고 하였습니다."하니, 그들이 원하는 대로 순풍이 불면 떠나보내도록 하라고 명하였다.[59]

이형원은 이양선에 타고 있던 인원을 50명으로 보았지만 실제는 35명이었다. 인원 파악을 할 때 영국인들이 승조원 수를 많게 보이기 위해 배안을 왔다 갔다 했을 가능성이 있다. 표류자들의 의복과 외모를

58) 『朝鮮王朝實錄』正祖 21年 9月 6日(陰曆).

59) 위의 책.

묘사하고, 통역을 부쳐 중국어, 만주어, 일본어, 몽고어 등으로 물어보아도 서로 의사소통이 되지 않았고 글자를 적어 보게 했지만 의사소통이 불가능했다. 배의 길이는 27m, 폭 10m, 재질은 삼(杉)나무며 구리와 쇠를 배의 좌우 테두리와 바닥에 깔아 튼튼하고 물이 새지 않는다고 보고했다.

삼도수군통제사 윤득규의 보고서에는 내용이 다소 달리 기술되어 있다. "표류자들은 외모로 보아 서양인들이며 배에 실린 물건들로 유리병, 망원경, 구멍 없는 동전 등이 있었다. 언어가 통하지 않았지만 일본 나가사키로 운행하는 상선이 표착한 것 같으며, 떠나기 위해 순풍을 기다리는 듯하다"고 보고했다. 경상도관찰사와 삼도수군통제사의 보고서 내용은 간략해 보이지만, 『일성록』을 살펴보면 장계를 올리기까지 부산의 관아들은 긴밀하고 민첩하게 대응했음을 알 수 있다.

경상감사 이형원은 9월 6일(음력) 경상좌수사 이득준(李得駿)으로부터 용당포에 이국선이 표착했다는 장계를 받고는 "즉시 두모포(豆毛浦, 지금의 기장) 만호(萬戶) 박진황(朴震晃)에게 이양선을 지키라는 엄한 지시를 내리고 동래부사 정상우에게도 함께 지키라는 명령을 내렸다. 이국선이 어디서 왔는지도 모르고 말도 통하지 않아 조사를 자세히 해야겠기에 역관을 많이 불러들여 여러 가지 방법으로 문정하라고 좌수사에게 지시하고, 동래부사에게는 양식과 반찬을 넉넉히 주고 잡인이 드나들지 못하도록 금하라고 공문을 내려 보냈다"고 보고하고 있다.[60]

9월 10일에는 삼도수군통제사 윤득규가 이국선 문정을 위해 통역을 보내주었다는 장계를 올렸다. "동래부사 정상우가 … 본부 관내의 용당

60) 『日省錄』 正祖 21年 9月 6日.

포 앞바다에 왜선이 아닌 이국선이 나타났다고 합니다. 두모포 만호 박
진황에게 정탐하라고 지시하고, 왜관에서 문정을 담당하는 통역관 별차
(別差) 박치검(朴致儉)에게 급히 문정하라는 지시를 내렸습니다. 8월 27일
부산 첨사가 '박진황이 문정이 불가하다해서 자신이 직접 용당포로 달려
가 보니 그들은 서양인에 가까웠고 그들이 소지한 물건은 석경과 유리
병, 천리경이었습니다. 좌수영의 통역을 급히 보내주십시오'라는 요청을
해왔습니다. 그래서 중국어에 능통한 본영의 조중택(趙重澤)을 역참 말에
태워 급히 보냈고, 좌수영 우후(虞候) 김석빈(金錫彬)을 문정관으로 정하여
동래부사 정상우와 함께 상세히 물어서 기어코 실정을 알아낸 다음 급
히 보고하라는 공문을 해당 수사 이득준에게 내려 보냈습니다."[61]

우리는 당시 부산에서 장계가 조정으로 가는 데는 2개 라인이 있음을
알 수 있다. 경상좌수사와 동래부사로부터 보고를 받고 이들에게 다시
지시를 내리는 경상감사 라인과 경상좌수사와 동래부사로부터 보고를
받고 지시를 내리는 삼도수군통제사 라인이다. 삼도수군통제사는 경상
좌수사, 좌수영 우후, 부산첨사, 두모포 만호, 왜관의 일본어 통역관, 본
영의 중국어 통역관 등 예하 부하들에게 직접 지시를 내리는 한편 동래
부사에게도 문정 지시를 내리고 있다.

용당포 이양선과 관련하여 조선왕조실록에는 누락된 문정 내용들이
『일성록』에는 좀 더 상세히 기술되어 있다.

이양선의 서양인들은 조선 사람과 비교하면 키가 60cm쯤 더 커보였다. 외
모도 콧대가 높고 곧아 이마까지 이어질 정도여서 생김새가 달랐다. 범선은
2-3천 석 싣는 조선의 조운선과 크기가 거의 비슷했고, 배 전체는 구리 판자

61) 『日省錄』 正祖 21年 9月 10日.

로 둘렀으며 배 안쪽은 순동이었다. 개, 돼지 오리 등의 가축을 기르는 곳도 이상스럽게 정결하였다. 배 위에 크고 작은 돛대가 8-9개 세워져 있고, 배의 앞뒤에는 판자로 벽을 세워 만든 선실이 매우 많았고 배 뒷부분에는 우리의 대포와 같은 큰 대포 3문이 있었다. 배에 갖추고 있는 도구는 쇠닻 4좌(坐), 닻줄 5장(張), 돛에 쓰이는 대(竹) 2개, 흰 무명으로 만든 풍석(風席, 돛을 만드는 돛 자리) 2부, 키 1좌, 노 10척(隻), 숙마삭(熟麻索, 삼으로 꼰 밧줄) 10장, 솥 3좌이고 그 밖에 물통, 사기그릇, 쌀, 콩을 맨 밑창에 다수 저장해 두었는데 수효를 다 세어보기는 어려웠다. 반찬은 오리고기, 돼지고기, 소금, 장 등속이었다.[62]

문정 관리들은 이양선의 크기가 대형 조운선과 같은 크기로 추정하고 있다. 조선의 배와는 달리 배 주위를 구리로 둘러 물이 새지 않도록 한 것과 신선한 식재료를 얻기 위해 배 안에 가축들을 사육하는 것을 발견했고 또 동물 우리가 이상하게 청결하다는 기록을 남기고 있다. 브로턴 일행은 당연히 타국의 항구를 방문하기 직전 배 안의 청결 상태를 완벽하게 했으리라 추측할 수 있다. 영국 범선에 대한 기록들은 주영편과 정다산 문집에도 나타나고 있다.

물을 길어오는 작은 보트가 있었는데 물을 길어온 후에는 반드시 큰 배에 다시 올려놓았다. 입고 있는 저고리와 바지는 모두 품이 작아서 겨우 팔다리가 들어갈 정도였고 무릎을 굽힐 수가 없었다.
부산첨사, 동래부사, 비장, 역관 등 모두가 실정을 탐문하기 위해 범선에 올라가 보았다. 우리가 배안에 오르자 이국인들은 우리를 계급대로 궤짝에 앉으라고 권했다.
의사소통이 되지 않아 손짓으로 그들의 물건을 보자고 하자 쌀과 콩 등을 보여주었는데 우리 것과 같았다. 구멍 없는(無空) 은전은 그들 나라에서 사용하는 화폐 같았다. 책 한권을 보여주었는데, 그 나라 문자라 이해할 수가

---

62) 『日省錄』 正祖 21年 9月 6日.

없었는데 책 모양은 우리의 것과 비슷했다. 조총 한 자루가 있었는데 길이가 겨우 7~8촌(21~24cm)이었지만 매우 정밀하게 만들어져 있었다. 공이치기가 총의 등 부분에 있어서 방아쇠를 당겨 떨어뜨리면 돌과 부딪혀 불이 붙었다.

우리가 배에 보관되어 있는 것을 수색하려고 하자 그 사람들이 화를 내며 일제히 고함을 지르는 바람에 우리 사람들이 움찔해 감히 가까이 가지 못했다. 그들은 언덕 위에 소가 가는 것을 보고 두 손을 이마에 세워 소뿔의 형상을 하면서 달라고 요구하였으나 끝내 주지 않았다. 다음 날 바람이 불자 그들은 팔을 벌리고 휘파람을 불었는데 순풍을 만나 출항할 수 있다는 뜻으로 보였다. 서둘러 닻을 거두고 배 뒷부분에 있는 큰 대포 3개를 쏘자 배가 그 힘으로 밀렸는데 나는 듯이 나아가 잠깐 사이에 보이지 않았다.[63]

이양선에 대한 조선 관리들의 문정 실력은 높이 살만하며, 장계에 나타난 내용도 상세하고 꼼꼼하다. 필자들은 이러한 국내 기록들을 근거로 〈프린스 윌리엄 헨리호〉의 원형 복원이 가능할 것으로 판단한다.

하지만 〈프린스 윌리엄 헨리호〉에 관해 중앙정부로 보낸 보고를 보면 지방 행정의 책임자와 수군 책임자의 입장에 차이가 있음을 알 수 있다. 용당포 이양선의 보고를 받은 그날 정조는 "배가 온전하다니 작년에 호남에서 행한 규례대로[64] 문정에 대한 회답이 내리기를 기다릴 것 없이 바람을 보아 그들이 원하는 대로 속히 떠나보내도록 하라"는 지시를 내렸다.[65] 호남에서도 표류 이양선을 즉시 떠나보내게 한 사례가 있었듯이 문정을 이유로 그들을 억류하는 대신 순풍이 불고 그들이 원할 경우 떠나보내게 하라는 내용이었다. 하지만 용당포 이양선 사건은 이

63) 정약용, 『국역다산시문집』 9집(민족문화추진회, 1982), 167~168쪽; 정동유, 안대회·서한석 외 옮김, 『주영편』(휴머니스트 출판그룹, 2016), 134~135쪽.

64) 1796년 11월 전라도 영광군 낙월도에 표류해온 이국선을 조정의 회답을 기다리지 말고 즉시 떠나보내고, 문정을 지체한 것에 대해서는 엄하게 따지라고 지시한 것을 말한다. 『承政院日記』 正祖 20年 11月 30日.

65) 『日省錄』 正祖 21年 9月 6日.

렇게 마무리 되지 않고 정조 21년 9월 12일 윤득규가 올린 장계로 다시 소동이 일어난다.

부산첨사(釜山僉使) 박종화(朴宗和)가 … 방금 개운포(지금의 울주군 포구) 만호 오흥대로부터 "순풍이 불어 이국선이 돛을 올리고 배를 출발시키기에 오륙도 난바다까지 호송하였으며 이양선은 돛을 올리고 빨리 달려 남쪽 바다를 넘어갔다"는 보고를 받고는 [그것을] 급히 저에게 보고했습니다. 동래부사 정상우로부터 "용당포 이국선에 땔감, 물, 식량, 반찬을 속속 들여 주고 통제영 통역으로부터 문정 내용을 기다리고 있었는데, 9월 2일 동남풍이 일자 그들 무리가 배를 출발한 것입니다. … 이국선이 표류해 왔을 때 그들이 원하는 대로 돌아가게 해주는 것이 곧 변방의 규례이므로 우리 관내의 오륙도 앞바다까지 호송해 주었습니다"는 등보(謄報)가 도착했습니다. 좌수사 이득준이 등보한 내용도 같았습니다.[66]

윤득규는 용당포 이국선을 지키던 만호 오흥대, 동래부사, 경상좌수사들로부터 동남풍이 일자 이국선이 용당포를 떠났으며 이때 수군이 오륙도 앞바다까지 호송했다는 보고를 받았다. 특히 동래부사는 이국인들에게 땔감, 물, 식량, 반찬을 제공해주고 언어 장벽으로 문정을 끝내지 못했지만 이국선이 원할 경우 돌아가게 해주는 것이 변방의 규례라는 이유를 들면서 떠나도록 허락했다는 보고를 했다. 하지만 윤득규는 문정을 끝내지 않고 이국선을 지레 떠나보낸 것을 두고 놀라운 일이라면서 분노한 것처럼 보인다. 그의 주장에 의거하면 당시 이국선 문정에는 하나의 패턴이 있었다. 통역을 대동하여, "이국선이 표류해 온 뒤에 선체를 그림으로 그리고, 공문으로 확인하고 물종(物種)은 점검해서 일일이 기록한 다음 자세히 갖추어 급히 장계하는 것이 본디 정해진 규례"

---

66) 『日省錄』 正祖 21年 9月 12日.

라는 것이었다. 그런데 모두 다 조사하기 어렵다고 핑계를 대면서 예사로 말하고 더 이상 살펴보지 않았으니 앞의 일로 보나 뒤의 일로 보나 모두 매우 소홀히 한 것이니, 변방의 정사를 중시하고 뒷날의 폐단을 막는 방도로 볼 때 심상하게 그냥 두어서는 안 된다는 것이었다.

부산 첨사 박종화와 수호장인 개운포 만호 오흥대 등은 먼저 파출(罷黜)한 뒤에 그 죄상을 담당 관사로 하여금 상에게 여쭈어 처리하게 하소서. 좌수사 이득준과 동래 부사 정상우의 경우, 문정하기도 전에 이국선을 보내 주었는데, 본래 이런 규례는 없습니다. 통역조차도 의사소통하여 문답할 수 없었다면 잘 수호하라고 신칙하고 사유를 갖추어 보고한 뒤에 조정의 처분을 기다렸어야 합니다. 그런데 신중하게 삼가지 않고 규례대로 등보하였으니 신칙(申飭)하지 못한 잘못과 소홀히 한 책임을 면할 수 없습니다. 그 죄상을 또한 묘당으로 하여금 상에게 여쭈어 처리하게 하소서.[67]

통제사 윤득규는 범선의 국적과 표류사정 등과 관련해 정확한 문정 없이 이국선을 떠나가게 한 것은 직무유기에 가까우니 변방의 정사를 중시하고 뒷날의 폐단을 막기 위해 자신의 직계 부하들과 특히 동래부사를 엄히 문책할 것을 조정에 건의한다. 윤득규는 문정을 제대로 끝내지 못한 책임이 자신에게 올 것을 지레 겁내어 개운포 만호, 부산첨사, 좌수사, 동래부사 등에게 책임을 돌리고 있는 것이다.

윤득규의 장계를 받은 정조는 그의 의견을 수용하는 대신 그를 엄하게 꾸짖는다. "분명히 지난번 장계에 대해 답을 기다리지 말고 작년 호남의 경우처럼 이번에도 바람이 불면 떠나보내게 하라는 지시를 임금이 내렸는데, 통수(統帥)가 된 자로서 그런 명령이 있는 줄을 모른다면 그 죄가 어디에 해당하겠으며, 알면서도 고의로 범했다면 또 그 죄는 더욱

---

67) 『日省錄』 正祖 21年 9月 12日.

어떻겠는가! 어찌하여 어려움 없이 법을 어겼는지 그 곡절을 묘당으로 하여금 관문(關文)을 보내 물은 다음 초기(草記)하게 하고, 이 장계는 도로 내려 보내도록 하라"고 정리했다.[68]

여기서 알 수 있듯이 당시 표착선이 파손되었을 경우 수리를 해주고 식량과 식수를 제공하여 돌려보내는 것이 제도화 되어 있었던 것은 표류자 송환처리에서도 잘 알 수 있다.[69] 정조와 조정에서는 수리가 필요 없는 경우 문정을 위해 표착선을 길게 붙잡아둘 필요가 없다고 판단한 것이다. 〈프린스 윌리엄 헨리호〉가 떠나간 지 약 20여일 뒤에 정조는 대신들과 용당포 이양선에 대해 다음과 같이 논의하고 있다.[70]

"전에 동래(東萊)에 표류해 온 배에 대해 어떤 사람은 이르기를 아마도 아란타(阿蘭陀) 사람인 듯 하다하였는데, 아란타는 어느 지방 오랑캐 이름인 가?" 하니 비변사 당상 이서구(李書九)가 아뢰기를,
"효종조(孝宗朝)에도 일찍이 아란타의 배가 와서 정박한 일이 있었는데, 신이 어렴풋이 일찍이 동평위(東平尉)의 문견록(聞見錄)에서 본 기억이 납니다.[71] 아란타는 곧 서남 지방 번이(蕃夷)의 무리로 중국의 판도(版圖)에 소속된 지가 또한 얼마 되지 않습니다. 명사(明史)에서는 하란(賀蘭)이라고 하였는데 요즘 이른바 대만(臺灣)이 바로 그곳입니다."
라고 말하자 우의정 이병모(李秉模)가 아뢰기를 "주달한 바가 두루 흡족하니 참으로 재상은 독서한 사람을 써야 합니다"라고 맞장구를 쳤다.[72]

---

68) 『日省錄』 正祖 21年 9月 12日. 용당포 이양선 보고 때문인지 윤득규는 1년 뒤에 둔전 사들이는 일을 소홀히 한 죄로 파직당한다. 『朝鮮王朝實錄』 正祖實錄 49卷 正祖 22年 10月 2日.

69) 김강식, 「『漂人嶺來謄錄』 속의 경상도 표류민과 해역」, 『역사와 경계』 103 (부산경남사학회, 2017), 35~75쪽.

70) 『朝鮮王朝實錄』, 正祖實錄 47卷, 正祖 21年 10月 4日.

71) 동평위는 효종의 부마 정재륜(鄭載崙)을 가리킨다. 효종이 그에게 동평위라는 호를 내렸다.

72) 『朝鮮王朝實錄』 正祖 21年 10月 4日.

조선의 조정은 영국 범선의 용당포 표착을 두고 이 사건이 주는 진정한 의미와 그 대책을 논하지 않고 있지만, 당시의 세계정세에 대해서는 일정부분 파악하고 있는 것을 알 수 있다. 대만은 1624년 네덜란드 동인도회사의 식민지가 되어 주민들이 가혹하게 착취를 당하고 있었다. 견디다 못한 주민들은 1625년에 네덜란드에 봉기했다가 8천여 명이 네덜란드 동인도 회사 군인들에게 피살되었다. 당시 네덜란드 선박들은 대만을 기항지로 하여 주로 일본과 교역하고 있었는데 조선의 조정은 이러한 사실들을 대체로 인지하고 있었다. 하지만 1661년 4월 반청주의자인 정성공(鄭成功)이 350척의 군함에 2만5천 명의 병력을 싣고 대만 적감성의 네덜란드 군을 공격했고 이어 대만성(현재의 안평)을 공격하여 네덜란드 군대로부터 항복을 받은 사실(1662년)과, 이후 정성공이 처형되고 난 뒤 1683년 청군이 대만에 출병하여 대만을 점령했다. 이를 두고 조선의 지식인들은 네덜란드가 청에 의해 지배된 것으로 이해했을 가능성이 커 보인다. 또 이서구가 효종 조에 아란타 배가 와서 정박했다는 것은 하멜 일행이 1653년 제주에 표류한 사실을 언급한 것으로 보인다.

V. 결 론

영국 범선의 부산 용당포 표착 사건은 18세기 말 서세동점의 일단을 보여주는 상징적 사건이었다. 2장에서 고찰한 영국 해군을 비롯한 서양 열강의 해양탐사는 결국 동아시아에서 식민지를 획득하거나 수익을 많이 내는 교역을 위한 사전 준비였다. 용당포에 표착한 브로턴 함장의 영국 범선 역시 이러한 목적을 지닌 해양탐사의 일환이었다. 반면 조선의 기득권 계층이나 지식인들은 영국을 비롯한 서양 열강들의 의도를 제대로 파악하지도 못했고, 그에 대한 대비도 부족하다는 것을 보여주었다. 이러한 역사적 배경에도 불구하고 영국 범선의 부산 용당포 표착 사건은 해항도시 부산의 특징을 상징적으로 보여주고 있다.

본 논문은 1797년 10월(정조 21년) 용당포에 표착하여 9일간 체류한 영국 범선에 관한 연구로, 다음과 같은 의미를 지니고 있다. 첫째 18세기 말 부산 용당포를 방문한 범선은 그동안 〈프로비던스호〉로 알려져 있었지만 필자들은 〈프린스 윌리엄 헨리호〉로 수정되어야 하는 이유를 규명하였다. 두 번째 용당포에 표착한 이양선에 대한 국내 기록들은 18세기 말 영국 스쿠너 범선에 관한 거의 유일한 자료라는 것을 보고하였다. 뿐만 아니라 이 기록들을 분석한 결과 용당포에 표착한 〈프린스 윌리엄 헨리호〉의 복원이 가능하다는 사실을 제시하였다. 셋째, 부산 용당포에서 서로 다른 이문화 간의 접촉이 발생했을 당시, 두 이질 문화는 적대적인 태도를 취하는 대신 소통하려는 노력을 보였고 특히 용당포 주민들은 어려움에 처해진 영국 선원들에게 항해에 필요한 물품을 지원하는 등 이질 문화를 넘어 해양인의 동질성을 느낀 것을 알 수 있었다. 이상과 같은 연구를 통해 우리는 부산이라는 도시는 18세기 말에 이미 교류의 역사성, 개방성, 문화 혼종성 등과 같은 해항도시의 특징들을 지니고 있었음을 확인할 수 있었다.

한편 용당포 범선 사건은 우리에게 한영 교류사의 출발점이라는 또 다른 과제를 제공해 주고 있다. 최근까지 역사학자들은 유럽이나 서구의 관점에서 역사를 기술해오면서 지난 수 세기동안 비유럽 비서구 지역의 관점을 배제하거나 비유럽 국가들의 역사를 부인하기까지 했다.

우리가 보려는 역사는 각 국가가 서로 교류하면서 서로 영향을 주고받는 상호작용과 그로 인해 가까워진 공간들 사이의 왕래, 그리고 유럽의 팽창으로 발생한 문화적 이종교배와 결합현상들이다. 그러한 시각에서 역사를 올바르게 파악하려면 유럽이 다른 대륙과 다른 세계에 제시했던 기준과 유럽의 오랜 특권을 박탈하면서, 유럽과 유럽의 역사, 존재 양식, 사고의 범주와 가치를 상대화하고 지방화 할 필요가 있다. 따라서 필자들이 〈프린스 윌리엄 헨리호〉의 용당포 표착 사건을 주목하고 기억해야 한다고 주장하는 이유는 영국의 영웅적 제국주의 해양사가 선진적이어서라기보다는 범선의 용당포 표착을 바로 한국과 영국 교류의 출발점으로 간주하기 때문이다. 한국과 영국의 역사가 우리에게 보다 더 큰 의미를 지니게 되는 것은 각각의 독립된 역사가 아니라, 한국과 영국의 교류가 축적된 역사가 제대로 조명될 때이다. 바로 이 지점에서 부산이라는 도시가 지닌 해양성과 개방성이 다시 부각되고 있다고 하겠다.

▌참고문헌

『朝鮮王朝實錄. 正祖實錄』

『承政院日記』

『日省錄』

정동유, 안대회·서한석 옮김, 『주영편』, 휴머니스트, 2016.

丁若鏞, 『국역다산시문집』, 민족문화추진위원회, 1982.

「역사 기록 속 조선 통신사선, 실물로 재현한다」, 『문화재청 정책소식』(문화재청,
  2017. 6. 22).

金在勝, 『近代韓英海洋交流史』, 김해 : 인제대학교출판부, 1997.

김강식, 「17·18세기 부산의 행정과 관방」, 『항도부산』 10 (부산광역시사편찬위원
  회, 1993), 5~38쪽.

_____, 「조선후기 동래부의 군사 조직과 운영」, 『역사와 세계』 37 (효원사학회,
  2010)7, 1~36쪽.

_____, 「『漂人嶺來謄錄』 속의 경상도 표류민과 해역」, 『역사와 경계』 103 (부산경
  남사학회, 2017), 35~75쪽.

김낙현·홍옥숙(2018), 「브로튼 함장의 북태평양 탐사항해(1795-1798)와 그 의의」,
  『해항도시문화교섭학』 18 (2018), 183~204쪽.

金正浩(1856-61), 『東輿圖』, 서울역사박물관, 채색필사본.

金鉉丘, 「『多大鎭公文日錄』解題」, 『東萊史料』 1, 여강출판사, 1989.

김혜신, 「부갱빌 여행기 보유」, 『해항도시문화교섭학』 3 (2010), 259~266쪽.

도널드 프리먼, 노영순 옮김, 『태평양. 물리환경과 인간 사회의 교섭사』, 도서출판
  선인, 2016

드니 디드로, 정상현 옮김, 『부갱빌 여행기 보유』, 숲, 2003.

미야지카 마사카쓰, 이수열 외 옮김, 『바다의 세계사』, 서울 : 도서출판 선인, 2017.

바실 홀, 김석중 옮김, 『10일간의 조선 항해기』, 삶과 꿈, 2003.

박천홍, 『악령이 출몰하는 조선의 바다』, 현실문화, 2008.

부산광역시·부산대학교, 『부산고지도』, 부산: 서전문화사, 2008.

부산직할시 시사편찬위원회, 『부산시사 제1권』, 부산직할시, 1989.

李源鈞, 「朝鮮後期 地方武官職의 交替實態 -慶尙左水營先生案과 多大浦先生案의 分
  析-」, 『釜大史學』 9 (釜山大學校史學會, 1985), 297~336쪽.

장-프랑수아 드 라페루즈, 국립해양박물관 옮김, 『라페루즈의 세계일주 항해기』(2
권), 예맥, 2016.
정수일, 『문명담론과 문명교류』, 파주: 살림, 2009.
칼 슈미트, 김남시 옮김, 『땅과 바다』, 꾸리에, 2016.
토니 호위츠, 이순주 옮김, 『푸른 항해. 캡틴 쿡의 발자취를 따라서』, 뜨인돌, 2003.
하네다 마사시, 이수열 외 옮김, 『동인도회사와 아시아의 바다』, 도서출판 선인,
2012.
韓相復, 「라페루즈의 세계 일주 탐사항해와 우리나라 근해에서의 해양조사활동」,
『한국과학사학회지』 vol. 2, no. 1(1980).
_____, 『海洋學에서 본 韓國學』, 해조사, 1988.

Bligh, William, *A Narrative Mutiny, on Board His Majesty's Ship Bounty ; And the
Subsequent Voyage of Part on the Crew, in the Ship's Boat,* Fairford (GB):
Echo Library, 2018.
Broughton, William Robert, *A voyage of discovery to the north Pacific Ocean,*
London: British Library, Historical Print Edition, 1804.
David, Andrew, ed., *William Robert Broughton's Voyage of Discovery to the North
Pacific 1795-1798,* London : Ashgate, 2010.
Egan, Ted, *The Land Down under,* Houston: Grice Champion Publishing, 2003.
Goucher, Candice & Linda Walton, *World History: Journey from Past to Present,*
New York: Routledge, 2013.
Hall, Basil, *Travels in North America in the Years 1817 and 1828,* 3 vols.,
Cambridge University Press, 2011.
Hoare, James E., "Captain Broughton, HMS Providence (and her Tender) and his
voyage to the Pacific 1794-8", *Asian Affaires,* Vol. 31, Issue 3 (2000).
Howard, Richard A., "Captain Bligh and the Breadfruit", *Scientific American,* Vol.
188, No. 3 (1953).
Jáuregui-Lobera, Ignacio, "Navigation and History of Science: 1768-2018. 250th
Anniversary of James Cook's First Voyage", *Journal of Negative and No
Positive Results,* Vol. 3, Issue 7 (2018).
Laughton, K, "Broughton, William Robert, naval officer (1762-1821)", rev. Roger
Morris, *Oxford Dictionary of National Biography,* Oxford University Press,
2004.

Little, Elbert L. and Roger G. Skolmen, *Common Frest Trees of Hawaii: Native and Introduced*, University of Hawaii at Manoa, 2013.

Mockford, Jim, "The Journal of a Tour across the Continent of New Spain from St. Blas in the North Pacific Ocean to La Vera Cruz in the Gulph of Mexico, by Lieut. W.R. Broughton in the Year 1793, Commander H.M. Brig 'Chatham'", *Terrae Incognitae*, Vol. 36(2004).

Tracy, Nicholas, *Who's Who in Nelson's Navy*, London: Chatham Publishing, 2006.

한국 상선 해기사의 항해 경험과 탈경계적 세계관

: 1960~1990년의 해운산업 시기를 중심으로

최은순 · 안미정

I. 서 론

한국의 해운산업이 근대적 초석을 마련하고 성장하기 시작하는 것은 일본 식민지·해방 이후의 일이다. 특히 1960년대 수출 주도의 경제 개발 계획이 추진되면서, 한국은 본격적인 해양의 시대를 맞이하게 되었다. 해운산업이 급성장하는 1960년에서 1990년에 이르는 기간은 냉전체제하에서 한국이 본격적으로 해양화 하는 시기이자 근대화 하는 시기이며, 손태현이 구분하는 "자본주의 성장기"[1]와 대체로 일치한다. 이 시기

---

1) 본 연구가 설정한 연구 시기는 대략 1960년에서 1990년까지이다. 손태현이 말하는 자본주의 성장기는 저서에서 "1965년 무렵 이후"(손태현·임종길 엮음, 『한국해운사』 2판 [한국선원선박문제연구소, 위드스토리, 2011] 293쪽)로 언급할 뿐 명시되어 있지 않고 초판이

에 한국의 해운산업 발전의 주역은 바로 상선 선원들이었다. 그러나 이들의 역할과 기여는 오랫동안 학계나 일반대중으로부터 제대로 평가를 받지 못했던 것 같다. 실제로 우리나라에서 선원 연구가 본격적으로 시작된 것은 2000년대 이후이며, 주로 법학이나 사회학, 경영학 분야에서 노동자로서 선원의 고용과 지위, 교육과 관리와 관련한 계량적 연구가 다수를 이룬다. 이러한 선행 연구들이 선원의 권리와 복지 등의 문제를 개선하는 데 크게 기여하였지만, 선원의 삶 자체, 개인의 역사에 토대한 질적 연구는 거의 찾아보기가 힘들다. '뱃놈'이라는 표현에서 엿볼 수 있듯이, 선원에 관한 기존 연구나 정보들이 배를 타는 직업에 대한 편견과 왜곡된 사회적 인식을 바꾸기에는 여전히 부족한 것이 사실이다.

이러한 현 연구 단계에서 우리는 '바다인문학'2)이라는 틀 안에서 한국의 근대화와 산업화를 추동했던 상선 선원, 특히 "해기사"3)의 항해 경험과 삶 그리고 그들의 가치관과 세계관에 주목하고자 한다. 특히 "자본주의 성장기" 동안 활동하였던 해기사들을 주요 연구 대상으로 한다. 연

출간된 시점이 1982년이라는 점을 고려해본다면, 저자 역시 해운의 성장은 진행 중이라고 인식하였다고 여겨진다. 실제로 88올림픽을 기점으로 해운산업의 노동환경과 구조가 급변한다는 점에서, 우리는 대체로 1990년 이전으로 연구시기를 설정하는 것이 타당하다고 보았다.

2) 정문수에 의하면, 기존의 인문학이 인간을 중심에 두고 바다를 주변으로 보는 대립관계로 보았다면, 바다인문학은 인간과 바다가 상호 영향을 주고받는 생태적 관계, 즉 바다는 인간이 지배하고 극복해야 할 대상이 아니라 생태적 관점에서 인간과 더불어 공생해야 하는 상호관계의 대상으로 보는 인문학이다. 정문수, 「해문(海文)과 인문(人文)의 관계」, *Retrospect and Prospect of 10 Years' Cultural Interaction Studies of Sea Port Cities*, Proceeding of the 8th International Conference of the World Committee of Maritime Culture Institutes (2018.3.30~31) (Busan: Institute of International Maritime Affairs, 2018), 236~257쪽.

3) '선원'은 선원법에서 선장, 해원(해기사와 부원), 예비원(승무중이 아닌 사람)을 포함하는 넓은 의미이며, 여기에서 해기사(海技士)는 선원직업법상 선박에서 선장·항해사·기관장·기관사·전자기관사·통신장·통신사·운항장 및 운항사의 직무를 수행하는 사람으로 해기사 면허를 받은 사람을 말한다(제10조의 2항, 4항).

구 시기의 제한은 크게 두 가지 이유에서이다. 하나는 이 시기 동안 해기사들이 출신, 나이, 항해 기간, 선박의 종류 등에 있어 다른 경력과 항해 경험을 가지고 있었지만, 한국의 국가재건과 경제발전이 맞물리는 시대 상황에서 유사한 선상노동과 선원문화를 형성하고 그들만의 고유한 직업관과 세계관을 공유하였다고 보았기 때문이다. 다른 하나는 1960년대 해기사들이 외국적 선박에 취업하면서 외화가득에 기여하였다면, 1990년부터는 해운산업의 성장이 둔화되는 대신 국내 산업이 성장하고 소득수준이 향상되면서, 이들의 육상 이직률이 증가하였기 때문이다. 달리 말하면, 외국인 선원들이 한국 선원의 일자리를 채우기 시작하면서 이전의 선상노동 환경과 다른 구조적 변화가 일어나기 시작하였다는 점에서, 1990년이 선원들의 항해경험과 노동환경의 변화가 일어나는 전환점으로 이해할 수 있다.

이와 같이 본 연구는 1960년에서 1990년에 이르는 약 30년 동안 외국적 선박을 탔던 한국 해기사들의 선상노동과 선원문화의 양상과 특징이 무엇이었는지 또 항해 직업이 그들의 삶과 세계관에 어떤 영향을 주었는지를 살펴볼 것이다. 이를 위해서 우리는 생애사 연구 방법을 이용하여, 적게는 3시간에서 길게는 8시간에 걸친 심층 인터뷰를 진행하였다. 주로 자본주의 성장기에 활동한 50~60대의 연령의 해기사들과의 인터뷰를 통하여 당시의 선상 노동과 삶의 방식, 탈경계적 세계관을 밝혀보고자 하였다. 질문은 크게 처음 바다를 접하게 된 계기, 이문화 접촉 경험, 항해를 통한 직업관과 세계관을 주요 내용으로 하였다. 우리가 만난 피면담자의 이력은 다음과 같다.

<표 1> 피면담자 목록

성명	출생 년도 (나이)	가족	승선 연도	직급	현재 직업	출신지	거주지
이○현	1948년 (69세)	3남 3녀 중 장남	1973~1978	2등기관사 ~ 1등기관사	사장 (해사무역)	인천	네덜란드 로테르담
박○수	1953년 (64세)	5남 중 장남	1977~1981	3등항해사 ~ 선장	교수	전북 고창	부산
김○만	1953년 (64세)	2남 2녀 중 차남	1978~1996	3등항해사 ~ 선장	교수	인천→ 서울	부산
길○래	1957년 (60세)	4남 1녀 중 3남	1981~1994	3등기관사 ~기관장	교수	전남 장흥→ 서울	부산
조○찬	1961년 (56세)	1남 3녀 중 장남	1984~1989	3등 항해사 ~ 1등항해사	선원회사 사장	부산	미얀마 네피도
이○채	1966년 (51세)	4남 2녀 중 막내	1985~현재	3등항해사 ~ 선장	선장 (미국선주)	전남 나주	호주 시드니
전○우	1956년 (61세)	4남 2녀 중 차남	1980~1982, 1990	3급기관사~ 1등기관사	교수	부산	부산

II. 한국 해운산업 발전의 특징과 해기사의 기여

1. 상선 해기사의 해외 송출과 국가적 기여

한국 해운의 발전 과정에서 두드러진 특징은 다음 3가지로 요약된다. 첫째, 해운의 발전이 국가의 근대화와 경제발전과 맞물려 있다는 것이고, 두 번째로는 해운의 대자본이 없는 상태에서 해기인력 양성을 우선시하였다는 점이다. 세 번째로는 후진국이었던 한국이 상선 해기사를 해외로 송출하였다는 점이다.

김진현[4)]에 의하면, 한국은 한국전쟁과 분단으로 인해 일종의 '섬'이 되었고, 한국의 해양화는 대륙과 단절됨으로써 해양화의 길을 모색할 수밖에 없었다는 점에서 "강요된 해양화"였다. 한국의 해운산업 발전이 1962년 경제개발 5개년을 추진하면서 시작되었다는 점에서, 당시의 해양화는 '한국의 근대화[5)]를 의미한다. 보다 확대하면, 한국 해운산업이 발전하면서 본격적으로 근대화가 이루어졌다는 의미에서 구모룡이 말하는 "국제화, 더 나아가 세계화"[6)]의 길에 들어섰다고 볼 수 있다.

그렇다면 한국 해기사라는 직업군의 출현은 국가 재건과 국가 경제 발전과 분리될 수 없는 목적론적 타당성에 기인한다. 우리가 국가 재건과 세계 냉전체제 하에 활동한 해기사들을 한국 해기사의 1세대라고 부른다면, 이들의 세계관의 중심에는 국가관이 깔려있다고 말할 수 있다. 이는 한국적인 특이성이다.

또한 해방 직후 한국의 해양화와 근대화를 추동할 우선 과제 중 하나는 국가발전의 초석으로서 해운의 건설이며, 해운의 자본축적을 추동할 해운 인재의 양성이었다. 손태현이 말하듯이, 당시 해운 선구자들에 의하여 한국 해기사 양성의 단초가 마련되었다.

선진국의 경우에는 자본의 축적이 선행되고, 그 자본이 필요로 하는 해상 기술노동력의 양성소로서 선원 또는 해기사 훈련기관이 설립되는 것이 정상

---

4) 김진현, 「해양화 "善"進化의 길」, 김진현·홍승용 편 『해양21세기』(나남출판, 1998), 19~21 쪽.
5) 우리는 19세기 말에서 20세기 초 한국의 근대 해운의 발달이 일본 식민 지배하에 이루어졌다는 점에서, 이 시기를 "근대적 전환 모색"(안미정·최은순, 「한국선원의 역사와 특징」, 『인문사회과학연구』 18(4) [부경대학교 인문사회과학연구소, 2018], 110쪽)의 시기로 보고자 하며, 진정한 의미에서 한국이 주도하는 자주적 근대화는 1960년대부터라고 이해한다.
6) 구모룡, 『해양풍경』(부산: 산지니, 2013), 208쪽.

적인 경로이다. 따라서 해기사는 자본에 대한 기술노동력의 제공자의 범주에서 벗어나지 못한다. 한국에서는 자본의 축적이 이루어지기 전에 해운인재 양성을 목적으로 하는 고등교육기관이 창립되는 바, 이는 선진국의 경로를 역행하는 것이라 하겠다. 따라서 이 고등교육기관은 해상 기술노동력의 훈련소 이상의 의의를 지니게 되고, 한국 해운의 발전에 있어서 타국에서는 찾아볼 수 없는 판이한 역할을 할 뿐만 아니라 한국 해운에 특이한 성격을 부여하게 된다.[7]

손태현에 의하면, 선진국과 반대되는 해운산업의 발전 경로는 한국 해운의 특이성이며, 이런 점에서 해기사의 교육은 단순히 기술노동력을 제공하는 차원을 넘어서 해운분야의 자본 축적에 참여하는 공헌자로서의 중대한 역할을 담당하였다. 한 신문기사의 제목 「바다 사나이 1000여명이 '3000만의 배고픔' 달래」에서 보듯이, 선원들의 해외진출은 외화 가득뿐 아니라 해운업에 대한 경영노하우의 기반을 만들어 한국 해운의 발전을 이끌었다. 강석환 항해사는 1970년대 "당시의 선원들은 바다 밑바닥에 박혀 안전을 유지하게 해주는 앵커처럼, 보이지 않지만 뱃사람들의 소임을 다함으로써 한국경제가 일어선다는 '앵커 스피릿'을 가지고 있었다"[8]고 말한다.

또 다른 한국 해운만의 특이성은 당시 후진국으로서 해외취업 인력으로 해기사를 송출하였다는 점이다.[9] 이는 고등교육을 통한 우수한 인재 양성에 기인하는 것이라고 말할 수 있다. 1960년대 세계 해운계의 관례는 후진국 선원이 저임금으로 주로 소형 노후선에 고용되는 것이었

---

7) 손태현, 앞의 책, 251~252쪽.

8) 『문화일보』, 2005.10.25.

9) 해외송출 선원은 해기사뿐 아니라 하급선원인 부원들을 포함하지만, 본 연구는 해기사의 활동에 초점을 맞추고 있다.

다. 이에 반해 한국 선원은 비교적 고임금으로 대형 자본집약적 최신식 선박에 취업하는 경우가 많았으며, 한국 선원의 자질에 대한 국제적 평가가 높았다.[10] 다시 말해 한국 해기사들은 후진국의 해외취업 선원이 단순노동자(하급선원)라는 편견을 깨고 선진국 상급선원과 동등 혹은 유사한 임금을 받았던 전무후무한 사례를 남겼다. 오늘날 "해외취업 선원들의 성실성이 한국인 전체에 대한 신뢰를 높여 당시 한국 해운 발전에 해외 투자금 확보에도 큰 도움을 주었다"[11]는 평가는 해기사들이 세계 해운에서 1인 기업으로 국가의 이미지와 위상을 널리 알린 경제 외교 주체였다는 것을 의미한다.

당시 한국해양대학교(1945년 개교)는 대다수의 해기사 양성을 담당하였던 대표적인 고등교육기관이었다. 우리는 이 대학의 졸업생들을 한국 근대화의 주축이 되는 해기사 '1세대들'이라고 부르고자 한다. 손태현의 시기 구분으로 보면, 이들은 한국 해운이 자본주의 성장기를 시작으로 1970년대 급성장하는 시기를 경험한 세대들이다. 우리 연구의 인터뷰 대상자들은 주로 50~60대 연령으로 분포하며, 해사고등학교 출신의 이○채 씨를 제외하면 한국해양대학교 출신의 해기사들이다.

분단과 냉전 체제하에 한국의 정치 경제 상황에서 양성된 해기인력 1세대들의 시대정신은 오늘날의 젊은 해기사들의 그것과는 달랐다고 말할 수 있다. 적어도 국가 발전에 대한 사명감과 한국 해운산업의 선구자로서의 자부심은 우리가 만난 인터뷰대상자에게서 자주 드러나는 부분이었다. 또한 고등교육을 받은 해기사 출신들 중에는 자본주의 성장기를 거치면서 한국사회에서 해운분야의 자본가 혹은 해사전문가로

---

10) 손태현, 앞의 책, 314쪽.
11) 『문화일보』, 앞의 기사.

성장하여 해운산업을 주도하는 계층을 이루는 사람들이 많다. 이○현 씨의 동기들 중에는 해운회사 사장, 부사장, 중역, 선주, 교수, 도선사, 선급협회 검사원, 신조선 감리, 수리감독, 컨설턴트, 전문무역업자, 선박 수리업자, 선박기기제조업자, 고위 공무원, 한국해양수산연수원장, 호텔 리어, 특수선 신조감독, 해무감독, 공무감독, 외국선사 사장으로 미국, 싱가포르, 태국, 호주 등 외국에 나가서 활약하는 사람들이 많다. 동기 생들 모두 한국해양대학교의 졸업생이라는 자부심으로 평생을 모범적 으로 살았다고 한다.

2. 선망의 직업군으로서 해기사: 마도로스의 이미지

19세기 후반 유럽에서 난폭한 술주정뱅이, 바람둥이로 간주되던 '잭 타르(*Jack Tar*)'는 평선원의 이미지를 대변한다. 그 이미지는 서구사회에 서는 평선원의 대명사로 통용될 정도로 보편적이며 그런 이유에서 보통 명사(*jack tar*)로도 사용된다. 잭 타르의 이미지에 비해 '마도로스(*madoros*)' 라는 이미지는 유럽의 문헌이나 기타 자료에서 잘 드러나지 않는다.

이와 달리 한국의 경우, 뱃사람에 대한 이미지는 상반된 두 가지로 요약된다. 거칠고 상스러운 말을 하는 '뱃놈'에 상응하는 잭 타르의 이 미지와 한국의 경제 주역으로서 해기사를 미화하는 마도로스[12]의 이미

---

12) 전영우, 「선원의 역할과 가치: 국적선원의 양성 필요성」, 한국해양수산연수원 보고서 (2014), 77쪽. 단어 '마도로스(*madoros*)'는 '선원(*sailor*)'을 의미하는 네덜란드어 '마트로 스'*matroos*에서 유래한다. 원래 네덜란드어 마트로스를 일본에서 여러 차례 음역하는 과 정에서 마도로스로 정착하게 되었고, 우리나라에서도 이 일본식 표기를 주로 사용하고 있다.

지가 존재한다. 한국에서 '뱃놈'이라는 부정적 이미지는 유럽의 잭 타르와 같이, '아무나 배를 탈 수 있다'라는 통념처럼, 경력, 학력이 없어도 나이가 많아도 배를 탈 수 있고, 주로 육상으로부터 도피성 혹은 자포자기의 심정으로 배를 타게 된 사람의 이미지에 기인하는 것 같다.

1960년대 유행했던 대중가요의 가사에서 마도로스는 애국심, 남성미, 의리, 낭만적 멋쟁이의 이미지로 요약된다.13) 마도로스에 관한 노래는 1933년 강석연이 부른 〈마도로스의 노래〉가 그 시작이다. 이후 마도로스를 제목으로 하는 노래들이 많이 나왔는데 1939년 백년설의 〈마도로스 박〉이 대중적인 인기를 끌었다.14) 대중가요의 제목에서도 마도로스의 이미지는 잘 드러난다. 가령, 〈멋쟁이 마도로스〉, 〈오빠는 미남 마도로스〉, 〈첫사랑 마도로스〉, 〈아메리칸 마도로스〉 등이 있다. 마도로스의 이미지는 노랫말에서도 잘 나타난다. 박명규가 요약하듯이, 한 시대의 유행의 첨단을 상징하는 복장, 파이프를 물고 검은 테 안경을 쓴 바다 사나이, 풋풋한 젊음과 세련된 매너의 젊은 사관, 생사를 초월한 배짱과 자신감, 기름때 묻은 작업복의 마도로스가 바로 한 시대를 풍미했던 이미지였다.15)

이와 같이 대중가요에서 마도로스가 선망과 긍정의 이미지였다면, 영화에서는 잭 타르와 같은 부정적인 이미지가 대중에게 더 많이 각인된 듯하다. '마도로스 박'은 영화에서도 상선 선원을 대표하는 이미지로 자주 등장하였다. 박○수 씨는 이 부분에 대해서 다음과 같은 생각을 말

13) 박명규, 「해양마케팅의 마도로스 대중가요에 대한 역사적 고찰: 조선·해운을 중심으로」, 『한바다』 8 (1999), 6~8쪽.
14) 「김종욱의 부산가요 이야기 〈16〉 마도로스와 그 시절의 노래」, 『국제신문』, 2012.6.28.
15) 박명규, 앞의 논문, 22쪽.

해 주었다.

　선원하면 이상하게 부두에서 술 취해서 기웃거리고 비틀거리고 모자 비딱하게 쓰고 취해서 여자 끼고 뭐 이런 것들이 이상하게 인식이 그렇게 됐고. 거기에는 박노식이라고 하는 영화배우가 기여한 바가 크죠. (중략) 마도로스 삶을 배경으로 만든 영화는 아니긴 한데, 잠시 마도로스라고 나오는 사람들이 대개 보면 와서 돈을 물 쓰듯 하면서 양 팔에 여자 끼고 술 거나하게 취해 갖고 모자 삐뚜름하게 쓴 그런 모습들이 주로 잠시, 잠시 보여주는 그런 장면이었거든요. 그러니까 열심히 살고 이런 걸 보여주는 게 아니고. 그런 것이 보여지다보니까 아마 그런 것도 일반 사회인들이 뱃사람을 보는 안 좋은 인식에 기여했을 거다 그렇게 생각을 해요.

영화 〈마도로스 박〉(1964)으로 상징화되는 잭 타르의 이미지는 60년대 영화의 영향으로 대중에게 고착되었던 것 같다. 실제로 마도로스의 부정적 이미지가 긍정적인 이미지로 바뀌기 시작하는 것은 고등교육기관에서 배출된 우수한 해기사들을 직접 경험하면서인 것 같다. 한국 사회에서 해기사들은 대학을 다니기 힘들었던 시절에 대학교육을 받은 엘리트라는 사회적 인식이 있었다. 하얀 제복에 캡틴 모자를 쓴 해기사들은 매너와 절도가 있는 멋진 사나이로서 마도로스라는 중산층의 이미지였다고 말할 수 있다. 이와 같이 한국에서 마도로스에 대한 긍정적 이미지는 당시의 한국 경제의 상황과 관련이 있어 보인다. 1960년대 한국은 산업 기반과 일자리가 부족하였고, 당시 부산에서는 "배를 타면 가문을 살린다"라는 말이 있을 정도로 임금이 높았다고 한다.[16] 마도로스는 자신의 삶을 개척하고, 가족의 생계를 책임지는 멋진 사나이의 이미지를 가졌을 것이다.

---

16) 「해운법칙에 우는 조선해운...마도로스 기적 잊지 말자」, 『미디어펜』, 2016.5.31.

1920~1980년대까지 발표된 한국 대중가요 가사 중 가장 많이 등장한 직업이 마도로스였다. 이 사실은 마도로스로 이미지화되었던 해기사가 선망의 직업군이었음을 엿보게 한다. 특히 마도로스라는 표현이 대중가요 속에서 437회 등장하고, 1960년대에는 이중 절반가량이 사용되었다.[17] 이것은 60년대의 해운업의 붐과 외항 선원의 인기가 어느 정도였는지를 잘 보여준다. 당시 해기사들이 국가 경제와 산업에 기여를 하고 있다는 사회적 인식이 어느 정도 있었을 것으로 이해된다.

실제로, 한국 최초의 선원 송출은 주로 해외 취업선박이었으며, 선원들이 벌어들인 외화는 우리 경제에 기여한 바가 크다. 물론 당시 고된 일과 위험을 무릅쓰고 외국선박을 탄 것은 자신과 가족의 보다 나은 삶을 위한 개인의 경제적 필요에 의한 것이다. 가령 1960~70년대 육상근무자와 비교해 엄청난 급여의 차이가 있었다. "신혼부부가 10년 일해야 서민아파트를 겨우 구입하던 시절, 해기사는 1년만 해외취업하면 아파트를 마련할 수 있다는 말이 있을 정도였다."[18] 이와 같이 마도로스라는 캐릭터는 '먹고 살기 위해' 외항선을 선망하던 시대적 분위기를 반영한다. 이는 당시 산업의 역군으로서 조선·해운계의 일자리를 권장하던 시대의 패러다임과 무관하지 않다.

---

17) 「선원생활 가장 힘든 건 '가족과의 단절'」, 『부산일보』, 2017.2.19; 「80년대까지 국내 대중가요에서 가장 많이 언급된 직업, 마도로스」, 『경향비즈』, 2016.12.16.

18) 『문화일보』, 앞의 기사.

Ⅲ. 한국 해기사의 선상노동과 선원문화

1. 누가 상선 해기사가 되었는가?

어느 시대 어느 곳에서든, 간부급이든 하급이든, 선원들의 대부분은 경제적 필요 때문에 선원이 되었다. 다른 점이 있다면 선원이 되는 과정이 달랐다. 한국의 해기사들은 고등교육기관을 통하여 전문적으로 교육받은 엘리트들이었다. 주로 이들은 선장, 1등항해사, 2등항해사, 3등항해사, 기관장, 기관사 등의 간부급 선원에 해당하는 직업군에 들어간다. 당시 간부급 선원이 되려면 전문 고등교육기관에 입학해야 했으며, 이를 위하여 상위 수준의 성적으로 입학시험에 합격해야 했다. 구모룡[19])에 의하면 한국의 경우 수출주도형 성장정책으로 농촌이 해체되는 과정에서 농민 출신과 도시 빈민 출신들이 경제적 이유로 선원이 되는 경우가 많았다.

마찬가지로 해기사의 직업적 매력은 고임금에 있었다. 우리가 인터뷰를 한 해기사들의 경우 대부분 해방과 한국전쟁을 겪으면서 가난했던 시절에 가정의 자녀들, 특히 장남들이 집안을 일으키고자 혹은 가난에서 벗어나고자 항해사의 직업을 선택한 경우가 많았다. 인터뷰 대상자 이○현 씨는 농촌에 태어나 가난에서 벗어나고자 한국해양대학교에 입학하였다. 반대했던 부모님이 주변 지인들의 이야기를 듣고 와서 "해양대학이 아주 좋은 대학이라고들 그러네… 마도로스들은 아주 멋지게 생

---

19) 구모룡, 앞의 책, 207~209쪽.

겼다네"라고 하면서 입학을 허락하였다고 한다. 이○채 씨도 부모님께 의논하지 않고 광주에서 다니던 고등학교를 그만두고 "취직 잘 되고 돈도 잘 번다"고 해서 부산해사고등학교에 입학하였다. 조○찬 씨와 길○래 씨도 군 면제가 되면 사회진출을 빨리 해서 돈을 벌수 있다고 생각하여 해양대학의 진학을 결정하였다.

그러나 단순히 경제적 이유만으로 해기사의 직업을 선택했다고 말하는 것은 단선적인 시각일 것이다. 경제적 이유 이외에 다른 이유들도 인터뷰 참여자들을 통해서 들을 수 있었다. 특히 김○만 씨에 의하면, 배를 탄다는 것이 좋은 직업이라고 생각하지 않았다. 하지만 70년대에 대학을 나와도 취직할 만한 직종이 없었으며, 외국 나간다는 것이 불가능한 상황에서 합법적으로 나갈 수 있는 것이 선원이었고, 해양대학을 나오면 100% 취업이 가능하다는 생각에서 해양대학에 입학하였다. 그는 "내가 죽으나 사나 외국이라도 한번 구경하고 죽어야 하지 않겠느냐. 죽을 때까지 외국 땅 한번 못 보고 죽겠다. 이건 진짜 인생이 서글프다고 생각했다"고 회고한다. 이와 같이 인터뷰를 통해 경제적 이유나 병역, 외국문물의 경험 등이 해기사가 되는 여러 동기 중 하나였다는 것을 알 수 있었다.

다른 한편 '어떤 사람이 해기사가 되었는가'라는 질문에 답해본다면, "독립적인 주체"라고 말할 수 있다. 인터뷰를 통하여 우리는 '해기사'라는 직업세계를 선택한 것은 바로 인터뷰자들 자신이라는 점을 발견할 수 있었다. 인터뷰자들은 고등학교 때 공부를 아주 잘 했으며 주로 선배나 선생님을 통해 진학 및 취업에 대한 정보를 듣고 한국해양대교에 진학한 경우이다. 특히 길○래 씨는 해양대에 가면 배를 탄다는 것을 모른 채 고등학교 선생님의 권유로 진학한 경우이다. 먹고 살기 바쁜 당시의 상황으로 볼 때 대부분의 부모들이 그랬을 테지만, 길○래 씨는 자녀가 공부를 잘 해도 자녀의 학업이나 진로에 대해 간섭하지 않는 편이었다고 말한다. 그의 다음과 같은 언급은 다른 인터뷰자들의 경우에도 마찬가지였다.

> 우리 부모님은 제가 어디를 가는 것에 대해서 간섭을 하지 않았어요. 간섭하지도 않았고 진로에 대해서도 뭐 신경을 쓰지 않았고 내가 하고자 하는 일에 그냥 묵묵히 동조하는 거죠. 그냥. (중략) 고등학교 때부터 독립적이었다고 할까요? 거의 부모로부터 독립했다고 생각하는 게 좋을 거 같아요. 그러니까 진로 가고 뭐. 어디 가고 대학시험 치는 것도 부모님은 몰랐어요. 그러니까 알아서 가겠지 이렇게 생각하셨지.

인터뷰를 통해 우리는 진로에 대한 판단과 결정도 본인 스스로 할 정도로 당시의 해기사들은 "독립적인 주체"였으며, 이후의 학업과 업무에서도 독립적 태도를 발휘하였다는 것을 알 수 있었다.

2. 선상 위계질서와 공동체 문화

배는 해상노동을 위한 물리적 공간이기도 하지만 선원들이 함께 생활하는 문화적 공간이기도 하다. 데이비드 커비와 멜루자-리자 힌카넨이 말하듯이, 배를 탄다는 것은 예측불가능하고 위험한 또 다른 환경에 들어가는 것이며, 이를 위해서는 특별한 기술과 지식을 필요로 한다.[20]

---

20) 데이비드 커비·멜루자-리자 힌카넨 지음, 정문수 외 옮김, 『발트해와 북해』(선인, 2017), 292쪽.

따라서 육상과는 다른 선원들만의 문화가 존재한다. 육상과 다르다는 말은 배가 바다를 오고가는 폐쇄적인 구조물로서 끊임없이 이동하며 자연의 위험에 매순간 노출되어 있고, 이로 인해 선상기율이 엄격하다는 것을 의미한다. 다시 말해서 바다와 더불어 평생을 살아가는 선원의 노동과 삶은, 마커스 레디커가 요약하듯이, 기본적으로 자연과 인간의 대립이자 인간과 인간의 대립이라는 이중적 상황을 극복하는 데 있다. 이러한 노동 현장이자 삶터로서 배의 폐쇄성, 이동성 그리고 이중의 대립이라는 속성으로 인해 선원들만의 독특한 언어, 습관, 규율, 가치 등이 만들어지는 것은 당연해 보인다.

과거 범선 시대에 선원은 무한한 자연의 위력에 공동으로 대처해야 하는 노동의 어려움이 있었다. 이와 달리 오늘날에는 기술과 과학의 발달로 선원 수가 감소하면서 비상상황 발생 시 대응 인원이 줄어들었다. 그로 인해 개개인의 역할이 매우 중요해지고 과거에 비해 위계질서가 더욱 중요해졌다.[21]

선내 구성원들 간의 공동체의식과 문화는 어떻게 형성 가능할까? 위계질서가 선내 갈등 요인이 될 것이라는 일반적인 생각과 달리, 선내 공동체문화의 기본 전제는 안전항해를 위한 엄격한 위계질서이다. 가령 선박 내 "식당이나 선교에 있는 선장 의자에는 누구도 앉지 않는다"[22]라는 불문율이 있듯이, 선내 직책에 따른 위계질서는 엄격하다. 선장과 항해사가 입고 있는 제복과 어깨에 다는 견장은 직급을 표시하며 그들

---

21) 선상 위계질서가 법제화되어 있을 정도로 해상 안전은 필수적이다. 따라서 선원법은 해상 교통 안전을 위하여 선장에게 일정한 직무와 권한을 인정하고, 선내질서의 유지와 규율을 위해 해원에 대한 징계권 및 쟁의 행위를 제한하는 등의 조치를 인정하고 있다.

22) 나송진, 『마도로스가 쓴 77가지 배 이야기』(삼호광고기획, 2006), 148쪽.

의 권위와 책임감을 상징한다. 군대에 비유하면, 사관은 장교에 해당하며, 갑판장, 조기장 및 조리장은 부사관, 부원은 사병에 해당한다고 볼수 있다. 선상에서 선원들끼리 부르는 호칭 또한 엄격하다. 연공서열이 철저한 한국의 기업문화에도 불구하고, 선상에서는 항해사가 나이 많은 하급선원이라도 존대하지 않으며 항상 호칭을 직책명으로 한다. 흔한 일은 아니지만, 길○래 씨는 업무 상황에서 조기장, 조기수 등에게 "김씨" 혹은 "박 씨"라고 부르면서 "~해주세요."라고 지시했다고 말한다. 공적인 일을 떠나 사적인 시간에 쌓은 유대관계가 평상시에 있었다면 이와 같은 존칭 표현이 업무에 방해가 되지 않을 것이다. 그러나 대부분의 경우는 군대와 같이 사관과 사병의 관계처럼 업무지시가 이루어진다고 알려져 있다.

다음과 같이 외항선박의 승무원 구성과 담당업무는 직책에 따라 명확하게 규정되어 있다.[23]

〈표 2〉 선박 승무원 구성과 담당업무

갑판부		기관부		조리부	
직명	담당업무	직명	담당업무	직명	담당업무
선장	선박총괄	기관장	기관실 총관	조리장	주방 총괄
1등항해사	갑판부 총괄, 화물담당	1등기관사	주기관 유지관리	조리사	조리장 보좌
2등항해사	항해계획, 항해장비	2등기관사	연료, 발전기	조리원	
3등항해사	안전장비	3등기관사	조수기, 보일러	-	
갑판장	갑판부원 총괄	조기장	기관부원 총괄	-	
1갑판수	항해사 보조, 조타업무	1조기수	기관사 보조, 기관실 정비	-	
2갑판수	〃	2조기수	〃	-	
3갑판수	〃	3조기수	〃	-	
갑판원	갑판부 업무	조기원	기관실 업무	-	

23) 위의 책, 341쪽.

최진철24)에 의하면, 상선의 위계는 선박의 업무 공간인 선교, 기관실, 갑판에 따라 배치된다. 위계에 따라 주거 및 생활공간이 분리되며, 승무원의 직책에 따라 선실의 크기와 위치가 결정된다. 가령 선장은 가장 큰 선실을 차지하며, 선교에 가장 가까운 곳에 선실이 있다.25) 이하 계급에 따라 선실의 위치가 결정된다. 또한 해기사와 부원은 별도의 장소에서 식사를 한다. 선장과 간부 사관들이 식사하는 살롱에서도 상급사관과 하급사관26)은 테이블이 구분되어 있어 식사를 따로 한다.

이와 같이 기본적으로 선박은 하나의 '조직'이며, 선원문화는 본질적으로 조직문화에 바탕을 두고 있다. Smircich에 따르면, "조직문화는 구성원에게 일체감을 제공하며, 체계의 안정성을 높여 구성원의 만족도와 생산성 향상에 영향을 미친다."27) 계급의 구분은 정체성의 요소이다. 위계는 개인이 공동체의 어디에 속하는지를 표시한다. 그러나 선상의 위계질서를 시스템이나 물리적 공간으로 유지하는 데는 한계가 있어 보인다. 그렇다면 선상노동에서 다른 무엇이 필요한가? 선장과 항해사, 간부급 선원과 하급선원(부원) 간의 신뢰와 유대감은 어떻게 형성될 수 있을까? 우리는 사관들의 기본자질로서 '씨맨십seamanship'을 가지고 여기에 답하고자 한다.

항해사라는 직업은 광범위한 분야에 걸쳐 고유한 기술을 익혀야 하

---

24) 최진철, 「선상(船上) 문화교섭 연구의 필요성과 방향」, 『해항도시문화교섭학』 11(2014), 194쪽.

25) 아래 〈표 3〉에서 보듯이, 선장은 원칙상 24시간 당직근무이기 때문에 유사시를 고려하여 선교에서 가장 가까운 곳에 선장의 선실이 위치한다.

26) 통상 상급사관은 선장 및 1등해기사, 하급사관은 2등, 3등해기사에 해당한다.

27) 신해미·노창균·이창영, 「선박조직문화가 선원의 직무만족과 이직의도에 미치는 영향」, 『한국항만경제학회지』 33(3)(한국항만경제학회, 2017), 122쪽 재인용.

고, 자신의 노력으로 일을 해야 하는 전문직종이다. 좁은 선박 안에서 안전이 중요하며, 이러한 안전을 담보하는 것이 기본적으로 각자가 맡은 직책에 대한 전문성이다. 북유럽의 경우에도 20세기 초 상선 선원들에게 요구되었던 씨맨십이 선상노동에서 개인에 대한 집단적 평가의 기초가 되었다. 심지어 항해사와 선장도 승무원의 비판적 평가를 받았으며, 경험 많고 신뢰할 만한 숙련 갑판수는 선장이 수시로 상의하는 대상이 되기도 하였다.[28] 훌륭한 씨맨십은 항해 중에 맞서야 하는 두 가지 대립, 즉 인간과 자연과의 대립과 인간과 인간의 대립을 해결할 수 있다. 극한 위기 상황에서 해기사의 우수한 기술과 정신력, 즉 씨맨십은 위기를 극복하는 자질이 되며, 다른 한편, 데이비드 커비와 멜루자-리자 힌카넨이 언급하듯이, 해기사와 부원 상호 간에 각자의 전문영역에 대한 존중이 있다면, 일어날 수 있는 갈등도 줄일 수 있다.

오늘날의 관점에서 보면, 선장은 "개인의 능력이 모여서 효과를 극대화하는 시너지(synergy) 효과"를 달성하기 위한 리더십, 즉 씨맨십을 발휘할 필요가 있다.[29] 김○만 씨는 씨맨십을 바다사람으로서의 '성실성'이자 기본자질로서 '리더십'과 비슷하다고 말한다. 마찬가지로 전○우 씨도 씨맨십이 옛날에 배가 침몰하면 배와 같이 죽을 수 있을 정도의 자긍심과 책임감과 같은 것이었는데, 오늘날에는 위기상황에서 발휘될 수 있는 '소통'의 리더십, 즉 평상시 다양한 상황에서 자주 소통을 하는 리더라면, 위기상황이 닥쳤을 때에도 다른 사람들의 의견을 수용하여 판단할 수 있는 능력이라고 강조한다. 달리 말해 리더십을 통해 선내 팀

---

28) 데이비드 커비 · 멜루자-리자 힌카넨, 앞의 책, 338쪽.

29) 신호식, 윤대근, 「선장의 리더십과 의사결정에 관한 연구」, 『해양환경안전학회지』 17(2) (해양환경안전학회, 2011), 151쪽.

워크 활동을 독려하고, 동지로서의 의식, 즉 한 배를 탄 사람이라는 공동체의식을 공유해야 한다는 것이다.

실제로 사전에서 정의하는 '선박조종술'로서의 씨맨십(seamanship)은, '-ship'이 'condition, character, office, skill'이라는 의미를 갖고 있듯이, 기술과 더불어 '함양되어야 하는 인격, 품성, 기능, 기술, 자질 등'의 의미를 포함한다. 따라서 씨맨십은 선원의 정신적 도덕적 척도[30]나 우리나라의 화랑도처럼 일종의 '선원도'[31]의 의미로 이해가능하다.

이와 같이 선상에서 노동은 분업이자 협업이다. 각자가 맡은 직책을 다하는 동시에 동료들과 협업하면서 공동체 의식을 함양해야 한다. 선원들은 공동체 문화에 일체화 되어 그들만의 선원문화와 직업군의 정체성을 만들 수 있다. 우리가 만난 해기사들에게서도 출신과 사회적 배경이 다르지만, '운명공동체'의 의식은 뚜렷했다. 이○현 씨는 동기생들이 졸업 전까지 매일 한솥밥을 먹으며 살았으니 식구와 같다고 고백한다. "우리들은 모든 생활을 함께 하며 동고동락했다. 공동의 운명이라도 갖고 태어난 사람들 같이 힘들고 어려울 때일수록 한마음으로 뭉쳤고, 대양을 향한 꿈을 키우며 많은 어려움들을 꿋꿋하게 이기고 잘 참아냈다." 마도로스가 "식사를 같이 하는 동료"[32]라는 의미가 있다는 것은 선내 구성원이 하나의 운명공동체임을 암시하는 것이리라.

---

30) 이학헌, 「Seamanship」, 『해양한국』 489호(2014.4.5).

31) 데이비드 커비·멜루자-리자 힌카넨, 앞의 책, 338쪽. 옮긴이 주) 참조.

32) 박명규, 앞의 논문, 24쪽.

Ⅳ. 유동적 삶과 탈경계적 세계관

1. 고립감과 이동성

근대 이전이든 오늘날이든 '육상으로부터 멀리 떨어져 있다'는 선원들의 고립감은 변하지 않았다. 이는 해상노동이라는 본질적 속성 때문일 것이다. 선원노동의 속성은 바로 해상의 위험에 노출되어 있고, 육지와 달리 선박 내 선원들이 독자적으로 문제를 해결해야 하고, 장기간 가족과 멀리 떨어져 있어야 하는 데 있다. 즉 문제해결의 단독성(선박고립성), 이가정성, 이사회성으로 요약할 수 있다.[33] 흔히 힘든 직업을 3D 업종(dirty, difficulty, dangerous)이라고 하지만, 항해업은 이가정성(distance of family)이 추가되어 4D 업종이라고 말한다. 선원 직업을 그만두고 싶은 이유 1순위가 '가정(부부, 자녀, 친척)과의 격리'(51.5%)라는 조사 결과는 의미심장하다.[34]

해기사 1세대들의 항해기간은 수개월에서 많게는 1년 이상 길었다. 선원이 부족한 해운의 호황기 시절에 선박에 따라 다르겠지만, 항해 일정이 빡빡하여 세계에서 안 가본 곳이 없을 정도로 전(全)지구적인 항로를 항해하였다. 장기간 승선으로 인해 고립감은 물론 가족과의 단절이 쉽지만 않았던 시절이었다. 흔히 "뱃사람들은 '창살 없는 감옥'으로 배를 표현한다."[35] 다시 말해서 그들은 자기소외에 시달리고 심지어 자신의

---

33) 안미정 · 최은순, 앞의 논문, 10쪽.

34) 「선원 모집에 실직자 밀물... 4D 업종 옛말」, 『시사저널』, 1998.5.14.

35) 하유식, 「〈부산문화〉, 바다와 싸운 마도로스의 명암」, 『부산역사문화대전』.

가족에게서도 소외감을 느끼는 존재인 것이다.

문화적 차원에서 말하면, 선원들은 그들만의 선상문화와 육지문화 혹은 초국가적 문화와 한국 문화라는 두 경계에 위치하면서 이방인의 시선을 갖게 된다. 왜냐하면 끊임없이 이동하면서 낯선 곳에서 호기심과 흥미로 타자의 문화를 체험하지만 고향에 돌아와서는 그 경험을 나눌 수 있는 가족과 친지는 없기 때문이다. 데이비드 커비와 멜루자·리자 힌카넨36)가 해석하듯이, 항해에서 귀향한 항해자의 이질감, "그것은 마치 고향은 그대로인데 자신은 변한 것 같고, 자신과 가족 각자의 경험이 달랐던 데서 오는 새로운 거리감으로 인해, 다시 출항하는 것이 거의 (이러한 거리감을 해소할 수 있는) 위안으로 여기게 만들 수 있었다." 데이비드 커비와 멜루자·리자 힌카넨가 말하는 선원과 가족의 경험의 차이는 구체적으로 무엇일까? 우리는 해상과 육상의 시간 개념의 차이로 이 질문에 답하고자 한다.

선박은 바다로 나가면 매일 24시간 항해를 한다. 달리 말하면 24시간 밤낮으로 항해 당직이 이루어져야 한다는 말이다. 항해사 3명이 하루 2번 4시간씩 나누어, 각자 하루 총 8시간씩 당직근무를 담당하게 된다. 항해사의 당직편성표는 다음과 같다.

〈표 3〉 항해사의 당직편성38)

직 책	오전당직	오후당직	비 고
2등항해사	00~04시	12~16시	-
1등항해사	04~08시	16~20시	석식시간 3/0 교대37)
3등항해사	08~12시	20~24시	-
선 장	-	-	모든 당직 감독

---

36) 데이비드 커비·멜루자·리자 힌카넨, 앞의 책, 335쪽.
37) 최근 식사 교대가 없는 선박에서는 식사를 선교에서 하기도 한다.

편성표에서 보듯이, 1등항해사가 아침과 저녁 당직을 하는 이유는 아침에 갑판부원들이 주간작업을 갑판장과 협의하고 지시할 수 있기 때문이다. 2등항해사는 12시 선박의 위치를 구하고 항해일지에 기록하며 회사에 보고하는 일이 가장 우선하므로 정오 당직에 배치된다. 3등항해사는 항해에 미숙한 점을 감안하여 주간 아침 당직과 선장이 감독과 지원이 가능한 초저녁에 당직을 맡는다. 기관실도 선교와 마찬가지로, 1,2,3 기관사가 3교대 근무를 하는 것이 원칙이다.[39]

이와 같이 당직근무의 시간 리듬에서는 밤낮이 따로 없으며 당직에 따라 항해사와 기관사들이 교대근무를 하기 때문에 반복된 일상이 24시간 365일 이루어진다. 선박에서는 육지에서처럼 회사원의 출근과 퇴근, 주말의 개념이 없다고 말할 수 있다. 선원들이 가족의 기념일을 기억하거나 명절을 즐기기가 쉽지 않은 근무 리듬을 가지고 있다. 그들이 귀향하여 가족 및 친지와 재회하는 것이 반갑고 외로움을 달래는 일이지만 익숙하지 않은 육상의 시간 리듬은 가족들의 일상으로부터의 낯설음과 소외감을 느끼게 하는 듯하다. 아마도 몸에 체득된 시간 속으로, 다시 바다로 나가는 것이 자신의 정체성과 안정감을 느낄 수 있는 곳이라 생각하지 않을까.

선원문화의 큰 특징 가운데 또 다른 하나는 이동성이다. 선원들은 국가의 경계를 넘어 세계의 다양한 문화를 접한다. 선원은 이동하지만 어디에도 정주하지 않는다. 심지어 고향에서도 정주하기 힘들다. 선원문화는 어디에서 형성되는가? 그것은 두 가지의 공간, 즉 선박과 항구로

---

38) 나송진, 앞의 책, 368~369쪽.

39) 위의 책, 370쪽. 기관시스템이 자동화됨에 따라 기관실의 밤 당직은 자동화와 무인화로 침실에서 대기할 수 있게 되었다.

집약된다. 선박에서의 엄격한 위계질서와 쉼 없이 반복되는 근무시간 속에서 선원들은 그들만의 언어, 규율, 인간관계를 형성한다. 따라서 이로 인한 선상에서의 고립감을 잠시 머물게 되는 기항지에서 해소하게 된다. 이때 그들은 항구에서 주로 선원 거리나 구역에서 음주와 여흥을 즐기면서 고립감과 소외감을 해소한다.

이처럼 선원의 고립과 이동은 동전의 양면이다. 이동하는 이상 늘 고립은 따라오며, 다시 고립에서 벗어나고자 계속해서 이동한다. 그러나 정주할 수는 없다. 이것이 바로 선원의 삶이기 때문이다. 어느 선장의 말을 인용해보자.

> 가족과 떨어져 지내야 하는 고통이 가장 크죠. 스트레스, 외로움 등 정신력을 요구합니다. 오랜 항해의 외로움과 갑갑함이 있음에도 불구하고 바다는 떠나면 돌아가고 싶고, 돌아가면 다시 떠나고 싶어집니다. 역마살이죠.[40]

구모룡[41]이 말하듯이, "뱃사람은 세계인이다." 이들은 고향과 세계를 오가면서 새로운 정체성을 형성한다. 다른 방향의 두 공간, 고향과 세계를 향한 열망이 선원의 의식 속에 혼재되어 있다. 그래서 육지에 오면 바다로 가고 싶고 바다에 있으면 육지로 가고 싶은 이유이다. 그런 의미에서 그들의 삶은 유동적이다.

---

40) 하유식, 앞의 글.
41) 구모룡, 앞의 책, 263쪽.

2. 탈경계적 삶과 사고

우리말의 '항구'에 해당하는 영어와 프랑스어의 'port'는 라틴어 'portus(문)'에서 유래한다. 니콜 라피에르가 비유하듯이, 문은 공간을 분리시키기도 하지만 동시에 다시 이어준다. 문을 통한 이동은 폐쇄에서 개방으로, 안에서 밖으로, 불연속에서 연속으로 나아가는 상반된 것들의 역동성을 전제한다.[42] 이렇듯 항구를 의미하는 port의 어원이 '문'이라는 점을 보면, 항구의 기능 또한 문의 기능과 유사하다. 항구는 외부 세계로 열려 있는 문이자 동시에 국경 안으로 들어오는 문이다. 다시 말해서 항구는 서로 다른 두 세계, 다른 두 문화의 경계지대이다. 항구를 오고가는 직업군은 바로 선원들이다. 항구를 떠나 초국가적 노동과 생활을 반복적으로 하는 선원들은 대륙적 사고에 익숙한 사람들과는 달리, 개방성, 초국가성, 탈경계성을 특징으로 가지고 있다고 가정할 수 있다. 특히 해기인력 양성 교육, 항해경험, 직업 경력을 살펴보면, 해기사 개인의 라이프 사이클 가운데 이러한 특성들이 함양된다는 것을 알 수 있다.

먼저 우리나라 상선 해기사(사관)의 양성은 탈경계적인 교육 방식이라고 말할 수 있다. 가령 한국해양대학교의 해기사 양성 기숙사인 '승선생활관'의 생활양식은 그 이름이 암시하듯이 해상에서의 그것과 동일하다. 승선생활관에서 학생들은 제복을 착용하고 엄격한 규율에 따라 생활한다. 이는 졸업 후 학생들이 상선에서 24시간 근무하고 생활하는 습관을 미리 체험함으로써 승선 생활에 쉽게 적응할 수 있도록 하는 실습

---

42) Nicole Lapierre, 이세진 옮김, 『다른 곳을 사유하자』(푸른숲, 2004), 43쪽.

교육의 일환이다. 이러한 교육은 육지와 바다가 분리되지 않고 육지에서도 바다를 생각하게 하는 탈경계적 교육방식이라고 말할 수 있다.

승선생활관에서 학생들은 선상에서 사용되는 다양한 용어들을 똑같이 사용한다. 가령 학생 자치기구의 형태인 '사관부'라는 조직이 있으며, 직책을 맡는 학생들의 명칭이 선박에서 부르는 간부급 선원들의 명칭과 동일하다. 가령 당직사관, 부직사관, 당직사, 부사관, 명예사관, 시설사관, 부원, 조리장 같은 직책 명으로 조직된다. 이 외에 생활규칙과 관련하여 외출을 '상륙', 외출금지를 '상륙금지', 지각을 '승선지연', 대청소를 '갑판청소' 등으로 말하고, 규율과 관련하여 '과실훈련, 과실구보, 과업불참, 내무훈련, 인원 점검' 등의 용어들이 있다. 선박 내에서 사용되는 특수한 용어로 학생생활의 전반을 관리하고 통제하는 것은 일차적으로 3학년 때 선박 실습을 준비하기 위한 목적일 테지만, 궁극적으로는 육지와 바다를 경계 짓지 않는 탈경계적 세계관을 심어주는 의미가 크다고 생각된다.

선원의 또 다른 탈경계적 특징은 졸업 이후에 직업세계에서도 나타난다. 해기사들은 해운산업의 부침현상에 따라 육지와 바다를 오가면서 직업을 바꾸는 경향이 있다. 다른 직종에 비해 사회적 이동이 자유롭다. 즉 승선근무를 마친 뒤에도 항해 경력을 가지고 육지에서 해양 관련의 일자리를 찾는 것이 어렵지 않다. 이는 항해 경력과 관련 자격을 필요로 하는 특수한 해양 분야가 있고, 동기나 선후배의 인적 네트워크를 통해 직업 연계가 쉽게 이루어지기 때문이다. 가령 장기 승선 경력을 바탕으로 해양 관련 연계산업들인 해양플랜트, 선용품업, 조선기자재업, 선박수리업, 유류 공급업, 선박중개업으로 진출이 가능하다.[43] 항해자들에게 직업의 경계가 없다. 그들은 바다든 육지든 어디에서나 일을 할 수 있다. 이런 점에서 그들에게 바다는 육지의 끝이 아니라 육지와 맞닿아 있는 연결선일 뿐이다.

우리가 인터뷰한 대상자들은 한국의 정치 경제적 상황으로 인해 뚜렷한 국가관과 사명감을 가지고 있었지만, 동시에 누구보다도 일찍 초국가적 경험을 함으로써 문화상대주의적 세계관을 가지고 있었다. 당시해기사들은 외교관도 외국에 나가기 어려운 시절에 누구보다도 먼저 글로벌화 된 직업군이었다. 길○래 씨는 5대양 6대주를 누비며 가 본 나라가 40개국은 될 것이라고 이야기한다. 실제로, 브라질, 남아프리카공화국, 미국의 오대호, 유럽의 프랑스와 독일, 영국, 이스라엘, 구소련, 호주를 오고가면서 철광, 밀, 쌀, 모래, 목재, 석탄, 황 등을 실어 날랐다고 한다. 이렇듯 당시의 해기사들은 세계 여러 나라의 항구를 오고가면서 다른 문화와 사고방식을 직간접적으로 보고 듣고 이해하였다. 고향에 돌아와서, 그들은 가족과 친지, 지인들에게 외국에서 사가지고 온 신기한 물건들을 선물하면서 뿌듯해 하며, 타문화에서 보고 배운 지식과 경험을 무용담처럼 이야기하였다. 이렇듯, 그들은 타문화와 자문화의 경계를 오가면서 한국문화와 외국문화를 비교할 줄 아는 문화상대주의적 관점을 자연스럽게 체득했던 것이다.

박○수 씨는 문화상대주의적 관점에서 다국적 선박에서 만난 외국인 항해사들의 특징과 문화를 기억하고 있었다. 일본인 1등항해사는 잘 웃고 사근사근 말하는 친절한 사람, 그리스 선장은 말을 빠르게 하고 말이 너무 많은 사람이라고 이해했다. 김○만 씨도 폴란드의 그단스크에 정박했을 때 만난 집시들에 대해 "막 사람들한테 미운 짓 하면서 그냥 대

43) 이학헌, 앞의 글.

충 대충 버무리면서 살아가는 스타일이에요"라고 설명했다. 길○래 씨 역시 기관장으로서 혼승선(混乘船)에 탔을 때 스페인 선장은 굉장히 활달하고 개방적이며 레이싱을 즐기는 스피드광이며, 프랑스 선장은 다혈질에 소통이 잘 안되고 말을 많이 굴리는 사람으로 20년째 직접 집을 짓는 데 빠져 있으며, 벨기에 선장은 플랑드르 출신으로 논리적인데 고집이 세고, IT에 빠져 있는 사람이라고 기억하고 있었다. 이 세 명의 선장 모두 일 이외에 자신의 기호를 자랑하고 인생을 걸만한 기호를 가지고 살아간다는 것이 아주 부러웠다고 한다.

역으로 박○수 씨의 한 일화 속에서 영국 선장에게서 한국인과 한국 문화에 대한 문화상대주의적인 관점을 발견할 수 있었다. 박○수 씨가 4개월간 영국 선장 밑에서 2등항해사로 승선했을 때, 선장이 맥주 한 캔을 건네면서 한 말이다. "인도인, 필리핀사람, 동유럽인과 일해 봤지만 한국인과는 처음 일한다. 그래서 내가 자주 올라가, (당신이) 브릿지 가서 하는 걸 봤는데 내가 이제 믿어도 되겠다. 특히 페이퍼워크는 아주 잘 하더라. 이제 믿을 테니까 지금껏 하던 대로 그대로 하고 잘 해보자"라고 말해주었다고 한다. 선장의 이 말은 영국인이 경험한 첫 한국인에 대한 업무상의 평가이자 한국문화에 대한 포용이 담긴 언급으로 여겨진다. 이 두 사람은 민족과 문화가 다르고 그 다름을 직접 경험하면서 호기심과 개방성으로 이해하려고 하는 문화교섭(cultural interaction)의 과정을 거쳤다고 말할 수 있다.

좀 더 나아가 장기간의 항해 속에서 선원들은 상대의 문화를 직접 체험하고 상호영향을 주는 문화 횡단의 경험을 하기도 한다. 길○래 씨의 일화에서 보면, 그는 스페인 선원들에게서 에어피싱, 소위 '공중낚시'[44]를 배웠고, 스페인 선원들은 우리나라의 삼겹살을 함께 즐겼다고 한다.

다국적 선박에서 다양한 문화의 사람들을 접하면서 길○래 씨는 다음과 같은 점을 배웠다고 말한다.

> 어떤 사람하고 부딪치든 간에 어떤 문화를 접하든 간에 별로 두려움이 없어지더라고요. 그러니까 거기도 뭐 다 사람 사는 세상이고 여기도 사람 사는 세상이고 그러니까 두려움 같은 거, 부딪친다는 거, 그 다음에 거기서 어려움이 생겨도 부딪치면서 다 해결이 된다. 하면 된다는 거. 이런 것이 습관화 되었죠.

이와 같이, 앞서 항해경험을 이야기 해주었던 항해자들은 결국 우리 문화와 다른 타문화를 이해하고 국가와 민족을 넘어 탈경계적 경험과 사고를 하였다고 말할 수 있다. 원양 항해에서 일어나는 혼승 경험이나 항구에서 만나는 다양한 사람들과의 접촉은 한 개인을 만나는 것이 아니라 그 사람의 문화와 접촉한다는 것을 의미한다. 따라서 항해자는 '내 안에 또 다른 타자'를 받아들이는 문화 횡단의 주체이며, 타자의 문화에 개방되고 하나의 국가에 갇히지 않는 초국가적인 사고를 하는 "세계인"[45]이라고 말할 수 있다.

---

44) 길○래 씨에 의하면, 에어피싱airfishing이란 대서양에서 흑갈매기를 낚싯대에 추 대신 각목을 달아 그 아래로 고등어를 끼워 넣어 낚싯대가 바다에 떠있을 때, 갈매기가 물면 갈매기가 날지 못하고 잡히게 되는 방법이다.

45) 여기서 "세계인"은 구모룡이 김성식 시인의 제3세계의 타자에 대한 문화상대주의적 시선을 설명하면서 사용한 표현이다. 구모룡(앞의 책, 240쪽)이 상선의 선장이자 시인이었던 김성식을 "세계인의 위치에서 세계를 이해하고 민족을 발견"한 세계인이라 해석하듯이, 우리는 동일한 의미에서 자본주의 성장기의 해기사들을 '세계인'으로 부른다.

V. 결 론

우리는 자본주의 성장기에 활동하였던 '1세대의 해기사들'이 어떤 선
상노동과 삶을 경험하였는지 또 이로 인해 그들이 형성한 선원문화의
특징은 무엇이고 그들이 공유하는 보편적인 직업관과 세계관은 어떠했
는지를 보여주고자 하였다.

해방 이후 한국의 해양화는 근대화의 또 다른 이름이었다. 한국 해기
사라는 직업군의 출현은 국가 재건과 국가 경제 발전과 밀접한 관계가
있었다. 그들은 단순 임금노동자가 아니라 한국근대화를 추동한 주역으
로서 국가 경제발전의 한 축을 이루고, 세계의 경제와 문화를 직접 경험
한 탈경계적 주체였다. 그런 의미에서 한국의 해양화와 근대화를 추동
하였던 해기사들의 역할과 기여는 결코 간과될 수가 없다.

분단과 냉전의 시대 상황에 활동하였던 1세대 해기사들은 확고한 국
가관과 직업적 사명감을 가지고 있었으며, 이와 동시에 그들은 국경을
넘어 세계를 오가면서 문화상대주의적 경험과 세계관을 가졌던 세계인
이었다. 다른 한편으로는 항해 직업의 관점에서, 해상노동의 위험과 고
독을 이겨낸 독립적 주체였다. 해기사의 1세대로서 이들의 자기극복이
있지 않았다면, 한국의 '해기사'라는 직업군은 형성되기 힘들었다고 말
할 수 있다.

해상노동의 본질적 속성으로 인해, 노동 현장이자 삶터로서 배의 폐
쇄성, 이동성 그로 인한 선원의 고립과 가족과의 단절의 문제는 오늘날
에도 여전하다. 크게 1990년대 이후 현재까지 약 30년 동안 활동한
해기사들을 2세대로 잠정적으로 부른다면, 이들의 항해경험과 가치관은

1세대와는 또 다른 양상일 것이다. 더욱이 향후 선박의 무인화를 예고하는 4차 산업혁명 시대에 해기교육의 혁신이 요구되는 현 시점에서, 한국의 해기사 양성과 그들의 노동과 삶에 대한 후속 연구가 이어질 수 있다면, 역사적 교육적 관점에서 의미 있는 작업이 될 것이다.

▌참고문헌

1. 논문 및 단행본

구모룡, 『해양풍경』, 부산: 산지니, 2013.

김진현, 「해양화 "善"進化의 길」, 김진현·홍승용 공편, 『해양21세기』, 나남출판, 1998.

나송진, 『마도로스가 쓴 77가지 배 이야기』, 삼호광고기획, 2006.

Nicole Lapierre, 이세진 옮김, 『다른 곳을 사유하자』, 푸른숲, 2004.

David Kirby·Merja-Liisa Hinkkanen, 정문수 외 옮김, 『발트해와 북해』, 선인, 2017.

Marcus Rediker, 박연 옮김, 『악마와 검푸른 바다사이에서』, 까치, 2001.

박명규, 「해양마케팅의 마도로스 대중가요에 대한 역사적 고찰: 조선·해운을 중심으로」, 『한바다』 8 (1999), 3~38쪽.

신해미·노창균·이창영, 「선박조직문화가 선원의 직무만족과 이직의도에 미치는 영향」, 『한국항만경제학회지』 33(3) (한국항만경제학회, 2017), 121~138쪽.

손태현·임종길 엮음, 『한국해운사』 2판, 한국선원선박문제연구소, 위드스토리, 2011.

신호식·윤대근, 「선장의 리더십과 의사결정에 관한 연구」, 『해양환경안전학회지』 17(2) (해양환경안전학회, 2011), 149~154쪽.

안미정·최은순, 「한국선원의 역사와 특징」, 『인문사회과학연구』 18(4) (부경대학교 인문사회과학연구소, 2018), 95~123쪽.

전영우, 「선원의 역할과 가치: 국적선원의 양성 필요성」, 한국해양수산연수원 보고서, 2014.

정문수, 「해문(海文)과 인문(人文)의 관계」, *Retrospect and Prospect of 10 Years' Cultural Interaction Studies of Sea Port Cities*, Proceeding of the 8th International Conference of the World Committee of Maritime Culture Institutes(2018.3.30.-31), Busan: Institute of International Maritime Affairs, 2018.

최진철, 「선상(船上) 문화교섭 연구의 필요성과 방향」, 『해항도시문화교섭학』, 11 (2014), 189~218쪽.

2. 인터넷 자료

「80년대까지 국내 대중가요에서 가장 많이 언급된 직업, 마도로스」, 『경향비즈』, 2016.12.16, URL: http://biz.khan.co.kr/print.html(검색일; 2017.12.01).

「김종욱의 부산가요 이야기〈16〉 마도로스와 그 시절의 노래」, 『국제신문』, 2012.6.28, URL: http://www.kookje.co.kr/news2011/asp/news_print.asp?code(검색일; 2017.12.01).

「선원 모집에 실직자 밀물... 4D 업종 옛말」, 『시사저널』, 1998.5.14, URL: http://www.sisapress.com/journal/articlePrint/86511(검색일; 2017.12.01).

「선원생활 가장 힘든 건 '가족과의 단절'」, 『부산일보』, 2017.2.19., URL: http://new20.busan. com/chare/inc/print2016.jsp(검색일; 2017.12.01).

「실록, 수출 40년 : 바다 사나이 1000여명이 '3000만의 배고픔' 달래」, 『문화일보』, 2005.10.26, URL: http://www.munhwa.com/news/view.html?no=20051026 0103 0702225001(검색일: 2017.12.01).

「해운법칙에 우는 조선 해운, 마도로스 기적 잊지 말자」, 『미디어펜』, 2016.5.31, URL: http://www.sisapress.com/journal/articlePrint/86511(검색일: 2017.12.01).

이학헌, 「Seamanship」 『해양한국』, 489호(2014.4.5), URL: http://www.monthlykorea.com/ news/articlePrint.html(검색일; 2018.09.09).

하유식, 「〈부산문화〉: 바다와 싸운 마도로스의 명암」, 『부산역사문화대전』, URL: http://busan. grandculture.net/Common/Print?local=busan(검색일; 2017.12.01).

제Ⅲ부

동아시아 해역의 인간과 문화교섭

汪兆鏞의 『澳門雜詩』를 통해 본
해항도시 마카오의 근대
　- 최낙민

접촉지대 부산을 향한 제국의 시선
　: 외국인의 여행기에 재현된 19세기
　말의 부산
　- 구모룡

상하이의 憂鬱
　: 1930년대 해항도시 상하이의 삶과
　기억 - 김광주와 요코미쓰 리이치를
　중심으로
　- 최낙민·이수열

젠더화된 섬과 공간표상
　: 오키나와의 군사주의와 관광
　- 조정민

汪兆鏞의 『澳門雜詩』를 통해 본 해항도시 마카오의 근대

최 낙 민

Ⅰ. 들어가는 말

오늘날 마카오는 중국이면서도 중국과 다른 특수한 상황에 처해있다. 모국인 중국처럼 사회주의 제도와 정책을 실행하는 것이 아니라 기존의 자본주의 제도와 생활방식을 유지하는 이른바 '一國兩制'가 실시되고 있기 때문이다. 중국이면서 중국과 다른 마카오의 역사는 오래전부터 시작되었다. 嘉靖 36年(1557년) 明 조정으로부터 합법적인 마카오 거주권을 획득한 포르투갈인들이 반도에 성을 쌓고 포대를 설치하여 그들을 위한 활동공간을 만들면서부터 마카오의 특별한 역사가 시작되었고,[1] 鄭成

---

1) 최낙민, 「澳門의 開港을 둘러싼 明 報廷과 佛朗機의 갈등―澳門의 포르투갈인 거류지 형성을 중심으로」, 『中國學』第44輯(2013) 참고.

功 세력을 견제하기 위한 遷界令이 실시되었을 때에는 천자의 교화와 은택이 미치지 않는 '化外敎門'의 특수지역으로 간주되었으며,[2] 후에는 겨울이면 廣州를 떠나온 서양인들이 거주하며 소비하는 도시로 탈바꿈하여 '동방의 몬테카를로'라는 별칭을 얻었고,[3] 아편전쟁 이후에는 포르투갈의 식민지가 되어 중국의 근대와 닮아 있으면서도 다른 마카오의 근대를 거치면서 오늘에 이르게 된 것이다.

포르투갈인의 정주와 함께 시작된 마카오의 특수한 상황은 마카오를 中國 내지에서 발생한 정국혼란의 중심에서 벗어나게 하였고, 본토와 완전히 격리되지 않고 가장자리에 처한 위치는 자주 동란을 피해온 문인학자들의 武陵桃源이 되었다. 사회의 변화를 감지하고 나라 밖의 한쪽 모퉁이 땅 마카오로 피난한 앞선 왕조의 遺老라 자칭하는 문인학자들은 수시로 마음속 깊은 곳에서 배어나오는 감회를 토로하고, 현지에서 보고 들은 새롭고 기이한 일들을 저술하여 마카오 문단을 세우고, 또 풍성하게 만들었다.[4] 마카오 문학사에서는 이들을 '兩棲作家'로 분류한다. 그들은 여러 가지 이유로 장기간 대륙과 마카오 사이를 오가거나, 홍콩과 마카오 두 지역을 분주히 왕래하였다. 民國政府에 협조하지 않고 망해버린 淸 왕조를 위해 죽을 때까지 절개를 지켰던 汪兆鏞은 民國時期의 대표적인 '양서작가' 중의 한 사람이다.[5]

汪兆鏞(1861~1939년)은[6] 중국에서도 가장 오래되고, 가장 번성했던 해

---

2) 黃啓臣・鄭煒明, 박기수・차경애 역, 『마카오의 역사와 경제』(성균관대출판부, 1999), 99~103쪽 참고.

3) 李國榮, 이화승 역, 『제국의 상점』(소나무, 2008), 191~202쪽 참고.

4) 張劍樺, 「澳門文學的四種傳統」, 中國論文網, URL: https://www.xzbu.com/7/view-1117872.htm (검색일 2018.05.16).

5) 鄧駿捷・陳業東(2014), 「寓奧名賢汪兆鏞詩詞探論」, 『華文文學』, 第120期 (2014), 28쪽.

항도시 廣州 番禺에서 나고 자란 광주 토박이였다. 아편전쟁으로부터 辛亥革命으로 이어지는 중국 근대화 과정에서 광주는 자주 중대한 사건의 발원지가 되었고, '共和革命'의 성지라 불리게 되었다. 하지만 청의 유로라 자처한 왕조용은 '공화혁명'이라 불리는 신해혁명을 '國變'이요 '變亂'으로 받아들였고, 혁명 이후 정국의 변화로 광주에서 소요와 시위가 일어나면 가족들을 이끌고 마카오로 피난하였다. 처음에는 동란을 피하기 위해 잠시 마카오로 피난했지만, 이후 마카오에 정주하게 되었고, 1939년 마카오에서 죽음을 맞게 되었다. 왕조용은 1911년부터 12차례 마카오로 피난하였고, 그곳에서 斷續的으로 13년여를 생활하였다.[7] 피난 초기, 왕조용은 마카오를 秦나라 때 전란을 피해 찾아든 사람들이 모여 살았다는 武陵桃源으로 생각하였다. 하지만 현지에서 지낸 시간이 길어지면서 그는 마카오가 이미 중국의 주권이 미치지 않는 포르투갈의 식민지가 되었다는 사실을 통감하게 되었다.

포르투갈인들의 식민지가 되어버린 마카오에서 생활하게 된 청 왕조의 舊臣 왕조용은 시로서 역사를 적는 '詩史'의 전통을 계승하여 마카오가 겪었던 수난의 역사와 변경의 땅을 지키지 못한 청 조정의 무능함을 기록하고, 포르투갈 마카오식민정부의 주도하에 유럽과 포르투갈의 도시와도 같은 도시 근대화의 과정을 걷고 있는 해항도시 마카오의 변화를 적고, 식민주의자들의 통치 하에서도 중화민족의 문화와 전통을 지키며 살아가는 현지 중국인들의 모습을 담아내었다. 1918년 초에는 마

---

6) 자는 伯序, 또는 憬吾라고 하며, 스스로를 慵叟라 부르고 만년에는 寄叟라고 불렀으며 覺公, 淸溪漁隱이라고도 불렀다. 거하는 곳을 微尙齋라고 했기 때문에 微尙老人이라고도 불렀다. 1939년 마카오에서 향년 79세의 나이로 죽었다.

7) 汪兆鏞, 王雲五 主編, 『淸王微尙老人兆鏞自訂年譜』(臺灣商務印書館, 1980) 참고.

카오에서 지은 이러한 시들을 모아『澳門襍詩』를 조판하여 인쇄하였다.

근대시기 마카오로 피난했던 丘逢甲, 潘飛聲, 商衍鎏, 周貫明 등 저명인사와 학자들이『澳門襍詩』라는 이름으로 많은 聯詩를 적었다. 그러나 그 시의 양과 내용의 풍부함, 묘사의 준엄함, 제재의 다양함 등을 본다면 왕조용의『澳門襍詩』가 가장 뛰어났다.[8] 본문에서는「襍永」五言古詩 26수,「澳門寓公詠」七言絕句 8수,「竹枝詞」40수를 수록한『澳門襍詩』와 그가 남긴 기록들을 통해 해항도시 마카오의 특별한 역사, 포르투갈 마카오식민정부의 주도하에 진행되는 도시 근대화사업과 항만건설, 그리고 그들의 지배 하에서 살아가는 현지 중국인의 삶에 대한 왕조용의 인식 변화를 살펴보고, 이를 통해 근대 해항도시 마카오가 갖는 의미를 찾아보고자 한다.

II. 汪兆鏞과『澳門襍詩』

왕조용은 唐代 越國公 汪華의 후예로 原籍은 浙江 山陰이고, 幕僚로 활동하던 그의 부친 汪瑔(1824~1897년)이 廣東 番禺에 정착하면서 粤人이 되었다. 왕조용은 4형제 중의 장남이었고, '漢奸'이라는 오명을 가진 民國時代의 풍운아 汪精衛(兆銘)가 그의 막내 동생이다. 어려서부터 영민했던 왕조용은 10세 때부터 이미 시를 지었고, 12세에는 時文을 짓기 시작했다. 18세부터는 經史와 古文에 진력하여 과거를 통해 입신양명을

---

8) 彭海鈴,『汪兆鏞與近代粤澳文化』(廣東人民出版社, 2004), 105쪽.

꿈꾼 봉건사회의 전형적인 지식인으로 성장하였다. 光緒 15年(1889년) 擧人이 된 왕조용은 "禮部試에 연속 세 번 참가하였으나 급제하지 못했고, 이에 마음은 재가 되었다"[9]고 할 정도로 큰 좌절을 경험했으며, 35세 (1895년) 이후에는 科場에 나서지 않았다. 어려운 집안을 돕기 위해 막료 생활을 하면서 會試를 준비했던 그는 연로한 부모와 어린 동생을 돌봐야 하는 장자의 책임을 다하기 위해 전업 막료의 길을 가야 했다. 효심이 깊었던 그는 부모님을 봉양하기 위해 광주에서 멀지 않은 翁源, 赤溪, 遂溪 등지에서 일을 하였고, 신해혁명 전야에 정국이 요동치고 치안이 불안해지자 임지 樂昌을 떠나 가족들이 있는 광주로 돌아왔다.

아편전쟁 이후, 청 조정은 제국주의 열강의 침략에 대응하기 위한 개혁을 단행하기 위해 新政을 실시하고, 국내의 紳士층과 고관들의 요구에 부응해 '예비입헌'의 절차를 확정하고 준비하고 있었다. 그러나 1911년 10월 10일 武昌起義로 시작된 신해혁명으로 각 省이 청조로부터 독립을 선포했고, 황제 체제를 무너뜨리고 국민에게 주권이 있는 공화제를 수립하려는 움직임으로 이어졌으며, 1912년 1월 1일에는 中華民國南京臨時政府가 수립되었다. 신해혁명은 2,000년 넘게 유지되어온 전제 왕정이 근대적 민주공화정 체제로 바뀌는 전환점이 되었다.

아편전쟁 이후 淸日戰爭, 辛亥革命, 中華民國 수립을 거쳐 國民革命 (1924~1927년)에 이르는 이 시대를 통해 '중국'이라든가 '중국인'이라고 하는, 오늘날까지 사용되고 있는 국가와 국민의 윤곽이 형성되어, 왕조인 청이 아니라 중국을 염두에 둔 내셔널리즘과 애국주의도 출현했다.[10] 이 시기의 민족주의, 곧 만주족으로부터 한족이 독립해야 한다는 反滿

---

9) 汪兆鏞, 王雲五主編, 앞의 책, 16쪽, "禮部試三擊不中, 此心灰也."

10) 기와시마 신, 천성림 역, 『중국근현대사』 2(삼천리, 2013), 10쪽.

民族主義의 주창자 가운데 대표적인 인물이 汪精衛(1883~1944년)였다.[11] 22살의 나이로 손중산의 혁명군에 참가한 왕정위는 전국을 돌며 오랑캐를 몰아내고 중화를 회복하자고 선전하였고, 그의 연설은 중국 남부지역에서 큰 호응을 얻었다. 이에 반해 知天命의 나이를 바라보던 왕조용은 청 왕조를 뒤흔든 신해혁명에 가담하기를 거부하고, 공화제를 수립하여 근대국가를 건설하는 것이 반드시 正道라 여기지도 않았으며, 宣統帝를 위해 충성을 다하는 유로가 되고자 하였다. 격동의 시대를 지나면서 汪氏 집안의 형제들은 '共和'와 '保皇'이라는 서로 다른 길을 걷게 되었다.

이민족인 만주족의 지배로부터 한족의 민족적 독립을 쟁취하려는 민족주의 혁명 혹은 종족주의 혁명[12]을 도모했던 신해혁명군은 광주의 평화독립을 선포하고 胡漢民을 廣東總督으로 추대하였다. 이때 호한민은 왕조용을 찾아 總祕書직을 맡아줄 것을 요청하였지만, 망국의 유로를 자처한 그는 호한민의 요청을 거절하였다. '忠君愛國'의 전통사상으로 입신과 처세의 최고 규범을 삼은 왕조용에게 있어 황제의 폐위와 왕실의 붕괴는 하늘이 무너지고 땅이 갈라지는 '國變'이었다. '忠臣不事二君'의 도리를 다하고자 했던 그가 새로운 정권의 협조 요청을 거부하고, 폐위된 황제에 대해 충성을 다한 것은 당연한 일이었다.

신해혁명을 '국변'이자 '동란'으로 받아들인 왕조용은 광주에서 소요와 시위가 일어나자 11월 1일 가족들을 데리고 마카오로 피난길에 올라 小三巴街에 임시거처를 마련하였고, 1912년 9월 정국이 안정을 되찾은

---

11) 배경한, 『왕징웨이연구』(일조각, 2012), 27쪽.

12) 張憲文, 「辛亥革命與近代中國筆談: 新時期再議辛亥革命」, 『近代史研究』 2011年 4期(2011), 12~13쪽; 배경한, 앞의 책, 27쪽에서 재인용.

후 광주로 돌아왔다.[13] 이때 혁명군과 함께 광주에 돌아와 있던 왕정위는 형을 찾아와 민국정부를 위해 일해 줄 것을 거듭 요청했지만 왕조용은 동생의 제안을 일언지하에 거절하고, 민국을 위해서는 어떤 일도 맡지 않을 것을 맹서하고 문을 닫아걸고 집을 나서지 않았다.[14] 이후 그는 저술 작업과 서화에 몰두하고 문인학자들과의 교류를 이어갔다.

1913년 음력 7월, 廣東軍政府 都督 陳炯明이 광동의 독립을 선포하고 袁世凱를 성토하고 나서면서 광주는 다시 혼란에 빠졌다. 왕조용은 다시 가족을 이끌고 두 번째 마카오로 피난하여 下環街에 거처를 정하고 2개월간 머물다가 광주로 돌아왔다.[15] 1916년 2월, 滇軍과 桂軍 사이에 교전이 일어나고 광주가 다시 전쟁터가 되자 왕조용은 세 번째 마카오로 몸을 피해 荷蘭園 一號에서 생활하다가 9월 광주로 돌아왔다.[16] 이때, 그는 마카오를 민국의 동란을 피하여 온 사람들이 모여 사는 무릉도원과도 같은 공간이라 적었다.

새로 개장한 荷蘭園, 주조로 만든 동상이 우뚝 솟아있네.
그 아래 모래와 풀은 평평하고, 뭇 푸르름이 먼 봄을 낳았네.
龍泉이 영묘한 물을 끌어 올리니, 졸졸 흐르는 모양이 맑고 순수하네.
松山 아래서 물 길어 마시니, 마른 입술 향기로운 샘물로 윤이 나네.
이 땅이 곧 무릉도원이네! 탄식하며 秦의 병란 피해 옴을 생각하네.[17]

---

13) 汪兆鏞, 王雲五主編, 앞의 책, 36쪽.

14) 위의 책.

15) 위의 책, 37쪽.

16) 위의 책.

17) 「雜永」二十六首中「新荷蘭園」: "新闢荷蘭園, 範銅像嶙峋. 其下沙草平, 衆緑生遠春. 龍首引靈液, 涓涓清以醇. 汲飲萬松底, 燥吻玆芳津. 此地即桃源, 嗟哉思避秦." 汪兆鏞, 葉晉斌 圖釋, 『澳門舊詩圖釋』(澳門基金會, 2004). 본문에서 인용한 왕조용의 시는 葉晉斌이 圖釋한 이 책에 근거하였다. 이하 자세한 서지사항은 생략한다.

1917년 음력 5월 13일, 청나라의 충신임을 자처하는 張勳이 선통제의 復辟을 단행하자 北洋軍閥 段祺瑞가 군사를 일으켜 이를 진압했고, 마지막 황제 溥儀는 다시 제위를 내어 놓아야 했다. 남쪽에서도 朱慶瀾과 陳炳琨이 서로 사이가 좋지 않아 孫中山을 광동으로 초청하여 대원수로 추대하는 등 동란의 조짐이 보이자 7월 12일 왕조용은 며느리와 손자들을 이끌고 마카오로 피난하여 蕉園園 一號에 거처를 마련하였다.[18] 이네 번째 피난은 생각밖에 길어져 다음해 9월까지 이어졌다.

피난지 마카오에서 새로운 해를 맞게 된 왕조용은 한가한 틈을 이용해 元이 망한 후, 새로운 왕조 明을 섬기고자 하지 않았던 광동지역 유민 51명의 사적을 고증한 『元廣東遺民錄』을 간행하였다. 그는 책의 서문에서 다음처럼 자신의 심경을 밝혔다.

> 원나라 順帝는 나라가 망하자 북쪽으로 달아났으니, 그때는 충절을 지키는 士人들이 적고, 속이고 훔치는 것을 옳지 않다고 여기는 것이 마땅하다. 대저 君臣의 義는 만고에 언제나 환한 것이니, 시대가 변하고 세상이 바뀌었다고 새로운 왕조를 따르고, 낯을 가리고 수치를 모르며, 심지어 잘못된 학설을 가지고 자기를 변명하는 것은 권문가에 의지해 살아가는 시장의 배우나 아침에는 秦나라를 섬겼다가 저녁에는 楚나라를 섬기는 것과 어떤 다름이 있겠는가?[19]

왕조용은 蒙古族이 세운 원이 망하고 漢族이 세운 명나라가 건국되었음에도 불구하고, 새로운 왕조의 조정에 나서고자 하지 않았던 광동 유민들에 대한 고증과 기록을 통해, 만주족의 지배로부터 한족의 독립을

---

18) 汪兆鏞, 王雲五主編, 앞의 책, 38쪽.

19) 汪兆鏞, 「元廣東遺民錄」: "元順帝國亡北奔, 其時宜少忠節之士, 蒙竊以爲不然, 夫君臣之義, 萬古常昭, 若時移易世, 軿驪迹新朝, 腼顏而不知恥, 甚至掎鬠詭以自解, 此何異倚門市倡, 朝秦暮楚之爲耶?"

쟁취한 중화민국의 협조를 거부한 자신의 뜻을 간접적으로 밝힌 것이다.

1918년 가을 광주로 돌아온 왕조용은 마카오가 겪어야 했던 수난의 역사와 그 땅을 지키지 못한 청 조정의 무능을 기록하고, 유럽과 포르투갈의 도시와도 같은 도시 근대화의 과정을 걷고 있는 해항도시 마카오의 변화를 적고, 포르투갈 식민자의 통치 하에서도 중화민족의 문화와 전통을 지키며 살아가는 현지 중국인들의 모습을 기록한 시들을 정리하여 섣달그믐에 『澳門雜詩』를 상재하였다.

> 마카오는 乾隆年間 寶山 사람 印光任과 宣城 사람 張汝霖이 『澳門紀略』을 찬술한 이후, 또 백여 년이 지났다. 그 사이 변화가 빨라 끊임없이 새로운 사물과 기상이 출현하고, 지금과 옛적이 달라졌으나, 속편 소식이 없어 참고할 만한 모범이 없었다. 辛亥年의 변고로, 이곳 마카오로 피난하였다. 한가한 날 높은 곳에 올라 먼 곳을 바라보다가 억울하고 원통하여 분한 마음이 일어, 조리 없이 시 수십 수를 적었다. 옛 사실들을 인용하여 증거를 삼고, 시 아래에 주를 달았다.[20]

18세기 중엽 香山知縣을 지낸 印光任과 張汝霖이 『澳門記略』을 찬술하여 간행한 이후에도 마카오에서는 많은 일들이 일어났다. 하지만 마땅히 참고할 만한 서적이 없다고 느낀 왕조용은 그 사이에 발생한 변화들을 시로서 기록하고, 마카오의 역사와 지리연혁 등 고증이 필요한 사건에 대해서는 『廣東通志』, 『廣東新語』, 『澳門記略』, 『香山縣志』, 『澳門』 등의 문헌을 참고하여 주를 달아 사실관계를 밝히고, 이를 통해 포르투갈인들이 마카오를 잠식한 경위와 그들의 만행을 역사에 남기고자 하였

---

20) 汪兆鏞, 『澳門雜詩』: "澳門自乾隆間寶山印氏, 宣城張氏撰奧門紀略一書之後, 又百餘年矣. 其中日異月新, 今昔不同, 而續纂闕如, 靡資攷鏡. 辛亥之變, 避地於此. 暇日登眺, 慨然興懷, 拉雜得詩數十首. 徵引故實, 分注於下, 仿末方孚若南每百詠例也."

다. 전통지식인으로서 근본적인 옳고 그름의 문제 앞에서 명확한 입장을 견지하고자 했던 왕조용은 시로서 역사를 기록하는 '詩史'의 전통을 계승하고, 각종 지방지와 현지 등을 통해 사실관계를 밝히는 고증학자로서의 면모를 발휘한 것이다.

왕조용이 『澳門雜詩』를 통해 밝히고자 했던 근년의 변화라는 것은 아편전쟁 이후 포르투갈이 마카오의 주권을 탈취하기 위해 벌인 여러 가지 사건들이었다. 1845년 11월 20일, 포르투갈 여왕 마리아 2세는 멋대로 칙령을 내려 마카오를 자유항으로 한다고 선포하고, 모든 외국 상선은 마카오에 와서 자유무역을 할 수 있으며 아울러 그간 매년 중국에 지불해오던 515냥의 지세를 납부하지 않겠다고 하였다. 이어 1846년 4월 21일, 해군 上校 아마랄(Toao Maria Ferreira Amaral: 亞瑪勒)을 마카오총독으로 임명하여 파견하면서 주권탈취를 위한 행동을 본격화 하였다.[21] 아마랄 이전의 전임 총독들도 마카오에 대한 중국정부의 관할로부터 벗어나고자 여러 차례 시도했지만 모두 실패하였다. 그러나 아마랄은 쉽게 전임자들이 이루지 못한 몽상을 실현하였다. 이는 시대의 형세에 변화가 발생하고 지난날 강성했던 중국이 이미 쇠락했기 때문이었다.[22]

신임총독 아마랄은 마카오의 식민화라는 목표를 달성하기 위해 마카오 현지 중국 주민의 관할권을 침탈하고, 포르투갈인들이 점거하고 있던 구역을 확충하며, 중국의 해관기구를 무력으로 폐쇄하고, 중국 관청의 관할권을 없애기 위한 구체적인 작업에 돌입하였다.[23] 아마랄은 마카오에 있어서 중국정부의 토지권·해관권·행정권·사법권 등 모든

---

21) 黃啓臣·鄭煒明, 앞의 책, 179쪽.

22) 吳志良·金國平·湯開建, 『澳門史新編』(澳門基金會, 2008), 179쪽.

23) 위의 책, 184~190쪽 참고.

주권을 공개적으로 파괴하고, 마카오를 "절대적인 자치 식민지"로 삼고
자 하였던 것이다.[24] 하지만 아마랄의 이러한 침략행위는 마카오 현지
중국인들을 분노하게 하고 단결하게 하였다. 1849년 8월 22일에는 마카
오정부의 일방적인 도로 건설과정에 자신의 조상 묘 6기를 훼손당한 沈
志良이 같은 마을 청년들을 규합하여 아마랄을 살해하는 사건이 발생하
였다. 이후 포르투갈은 이를 빌미로 사태를 확대시키고, 토지를 침탈하
여 그들의 영역을 확장해 나갔다. 또한 포르투갈정부는 청나라 조정과
담판을 통해 조약을 체결하고, 마카오 점령을 합법화하고자 하였다.
1887년 12월 1일, 포르투갈 전권대신 로자(Thomas de Roza: 羅沙)는 北京에
서「中葡和好通商條約」을 체결하고 다음해 중국 대신 李鴻章과 天津에
서 비준서를 교환하여 포르투갈이 마카오에 영구 주재하며 관리하는 것
을 합법화 하였다.[25]

III. 汪兆鏞의 마카오 인식

본 장에서는 『澳門雜詩』에 수록된 왕조용의 시와 그가 남긴 自註를
중심으로 포르투갈인의 마카오 잠식 과정과 함께 1845년 이후 본격화된
포르투갈정부의 식민야욕, 현지정부에 의해 주도된 마카오의 도시 근대
화와 항구개발, 그리고 마카오에서 살아가고 있는 현지 중국인의 생활
에 대한 그의 인식을 살펴보고자 한다.

---

24) 黃啓臣·鄭煒明, 앞의 책, 181쪽.
25) 위의 책.

1. 마카오 역사 인식

신해혁명 이후, 廣東總督 胡漢民의 협조 제의를 거절한 왕조용은 1911년 음력 11월 1일 소요와 시위에 휩싸인 광주를 떠나 육로를 통해 마카오로 피난하였다. 당시 중국 내지에서 마카오로 들어가는 육로는 蓮花徑이라 불리는 10리 모래톱 길이 유일하였다. 일찍이 명나라 조정은 萬曆 2年(1574년)에 광동성 前山縣과 마카오를 잇는 연화경에 關閘이라는 관문을 세우고, 관리를 두어 중국인과 서양인의 무분별한 출입을 엄격하게 통제하였다.[26] 청나라 또한 이민족과 중국인의 무절제한 교류와 통상행위를 금지하기 위해 관아를 짓고, 병사를 배치하여 엄격한 통제를 이어갔다.

중국 내지와 마카오를 잇는 국경관문인 관갑의 관리권은 마카오에 대한 실질적인 지배를 상징하는 것이다. 때문에 포르투갈 마카오정부는 1870년 8월 22일 공사를 시작해 다음해 10월 31일 포르투갈국왕의 생일에 맞춰 아치형의 새로운 국경관문을 완공하였다.[27] 명나라 때 세워진 관갑을 허물고 유럽풍의 국경관문(Portas do Cerco)을 건설한 포르투갈인들은 門楣石에 1560년 경 마카오에서 생활했던 민족시인 카몽이스(Luís de Camões)의 "너를 지켜보는 조국을 영광스럽게 하라(A PATRIA HONRAI QUE A PATRIA VOS CONTEMPLA)"라는 시구를 새겨 넣고, 이 문의 좌우를 築牆의 경계로 삼고자 하였다. 광주를 떠나온 피난민 왕조용은 포르투갈이 세운 국경관문을 통과하며 느꼈던 감개함을 시에 담았다.

---

26) 최낙민, 「澳門의 開港을 둘러싼 明 朝廷과 佛郎機의 갈등」, 171~178쪽 참고.
27) 吳志良 · 金國平 · 湯開建, 『澳門編年史』第四卷(澳門基金會, 2009), 1816쪽 참고.

互市가 濠鏡奧로 옮긴 것은, 嘉靖年間부터라네.
관갑을 세우고 관리를 두어 지키니, 문 열고 닫음은 符使가 담당했네.
이렇게 백 년이 흘렀는데, 저들 종족들이 갑자기 새로 보루를 세웠네.
횡으로 비스듬히 글을 적은 문이, 갑작스레 관갑 앞에 우뚝 솟았네.
나는 장탄식을 하네! 누가 기록을 남겨 이 땅의 경계를 밝히는지.[28]

이제 더 이상 중국인의 관할이 아닌 국경관문을 떠올리며 왕조용은 짧은 시로 가정년간 관갑이 세워진 역사를 밝히고, 장탄식을 하며 실지에 대한 분한 마음을 드러내었다. 또한 그는 천 여자에 달하는 주석을 통해 포르투갈이 처음 마카오에 정착하게 된 과정부터 관갑의 설치와 명에 대한 지세 납부 등에 관한 사료를 적시하여 마카오의 주권이 중국에 있었음을 밝히고, 아마랄이 마카오총독으로 부임한 후 현지 식민정부가 마카오를 잠식해 가는 과정을 자세하게 밝혀 식민주의자들의 만행과 함께 청 정부의 무능함을 기록하였다.

마카오 전체를 점령하기 위한 포르투갈 식민주의자의 불법적인 잠식과정과 그들의 만행에 분개한 왕조용은 역사기록과 주변 성곽유적 등 유물자료를 동원하여 華夷의 원래 경계를 명확히 하고자 하였다. 마카오에 정착한 포르투갈인들이 적은 수의 병사로 자신들의 거주지를 지키기 위해 낮고 견고한 성벽을 쌓기 시작한 것은 隆慶 3年(1569년)까지 거슬러 올라간다. 天啓年間(1620~1627), 포르투갈인들은 새롭게 중국의 연해에 나타난 네덜란드인들이 그들의 거주지를 위협하고 있고, 향후 이들이 명나라에도 위협이 될 것이라는 이유를 들어 축성을 강행하였지만 명 조정은 번번이 관리와 병사들을 보내 이를 허물어뜨렸다. 포르투갈

---

28) 「雜詠」二十六首中「關閘」: "互市濠鏡奧, 肇自嘉靖始. 設關官守之, 啟閉候符使. 如何百年來, 彼族頓曾壘. 旁行斜上書, 突兀閘前峙. 我來長太息, 疇為志疆理."

인들이 北部城牆과 포대를 완성한 것은 1623년 명나라의 허가를 받은 이후의 일이었다.[29]

> 마카오의 성은 견고하고 낮았으나, 명대에 이미 허물어뜨렸네.
> 성벽 터를 찾을 수 있으나, 무능하고 어리석은 관리들 국경을 좁히고 말았네.
> 地誌에도 기록이 있으니, 물을 기준으로 경계를 정해섰다네.
> 長城을 萬里라 부르니, 그 우쭐거리는 꼴이 정말 교활하구나.
> 어떻게 張, 許 같은 인재를 얻어, 중외에 존엄을 지킬 수 있을까.[30]

아마랄이 일련의 식민정책을 시행한 이후, 현지 마카오정부는 포르투갈인 거주지의 경계는 연화경 관갑이라고 공포하였다. 그러나 중국 관리들은 몇 차례 협상과정을 통해 그들의 주장을 결코 인정하지 않았다.[31] 그럼에도 불구하고 1863년 마카오정부는 그들의 선조들이 쌓아 올린 성벽과 沙梨頭, 三巴, 水坑尾 세 곳의 성문을 허물고 성문 밖의 중국인 거주지를 개발하고자 하였다.[32] 왕조용은 시와 주석을 통해 당시 포르투갈인들이 '萬里長城'이라 부르는 媽閣廟 뒤쪽 일단의 성곽은 명대에 축성된 城牆의 부분 유적이며, 명대 포르투갈인들의 거류지는 성벽 안의 南灣 일대에 불과했음을 분명히 밝히고자 했다. 또한 왕조용은 포르투갈과의 마카오 경계 협상과정에서 무능함을 드러낸 청의 관리들에게 실망감을 보이며, 乾隆盛世에 香山知縣을 지냈던 張汝霖과 許乃來와

29) 최낙민, 「澳門의 開港을 둘러싼 明 朝廷과 佛郞機의 갈등」, 179~184쪽 참고.

30) 「雜詠」 二十六首中 「萬里長城」: "澳城固而庫, 明代已毁壞. 基阯猶可尋, 纖兒昧邊隘. 地志亦有言, 倚水以為界. 長城稱萬里, 自大誠狡獪. 安得張許才, 威稜懾中外."

31) 曾金蓮, 「地界之爭與城界擴張-澳門近代城市的開端(1864-1874)」, 『澳門研究』, 第44輯(2012), 144쪽.

32) 위의 논문, 160쪽.

같은 현명하고 용기 있는 인물들이 다시 나타나 다시 경계를 명확히 하고 중화 국체의 위엄을 지킬 수 있기를 소망하였다.

> 경계를 남북으로 나누고 집을 짓고 혼거하였으니,
> 매번 비석 조각을 살피며 옛날 처음 정한 경계를 생각하네.
> 異域이 지금 樂土가 되었다고 하니,
> 시인이 큰 쥐를 원망한들 어떠하겠는가.[33]

1883년 이후 포르투갈인들은 관갑 이남과 圍牆 이북의 望厦·龍田·龍環·塔石·沙梨頭 등 7개 촌에 1,000여 가구가 사는 지역을 강제로 점령하고,[34] 街道를 확장하고 가로등을 설치하였으며 중국인 거주민으로부터 세금을 징수하기 시작하였다. 이와 같은 과정이 반복되면서 포르투갈인의 租居地가 확장되어갔고 마침내 마카오 전체가 그들의 손에 넘어갔다.

1916년 세 번째로 마카오로 피난한 왕조용은 蕉園 인근에 거처를 마련하였다. 그때 이웃사람이 밭을 갈다 "嘉慶七年(1803)"이라 적힌 비석 조각을 발견하였다. 왕조용은 비석이 발견된 지점과 내용, 여러 地方志의 기록들을 종합하여 마카오의 華界와 吏界, 남과 북의 경계를 명확히 밝힐 수 있음에도 불구하고 무능한 청의 관리들이 국토를 빼앗긴 것에 대해 엄정한 비판을 가하였다. 또한 왕조용은 『詩經·魏風』의 「碩鼠」를 인용하여 한때 '武陵桃源'이요 '樂土'라 여겼던 마카오가 실제는 내기장과 보리와 곡식을 약탈하고 현지 중국인들을 돌보지도, 덕을 베풀지도 않는 포르투갈 마카오정부라는 큰 쥐가 지배하는 식민지가 되었음

---

33) 「竹枝詞」四十首中三十九: "界分南北混居廬, 每閱殘碑想古初. 異域於今成樂土, 詩人碩鼠恨何如."
34) 黃啓臣·鄭煒明, 앞의 책, 183쪽.

을 비유적으로 표현하였다.

왕조용은 마카오에 피난하는 동안 주변의 역사 유적지와 명승지를 찾아 백묘의 수법으로 시를 적고, 그 속에 포르투갈인들에게 점령당한 마카오의 아픈 역사를 기록하였다. 그의 발길은 마카오 주변 해역의 十字門까지 이어졌다. 마카오의 남쪽 바다에는 각 네 개의 섬으로 이루어진 內外 두 곳의 십자문이 있는데, 그 가운데에 물이 차면 十字의 모습을 보인다고 하여 붙여진 이름이다. 왕조용은 「十字門」이란 시에 마카오의 해관권과 행정권을 포르투갈인들에게 침탈당한 슬픈 역사를 녹여내었다.

> 濠鏡은 본디 반도이나, 구불구불 이어져 灣의 모습을 가졌다네.
> 바닷물이 그 가운데를 관통하면, 네 개의 섬이 서로 구불구굴 감도네.
> 가로세로의 모습이 十字같아, 내려다보면 웅장한 관문을 열어놓은 듯.
> 층층이 겹쳐져 안 밖으로 나뉘니, 險要의 일부를 짐작할 수 있다네.
> 변경 일 계획하는 누가 실책했나! 우리 땅 강점한 오랑캐를 탄식하네.[35]

아편전쟁 이전까지 무역을 하러 중국에 오는 모든 외국상선은 마카오의 십자문에 정박하여 300-400냥의 은을 납부하고 마카오에서 수로안내인과 通事와 매판을 각각 1명씩 초빙해야 했다. 그런 연후에 澳門總口의 海關監督이 주재하는 行臺가 紅牌(항구진입 허가증)을 발행해 주고 그래야 비로서 虎門으로 들어갈 수 있었다.[36] 왕조용은 십자문의 지세가 험준하여 마치 관문이나 요새와 같은 역할을 담당하였으나, 변경의 일

---

35) 「雜永」二十六首中「十字門」: "濠鏡本半島, 迤邐形如灣. 海水貫厥中, 四山相迴環. 縱橫若十字, 俯瞰排徘關. 層疊分內外, 險要見一斑. 籌邊孰失計, 巢占嗟羣蠻."

36) 黃啓臣·鄭煒明, 앞의 책, 114쪽.

을 계획하고 책임지는 자의 실책으로 서양인들에게 관할권을 빼앗기게 되었음을 탄식하고, 중국이 처한 현실을 개탄하였다.

명나라 관리들과 지식인들은 포르투갈인들의 마카오 거주를 허가하기 전후하여 중국의 주권과 영토를 보전하고, 무역을 통한 이익을 확보하기 위해 어떻게 그들을 관리할 것인가를 두고 격론을 펼쳤다. 마침내 "성을 쌓고 관리를 두어 현에서 다스리게 하는 것이 상책(建城設官而縣絡之)"[37]이라는 답을 얻은 명 조정은 마카오에 관아를 짓고 관리를 파견하여 현지에 대한 통치를 공고히 했다. 정성공 세력을 진압한 후, 해금정책을 폐지한 康熙帝도 1684년 마카오에 粵海關이 관할하는 澳門總口를 설립하고 關部行臺와 大碼頭·南環·娘媽閣·關閘의 4개 해관을 두어 마카오의 船鈔(톤세)와 화물세(貨稅)를 징수하도록 하였다.[38] 하지만 아편전쟁 이후 청 왕조가 설치한 관청들은 포르투갈 마카오정부에 의해 모두 폐지되고 말았다.

> 提調와 郡縣丞, 明代에는 옛 관아가 있었다네.
> 논밭의 경계를 양보하던 도타운 옛 땅, 황폐해져 노루사슴이 달리네.
> 아직도 議事亭은 남아서, 처마는 높고 넓어 날아갈 듯하네.
> 지금까지 내려온 鄕校法, 이 역시 폐하지 않은 먼 변경.
> 누가 저울을 공평하게 할 것인가, 부끄럽도다 우리 中華여.[39]

1849년 5월 3일, 아마랄은 "마카오는 이미 자유항이 되었고, 포르투갈의 해관업무가 시작되었으므로 다른 나라의 해관이 마카오에서 업무를

---

37) 盧坤, 『廣東海防匯覽』 卷3, 「險要」.

38) 黃啓臣·鄭煒明, 앞의 책, 113쪽.

39) 「雜永」二十六首中 「議事亭」: "提調郡縣丞, 前代有故衙. 讓畔敦古處, 荒圮奔麏麚. 尚餘議事亭, 崇敞飛檐牙. 從來鄕校法, 亦不廢邊遐. 權衡胡持平, 愧矣吾中華."

처리하는 것을 허락할 수 없다"고 고시문을 내고, 오문총구 관부행대로 하여금 그날로부터 다시는 포르투갈 등 외국 상선에 대해 관세를 징수하지 못하도록 하였다. 5월 13일 아마랄은 공공연하게 수십 명의 포르투갈 병사를 거느리고 중국의 오문총구 관부행대의 대문에 못질을 하여 봉쇄하고, 관부행대의 관리와 丁役을 내쫓고 행대에 있던 많은 재물을 봉하여 보관해 두었다.[40] 그로부터 70년에 가까운 시간이 흘러 명대에 세워졌던 관청건물들은 무너지고, 그 터는 노루와 사슴들이 뛰어 노는 황폐한 땅으로 변해버리고 말았다. 왕조용은 명대 중국관원들이 현지 포르투갈 관리자들을 접견하고, 대화와 타협을 통해 그들을 관리하던 議事亭에서 포르투갈 식민주의자들에게 마카오를 빼앗긴 中華帝國의 쇠퇴를 부끄러워하고 있었다.

2. 마카오 현실 인식

아편전쟁 이후 珠江 하구를 사이하고 마카오와 서로 마주한 홍콩이 자유항으로 개항되었다. 중국 동남연안에 새로 5곳의 항구가 개항하면서 관세를 크게 낮추자 마카오의 무역항으로서 중요성은 급격히 줄어들었다. 새로운 위기에 봉착하게 된 포르투갈 마카오정부는 무역항으로서의 지위를 회복하고 경쟁력을 높이기 위해 도시근대화와 근대적인 항구 개발에 총력을 기울였다. 왕조용이 마카오에 체류하던 동안에도 마카오정부는 거주민들과의 갈등에도 불구하고 도시 근대화 건설, 해안매축과

---

40) 黃啓臣·鄭煒明, 앞의 책, 180쪽.

항구개발에 혈안이 되어있었다.

먼저, 왕조용은 아마랄 이후 본격화된 마카오의 도시 근대화사업이
가져온 결과에 관심을 보였다. 1869년 포르투갈정부는 도시 개조를 위
해 工務司를 건립하고, 1883년 7월 28일에는 海外省 訓令을 통해 "도시
물질조건개선위원회"를 설립하여 마카오의 工務와 위생 계획수립을 책
임지게 하였다. 같은 해 11월 위원회가 마카오총독에게 제출한 보고서
에는 "街道 개선 계획, 街道의 糞便과 오수 제거, 供水 개선, 병원균 잠
복 지역의 전면 철거, 새로운 식품 시장 건설, 도살장 재건, 새로운 감옥
건설, 기타 위생이 취약한 장소 정리, 도시 쓰레기 처리, 주민 거주와 위
생환경 개선, 농촌 위생환경 개선, 도시 녹화" 등 12가지의 건의사항이
포함되어 있었다.[41]

앞에서 살펴본 바와 같이 현지 중국인들과의 갈등에도 불구하고 도시
의 북쪽 성곽을 허물고 성의 경계를 관갑 이남의 중국인 촌락과 농지까
지 확장하고, 관할통치 범위 안으로 편입시키고자 했던 마카오정부의
횡포에 대해 왕조용은 강하게 비판하였다. 하지만 그는 현지정부가 추
진해온 거리 건설, 植樹를 통한 도시 녹화사업, 위생환경 개선사업이 가
져온 결과에 대해서는 긍정적인 평가를 내렸다.

> 푸른 잎이 무성한 나무의 짙은 그늘이 살림집을 두르고,
> 매일 아침 가래와 삼태기로 수로의 물꽃을 트고 청소하네.
> 심지를 돋워 불을 밝게 해도 요란한 모기 소리 들리지 않으니,
> 고요한 밤 책을 펼치면 즐거움이 넘치네.[42]

---

41) 呂澤强,「十九世紀末至二十世紀中葉的澳門城市現代化建設」, 『澳門硏究』87(2018), 47~48쪽 참
   고.

42) 「竹枝詞」四十首中八: "綠樹扶踈遶屋廬, 朝朝畚鍤釃淸渠, 挑燈不復聞囂市, 淸夜攤書樂有餘"

왕조용은 이 시에 대한 주석을 통해 "마카오에서는 나무를 심어 가꾸는 일과 도로행정을 가장 중시하였다. 잡부나 인부를 동원하여 항상 호수로 물을 뿌려 거리를 청소하고, 또 매일 아침 가래로 도랑을 트고 오물들을 제거한 후, 약을 뿌려 씻어 내리기 때문에 모기로 인한 질병이 없어졌다"[43]고 하였다. 왕조용은 도시의 위생환경을 제고하기 위해 거리의 糞便과 오수를 제거하고, 잠복해 있는 전염병의 원천을 제거하고자 노력한 마카오정부의 노력으로 늦은 밤에도 모기 걱정 없이 책을 읽을 수 있게 되었음을 칭찬하였다.

또한 마카오정부가 거리에 가로수를 심고, 나무를 많이 심어 도심의 숲을 가꾸고 南灣公園, 新荷蘭園, 兵頭花園 등 근대적인 공원을 조성하여 더위에 지친 시민들이 시원한 그늘을 찾아 휴식을 취할 수 있도록 하고, 도시의 공기를 정화하고자 한 노력에 대해서도 긍정적인 평가를 내렸다.

> 南灣公園의 길은 구불구불 멀리까지 이어졌고,
> 수양버들 가지 끝에는 달그림자 흔들리네.
> 몇몇 남녀의 속삭이는 소리 들려오고,
> 녹음이 깊은 곳에 오래도록 앉았네.[44]

왕조용은 바다를 마주한 남원의 누대에 오래도록 앉아, 가지런한 나무들 사이로 불어오는 시원한 바람을 쐬면서 푸른 눈의 서양인과 현지 중국인들이 함께 즐기는 모습을 통해 백성과 '園囿之樂'을 즐기던 周文

---

43) 「竹枝詞」四十首中八, 自註: "澳中栽擺醫路政最爲注重, 工役常以皮唳射水澆濯街道. 又每日以錘通渠, 去其汙濁, 並以藥水盪滌之, 故無蟲患."

44) 「竹枝詞」四十首中七: "南灣園裏路逶迤, 楊柳梢頭月影移. 幾許呢喁兒女語, 綠陰深處坐多時."

王, 백성들과 함께 나무 아래에서 더위를 식히던 武王의 '與民同樂'의 아름다운 덕을 떠올렸다.[45]

마카오정부는 모든 주민들이 편하게 여가시간을 즐길 수 있도록 공원 광장에서 무료 음악공연을 열었다. 특히 奏樂臺가 마련되어 있는 新荷蘭園에서는 매주 수요일 오후 4시에, 南灣公園에서는 대부분 토요일 9시에 연주회가 열렸는데 각 연주자들이 둘러앉아 악보에 따라 연주를 하고, 지휘자가 서서 지휘봉을 잡고 연주를 이끌었다.[46] 왕조용은 서양인들과 현지 중국인들이 함께 모여 밤늦게 까지 음악을 즐기며 더위를 식히는 마카오의 근대 공원을 좋아하였다.

> 십구일과 초삼일은 예로부터 기약한 바이니,
> 대에 올라 음악을 연주하면 華人과 彝人이 모여 드네.
> 화란원에서는 낮에 남만에서는 밤에,
> 악사들이 악보에 따라 연주하면 그 연주를 듣네.[47]

다음으로 왕조용이 관심을 가진 것은 항만의 근대화 사업과 매축작업 등 근대적인 해항도시 마카오 건설을 위한 사업들이었다. 영국의 식민지가 된 후 급속하게 성장하는 홍콩에 비해 경쟁력을 상실해 가는 마카오 항을 되살리고자 마카오정부는 많은 연구와 계획을 진행하고, 근대적인 항만설비를 갖추기 위해 노력하였다. 항구의 안전과 효율을 높이

---

45) 「雜永」二十六首中「南灣公園」: "樓臺面碧澥, 門前植扶疏. 薰風習習吹, 涼意生羅裾. 路盡皆園林, 奇卉紛芳敷. 淸樾以蔭陽, 迺出碧眼胡. 駑堯與雉免, 古義我歎吁." 自註: "南灣亦稱南環, 枕山面海, 沿岸疏林掩映, 有公園可以遊憩."

46) 「竹枝詞」四十首中五, 自註: "荷蘭園南灣園, 均有奏樂臺. 荷蘭奏樂多在星期三日下午四時, 南灣多在星期六夜九時, 開演時, 各樂人環坐, 按譜敲吹, 有教師高立執器指揮之."

47) 「竹枝詞」四十首中五: "下九初三舊有期, 登臺奏樂集華彝. 荷蘭卜晝南灣夜, 按譜敲嘈聽鼓師."

기 위한 마카오정부의 노력은 일찍부터 시작되었다. 1864년에는 마카오에서 가장 높은 산인 東望洋山에 현대적인 등대 건설을 시작하여, 다음 해 9월 24일부터 정식으로 사용하기 시작했다.[48] 중국 연해지역에서 처음으로 현대적인 등대가 설치된 마카오 항은 밤에도 선박들이 안전하게 입항할 수 있게 되었고, 멀리 주강으로 진입하는 선박들의 지표가 되었다.

> 東望洋山과 西望洋山은, 우뚝 높이 솟은 한 쌍의 산봉우리라네.
> 지세는 감기듯 굽어있고, 산에 의지하여 문과 창을 연 듯하네.
> 남쪽과 북쪽이 灣을 이루니, 파도는 잔잔하여 거울 빛처럼 머무르네.
> 높은 곳에 올라 편안히 읊조리니, 푸른 하늘이 옷소매를 치네.
> 특히 등대를 좋아하니, 회전하며 빛을 비추면 밤이 낮처럼 환하네.[49]

왕조용은 마카오에서도 제일 높은 萬松嶺 혹은 琴山이라고도 불리는 동망양산 정상에 올라 수시로 南灣을 출입하는 범선들을 즐겨 바라보았고, 전기를 사용하는 최신 설비를 갖추어 깜깜한 밤에도 대낮같이 환하게 바닷길을 밝히는 등대에 많은 관심을 표하였다.

왕조용은 당시 포르투갈 마카오정부가 추진하던 도시 현대화사업, 항만 근대화사업뿐만 아니라 바다를 메워 땅을 만들고 새로운 항구를 건설하는 사업에도 관심을 가졌다. 1887년에 만들어진 매축계획도에 따르면 마카오정부는 靑洲와 林茂塘사이를 매축하여 도크(船塢; dock)를 만들

---

48) 전하는 이야기에 따르면 포르투갈 선박들이 풍랑을 만나 배가 전복될 위기에 있었는데, 산 정상에서 비추는 빛을 보고 무사히 항구에 도착할 수 있었다고 한다. 선원들이 성모의 은총이라 생각하고 빛이 나온 산언덕에 작은 성당(Capela de Nossa Senhora da Guia)을 짓고 기아 성모께 봉헌하였다고 한다.

49) 「雜永」二十六首中「東望洋山西望洋山」: "東西兩望羊, 嶬然聳雙秀. 地勢繚而曲, 因山啓戶牖. 南北成二灣, 波平鏡光逗. 登高一舒嘯, 空翠撲襟袖. 尤喜照每燈, 轉躬拄夜如畫."

고, 청주의 북면을 해안선까지 매축하여 내항의 물살을 빠르게 하여 흙
과 모래의 퇴적을 감소시키고자 하였다. 현지 정부는 반도의 내항과 동
측 해안선에 대해 바다를 매축하여 땅을 조성하는 작업을 진행하여 도
시발전의 기초를 놓기 시작하였다.[50] 이미 매축이 완료되어 뭍이 되어
버린 청주를 방문한 왕조용은 청주의 변화상을 시에 담아내었다.

> 지난날 靑洲는 바다 건너에 있었는데, 잠깐사이 해안과 이어졌네.
> 松杉樹의 푸르름은 안개 같고, 그 출렁임 맑은 노을처럼 아름답네.
> 성당이 지어졌다 훼손된 것은, 天啓年間 전의 일이라 고증되네.
> 새로이 시멘트공장이 들어서니, 기계와 공장은 높고 견고하네.
> 애석하게도 맛있는 게가 사라져, 게를 쥐고 공연히 군침만 흘리네.[51]

소나무와 삼나무가 많아 청량한 바람이 불던 청주섬은 일찍이 예수회
의 여름 휴양지로 이용되었다. 그러나 1890년 마카오정부는 청주와 蓮
峯廟를 연결하는 방파제를 쌓고, 흙을 메워 육지로 간척하였다. 왕조용
이 시에서 언급한 시멘트공장은 1887년 영국 상인이 건설한 것으로 중
국 최초의 시멘트공장이었다. 마카오정부는 바다를 매축한 땅에 도크와
같은 항만시설뿐만 아니라 근대적인 산업시설을 유치하여 마카오의 경
제를 활성화하고 도시의 발전을 추동하고자 하였다.

1911년 대리총독 마차도(Alvaro de Melo Machado)가 작성한 "마카오성"
보고서에서는 홍콩에 비해 마카오가 낙후한 원인이 1) 항구와 航道가 깊
지 않고 2) 전통적인 생존방식에 머물러 있으며 3) 정부의 관료주의에

---

50) 呂澤强, 앞의 논문, 46쪽.

51) 「雜永」二十六首中 「青洲」: "青洲舊隔水, 倏忽海岸連. 松杉緑如霧, 盪漾晴霞妍. 蕃寺有興毀, 可
攷天啓前. 新製土敏土, 機廠崇且堅. 祇惜佳蟹絶, 持螯空流涎."

있다고 밝혔다. 정부보고서에서 충분한 수심을 확보한 항구와 航道가 없는 것이 마카오가 홍콩에 뒤처지게 된 중요한 원인 중의 하나라고 지적한 마차도는 마카오를 해역 내 상업무역의 중계지로 발전시키고 부유한 사람들을 불러들여 거주하고 휴양하게 하기 위해서는 항구와 수역의 항도 조건을 개선하는 것이 급선무라고 밝혔다.[52] 당시에는 증기선의 등장과 함께 마카오를 출입하는 선박의 종류도 다양해졌고, 대형화 되었다. 하지만 珠江하구에 위치한 마카오 항은 西江의 진흙과 모래가 퇴적되어 증기선이 출입할 수 있는 충분한 수심을 확보할 수가 없었다. 이에 포르투갈 식민정부는 준설선을 이용하여 바다의 퇴적물을 준설하고 수심을 확보하여 선박의 자유로운 통행이 가능하게 하고자 하였다.

1916년 2월, 왕조용이 마카오로 세 번째 피난을 왔을 때 마카오정부는 浚海機船을 구입하여 독단적으로 마카오 서북의 蓮峯廟 앞의 對門, 청주의 아래로부터 沙崗 위쪽에 걸쳐 河道를 준설하고 도크를 만들어 사용하고자 하였다. 또한 마카오정부가 연해 도처에서 바다 바다을 준설하고 매축사업을 진행하자 민국정부는 포르투갈 현지식민정부에 즉각적으로 연해에 대한 준설작업 중지를 요구하였다. 하지만 마카오정부는 중국의 요구에 건성으로 둘러 되고, 상황을 정확하게 조사한 후 다시 답변하겠다는 성의 없는 대답으로 일관하였다.[53] 왕조용은 시를 통해 당시의 상황을 다음과 같이 적고 있다.

조류에 토사가 침적되어 배의 통행을 방해하니,
발동기가 달린 기선과 새로운 기술로 준설을 하네.

---

52) 呂澤强, 앞의 논문, 49쪽.

53) 吳志良 · 金國平 · 湯開建, 『澳門編年史』第五卷(澳門基金會, 2009), 2287~2288쪽 참고.

楚와 漢이 鴻溝를 경계로 삼자는 의견을 분분히 제시하나,
누가 전심전력을 다해 「海王篇」을 이해하려 하겠는가?[54]

마카오로 들어오는 海口의 수심이 낮아 바다를 항해하는 윤선이나 증기선은 반드시 조수가 들어올 때를 기다려야만 했기 때문에 상인과 여객들이 많은 불편을 겪고 있다는 사실을 왕조용도 잘 알고 있었다. 또한 포르투갈인들이 근래 浚海機船을 구입하여 독단적으로 바다의 모래를 파내고 있는데 水界, 즉 바다와 육지의 경계는 원래 중국에 속한 것이므로 교섭이 시작되어야 한다는 의견을 갖고 있었다.[55] 국민정부의 요청을 거부하고 현실정치 참여를 포기한 왕조용이지만 마카오의 陸界뿐만 아니라 중국의 水界와 海權에 대해 많은 관심을 가지고 있었다. 그는 마카오 연해의 수계와 해권을 두고 포르투갈 마카오정부와의 협상에서 이기기 위해서는 해양영토가 갖는 중요성에 대해 투철한 이해가 있어야 한다고 강조했다. 나아가 왕조용은 포르투갈 식민주의자들에 맞서 중국의 해권과 해상이익을 지키기 위해서는 管仲이 齊桓公에게 어떻게 '漁鹽之利'를 이용하여 나라를 부강하게 하고, 왕이라 칭할 것인지 그 방도를 제시한 「海王篇」의 내용과 함의를 분명하게 이해하고 대비해야 한다는 해양영토 수호에 대한 명확한 인식을 가지고 있었다.

1911년 대리총독 마차도는 마카오가 홍콩에 비해 낙후된 원인 중의 하나가 관료주의화 된 정부조직이라고 지적하였다. 하지만 왕조용은 마카오 현지에서 생활하면서 적은 수의 관리들을 효율적으로 이용하여 산적한 문제를 해결하고, 도시의 현대화를 이끌어 가는 총독의 능력과 그

---

54) 「竹枝詞」 四十首中三十六: "潮荒淤淺礙行船, 新法機輪利溥宣. 楚漢鴻溝紛紛建議, 深心誰識海王篇."

55) 「竹枝詞」 四十首中三十八, 自註 "入澳每口水淺, 輪舶往來, 須俟潮長方能行駛, 商旅苦之. 葡人近以機船挖泥, 惟水界原隸中國, 恐起交涉."

들의 행정시스템을 칭찬하였다. 그리고 전국의 지식인들이 공화파와 왕당파로 분열되고, 각 지방에서는 군벌들이 난립하고 있는 조국의 현실을 바라보며 중화의 쇠퇴함을 탄식할 수밖에 없었다.

> 바다 한 모퉁이 손바닥만한 땅이지만, 크고 작은 직책을 모두 갖췄네.
> 파견한 직원은 많지 않으나, 고위 관리들 일처리에 능하네.
> 집을 떠나도 마음에 거리낌이 없고, 너와 내가 교란함이 없네.
> 고개를 돌려 조국을 바라보며 분개하니, 제멋대로 서로 다투는구나.
> 중외고금에, 어찌 이토록 다른 통치가 있을까?56)

3. 현지 중국인 인식

1577년 명나라 조정이 포르투갈인들의 거주를 허용한 이후부터 마카오는 중국인과 외국인이 함께 생활하는 중외교류의 창구가 되었고, 도시 곳곳에는 동서양의 문화를 통섭한 기이하고 특이한 풍모가 생겨났다.57) 마카오의 특수한 사회문화와 이국적인 도시 경관은 명청 이래로 마카오를 찾았던 많은 학자와 문인들에게 깊은 인상을 주었고, 그들은 詩文을 통해 마카오에 대한 기억과 함께 중서문화교류의 전시관에 대한 찬탄을 쏟아 내었다.58) 하지만 그들은 마카오에 뿌리를 내리고 오랫동안

---

56) 「雜詠」二十六首中「澳官公廨」: "海隅蕞爾區, 鉅細職皆備. 置員不在多, 要貴能治事. 出門坦蕩蕩, 爾我無擾累. 回首慨宗邦, 鋒銛各恣肆. 中外與古今, 豈有殊治理."

57) 최낙민, 「吳漁山의 죽음에 대한 인식과 태도에 관한 고찰 – 해항도시 마카오에서의 생활을 중심으로」, 『해항도시문화교섭학』 제14호 (2016) 참고.

58) 최낙민, 「예수회신부 吳漁山의 「澳中雜詠」을 통해 본 해항도시 마카오」, 『中國學』 43집 (2012) 참고.

생활해 온 현지 중국인 거주민들에 대해서는 큰 관심을 보이지 않았다.

1917년 5월, 네 번째 마카오로 피난한 왕조용은 그곳에서 새해를 맞아야 했다. 단속적으로 2년 이상을 마카오에서 생활했던 왕조용은 이미 현지의 역사유적지와 명승고적을 두루 탐방하고, 현장에서 보고 들은 많은 이야기들을 시로 기록했다. 여전히 스스로를 여행객이라 칭한 왕조용은 꼬불꼬불한 골목길의 자질구레한 소문들 중에도 충분히 화젯거리가 되는 것들이 있음을 알고,[59] 민가 색채가 짙은 竹枝詞를 빌어 마카오에 뿌리를 두고 살아온 현지 중국인들의 일상생활을 담아내었다.

오랑캐를 돌려보내야한다고 논한 江統을 비웃듯이,
종족도 많아 백인과 흑인 그리고 갈색도 있다네.
중화민족의 정기를 가볍게 여기지 마시라,
삼백 년 이래로 이 지방의 고유풍습을 지켜왔으니.[60]

西晉 惠帝시절 戎人과 狄人이 中華를 어지럽히니 그들을 옛 땅으로 돌려보내 화근을 미연에 방지하자는 「徙戎論」을 상주했던 江統처럼 왕조용도 마카오의 외국인들을 물리칠 방법을 고민해 보았다. 하지만 당시 마카오는 포르투갈인과 같은 백인, 아프리카에서 온 흑인, 南洋 각지에서 온 갈색 피부를 가진 사람들 6, 7천명이 중국인 50, 60만과 함께 어울려 사는 국제적인 해항도시였다. 주민의 절대다수가 중국인임에도

---

59) 「竹枝詞」四十首: "余爲澳門雜詩, 於此間風土, 恫誌其畧. 尚有委巷瑣聞, 足資譚柄者, 復爲詩若干首. 旅窗無俚, 弄筆自遣而已." 여행지의 창가에서 무료함을 달래기 위해 붓을 놀려 스스로 마음을 위안하고자 한 왕조용은 「竹枝詞」 40수를 통해 마카오 부녀자의 의상, 서양식의 결혼문화, 화장과 무도회, 주교의 장례, 聖像出遊, 서양음악의 연주 등 중국과 서양의 문화가 서로 융합되어 조화를 이루고 있는 다양한 모습들을 담아내었다.

60) 「竹枝詞」四十首中一: "笑煞江郞論徙戎, 種多白黑與檬紅.　中華民氣休輕視, 中華民氣休輕視, 三百年來守土風"

불구하고 소수의 서양인들이 모든 권력을 장악한 식민화된 현실이 불만
스러웠지만, 그나마 왕조용을 위안하는 것은 현지에서 생활하는 중국인
들이 여전히 옛 풍습을 지키며 생활하고 있고, 포르투갈 정부도 이에 대
해 금지와 제제를 하지 않는다는 것이었다.[61]

특히, 왕조용을 기쁘게 한 것은 중국 내지와 달리 마카오에서는 여전
히 학생들에게 '四書五經'과 같은 전통문화를 가르치고 있다는 사실이었
다.

> 학동에게 독경을 금지하자는 것이, 중국이 새롭게 내놓은 의견이라네.
> 이 땅의 늙은 훈장선생들은, 아직 구학을 버리지 않은 듯하네.
> 손바닥만 한 바다 한 귀퉁이에, 글방과 학교가 비늘처럼 이어졌네.
> 雅頌을 외는 낭랑한 소리, 귓가에 들려오니 마음이 유쾌하네.
> 예를 잃고 들판에서 구하니, 宗風이 아직은 무너지지 않았다네.[62]

1917년 5월, 왕조용이 광주를 떠나오기 전 민정정부 헌법심의회는 원
헌법초안 가운데 "국민교육은 孔子의 道를 修身의 大本으로 한다"는 규
정을 삭제하고, 공자의 교육을 국교로 하자는 제안을 거부하며 중국대
륙에서 공자를 존중하고 경전을 외우는 것을 금지하였다.[63] 중화문명
의 본향에서는 학생들에게 유가의 경전 가르치기를 금지하고 나섰지
만, 변경의 좁은 골목에 자리한 글방과 학교에서는 학동들에게 포르투
갈어와 산수뿐만 아니라 '四書五經'을 가르치고 있었다. 뿐만 아니라 서

---

61) 「竹枝詞」 四十首中一, 自註: "澳中諸蕃麕集, 種族不一, 大抵西籍共六七千人, 華人無慮五六十萬矣.
居人多沿舊俗, 葡官不加禁制."

62) 「雜永」 二十六中 「學塾」: "學僮禁讀經, 中士新建議. 此邦老塾師, 猶不舊學棄. 彈丸一海區, 黌校已
鱗次. 雅頌聲琅琅, 到耳良快意. 禮失求諸野, 宗風儻未墜."

63) 鄧駿捷 · 陳業東, 앞의 논문, 34쪽.

양인이 다니는 학교에서도 번역된 『논어』와 『맹자』를 교재로 하여 중국의 전통사상을 교육하고 있었다.[64] 자라나는 학생들에게 그들이 생활하고 있는 마카오의 전통문화를 교육하고, 현지 중국인들과 교류할 수 있도록 가르치는 마카오의 문교정책에 대해 왕조용은 상당히 긍정적인 평가를 내렸다.

이미 300년 이상 마카오 현지의 중국인들과 서양인들은 서로 어울리며 살아왔지만, 서양인들은 여전히 태양력을 사용하고 중국인들은 여전히 태음력을 사용하였다. 그러나 현지 중국인과 포르투갈인들은 각자 고유의 절기와 종교축일, 명절과 축제를 지키면서도 서로의 문화를 존중하며 조화 속에 생활하고 있었다. 마카오에서 새해를 맞게 된 왕조용은 마카오의 꼬불꼬불한 골목길을 돌며 현지 중국인들과 서양인들이 모두 가면을 쓰고 징을 울리고 춤을 추면서[65] 잡귀를 몰아내고 새로운 한 해를 맞이하는 鄕儺를 즐기는 모습을 목격하였다.

> 해안가 마을에는 뜻밖에 옛것을 그리는 마음이 많이 남아,
> 정월 초하루 춤을 추는 모습이 鄕儺를 본받았네.
> 누구도 생김새가 흉악한 가면을 싫어하지 않으니,
> 참된 모습은 언제나처럼 세상이 노래하는 바라네.[66]

내지에서도 섣달 그믐날부터 탈을 쓰고 귀신을 쫓는 儺禮를 행하는 풍속이 많이 사라져 구경하기 힘들어 졌는데, 변경의 마카오반도 현지

---

64) 「雜詠」 二十六中 「學塾」, 自註: "澳中華人學塾, 於西文算術外, 仍以四子書五經果學生. 西洋學堂亦繙譯論孟爲課本."

65) 「竹枝詞」 四十首中二十五, 自註: "元旦, 華羊人均多戴假面具, 鳴鉦跳舞, 凡數日乃止."

66) 「竹枝詞」 四十首中二十五: "海澨居然古意多, 元正跳舞效鄕儺. 莫嫌假面爭獰甚, 眞相從來世所訶."

인들이 마을의 나례(鄕儺) 전통을 보존하고 있을 뿐만 아니라 외국인들
도 함께 즐기고 있는 모습을 목격한 왕조용은 신기함과 놀라움을 금치
못했다. 뿐만 아니라 새해 첫날 수난의 십자가상을 모시고 성체 행렬에
나서는 포르투갈인들의 聖像出遊 행사와 이에 동참한 많은 중국인들의
모습도 기록하였다.

> 새해의 봄이 시작되면 구경꾼들이 항상 거리를 메우고,
> 촛불을 높이 들고 향초로 장식한 길을 따라 예수님께 예배하네.
> 風信堂(성 로렌스성당) 앞을 지날 때가 가장 절정이니,
> 땅에 엎드려 낮은 소리로 기도하는 아름다운 여인도 있다네.[67]

새해를 맞으며 마카오의 거리와 골목을 구경하던 왕조영은 현지 중국
인들이 내지인들보다 전통문화를 더 잘 보존하고 있을 뿐만 아니라 이
질적인 他者를 수용하는 데에 있어서도 훨씬 포용적임을 알게 되었다.
마카오 현지에서 생활하는 중국인들과 포르투갈인들이 서로를 포용한
배경에는 자신을 '마카오인'이라 인식하는 기반 위에 또 다른 무엇인가
를 공유하고 있었기 때문일 것이다. 마카오에서 살아가는 중국인과 서
양인들 중에는 해상무역이나 어업에 종사하거나, 바다와 관련된 일에
종사하는 사람들이 많았다. 증기선 보급이 늘어나고 있었지만 원양항해
는 여전히 생명을 건 위험한 일이었고, 아직도 많은 사람들은 바람의 힘
을 이용하는 범선이나 작은 돛배를 이용하여 생업에 종사하고 있었다.
때문에 자신들이 모시는 신에게 순풍과 항해의 안전을 기원하는 것은
마카오에서 살아가는 모든 가족들의 일상이었다. 마카오 현지 중국인들

---

67) 「竹枝詞」四十首中二十六: "獻歲游人每塞途, 燭銀草錦拜耶酥. 最佳風信堂前過, 伏地喃喃有麗姝."

이 내지인들보다 鄕儺의 전통을 잘 보존하고 있었던 것도 이와 관련이
있을 것이다.

> 大廟가 가장 먼저 지어졌고, 새해 첫날에는 예수의 출유를 맞이하네.
> 앞에서 십자가를 인도하고, 사제와 신도들 묵주 들고 성경을 외우네.
> 서양 부인들이 風信廟에서 기도함은, 浮屠에서 제사 지냄과도 같다네.
> 고래 같은 큰 종이 당당 울리면, 그 소리 바다 한 구석까지 퍼지네.
> 신의 도리로서 가르침을 펼치니, 화이가 어떤 다름이 있을까.[68]

위의 시에 대한 왕조용의 주를 살펴보면 "大廟(대성당)는 마카오의 동
남쪽에 위치하고 있는데, 서양인들이 처음 도착하여 세운 것이다. 서남
쪽에는 風信廟(風順廟)가 있는데 서양의 배가 항해에 나섰다가 돌아올 때
가 되면, 서양 부인들은 이곳에서 순풍이 불기를 기도했다"고 적고 있
다.[69] 유학자들은 종교를 귀신이나 미신을 믿는 것을 이용하여 백성들
을 우롱하는 것으로 치부하지만, 왕조용은 大廟와 風信堂, 大三巴, 小三
巴, 龍鬆廟, 枬障廟, 瘋堂廟와 같은 성당을 찾아 항해에 나선 가족의 평
안무사와 순풍을 기도하는 서양인과 媽閣廟, 普濟禪院, 土神廟, 娘媽祠
를 찾아 가족의 안위를 기도하는 중국인들 사이에는 동서의 구별이 없
음을 이해하게 되었다.

마카오에는 농사지을 수 있는 땅이 거의 없다. 때문에 현지 사람들은
언제나 목숨을 걸고 위험한 바다에 나가 생활의 길을 모색해야 했다.
1921년경 마카오의 전체 어민의 수는 60,000여 명으로 마카오 전체 인

---

68) 「雜永」二十六首中「大廟·風信堂」: "大廟最始建, 歲首迎耶蘇, 前導十字架, 僧徒持咒珠, 蕃婦祈
風信, 亦如祠浮屠. 鯨鐘鬱鏜鞳, 流聲遍番隅. 神道以設教, 華彝甯或殊."

69) 『縣志』: "大廟在澳東南, 彝人始至澳所建也. 西南有風信廟, 蕃舶既出, 蕃歸祈風信於此."

구의 약 71%를 차지하였다.[70] 바다를 삶의 터전으로 삼아 살아가는 현지 중국인들은 2월 2일이면 沙梨頭 바닷가에 자리한 土神廟를 찾아 財物神께 紙錢을 사르며 發福을 기원하고, 3월 23일에는 남쪽 만에 위치한 媽閣廟를 찾아 天后娘娘께 香花를 올리며 항해의 안전을 기원했다.[71] 또한 오월 端午가 다가오면 마카오 현지 중국인들은 특별한 龍船놀이를 준비했다. 단오가 되어도 바닷가의 조류가 빨라 용선놀이를 할 수 없었던 현지인들은 매년 금종이를 오려붙여 龍舟 모양을 만들고, 그 속에 촛불을 밝힌 후 수십 명이 이를 받쳐 들고 거친 파도를 건너가듯 춤을 추며 거리를 행진하였다.[72]

> 금종이를 오려붙여 龍舟를 만들고,
> 징과 북의 요란한 소리 한밤중에도 그치지 않네.
> 屈原을 애도한다는 이야기를 누구라 알겠는가,
> 백성을 부리고 큰 비용을 들여 과연 무엇을 구하려나?[73]

왕조용이 회의를 품었던 것처럼 마카오 현지인들은 단오가 모함에 빠진 억울함에 汨羅水에 몸을 던진 충신 屈原을 애도하는 날임을 모를 수도 있었다. 하지만 현지인들은 용선놀이가 물에 빠져 죽은 굴원의 시신을 빨리 건져내기 위해 시작되었다는 것을 알고 있었을 것이다. 그들이 품을 팔고 많은 비용을 지출하고서도 용선놀이에 집착한 이유는 원양항해에 나갔다가, 고기잡이 나갔다가 불의의 사고를 만나 수장 된 그들

---

70) 黃啓臣·鄭煒明, 앞의 책, 229쪽.

71) 「竹枝詞」 四十首中二十七: "二月二日土神廟, 三月廿三娘媽祠. 簫鼓鳴春燈照夜, 風光渾已忘居夷."

72) 「竹枝詞」 四十首中二十六, 自註: "濱海朝急, 端午未克爲競渡之戲, 每糊金紙作龍舟形, 燃燭其中, 數十人持之, 交舞通衢."

73) 「竹枝詞」 四十首中二十六: "皮金剪紙作龍舟, 鐃鈸喧闐夜未休, 弔屈遺聞誰解得, 勞民糜費果何求."

의 가족과 동료를 구하고자 하는 간절한 바람과 그들의 명복을 빌기 위
함에서 기인한 것일 수 있는 것이다. 마카오의 거리는 명절이나 祝日이
되면 중국인의 축제 행렬로, 서양인의 종교 행사로 언제나 소란스러웠
다. 하지만 그들은 서로의 축제와 축일이 갖는 의미를 이해하고, 이를
통해 위안을 얻었기 때문에 기꺼이 동참하고 하나가 될 수 있었을 것이다.

　마카오에서 살아가는 많은 중국인들은 위험한 바다에 나가 항해하고
고기를 잡았고, 나머지 사람들도 배를 만들거나 수리하고, 부두에서 짐
을 나르는 일에 종사하였다. 그러나 안타깝게도 마카오 현지인들 중에
는 도박에 빠져 목숨을 담보로 힘겹게 번 돈을 일순간에 날리는 자들이
많았다.

> 彈碁와 六博을 심하게 즐기니,
> 등잔불을 밝힌 높은 건물들이 그림 같네.
> 황금을 헛되이 낭비함을 탄식하니,
> 실수로 남을 해치는 것은 필경 노름 때문일 것이네.[74]

　왕조용은 이 시의 주를 통해 거리에 즐비하게 늘어선 도박장의 모습
을 "여러 층으로 높게 지은 누각은 널찍하고, 기이한 불빛은 눈이 부시
게 아름다워, 공양품은 무엇하나 훌륭하지 않은 것이 없다. 그러나 잘못
입장하게 되면, 주머니를 말리는 것은 순간이다"[75]라고 적었다. 또한
그는 "부녀자들의 도박장 출입이 미풍양속을 해치는 제일 큰 해다. 심지
어 일부 도박장에서는 차를 준비하여 부녀자들을 맞이하고 보내는 곳이

---

74)「竹枝詞」四十首中十九: "彈碁六博劇歡娛, 鐙火樓臺似畫圖. 太息黃金擲虛牝, 誤人畢竟是摴蒲."
75)「竹枝詞」四十首中十九, 自註: "賭館林立, 皆層樓崇敞, 光怳陸離, 供具無一不精. 但入迷津, 涸可立
　　待."

있다"76)고 하며 도박에 빠져 어렵게 번 돈을 날리는 현지 중국인들을 비판하였다.

마카오에서 도박 산업이 흥기한 것은 19세기 40, 50년대 기망랑이스 (Guimarase; 基媽良士) 총독이 재정수입을 확대하기 위해 마카오 도박장에 허가제도를 도입하면서부터 시작 되었고,77) 도박이 외국으로 보내는 중국인 노동자를 모집하기 위한 기만책 중의 하나였다는 사실에 대해 왕조용은 아직 인식하지 못했던 것 같다. 그러나 시간이 지나면서 마카오 현지 중국인의 삶에 대한 왕조용의 이해는 깊어지고 있었다.

Ⅳ. 나오는 말

辛亥革命으로 이천 년 이상 유지되어온 전제 왕정이 무너지고, 宣統帝의 퇴위로 만족이 세운 청나라가 멸망했지만, 기꺼이 청의 遺老이기를 자처한 汪兆鏞은 전형적인 봉건 지식인이었다. 그는 신해혁명 이후 '共和革命'의 성지가 된 고향 廣州의 소요와 시위를 피해 전후 12차례 마카오로 피난하였고, 斷續的으로 13년여를 마카오에서 생활하였다. 한때 왕조용은 마카오를 '辛亥變故'를 피해 온 사람들이 모여 사는 무릉도원과도 같은 곳으로 인식하기도 했다. 하지만 현지에서 지낸 시간이 길어지면서 마카오가 이미 중국의 주권이 미치지 않는 포르투갈의 식민지가 되었다는 사실을 통감하게 되었다.

---

76) 「竹枝詞」 四十首中二十, 自註: "婦女入賭館, 最爲風俗之害, 甚至有館中備車迎送之者."

77) Geoffrey C.Gunn, 秦傳安譯, 『澳門史: 1557-1999』(中央編譯出版社, 2009), 130쪽.

본문에서는 청 왕조의 舊臣 왕조용이 1911년부터 1917년까지 마카오에서 피난생활을 하면서 지은 시들을 모은 『澳門雜詩』를 통해 근대시기 해항도시 마카오의 특별한 역사, 포르투갈 마카오식민정부의 주도하에 진행되는 도시 근대화사업과 항만건설, 그리고 그들의 지배 하에서 살아가는 현지 중국인의 삶에 대한 왕조용의 인식 변화를 살펴보았다. 이를 통해 왕조용은 포르투갈인들의 식민지가 되어버린 마카오가 겪어야 했던 수난의 역사와 마카오를 지키지 못한 청 조정과 관료의 무능함에 대해 엄정한 비판을 진행하였고, 포르투갈 마카오식민정부의 주도하에 유럽과 포르투갈의 도시와도 같은 도시 근대화의 과정을 걷게 된 해항도시 마카오의 변화에 긍정적인 평가를 내렸으며, 포르투갈의 통치하에서도 중화민족의 문화와 전통을 지키며 살아가는 현지 중국인들의 모습에 깊은 애정을 가졌음을 확인하였다.

왕조용은 마카오의 도시근대화사업이 가져온 결과에 대해 긍정적인 평가를 내렸지만, 당시 포르투갈 마카오식민정부가 바다를 메워 땅을 만들고, 새로운 항구와 航道를 개발하기 위해 진행한 불법적인 준설작업에 대해서는 반대의 입장을 명확하게 하였다. 1916년 포르투갈 마카오정부가 浚海機船을 구입하여 독단적으로 바다를 준설하는 것을 보고 水界, 즉 바다와 육지의 경계는 원래 중국에 속한 것이므로 반드시 중국정부와 교섭이 필요한 부분이라 지적하고, 해양영토 수호에 대한 명확한 의지를 보여주었다. 또한 포르투갈 마카오정부와의 교섭에서 이기기 위해서는 齊桓公에게 어떻게 '漁鹽之利'를 이용하여 나라를 부강하게 할 것인지에 대한 방도를 제시한 管仲처럼 마카오 연해의 水界와 海權, 해양개발에 대한 명확한 이해가 있어야 한다고 밝혔다.

또한, 明末 이래로 마카오를 찾은 많은 문인학자들은 현지의 이국적인 도시 경관과 동서양의 문화를 통섭한 현지 문화에 대해 많은 관심을 보인 반면, 현지 중국인 거주민들의 삶에 대해서는 큰 관심을 보이지 않았다. 하지만 왕조용은 마카오에 뿌리를 내리고 생활해 온 현지 중국인 거주민들에 대해 깊은 관심을 가지고 민가 색채가 짙은 竹枝詞를 빌어 그들의 다양한 일상을 담아내었고, 현지 중국인들이 내지인들보다 전통 문화를 더 잘 보존하고 있을 뿐만 아니라 이질적인 他者를 수용하는 포용성을 가졌음을 확인하였다.

마카오의 굴곡진 역사와 함께 새로 생겨난 근대적인 공원, 정돈된 거리와 가로수, 근대적인 위생사업, 넘쳐나는 도박장, 마카오 항의 매축, 연안 해역의 준설, 동망양산의 등대 등에 관한 왕조용의 시들은 근대 해항도시 마카오의 모습을 보여주는 중요한 상징이라 할 것이다. 왕조용이 찬술한 『澳門雜詩』는 한 권의 시집이자 근대 해항도시 마카오의 역사와 사회문화 등을 담고 있는 역사서라고 할 것이다.

▌참고문헌

汪兆鏞, 葉晉斌 圖釋, 『澳門雜詩』, 澳門基金會, 2004.

汪兆鏞, 王雲五主編, 『淸王微尙老人兆鏞自訂年譜』, 臺灣商務印書館, 1980.

印光任·張女林, 趙春晨校註, 『澳門記略校註』, 澳門文化司署, 1992.

기와시마 신, 천성림 역, 『중국근현대사』 2, 삼천리, 2013.

鄧駿捷·陳業東, 「寓奧名賢汪兆鏞詩詞探論」, 『華文文學』, 第120期(2014).

呂澤强, 「十九世紀末至二十世紀中葉的澳門城市現代化建設」, 『澳門硏究』 87(2018).

李國榮, 이화승 역, 『제국의 상점』, 소나무, 2008.

배경한, 『왕징웨이연구』, 일조각, 2012.

吳志良·金國平·湯開建, 『澳門史新編』, 澳門基金會, 2008.

_____, 『澳門編年史』 第四卷, 澳門基金會, 2009.

_____, 『澳門編年史』 第五卷, 澳門基金會, 2009.

張劍樺, 「澳門文學的四種傳統」, 中國論文網, URL: https://www.xzbu.com/7/view-
　　　 1117872.htm(검색일 2018. 05.16).

張憲文, 「辛亥革命與近代中國筆談: 新時期再議辛亥革命」, 『近代史硏究』, 2011年 4
　　　 期.

曾金蓮, 「地界之爭與城界擴張-澳門近代城市的開端(1864-1874)」, 『澳門硏究』, 第44輯
　　　 (2012).

최낙민, 「澳門의 開港을 둘러싼 明 朝廷과 佛朗機의 갈등-澳門의 포르투갈인 거류
　　　 지 형성을 중심으로」, 『中國學』 第44輯(2013).

_____, 「吳漁山의 죽음에 대한 인식과 태도에 관한 고찰-해항도시 마카오에서의
　　　 생활을 중심으로」, 『해항도시문화교섭학』 제14호 (2016).

_____, 「예수회신부 吳漁山의 「澳中雜詠」을 통해 본 해항도시 마카오」, 『中國學』
　　　 第43輯(2012).

彭海鈴, 『汪兆鏞與近代粤澳文化』, 廣東人民出版社, 2004.

黃啓臣·鄭煒明, 박기수·차경애 역, 『마카오의 역사와 경제』, 성균관대출판부, 1999.

Geoffrey C.Gunn, 秦傳安譯, 『澳門史: 1557-1999』, 中央編譯出版社, 2009.

접촉지대 부산을 향한
제국의 시선
: 외국인의 여행기에 재현된
19세기 말의 부산

구 모 룡

I. 서 론

병자수호조약(1876년) 이후 해방되기까지 식민지 조선을 가장 잘 나타
내는 공간을 들라하면 부산이라고 할 수 있다. 염상섭이 「만세전」에서
"식민지의 축도"라고 한 바 있듯이 부산은 개항과 더불어 식민도시
(colonial city)로 성장한다.[1] 초량 왜관을 일본인전관거류지로 설정한 뒤
에 일제는 이를 바탕으로 많은 일본인들을 유입시켜 새로운 도시를 형
성한다. 그런데 왜관의 면모에 대한 기록과 서술에 비할 때[2] 전관거류
지 이후의 식민도시가 발전하는 양상에 대한 자료는 매우 부족하다. 신

---

1) 구모룡, 「한국 근대소설에 나타난 해항도시 부산의 근대 풍경」, 『해항도시문화교섭학』 4호
   (2011).
2) 다시로 가즈이, 정성일 역, 『왜관』(논형, 2005).

소설에 등장하는 부산도 한일병합 전후의 국면이다. 그렇다면 19세기 말 부산의 면모를 알 수 있는 방법은 없는가? 이 글은 이와 같은 물음에서 시작한다.

19세기 말 미국, 프랑스, 일본, 오스트리아, 영국, 러시아 등 여러 나라는 개항지 부산에 관심을 기울여 자국민을 파견하고 다양한 형태의 여행기(travel writing)3)를 서술한다. 미국인 퍼시벌 노웰(1883년),4) 프랑스인 샤를 바라(1888년), 일본인 사쿠라이 군노스케(1894년), 오스트리아인 혜세 바르텍(1894년), 영국인 이사벨라 비숍(1894~1897년), 러시아인 카르네프(1895년) 등의 여행기5)를 들 수 있다. 대체로 1894년 전후 10년 사이에 쓴 여행기들인데 당시 조선의 지정학적 상황을 반영한다. 이들의 여행기에는 조선과 부산을 향한 여러 나라의 시선이 투영되어 있다. 해항도시 부산은 비대칭적인 관계 속에서 이종문화들이 만나고 부딪히고 서로 맞붙어 싸우는 접촉지대(contact zone)이다. 여행기들은 접촉지대인 해항도시 부산에 이르는 다양한 항로를 드러내고, 결절지(nodal point)로서 부산을 부각한다. 부산의 도시와 자연 경관에 개입하는 이들의 시선 권력이 선연하다. 경관을 서술하는 위계의 미학은 인종차별로 반복된다. 이와 같이 접촉지대에서 제국의 시선(imperial eye)이 잘 드러난다.6) 여행기

---

3) 여행기는 다양한 형태의 글쓰기이다. 장르를 규정하기보다 여러 자아들이 찾아가 머무는 세계들과 맺는 관계에 개입하는 사회적, 정치적, 철학적 힘들의 작용에 대하여 살피게 한다. Casey Blanton, *Travel Writing the self and the world* (Routledge, 2002).

4) 괄호 속의 연도는 조선을 여행한 해를 말한다.

5) 퍼시벌 노웰, 조경철 역,『내 기억 속의 조선, 조선 사람들』(예담, 2001); 샤를 바라, 성귀수 역,『조선기행』(눈빛, 2001); 사쿠라이 군노스케, 한상일 역,「조선시사」,『서울에 남겨둔 꿈』(건국대학교출판부, 1993); 혜세 바르텍, 정현규 역,『조선, 1894년 여름』(책과 함께, 2012); 이사벨라 비숍, 이인화 역,『한국과 그 이웃나라들』(살림, 1994); 카르네프, 김정화 외역,『내가 본 조선, 조선인』(가야넷, 2003).

6) "접촉지대"와 "제국의 눈"은 루이스 프랫으로부터 가져온 개념이다. 메리 루이스 프랫, 김남

를 서술하는 주체에 따라 미묘한 시선의 차이도 없지 않다. 소위 '조망적 관점' 혹은 '세계관'이 개입한 탓이다.[7] 타자든 주체든 인식의 한계가 있기 마련이다. 지각의 한계는 환경과 학습에 의해 형성되며 세계관의 차이가 이해의 차이를 만든다. 19세기 말 조선과 부산을 보는 타자의 시선이 서로 달리 굴절하는 것은 당연하다. 제국의 시선과 앞의 식민지화에 의한 차별적 이미지 형성이 만연한다. 여행기를 통하여 제국은 식민지 경관을 소유하는 감각을 형성하며 이를 통해 제국의 내부주체를 생산한다.[8]

서로 엇갈리는 타자들의 시선 속에서 초기 식민도시 부산의 면모를 추출하는 일은 의미가 있다. 이는 한편으로 도시 형성과정에서 여백으로 남은 부분을 채우는 일이 되고 다른 한편으로 우리의 세계인식을 돌아보는 계기가 된다. 아울러 공간적 전회 이후에 전개되는 지역학의 외연을 확장하는 과정으로 받아들일 수 있다. 그 동안의 연구가 일국주의에 한정되었다면 여행기에 재현된 접촉지대 분석은 지역적(regional)이고 세계적인(global) 스케일을 견지한다. 이는 로컬을 이해하는 방법의 혁신과 무연하지 않다. 타자들의 여행기는 그 역상(逆像)을 통하여 현재를 재해석하는 방법으로 전유될 수 있다. 지역학 나아가서 부산학의 한 양상으로 발전하는 계기가 된다. 이러한 계기는 여행기 연구가 가져다주는 부수적인 효과라 하겠다.

혁 역, 『제국의 시선』(현실문화, 2015), 32쪽.

7) 일레인 볼드윈 외, 조애리 외 역, 『문화코드』(한길사, 2008), 30쪽.

8) 메리 루이스 프랫, 앞의 책, 24쪽.

II. 본 론

1. 항로와 부산을 향한 여행기

철도가 부설되고 열도와 반도를 잇는 연락선이 설치되는 과정에 대한 논의는 빈번하다. 부산과 시모노세키를 연결하는 "관부연락선"의 역사는 어느 정도 고증된 셈이다.[9] 하지만 이 이전에 동아시아 해역의 이동성을 담보하는 항로들에 대한 정리는 부족하다. 외국인 여행기들이 19세기 말의 항로들을 기술하고 있다. 이들을 통하여 부산에 닿는 항로로 세 가지 정도를 들 수 있다. 그 하나는 상하이에 거점을 둔 영국계 저다인 메디슨회사가 운영하는 항로이고 다른 하나는 나가사키에 거점을 둔 일본 미쓰비시 기선회사의 항로이다. 전자는 상하이-나가사키-부산-제물포의 노선을 운항하였고 후자는 나사사키-부산-원산-블라디보스톡/나가사키-부산-제물포 등의 항로를 운항하였다. 1885년 미쓰비시 기선회사와 공동운수회사가 합병하여 일본우선(주식)회사가 된다. 1885년 10월 이후 조선을 왕래한 외국인들이 승선한 배는 대다수 일본우선회사 소속이라 할 수 있다.[10] 세 번째 항로는 러시아가 운영한 항로로 블라디보스토크를 거점항으로 삼는다. 부산과 나가사키 등을 운항하였으나 일본이 운용하는 항로에 비할 때 빈약하다.

퍼시벌 노웰이 조선에 온 때는 1883년 12월이다. 그는 주일 외교대표

---

9) 최영호 외, 『부관연락선과 부산』(논형, 2007).

10) 구모룡, 「접촉지대와 선박의 크로노토프」, 『동북아문화연구』 제49집 (동북아문화학회, 2016).

로 있으면서 1883년 조미수교에 따라 조선의 특별사절단을 안내하는 역할을 맡는다. 미국으로 갔다 요코하마로 돌아와 12월에 조선을 향한다. 그에 의하면 부산은 "조선에 가 닿으려는 사람들이 처음으로 도착하는 육지"로 "높은 언덕 아래에 위치한 곳"이다. 용두산과 용미산을 사이에 둔 지역을 일컫는다. "기선들은 상해에서 오건 요코하마에서 오건, 우선 나가사키를 그들의 출발점으로 한다"라고 진술하고 있어서 상해-나가사키-부산, 요코하마-나가사키-부산이 기본 항로이고 나가사키가 부산으로 가는 기선의 출항지임을 알 수 있다. 나가사키에서 부산까지 항해 시간은 13~15시간 정도였다고 한다.[11] 미국에서 요코하마에 왔다 다시 나가사키로 가서 부산에 이른 여행경로이다. 프랑스인 샤를 바라는 1888년 마르세이유에서 요코하마에 이르는 긴 항해 뒤에 다시 상하이에서 톈진을 경유해 베이징을 들렀다가 옌타이에서 제물포로 들어온다. 그는 육로를 통해 부산에 당도하며, 나가사키에서 출발해 부산을 거쳐 원산과 블라디보스토크를 경유하는 배를 통해 시베리아로 향한다. 이 당시 부산을 지나는 배편은 중국과 일본 그리고 러시아 세 방향이다. 중국행은 나가사키에서 부산과 제물포, 옌타이를 거쳐 톈진이나 상하이를 향한다. 샤를 바라는 러시아를 가기 위하여 제3의 항로를 찾아 나가사키에서 출항하여 부산과 원산을 경유하여 블라디보스토크로 향하는 배를 탄다.[12] 이러한 사실을 통하여 동아시아 해역의 거점 해항이 나가사키임을 알 수 있다. 나가사키에서 중국과 조선 그리고 러시아로 가는 배들이 출항한다. 일본인 사쿠라이 군노스케가 부산에 온 때는 동학농민전쟁이 한창인 1894년 중반인 6월이다. 도쿄에서 오사카로 가서 며칠

---

11) 퍼시벌 노웰, 앞의 책, 37쪽.
12) 샤를 바라, 앞의 책, 198~201쪽.

머물다 고베를 떠나는 "아사히가와마루"를 타고 6월 12일 나가사키로 향한다. 14일 새벽에 고베에서 출발하는 "히고마루"가 나가사키에 도착하기를 기다렸다가 승선한다. "히고마루"는 시모노세키와 하카타를 지나 현해탄을 건너 쓰시마의 이즈하라를 경유하여 부산에 이른다.[13] 오스트리아인 헤세 바르텍은 부산을 경유하는 항로를 다음처럼 서술하고 있다.

세계에서 가장 큰 선박회사 중 하나인 니폰 유센 가이샤에 속한 증기선은 14일마다 부산에 들어온다. 러시아인들도 블라디보스토크-상하이 노선의 증기선을 한 달에 한 번꼴로 부산에 기항시킨다. 그밖에 일본의 범선과 정크선이 부산에 들어온다. 하지만 올 봄 일본 전함이 그렇게 빨리 부산에 침략부대를 상륙시키리라고는 아무도 예상하지 못했을 것이다. 6월말, 내가 나가사키에서 출발해 난생처음 조선 영토인 부산에 도착했을 때, 일본인 '거주지'는 군비로 무장하고 있었다.[14]

그는 청일전쟁 전야의 부산을 잘 말하고 있다. 증기선, 범선, 정크선 그리고 전함이 일본에서 부산으로 왕래하는 형국이다. 청일전쟁의 와중에서 일본에서 부산, 제물포를 경유하여 한양에 이르는 여행기 가운데 헤세 바르텍만큼 밀도를 지닌 서술을 찾긴 힘들다. 나가사키에서 부산으로 오는 과정을 한 장(chapter)에 할애하여 기술한 그는, 부산(2장)과 주변 지방도시(3장)를 각기 한 장으로 서술한다. 항로와 선박의 크로노토프,[15] 인종구성과 경관에 대한 다채로운 서술은 그가 여행기의 전문작가라는 사실을 반영한다. 하지만 그는 조선을 "최악의 야만국가"라고 인

---

13) 사쿠라이 군노스케, 앞의 책, 266~269쪽.

14) 헤세 바르텍, 앞의 책, 17쪽.

15) 이에 대한 논의는 구모룡, 「접촉지대와 선박의 크로노토프」 참조.

식하는 선지식을 지니고 있다. 이미 유럽에 소개된 끌로드 카를로스 달레(1829~1878년)의 『조선선교회사』(1874년)의 영향으로 보이는 천주교 박해사건이 각인되어 있다.[16] 그의 여행기를 제국의 시선과 제국의 수사학이 통어한다. 그는 "황량하다 못해 슬픈 느낌이 드는 해안"에서 "형언할 수 없는 슬픈 인상"을 받는다. 일본의 내해를 "동아시아의 파이아케스인이 살고 있는 고전적인 이상적 풍경"과 비교하는 그의 시선에 비친 부산의 해안은 황량하고 살벌하다. 경관을 보는 시선에 반문명 국가라는 인식이 겹쳐지고 있다.

> 수천 명이 끔찍하게 처형되고 학살되었으며, 갈가리 찢어진 그들의 육신은 가톨릭 신부들의 유해와 함께 경고의 표시로 여러 지방에서 효수되었다! 문명의 숨결이 저 멀리 있는 중국에까지 이미 스쳐간 지금, 바로 그 문명과 외부 세계로부터 철저하게 차단된 채 조선의 왕들은 우리의 중세와 같은 비극적 상황에 자신의 나라를 묶어두기 위해 애쓰고 있으며, 백성들이 해안에 정착하는 것조차 금지했다. 이웃나라와의 교류가 금지되자, 해안가에 건설되었던 도시와 촌락들은 파괴되었고, 거주민들은 내륙으로 이주해야 했다. 이것이 바로 오늘날 조선의 해안에서 사람이 사는 흔적을 볼 수 없는 이유이다.[17]

이처럼 헤세 바르텍은 풍경의 발견과 더불어 현지에서 착복한 지식을 철저하게 유럽적인 시각과 지식으로 전환하여 해석하고 설명하는 태도를 보인다. 유럽중심주의의 시선과 오리엔탈리즘의 표상이 발견의 서사

---

16) "최악의 야만국가라는 평판을 받고 있는 이 반도국에 대한 경악과, 일본과 조선 양국 사이에 있었던 참혹한 전쟁들과, 이전 수 세기 동안의 유혈 전투 그리고 조선의 통치자가 불과 10여 년 전에 신자들을 학살한 피바다에 대한 상념이 찾아들었다." 헤세 바르텍, 앞의 책, 14쪽.

17) 위의 책, 14쪽.

를 통해 한데 엉겨있다. 헤세 바르텍의 여행기는 풍경이 심미화하면서 담고자 하는 의미의 밀도가 높아지는 사례를 잘 보여준다. 이는 보는 자와 보이는 자 사이의 지배 관계를 내포한다. 그는 미와 추를 오가는 범주의 양 끝에 조선과 일본(유럽)을 배치하면서 이를 황량하고 살벌함/경이롭고 사랑스러움, 반문명/문명이라는 의미들을 기입한다.[18] 그의 이러한 서술태도는 다른 사람들의 여행기에서도 정도의 차이가 있을망정 유사하게 반복된다.

이사벨라 버드 비숍이 처음 부산에 온 시기는 1894년 겨울 무렵이다. 그녀도 일본우선회사 소속의 "히고마루호"를 타고 온다. 항로와 관련하여 그녀는 다음과 같이 서술하고 있다.

> 1885년 상반기만 해도 일본우편선박회사는 5주마다 한 번씩 부산을 들러 블라디보스토크로 가는 증기선 한 척과 한 달에 한 번 부산을 들러 제물포로 가는 작은 보트 한 척만을 운행하고 있었다. 이제는 하루도 거루지 않고 크고 작은 증기선들이 부산항에 도착한다. 고베와 블라디보스토크, 고베와 톈진, 고베와 옌타이, 고베와 잉커우 사이를 운항하는 도중 모두 부산을 들르는 일본우편선박회사의 훌륭한 배들이 있다. 그 밖에도 오사카로부터 부산 직항 항로, 상하이와 블라디보스토크 사이를 운행하는 러시아의 우편 항로 등 세 가지 서로 다른 항로들이 부산을 기항지로 삼고 있다.[19]

이처럼 청일전쟁을 경과하면서 동아시아에서 일본의 지배가 커짐과 더불어 부산의 지정학적 위상이 높아진다. 러시아는 1885년에서 1896년에 이르기까지 관리 한 명과 참모 본부의 군인 등 엘리트 다섯 명을 중

---

18) 메리 루이스 프랫은 발견의 수사를 1) 풍경의 심미화, 2) 재현하는 의미의 밀도, 3) 보는 자와 보이는 자 사이에서 성립하는 지배의 관계로 설명하고 있다. 메리 루이스 프랫, 앞의 책, 454~456쪽.

19) 이사벨라 버드 비숍, 앞의 책, 33쪽. 지명은 현대 표기로 인용자가 고침.

심으로 조선 탐험대를 파견하였고 그 가운데 한 사람인 카르네프는 조선의 남부지역을 서술한다. 그는 1895년 11월 8일, 블라디보스토크에서 나가사키를 경유하여 12월 7일 "이세마루호"를 타고 부산에 이른다. 12월 7일 저녁 여덟 시에 "오른쪽으로 난 절벽 세 군데를 지나서 헐벗은 산들 사이에 위치한 부산항으로 진입하였다. 배는 부산세관의 작은 방파제에서 40사센(약 85미터) 정도 떨어진 곳에 닻을 내렸다."[20] 그는 부산에서 육로로 조선의 남부지역을 탐험한다. 이는, 대규모 탐험대를 공식적으로 파견하였다는 점에서 조선에 대한 러시아의 관심을 반영하는 한편 이들 탐험을 조선정부가 허용하고 협력하였다는 점에서 당시 러시아에 대한 조선의 입장을 이해하는 데 도움을 준다. 또한 카르네프가 가능한 객관서술에 치중하는 바, 이는 그의 글이 탐험보고서에 가깝다는 사실을 말한다.

2. 자연 경관과 인종의 위계 담론

퍼시벌 노웰의 눈에 비친 부산의 첫 인상은 "황량함"이다. 이는 바위 해안과 민둥산이 가져다준 느낌이다. 산에 나무가 없는 이유를 그는 토질이 비옥하지 못한데다 땔감으로 벌목하기 때문이라고 한다. 바위가 많은 해안 지역의 특성과 당시 생활상에 근거한 타당한 분석이다. 그럼에도 경관을 대하는 '발견의 수사'에 편향이 없지 않다.

---

20) 카르네프, 앞의 책, 19쪽.

그곳은 멀리서 볼 때에는 삭막하기 짝이 없어 보인다. 파아란 섬처럼 보이는 그곳은 오직 가파른 산과 울퉁불퉁한 바위만 있는 아무도 살지 않는 곳처럼 보인다. 이 산 하나를 돌면 언덕으로 둘러싸인 만이 나온다. 입구에는 세 개의 바위로 이루어진 높은 봉우리가 있는데 그것들은 하단부에서 부딪치는 파도처럼 거세고 딱딱해 보인다. 바다 쪽 조망이 삭막한 것 못지않게 만의 풍경 역시 황량하다. 그곳에는 바위만으로 된 수직의 가파른 산이 있을 뿐 인간의 흔적도, 인간이 살고 있음을 암시하는 나무 한 그루조차 없다. 부산을 통해 본 조선의 첫인상은 말 그대로 황량함뿐이었다.[21]

이처럼 노웰은 "황량함"이라는 하나의 범주로 부산의 풍경에 대한 미적 판단을 내리고 있다. "파아란 섬"으로 보이던 인상은 시선의 밀도를 더하면서 삭막함, 무인상태, 황량함 등으로 의미가 전환된다. 원경에서 시작된 풍경은 언덕과 만, 봉우리와 파도와 바위로 더욱 풍부한 실체로 재현되지만, 보는 이의 공감을 자아내지 못한다. 보는 자와 바라보이는 대상 사이의 비대칭적인 지배의 관계가 작동하는데 루이스 프랫은 이를 "회화적 글쓰기"와 연관시킨다.[22] 풍경이 회화라면 노웰은 그 회화를 감상하고 심사하기 위해 개관하는 위치에 있다. 풍경에 대한 노웰의 시각은 인종담론으로 연장된다. "조선인 거주지는 만을 돌아 약 2마일 떨어진 곳에 있다. 그곳에는 우선 눈에 띄는 것은 초가지붕을 덮은 갈색 볏짚들이다. 바닷가 언덕을 지나는 도로가 후산에서 부산까지 뻗어 있다. 여기저기 길을 따라 걷는 흰옷 입은 유령 같은 사람들이 보이자 비로소 조선에 당도했음을 알 수 있었다." "흰옷 입은 유령 같은 사람들"이라는 표현에서 타자를 대상화하는 시선의 권력이 뚜렷하다.

노웰보다 5년 이후인 1888년에 제물포로 입항하여 한양에서 육로로

21) 퍼시벌 노웰, 앞의 책, 37~38쪽.
22) 메리 루이스 프랫, 앞의 책, 456쪽.

부산에 당도한 샤를 바라의 시각은 다르다. 노웰이 경관에 치우쳤다면 샤를 바라는 사람들의 생활양식에 더 많은 관심을 기울인다. 이는 사람과 만나 대화적 관계를 유지해야 하는 내지여행의 소산이기도 하지만 무엇보다 타자를 이해하려는 인류학적 태도가 선행한 데서 비롯한다. 육로를 따라 산을 넘으면서 바라본 부산의 바다 풍경을 그는 "압권"[23]이라고 요약한다. 이국 풍경의 차이를 공감하는 입장의 반영이다. 지리학자이자 민속학자인 샤를 바라는 전문여행가이다. 그에게 지정학적인 관심보다 문화인류학적인 탐구가 우선이었다. 이러한 점에서 샤를 바라의 여행기가 차지하는 위상이 있으며 이에 대한 문화인류학적 분석이 요청된다. 1884년 청일전쟁을 취재하러 온 사쿠라이 군노스케도 자연경관에 대한 관심은 크지 않다. "부산은 조선의 개항장 중에서 가장 큰 항구이다. 경상도 동남쪽에 위치하고 뒤에는 노송이 울창한 용미산이 있고 앞에는 절영도가 있어 하나의 큰 만의 형상을 이루고 있다. 큰 선박과 함선들이 항상 모여들어 돛대가 숲을 이루고 있다. 특히 천진, 인천, 원산, 염포 등으로 항해하는 배들은 갈 때나 올 때나 이 항구에 닻을 내린다. 부산 거리의 번창함은 시모노세키나 미스미항에 비교할 수 없다. 다만 우려할 만한 것은 이 항구의 상업, 무역은 아직 조선무역이라고 하기보다 오히려 일본 거류지 내에 한정된 미미한 상거래라고 평하는 편이 타당할 것이다"[24]는 서술로 나타난다. 그는 아직 미흡한 "조선무역"에 대하여 우려를 표명하거나 재류 일본인들의 행태를 비판하기("대개 재류인들은 요란스럽게 놀려고 하는 것처럼 보인다")도 한다. 아울러 이어지는 서술에서 조선인을 비하하는 표현이 등장한다.

---

23) 샤를 바라, 앞의 책, 200쪽.
24) 사쿠라이 군노스케, 앞의 책, 269쪽.

조선인은 서기만 하면 꼭 머리를 찧게 되는 불결하고 좁은 집안에서도 늘 검고 높다란 모자를 쓰고서 괴로움이나 근심, 고통 등이 옆에 있는 줄도 모르는 무신경함을 드러낸다. 삼삼오오 모여 3척 남짓한 담뱃대를 쥐고서 연기를 고리 모양으로 내뿜으며 먹는 것도 잊고 이야기에 몰두한다. 그리고 그들은 친척이나 친구들 앞에서 마구 방구를 뀌고서도 태연자약하여 다른 사람의 기색을 살피지 않을 정도로 예의를 모른다. 더욱이 남들도 이것에 대해 타박하지도 않고 이상하게 생각하지도 않는다. 그렇기 때문에 그들과 함께 어디 가는 일이 생기면 그들이 거리낌 없이 방귀를 뀌어 냄새가 온통 옷에 배어서 쉽게 없어지지 않는다. 사정이 이러하기 때문에 조선에 오는 사람은 향수 같은 것을 휴대할 필요가 있다는 것은 두말할 필요도 없다.[25]

위생담론은 식민지 정책학에 포섭되어 있다. 깨끗함과 더러움, 문명과 야만의 이분법을 타자 지배의 전략으로 기획한다. 이와 같이 일본의 오리엔탈리즘은 조선인을 향한 인종적 편견으로 드러난다. 사쿠라이 군노스케의 시선은 이미 이해의 실패를 전제하고 있다. 이해가 전혀 예상하지 못한 복잡성으로 들어가는 통로라면 그는 이러한 이해의 통로를 차단한다.[26] 조선인의 정체성을 오직 한 가지 특성으로 축소하고 있기 때문이다. 오스트리아인 헤세 바르텍은 부산을 다음과 같이 서술한다.

항구에서 보면 부산은 생각했던 것보다 아주 괜찮고 더 예쁘며 친근하게 보인다. 하지만 그 이유는 간단하다. 여행자가 보게 되는 부산은 조선이 아니라 철저하게 일본의 항구이기 때문이다. 이곳에는 이웃 쓰시마와 규슈에서 건너온 5천 명가량의 갸름한 눈을 가진 작은 키의 남자와 여자들이 거주하고 있다. 깔끔한 목조 가옥이 들어선 거리는 항구를 따라 층층이 위쪽으로 이어지며, 사이사이에 작은 정원과 나무가 무성한 작은 언덕이 자리 잡고 있다. 일본에 대해 아는 사람이라면, 이 언덕의 높은 나무 그늘 아래에 신사의 붉

---

25) 위의 책, 273~274쪽.
26) 여행과 이해의 문제는, 마이클 크로닌, 이효석 역, 『팽창하는 세계』(현암사, 2013), 69쪽.

은 문과 석등이 배치된 일본 사원이 잠자고 있다고 생각할 것이다. 보이는 것이 죄다 일본풍이지만 자연만은 그렇지 않다. 거주지의 뒤편과 양 옆에는 초목이 불에 타 민둥산이 된 산줄기가 솟아 있는데, 들판도 없고 숲도 없어 황량하기 짝이 없고 사람도 살지 않는 것 같다. 일본의 항구에서는 중국에서 맹위를 떨치고 있는 흑사병 때문에 툭하면 항구 감독관과 의사가 방문하곤 했는데, 여기서는 아무도 우리에게 신경 쓰지 않았다. 몇 척 안 되는 조선 나룻배만이 일본인 승객을 육지로 데려가기 위해 다가왔다. 배 안의 무리들은 가운과 비슷한 하얀 면직 웃옷과 바지를 입고 있었고, 수염 난 음울한 얼굴에 거칠어 보였으며, 힘이 세 보이는 외모와 큰 덩치가 일본의 작고 친절한 소인들과 기묘한 대조를 이루었다. 마치 그들이 사는 나라가 낙원 같은 섬나라인 일본과 확연히 대비되는 것처럼 말이다. 마침내 증기선 회사 직원과 함께 중국 세관원이 배 위로 올라왔다. 그제야 선장은 우리에게 이곳에서 하루를 체류해야 할 것 같으니 육지에 가도 좋다는 말을 했다. 중국 세관원은 독일인이었다. 조선의 모든 세관 업무는 중국의 통제를 받는다. 따라서 부산 역시 베이징에서 관리하며, 관세청장을 비롯한 공무원은 모두 유럽인으로, 대부분이 영국인과 독일인, 덴마크인이다. 이들 중 일부가 조선에 파견된 것인데, 부산의 세관 감독은 영국인이며, 부하 직원들은 독일인과 덴마크인이다. 이들은 바깥 세상에 대한 정보를 얻기 위해, 바다에 떠 있는 유럽 문명의 일부분인 우리의 증기선에 올라왔다. 불쌍한 사람들 같으니! 이들은 부산이 아주 편한 체류지라고 장담했지만, 나는 그들과 이야기를 나누면서 이곳에 묻혀 지내는 다섯 명의 유럽인이 애처로운 주거지에서 얼마나 지루해하고 있는지 곧바로 알아챌 수 있었다.[27]

헤세 바르텍이 접한 부산은 "일본의 항구"에 다를 바 없다. 전관거류지를 중심으로 그 일대가 일본식 도시로 조성되어 있었고 이미 그가 일본에서 접한 도시경관과 흡사한 탓이다. 자연경관에 대한 인식은 다른 여행자와 마찬가지로 '황량함'이다. 도시와 자연의 대비는 곧 인종 담론으로 이어지면서 위계를 형성한다. 조선인이 문명화된 일본인에 비하여

---

27) 헤세 바르텍, 앞의 책, 17~19쪽.

야만에 더 가깝다는 인식이다. 이러한 인식은 유럽중심적인 문명화 논리에 근거한다. "증기선"을 "바깥 세상에 대한 정보를 얻기 위해, 바다에 떠 있는 유럽 문명의 일부분"으로 비유하면서 부산에 체류하고 있는 유럽인의 "애처로운 주거지"를 생각한다. 바르텍의 서술태도는 유럽인으로서 제국의 질서를 만들고 이를 전파하려는 의도를 내포한다. 그는 '제국적 상상' 속에서 부산의 경관을 배치하고 그것을 소유하려 한다. 이사벨라 비숍의 시선에 비친 부산의 경관도 "헐벗은 고동색 언덕"으로 그려진다. 그녀 또한 "붉어져가는 단풍나무와 꽃피는 자두나무, 꼭대기에 절이 앉아 있던 고지, 숲 속에 모셔진 신사에 이르는 장중한 돌층계, 청록색 소나무 숲, 대나무의 그 깃털 같은 금빛 이파리들이 부산에 닿을 때까지도 손에 잡힐 듯 생생하게 기억에 남아" 있던 쓰시마 경관을 "섬뜩하고 험악하게만" 보이는 부산과 비교한다. 보는 자의 특권적 위치에서 비대칭적인 비교를 부가한다. 이럴 때 비교는 중층화한 오리엔탈리즘과 구별되지 않는다. 경관은 문명과 인종의 논리와 손쉽게 접합한다.

카르네프가 본 부산도 "헐벗은 산들 사이에 위치"하고 있다. 하지만 그는 이러한 경관을 문명과 인종의 담론으로 증폭하지 않는다. 비교적 객관적인 관찰자 시점을 견지한 탓인데 이는 조선을 향한 러시아의 입장과 무관하지 않다. 그는 일본인 구역의 외국인 거류지에 위치한 세관장 헌트의 집을 방문하는 한편 동래 관찰사인 주석윤(지석영의 오류)을 방문한다. 조선 탐험을 위한 협조를 얻어내기 위함이다. 통역을 대동한 만남으로 충실한 소통과 신뢰를 보인다. 이는 구미 여행자들과 다른 면모인데, 공적 탐험을 수행한다는 측면과 더불어 조선과 러시아의 우호 관계를 나타내는 표지로 이해된다.

3. 일본인 전관거류지와 부산의 양상

　퍼시벌 노웰이 부산에 온 1883년은 병자수호조규로 부산이 개항한 지 7년여 지난 후이다. 그에게 '일본인 전관거류지'는 "조선이 아니라 일본 같아 보인다." 용미산이 있는 항구에서 좌우로 시가지가 형성되어 있는데 먼저 항구에서 보이는 경관은 오른 편이다. 용두산 아래 시가지는 아직 눈에 들어오지 않는다. 이러한 지점에서 그는 부산을 다음과 같이 서술한다.

　　후산은 중간 지점에서 오른쪽으로 구부러지는 하나의 긴 거리로 이루어져 있다. 마을은 한 개 또는 두 개의 만을 가진 사각 모양을 하고 있는데 만들이 바다와 경계를 이루면서 사각의 내부 각으로 표시되는 가파른 언덕을 통해 내륙을 형성시키고 있기 때문이다. 이 후산의 주요 도로 한복판을 따라서 판자로 다리를 놓은 몇 미터 넓이의 운하가 펼쳐져있다. 운하 양편에는 나무가 줄지어 섰고, 사각의 바깥쪽 구석에는 작은 산이 있는데 후산이라는 지명은 여기서 유래되었다. 후산은 솥 모양의 산을 의미하는데, 이 산의 생김새가 거꾸로 뒤집은 솥 같기 때문이다. 이 산 꼭대기에는 일본 절이 자리 잡고 있으며, 주위에는 나무가 우거져 있다. 후산은 이제까지 일본이 소유한 유일한 해외 거류지이다. 몇 세기 동안 그곳은 조선 속의 일본이었다. 1592년 한반도를 침략한 이래 일본은 계속해서 그곳을 차지하고 있었다. 일본에게 후산은 하나의 요새였다. 매우 오랫동안 조선의 예의나 습속 속에 있었으나 전혀 그 영향을 받지 않았고, 또 조선에 영향을 끼치지도 않았다. 약간의 교역을 필요로 하거나 외국에 대한 호기심이 있는 이웃 주민들에게 낮에 그곳을 방문했다가 밤이면 돌아가곤 했을 뿐이다. 오늘날 조선어를 일본어로 통역할 수 있는 사람은 후산 부근에서 온 사람이거나 일본에서 돌아온 피난민들뿐이다.[28]

---

28) 퍼시벌 노웰, 앞의 책, 38~39쪽.

여기서 퍼시벌 노웰은 전관거류지를 '후산'이라고 명명한다. 부산 속에 후산이 있다고 생각하였다. 이는 부산(釜山)이 부산(富山)으로도 표기되면서 일본식으로 읽힌 데 연유한다. 가마솥 형상에서 지명이 유래하였다는 진술은 틀림이 없으나 노웰은 이를 용두산과 결부한다. 동본원사별원이 자리한 장소도 용두산 꼭대기가 아니라 아래쪽이었던 만큼 노웰의 진술에서 말한 '절'은 신사이다. 더군다나 왜관에 대한 언급은 매우 왜곡되었다. 왜관으로부터 전관전류지로 전환된 과정의 역사적 사실을 제대로 인식하지 못한다. 이는 부산에 대한 그의 앎이 일본인에 의해 주어졌거나 제국의 시선에 의한 오인에서 비롯한 것으로 보인다. 노웰의 시선이 지닌 비대칭성은 식민도시의 외부인 "조선인 거주지"를 묘사하는 데 이르러 반복된다. 이처럼 노웰은 일본인 전관거류지를 '후산'이라는 명명과 더불어 특권화한다. 다음은 사를 바라가 서술한 전관거류지의 풍경이다.

이 도시는 조선에서 제일 중요한 항구임에 틀림없다. 비록 제물포보다는 덜 화려하지만, 그 큰 항만 주변을 에두르고 늘어선 짙푸른 산 위에서 내려다보면 제법 근사한 장관이 펼쳐진다. 도시를 굽어보는 산자락마다, 전날 우리가 지나온 서양 삼나무 숲이 빼곡하고, 산꼭대기에는 일본식 사찰이 언뜻 보인다. 기복이 심한 돌계단들과 꼬불꼬불한 오솔길을 한참 걸어올라 그 사찰에 이르면 화려하게 장식된 수많은 봉납물들이 방문객을 반긴다. 그것들 하나하나 속에는 숱한 조난사고에서 기적적으로 살아남은 일본인들이 신들께 드리는 감사와 기원의 마음이 묻어 있는 셈이다. 그곳에 그려진 그림들은 마치 가톨릭 성당의 그림들을 연상시키는데, 눈에 띌 만한 걸작이랄 순 없지만 제법 실감나게 묘사된 난파한 사람들의 얼굴 표정과 몸짓들이 신들을 향한 믿음과 감사의 뜻을 호소력 있게 드러내고 있다. 사찰이 있는 산자락에는 외국인 거류지가 넓게 자리잡고 있다. 최근에 와서 일본인들에 의해 조성된 이곳은 그들 나라의 도시 면모를 그대로 옮겨다 놓은 듯하다.[29]

샤를 바라의 서술에 퍼시벌 노웰과 같은 왜곡은 없다. 그럼에도 풍경을 바라보는 위치는 우월하다. 낮은 장소에서 높은 장소로 이동하여 내려다보는 행위는 시선의 권력을 내포한다. "산 위에서 내려다보는 제법 근사한 장관"은 세세하고 구체적인 디테일을 소거한 미적 거리에 의해 얻어진다. 이는 앞서 말한 퍼시벌 노웰이 어두워지는 과정에서 풍경의 소실을 경험하는 의식("바다는 색깔을 잃고, 흰 물거품이 황량함을 더하며 모든 것이 깊은 밤 속으로 빠져들었다"[30])과 비교된다. 샤를 바라는 신사가 있는 산정에서 조감의 시점을 획득한다. 이를 통해 그의 시점은 문명화의 이데올로기를 드러낸다. 눈앞의 일본신사를 부각하고 이를 가톨릭 성당과 병치함으로써 현지 풍경의 발견을 유럽의 양식과 연계한다. 이는 '유럽-일본-조선'이라는 권력관계의 계서를 확인하는 일과 다르지 않다. 샤를 바라는 일본인 전관거류지를 내지여행자의 시점으로 구체적인 면모들을 서술하는 일을 피하면서 신사와 외국인 거류지를 전경화하는 방식으로 요약한다. 이는 곧 "사실상 이 항구의 모든 상거래는 일본인들에 의해 독점되어 있는 것이나 다름없다"[31]는 진술로 이어진다. 조감의 시점을 통한 미적 인식은 "압권"으로 경탄하는 바다의 풍경과 대비되는 조선인 주거지를 서술하는 과정에서 특권적 위치를 다시 확인하게 한다. "한편, 내가 조선쪽 부산이라고 부르는 구역은 항구로부터 거의 십리 이상 떨어져 있다. 그곳으로 가려면 해안선을 따라 늘어선 낮은 언덕길을 가야 하는데, 거기서 내려다보이는 바다 풍경은 압권이다. 이 일대 토착민이 거주하고 있는 그곳은 무척 남루한 편인 데다, 일부에는 지역 어부들

---

29) 샤를 바라, 앞의 책, 200쪽.
30) 퍼시벌 노웰, 앞의 책, 41쪽.
31) 위의 책, 200쪽.

이 살고 있다"라고 진술하면서 조선의 어부들이 일본으로 수출할 "다량의 정어리 비료"를 저장하고 연안 해역을 중심으로 고기잡이를 하는 생활양식("얕은 바닷가에 오로지 한쪽 입구를 통해서만 바닷물이 들고나도록 거대한 목조틀을 설치한 다음, 그 속으로 어선들이 물고기를 몰아넣어 한꺼번에 잡는 것")을 덧붙인다. 일본인 거류지와 조선인 주거지의 명확한 공간 분할로 샤를 바라의 여행기에서 식민도시가 지닌 이중도시적인 양상은 보이지 않는다.[32]

청일전쟁에 직면한 1894년 6월 18일 부산에 온 사쿠라이 군노스케는 취재의 목적을 지녔다. 조선의 사정에 대한 정확한 진술은 그에게 부여된 임무이다. 이러한 그의 입장은 당시 전관거류지의 상황을 일본의 관점에서 바라보게 한다.

인천, 서울, 원산 등의 무역이 발달함에 따라 부산의 상업은 점차로 부진해졌다. 해가 거듭될수록 시장이 활기를 잃어가는 모습이 눈에 띄고 그 결과 거류민들도 늘어나지 않아 작년과 그다지 차이가 없다. 조금 상인 근성이 있는 사람은 인천, 서울, 염포는 쳐도 부산은 빼놓는 경우가 있다. 참고로 5월 하순에 조사한 부산에 거류하는 외국인의 수는 다음과 같다. 일본인 거류인 호수 957호 인구 4,582명(남 2,495명, 여 2,087명), 그 외 외국 거류인 129명(청국인 108명, 영국인 9명, 미국인 2명, 러시아인 2명, 독일인 2명). 부산의 일본 거류지에는 이같이 호수도 많고 인구도 많다. 그래서 살아가는 데 필요한 기관은 모두 갖추어져 있다. 제국총영사관, 경찰서, 동아무역신문사, 우편전신국, 공립공원 등이 있고, 일본우선회사, 오사카 상선회사, 제일국립은행, 제백국립은행 등의 지점이 있다. 조선어학교, 공립소학교, 혼간지(本願寺) 별원도 있다. 이러한 기관들은 완전하다고까지는 할 수 없지만, 또한 불완전하다고도 말할 수 없다. 숙박시설도 비교적 갖추어져 있다. 오이케(大池), 도요

---

32) 식민도시의 복합성은 달리 이중성 혹은 모순성이라 할 수 있다. 김백영, 「식민지 도시 비교연구를 위한 이론적 고찰」, 도시사연구회 편, 『공간 속의 시간』(심산, 2007), 330쪽.

다(豊田), 쓰요시(津吉), 고시마(小島), 마쓰노(松野), 후쿠시마(福島) 등이 모두 깔끔히 정돈되어 여행자가 편히 쉴 만하다. 숙박료는 매우 싼데도 일본 국내의 숙박시설과 별다른 차이점이 눈에 띄지 않는다. 음식점은 도쿄로(東京樓)와 게이항데이(京阪亭)를 최상으로 친다. 일반 손님이 가득 들어차서 가무와 악기 소리로 밤새 시끌벅적하다.[33]

사쿠라이 군노스케는 외적으로 특파원의 객관적 시선을 전제한다. 사실의 전달이라는 기자의 입장에서 서술하고 있다. 그의 글을 통하여 전관거류지의 주요 시설과 인구를 가늠할 수 있다. "완전하다고까지는 할 수 없지만, 또한 불완전하다고도 말할 수 없다"는 인상에 상응하는 시설과 기관이 들어와 있다. 식민도시의 요건이 갖추어진 셈이다. 아울러 "일본과 청나라 양 거류지의 중간에 산재해 있는 조선인 촌락"[34]을 들고 있어 이중도시의 양상이 전개되고 있음도 알 수 있다. 아직 북빈 매축 이전이므로 전관거류지와 조선인 주거지의 대비가 확연하다. 앞서 인종담론에서도 보았듯이 그의 이중도시적 시각은 문명/야만, 건강/질병, 깨끗함/더러움이라는 이분법적 표상을 드러낸다. "부산 부사의 청사라고 하는 불결한 가옥"이라는 진술에서 보듯이 사쿠라이는 제국의 눈이라는 특권화된 시각으로 부산을 바라본다. 그 실제에 있어 이중도시의 상호연관성이 지적되기도 한다.[35] 물론 사쿠라이 군노스케의 시선

---

33) 사쿠라이 군노스케, 앞의 책, 269~272쪽.

34) 위의 책, 274쪽.

35) 식민도시를 이중도시론으로 보는 시각을 극복하려면 많은 실증이 필요하다. 가령 김종근, 「식민도시 인천의 거주지 분리 담론과 실제」, 『인천학연구』 14 (인천학연구원, 2011)은 인천을 이중도시로 보는 시각을 해체하려 한다. 그런데 이중도시의 상호연관성은 전관거류지 중심 시가지가 외부로 확장되는 과정에서 나타난다. 용미산이 깎이어 북빈이 매축되면서 부산항이 근대화되는 시기에 부산은 '식민화된 사회 내의 도시'라는 의미를 갖게된다. 전관거류지가 지닌 동질성이 어느 정도 해체되면서 이질적인 혼종화 과정이 전개되는 것이다. 이중도시는 먼저 제국의 눈을 가진 타자의 시각에 의해 규정되고 이후 탈식

에 이러한 경관의 혼종성은 제대로 포착되지 못한다.

조선인은 대부분 일본인을 싫어하는 경향이 있고 때로 그러한 감정을 드러
내는 사람도 많지만, 부산의 일본인 거류지 부근에 사는 사람들은 대체로 일
본인을 자상한 아버지처럼 여기고 순순히 존경의 뜻을 표한다. 그들은 조선
이 무슨 일을 당하게 되는 경우 일본의 보호와 은혜에 힘입어 험악한 운명을
피하기를 바라는 마음으로 살고 있다. 그리고 약간만 말을 나누어 보면 대부
분의 조선인들은 일상적인 일본어를 이해한다. 일본인에게 감화와 교훈을 받
아 사물의 이치를 조금 이해하는 사람 또한 없지 않다. 다만 정부당국의 횡
포가 심하기 때문에 그들은 재물을 저축하는 일도, 집을 꾸미는 일도, 또 생
활을 향상시키는 일도 생각하지 못하고 모두 하루하루를 연명해 나가는데 급
급할 뿐이다. 장래를 계획할 수 없는 어려운 형편을 볼 때 사뭇 동정의 눈물
이 흐르는 것을 금할 길이 없다.[36]

전관거류지를 서술할 당시의 관찰자 시선은 사라지고 일인칭 주인공
이 되어 주관의 서술을 휘두르는 대목이다. 조선인의 일본관을 왜곡할
뿐더러 조선의 현실을 매우 부정적인 시각으로 서술한다. 관리의 부패
와 착취라는 견해는 일본인에만 한정되지 않고 대다수 서구인의 여행기
에서 재생산된다. 조선에 대한 광범한 선이해가 이러한 입장의 근거가
되었을 것으로 보인다. 인용문에 나타난 사쿠라이 군노스케의 진술은
조선이 식민지가 되는 과정을 역사적 순리로 인식하게 한다. 그가 당시
일본에서 유행한 조선식민론에 호응하고 있음을 반증한다.[37]

민주의적 시각에서 다시 반복된다. 그럼에도 한 가지 놓쳐서는 안 되는 것이 불균등 발전
의 과정이다. 식민거류민들과 원주민들의 공간과 문화를 이분법적으로 단순화하는 것도
문제지만 그들 사이의 섞임과 혼재만을 부각하는 것도 한계가 있다. 이들 경계영역에서
보이는 불균등 발전을 간과하지 않으면서 문화 혼종화 과정을 서술하는 일이 요긴하다.

36) 사쿠라이 군노스케, 앞의 책, 275쪽.
37) "조선은 유럽 여러 나라들 사이에 끼어 쟁탈의 대상이 되고 있다. 조선은 이미 멸망의
도장이 찍힌 나라가 아닐 수 없다. 다행히 동양에 위치하여 의협심이 강한 일본제국에

헤세 바르텍에게 일본인 전관거류지의 첫 인상은 "하얀 가옥들"로 표상된다. 이는 '황량하고 살벌한 바위 해안'과 대비되며 "증기선"과 더불어 "편안하게 여행을 즐길 수 있다는 것"을 의미한다. 그에게 증기선은 앞서 말한 대로 유럽문명의 표상이다. 유럽에 의해 세계가 계몽되고 해방된다는 시각으로 식민도시 부산의 여러 제도를 서술한다. 중국이 관할하는 세관에서 일하는 유럽인들("부산의 세관 감독은 영국인이며, 부하 직원들은 독일인과 덴마크인")에 연민의 눈길을 보내면서 그들이 거주하는 "도시 남부에 있는" "선교사 힐"의 존재를 부각한다. "그곳에는 미국 선교사와 캐나다 선교사 몇이 힘을 모아 지은 제대로 된 아름다운 집이 있었다"고 서술한다. 세관을 거쳐 "일본인 거주지"에 이른 그는 다음과 같이 전관거류지를 재현하고 있다.

> 일본인 거주지는 철저하게 일본식이다. 종이창과 미닫이 종이 벽이 설치된 목조 건물들, 문을 활짝 열고 유명한 일본식 잡동사니를 판매하고 있는 가게들, 조그만 체구에 깜찍하고 사랑스러운 아가씨가 샤미센을 연주하며 친절한 미소로 손님을 유혹하는 찻집들, 우체국도 일본식이고, 도시 행정 역시 마찬가지다. 도시 행정을 쥐고 있는 사람은 도시 뒤편의 숲이 있는 언덕에 위치한 아름다운 유럽풍의 건물을 소유하고 있는 일본 영사다. 그는 영사직 외에도 시장과 판사, 경찰직을 겸하고 있다. 마치 아서 설리반의 오페레타 〈미카도〉에 나오는 대신처럼 말이다. 그의 거주지에서는 그 외에는 누구도 발언권이 없다. 다만 경찰관의 수행을 받는 조선의 시청 관리가 하루에 한 번씩 '감시'를 위해 거리를 오갈 뿐이다. 이 시청 관리는 서울에 있는 조선 정부가 임명한 인물로, 대부분의 그의 동료가 조선 전역에서 행하고 있는 것과 비슷한 방식으로 부하 직원을 착취한다.[38]

의지해 명맥을 유지하고 있으니 참으로 복 있는 나라가 아닐 수 없다"는 사쿠라이의 『조선시사』 서문이 말하듯이, 그의 시선은 철저하게 일본 제국의 이익에 부합한다. 위의 책, 259쪽.

38) 헤세 바르텍, 앞의 책, 20쪽.

유럽적 근대를 받아들인 일본에 대한 우호적인 시선은 일본인 거주지에 대한 서술에서 잘 나타난다. 일본식 건물과 가게 그리고 거리에 대한 예찬과 더불어 유럽풍의 영사관과 영사에 대한 찬사가 두드러진다. 반면 조선의 관리는 부하를 착취하는 인물로 폄하된다. 유럽-일본-조선이라는 오리엔탈리즘의 위계가 작동하고 있다. 풍경과 경관에 대한 시선은 그 속에 사는 사람에 대한 인식과 분리될 수 없다. 조선인 관리의 사례를 들어 비판적 진술(국기 구입 건)을 기입하면서 "일본 영사의 통제를 받는 일본인들은 그나마 상황이 나았다"라고 차별의 시선을 이어간다. 이는 일본인 거주지의 매력을 부가하는 형식을 빈다. 일본인(유럽인)/조선인, 일본인 거주지/조선인 거주지, 일본인 생활/조선인 생활을 격자 양식으로 반복하면서 헤세 바르텍은 식민도시의 경관과 생활양식을 문명화 미달 상태로 서술한다. 상어 이야기와 해삼 이야기 등에서도 많은 왜곡이 일어나고 있다. 부산만에 상어가 "우글대고" 있다는 진술이 그렇다. 사실의 왜곡과 더불어 반문명 담론은 야생의 발견으로도 나타난다. "노출된 풍만한 가슴과 옆이 터진 짧은 치마를 입은 모습이 강렬하고 색다른 매력을" 발산하고 있다고 "해녀"를 묘사하거나 "조선인은 아주 딱딱한 조개를 날 것으로" 먹는다거나 부산 어부들이 돌고래와 고래를 잡고 그 고기를 먹는다는 진술들이 예이다. 이주한 일본인 해녀와 어민과, 조선인 해녀와 어민에 대한 세심한 구별이 없다. 그럼에도 전관거류지가 이중도시로 구성되고 있음을 말하고 있다. 이는 세관 주변의 조선인 짐꾼들의 일상을 자세하게 서술하면서 보충된다. 이중도시는 혼종화를 통해 그 경계가 해체된다. 헤세 바르텍은 전관거류지와 외부를 명료하게 구분하면서 동시에 혼종화 양상을 놓치지 않는다. 가령 화폐의 유통이 한 사례가 된다. "일본인 거주지에서도 가장 많이 유통되는 주화가 조선의 동전"이라는 사실인데 이는 조선인 노동자를 고용하는 데 이용되고 있다. "부산과 그 주변에 살고 있는 조선인의 비참한 생활"에 대한 바르텍의 서술은 매우 구체적이다. 하지만 이들의 삶을 강제하는 조선의 상황에 대한 그의 시선은 편향되다. 바로 민중의 비참과 지배층의 부패라는 인식틀을 고수함으로써 조선의 식민화를 피할 수 없는 과정으로 생각하게 만든다.

헤세 바르텍의 여행기는 가장 밀도 높은 내용을 담고 있다는 사실에서 다른 이들과 차별된다. 특히 전관거류지로 형성되고 있는 식민도시의 이중성과 혼종성에 대한 진술은 주관적 시점에 의한 왜곡이 없지 않으나 유익하다. 전관거류지에서 활동하는 조선인과 중국인이 있지만 "중국식 주택이나 조선식 주택을 단 한 채도 보지 못했다"고 함으로써 전관거류지가 철저한 일본식 도시임을 말한다. 아울러 이중도시의 외부를 5개 지구로 설명하고 있다. 일본인거류지, 부민동, 초량, 고관, 영도를 순차적으로 서술한다. 이를 통해 그는 내부와 외부를 매우 선연하게 대비한다. 외부는 "높고 가파른 민둥산", "산과 색깔이 비슷한 초라한 흙벽과, 마찬가지로 산과 거의 분간할 수 없는 초가지붕", "불규칙적으로 빽빽하게 들어선 진흙집들의 혼돈", "폐허가 된 요새", "중국이나 일본에서는 볼 수 없었던 초라한 흙집들" 등으로 그린다. 선교사 힐과 중국인 거주지가 양각된 반면 조선인 거주지는 대부분 음각으로 처리하고 있다. 이와 같은 회화적 글쓰기로 그는 조선이 명암의 한 쪽인 어둠 속에 존재하고 있음을 과장한다. 그래서 "부산을 형성하고 있는 이 다섯 지역의 총 거주 인구는 대략 3만 명에 이르며, 이들은 대부분 고기잡이나 보잘것없는 무역에 의존해서 살아가고 있다. 이곳이 조선에서 두 번째로 큰 항구이자 최근에 그토록 자주 사람들의 입에 오르내린 부산인 것이다!"39)라고 요약한다.

헤세 바르텍의 여행기가 말하듯이 전관거류지는 철저한 일본 도시로 조성되었다. 나가사키를 경유하여 일본의 도시경관에 익숙한 여행자들이 부산에서 일본식 도시를 발견하였을 때 충격은 컸으리라 생각한다. 이사벨라 비숍의 부산 인식도 헤세 바르텍과 큰 거리를 보이지 않는다. "부산의 외국인 거주지는 1592년 일본 점령 기간에 심어진 많은 수의 삼나무에 가리어진 불교 사원이 있는, 가파른 곳이 내려다보이는 장소"라고 쓴 대목에서 보듯이 비숍의 조선에 대한 선이해도 뒤틀려 있다. 그녀의 부산에 대한 서술은 청일전쟁 이후 1897년의 시점이다.

> 그 곳은 중요한 영사관들, 은행들, 많은 일본식 상점들과 다양한 영국식— 일본식 주택이 있는 넓은 거리를 갖추고 언덕과 바다 사이에 빽빽이 들어찬 꽤 아름다운 마을이다. 거기엔 견고한 옹벽과 제방이 있으며, 자치 당국의 비용으로 배수 시설과 점등 시설, 도로 건설 등이 수행되어 있다. 전쟁 이래 개별 가구당 현금 1백푼씩의 할당으로 징수된 돈으로 상수도가 가설되었다. 사람들은 이제 깨끗한 물의 풍부한 공급으로 빈번했던 유행성 콜레라가 끝나기를 바라고 있다. 특히 눈에 띄는 것은 도시 위쪽에 급속히 채워지고 있는 일본군의 군인 묘지였다.40)

어느 면으로 보나 부산의 거주지는 일본풍이다. 5,508명의 일본 인구 이외에도, 8천명에 달하는 일본인 어부들의 유동 인구가 존재한다. 일본 총영사관은 세련된 유럽식 가옥에 기거하고 있다. 은행 기관들은 도쿄의 일본제일은행에 의해 설립되었으며, 우편 전신 업무 또한 일본인들에 의해 갖추어졌다. 일본인들은 거주지를 청결하게 할 뿐만 아니라 한국에 알려지지 않았던 산업들을 소개하기도 했는데, 그 산업들은 기계에 의한 탈곡과 정미, 고래잡이, 상어지느러미와 광삼의 요리, 어분 비료 제조업 등이다. 특히 고약한 냄

---

39) 위의 책, 26쪽.
40) 이사벨라 버드 비숍, 앞의 책, 32쪽.

새가 나는 마지막의 산업은 엄청난 양이 일본으로 수출되고 있다.[41]

비숍의 시선에 비친 전관거류지는 근대도시의 면모를 지녔다. 영국식 주택과 일본식 주택의 혼재 속에 도시기반시설이 구비되어 있다. 상하수도가 정비되어 유행성 전염병인 콜레라를 예방한다. 도시는 아름다울 뿐더러 깨끗하다. 일본 어부들의 존재나 정어리로 만든 어분 비료 제조업 등을 통하여 어느 정도 전관거류지의 외부를 소개하고 있다. 그녀는 조선인이 사는 식민도시의 외부를 선상의 시점으로 그려본다. "배에서 보니 바다 위로 일정한 높이를 유지하며 오르내리는 좁은 길이 부산으로부터 4.8킬로미터가량 떨어진 언덕의 가장자리를 따라 나아가고 있었다. 길은, 3세기 전의 공학 개념에 따라 일본인들이 만든 매우 오래된 성곽을 바깥에 둘러친 부산 고유의 토속 마을에 이르러 끝나고 있다. 그 길 옆 바닷가를 따라 늘어선 바위돌 위에 사다새(펠리칸)나 펭귄을 닮은 하얀 물체들이 얹혀져 있었다. 그 하얀 물체들은 사람의 보폭으로 부산 구시가지와 신시가지 사이를 이리저리 끊임없이 움직이고 있었으므로, 나는 그 얹혀 있는 물체들이 한국인들일 것이라고 생각했다. 나의 짐작이 틀리지 않았다."[42] 이처럼 일본인 거류지를 답사하던 시점은 조선인 거주지를 관찰하면서 원근법으로 바뀌고 역사적 사실(부산진성 증축)도 왜곡된다. 물론 한국인의 인상에 대한 우호적인 보충 서술[43]을 이어가지만 식민도시 공간의 구체적 면모인 혼종화 경향에 대한 서술은 기대하기 힘들다. 이는 부산을 신시가지와 구시가지의 이중도시로 확정

---

41) 위의 책, 34쪽.

42) 위의 책, 34-35쪽.

43) "한국인들은 참신한 인상을 주었다. 그들은 중국인과도 일본인과도 닮지 않은 반면에, 그 두 민족보다 훨씬 잘 생겼다. 한국인의 체격은 일본인보다 훨씬 좋다." 위의 책, 35쪽.

하여 인식하는 그녀의 태도와 무관하지 않으며 신시가지와 구시가지를 따로 조사하는 행위로 나타난다. 구시가지는 그녀에게 "비참한 장소"[44]이다. 이곳의 조사에서 그녀는 세 명의 오스트레일리아 여성 선교사들의 활동을 부각한다. 헤세 바르텍이 말한 바 있는 "선교사 힐"의 면모도 구체적으로 드러난다. 일본인 거류지와 조선인 거주지 사이에 "아주 작은 로마 가톨릭 선교소가 있는데 거의 사람이 거주하지 않는 곳"이다. 반면 호주 여성 선교사들은 조선인 마을에서 조선인들과 함께 살며 활동한다.

헤세 바르텍과 이사벨라 비숍보다 카르네프의 시선은 부산의 경관에 대하여 세심하다. 조선과 조선인에 대한 구체적인 조사라는 입장을 반영한다. "자국을 비호하는 일본 영사"와 "조선과 일본이 혼재한 부산"이라는 소제목이 말하듯이 그의 서술태도는 균형을 유지하면서 미시적이다.

일본인 거리는 부산의 작은 만 서쪽 해안에 있었다. 그곳에는 창고들이 이어져 있는 작은 세관 건물이 들어서 있었고, 그 옆으로는 일본 우선 회사 사무소가 나란히 서 있었다. 세관소에서 서쪽으로 가면 보도에 나무를 깔아놓은 큰 거리가 있었다. 그곳에는 일본 미용소, 여관, 일본과 유럽에서 생산된 여러 가지 상품들을 파는 2층짜리 상점들이 죽 들어서 있었다. 이 상점들에서는 등불, 식기, 부채, 지갑, 일본산 직물, 가위, 칼, 신발 등등을 팔았다. 거리 끝에는 일본 우체국과 전화국이 있었다. 서북쪽으로는 돌로 포장된 다른 큰 거리가 뻗어 있었다. 그 길을 따라가면 조선과 일본 상점들이 있었는데, 그 상점들에서는 소금에 절여 말린 명태, 조선산 목면천, 점토와 무쇠 그릇들, 반짝거리는 금속 파이프, 긴 담뱃대용 갈대줄기 등을 팔고 있었다. 그 길을 따라가면 일본 다다미 제작소 등이 들어서 있었다. 이곳의 노점에는 표범

---

44) 위의 책, 35쪽.

과 호랑이 가죽들이 걸려 있었고, 일본인 사진관의 간판도 보였으며, 2층으로 된 흰색 일본 은행 건물도 있었다. 서쪽으로 조금 가면 골목이 하나 나오는데, 이곳에 일본 병영과 붉은색으로 칠해진 일본 영사관이 들어서 있었다.[45]

인용은 일본인 거리 서쪽에 대한 서술이다. 카르네프는 전관거류지 내부를 지나 서쪽에서 남쪽으로 이동하며 서술한다. 내부의 일본식 도시를 구성하는 여러 기관과 상점 그리고 거리와 건축물들을 열거하고서 조선과 일본 상점들이 혼재하는 경계에 이른다. 전관거류지의 건축물들이 일본식과 유럽식이 혼재하는 만큼 상점들도 일본과 유럽의 상품들이 함께 진열되어 팔린다. 이러한 혼종성이 일본적 근대를 표상한다면 전관 거류지의 서쪽 경계는 조선과 일본 상점의 혼종을 드러낸다. 거리에서 만나는 일본인과 조선인들도 이 지역의 일상을 말하는데 조선인들은 주로 일거리를 찾아든 짐꾼이거나 "무거운 봇짐"을 이고서 물품을 나르는 여성들이다. 경계지역의 안에 "영사관"이 있고 그 뒤에 "일본 신사"와 "100여 명의 학생들이 다니는 일본 학교"가 있다. 카르네프는 1895년 당시의 인구학적 현황을 다음처럼 기록한다. "부산에 사는 일본인 주민수는 1895년 말 현재 4,953명이고, 임시 체류자수는 126명이라고 하였다. 그 외에 해안 기슭에 자기 소유의 배로 항해하는 일본인 어부들 7,600명과 남녀 선교사를 포함한 외국인이 32명이 더 있었다."[46] 그러니까 일본인과 서구 유럽인 등이 대략 13,000명 정도가 거주하고 있다고 파악한다. 카르네프 역시 근대도시에 필수적인 "상수도"를 언급한 뒤 남쪽 바닷가 어시장으로 시선을 이동한다. 상어와 상어잡이는 많은 이들이

---

45) 카르네프, 앞의 책, 25~26쪽.

46) 위의 책, 26쪽.

거론하였다. 카르네프 또한 "조선의 남부 해안"에서 행해진 상어잡이에 대한 민속학적 서술을 덧붙인다. "먼저 먹이를 던지면서 상어를 좁은 만으로 유인"한 뒤 "바다로 나가는 출구 쪽을 무거운 물건이 달린 단단한 망으로 막고, 상어가 걸려들면 해안 쪽으로 망을 끌어 당겨서 잡는"[47] 방식이다. 남쪽의 서술에서 카르네프는 영도에 대한 언급을 부가한다. 여기에서 "1887년에 일본인들이 지은 석탄 창고용 건물 두 채가 서 있었으며, 그곳에서 서쪽으로는 조선 세관소가 설립한 콜레라 병원이 있었다"는 진술을 주목하게 된다. 하지만 "헌트 씨의 말에 따르면 10년 전인 1886년에만 해도 이 섬은 울창한 숲으로 덮여 있었다고 한다. 그러나 지금은 부산 근처의 산들이 모두 그러하듯이 이곳에서도 단 한 그루의 나무조차 찾아볼 수 없었다. 조선인들이 이 섬을 일본인들에게 넘겨주고 싶지 않아서 나무를 모두 베어버렸기 때문"[48]이라는 진술은 논란이 있다. 많은 이들이 진술하였듯이 부산의 많은 산들이 헐벗은 민둥산이 된 까닭이 나무를 땔감으로 사용한 탓이기 때문이다. 카르네프의 진술은 대개 영국인 해관장 J. H. 헌트에 의존한다. 부산의 역사와 현재 상황 그리고 무역 현황 등에 대한 기록들이 대부분 헌트의 진술과 해관에서 나온 자료에 따르고 있다.[49]

---

47) 위의 책, 28쪽.

48) 위의 책.

49) 위의 책, 20~31쪽. 참조.

4. 식민도시와 주변부 동래

퍼시벌 노웰의 여행기는 부산을 경유하여 제물포로 향한다. 수도인 한양이 목적지이다. 부산에 대한 그의 서술이 부산항과 그 주변에 한정될 수밖에 없다. 샤를 바라 또한 부산을 거쳐 블라디보스토크로 향하는 여정이다. 그의 시야 속에 들어온 풍경은 부산포가 전부이다. "타카치호호"를 타고 중간 기항지인 원산항으로 향한다. 사쿠라이 군노스케는 제물포항으로 향한다. 그는 "부산에서 출발하던 날 용미산 아래 고요한 해면이 멀리까지 펼쳐있고 뱃전을 치는 파도도 없어서 즐겁게 사방을 바라보는 가운데 항해할 수 있었다. 때마침 머리를 들어 동래의 들판을 바라보니 한때 웅장했던 성터가 이제는 황폐해져서 다만 고니시 유키나가를 생각나게 할 뿐"50)이라고 진술하지만 정작 그가 "동래"를 제대로 볼 수 있었는지 의문이다. 남해로 항해하는 배에서 보이는 "동래"란 지금의 남구 해안지역 일부에 지나지 않기 때문이다.

일본인 전관거류지인 식민도시 "부산"에서 "동래"에 이르는 본격적인 여행을 시도한 이는 헤세 바르텍이다. 그가 동래를 살펴보기로 한 것은 계획한 일이 아니다. "우편선"이 "저녁 늦게야 제물포와 텐진으로 출항할 예정이었기에" "부산 주변에 있는 조선지역을 돌아보기로" 한다. 접촉지대는 또한 번역지대(translation zone)이다.51) 그는 조선인들과 소통하기 위하여 "조선어를 할 줄 아는 일본인을 찾아냈지만, 그와의 의사소통을 위해" "중국인 승무원을 또 다른 통역자로 대동해야" 한다. "중국인

---

50) 사쿠라이 군노스케, 앞의 책, 276쪽.
51) 번역지대의 개념은 마이클 크로닌, 앞의 책, 36~46쪽 참조.

승무원에게 이야기하면 그는 일본인에게 전달했고, 일본인은 다시 큰 나룻배의 두 조선인에게 지시를 내렸다." "일본인은 영어를 모르고, 중국인은 조선어를 모른다." 이러한 사정을 감안한 동행이다. 헤세 바르텍은 증기선에서 나룻배를 통해 "중국인 거주지인 자울린을 지나, 부산에 있는 조선마을인 구관으로" 가서 말을 구해 타고 동래로 향한다. 이러한 과정에서 그는 인종학적 시선으로 조선인과 풍속을 바라보고 조선인 관리에 대한 편견을 드러낸다. 바라보이는 사람과 풍경을 대상화하는 그의 시선은 그가 사용하는 "쌍안경"만큼 우월한 위치에 있다. 그는 풍경을 '개관하는 권력'을 지녔다.

> 호기심에 가득 찬 조선인들이 구관의 부두에 우르르 몰려들었는데, 특이하게 생긴 순백색 의상을 걸친 성인 남성과 아이들이 전부였다. 여자는 없었다. 도시 여성들보다 시골 여성들이 남성과 마주치는 것을 더 회피하는 것처럼 보였다. 게다가 그 상대가 유럽인이라면 말할 나위가 없다. 이곳에서는 물론 말을 타고 동래로 가는 동안에도 길거리나 정원에 있던 여성들은 멀리서 나를 보기만 해도 얼른 집 안으로 들어가 얼굴을 숨겼다. 이는 참으로 유감스러운 일이었는데, 내 쌍안경에 정말로 아름다운 여인이 잡혔기 때문이다. 그 여인은 너무나도 뚜렷한 만주족의 체형, 아니 내 생각에는 거의 퉁구스족의 체형을 지니고 있었다. 넓적한 머리와 낮은 이마, 두드러진 광대뼈 그리고 비스듬히 자리 잡은 눈으로 볼 때 말이다. 하지만 젊은 데다 미모를 갖춘 여인네라면 이와 같은 인종적 결함을 쉽게 망각하게 만든다.[52]

해세 바르텍의 발견의 수사학은 이처럼 "노골적으로 현지의 지식을 유럽적인 양식이라든지 권력 관계들과 연결되어 있는 유럽적이고 대륙적인 지식들로 전환하는 방식으로 완성"[53]되고 있다. 원근법의 주체인

---

52) 헤세 바르텍, 앞의 책, 29쪽.
53) 메리 루이스 프랫, 앞의 책, 453쪽.

바르텍은 남성의 시선으로 조선인과 조선의 풍경을 바라본다. 이처럼 유럽중심의 남성 중심적 시선이 극대화되는 지점은 여성을 향할 때이다. '인종적 결함'을 망각하게 하는 젊은 여성의 미모라는 담론은 심미적인 변형을 통하여 지배를 강화하는 전략을 지녔다. 이러한 심미안은 촌락과 거리의 무질서와 더러움을 부각하고 남성의 게으름을 드러내는 담론으로 연장된다. "나라마다 풍속도 제각각인 셈"이라는 말에도 불구하고 헤세 바르텍의 차별적 시선은 거두어지지 않는다. 이는 부산진성 담당자인 관료를 대하는 과정에서도 재연되는데 말을 빌리는 과정에서 은화를 흔드는 자신의 모습을 "조선어도 중국어도 아닌 국제 볼라퓌크어를 구사"한다고 표현하는 대목에서 두드러진다.

중국인 통역이 말 한 필이 필요하다는 내 요구를 필담으로 전하려 하자 조선 관리는 중국어로 말을 건네며 필담을 막았다. 중국어를 구사할 줄 아는 교양을 갖춘 사람은 조선에서는 아주 보기 드물다. 이제 협상이 시작되었다. 그러나 내가 조선 관리의 표정에서 눈치 챌 수 있었듯이, 그는 우리를 골탕 먹이려는 것처럼 보였다. 대부분의 이방인이 그렇듯, 유럽인은 조선사회에서 그다지 환영받는 존재가 아니며, 조선 정부는 최근 몇 년 전까지 유럽인의 왕래를 필사적으로 막아왔다. 중국인 통역이 조선 관리에게서 여행에 필요한 도움을 이끌어내지 못할 것 같아 보였기 때문에, 내가 그들의 대화에 끼어들었다. 나는 조선어도 중국어도 아닌 국제 볼라퓌크어를 구사했고, 아름다운 이 언어의 울림은 조선에서도 잘 통했다. 나는 오른손에 은화 2달러를 들어 소리 나게 흔들었다. 그러자 조선 관리는 조금 전보다 친절한 얼굴로 필요한 말이 한 마리인지 두 마리인지 되물었다. 나는 은화를 한 닢 더 꺼내 보이며 손가락으로 '둘'을 표시했다. 몇 분 후 말 두 필이 준비되었고, 조선 관리는 조선 병사 한 명까지 우리의 여행길에 붙여주었다.[54]

---

54) 헤세 바르텍, 앞의 책, 31쪽.

이처럼 동래로 가는 과정에서 헤세 바르텍은 많은 경험적인 서술을 기입하고 있다. 중국인 통역을 통하여 여행에 협조를 구하려는 그의 의도를 차단하는 사람은 그 자신이다. 은화로 소통을 대신함으로써 문화적 교섭을 중단하는 한편 조선 관료의 부패와 유럽의 문명화된 경제의 지위를 확인한다. 갈등을 인정하는 쌍방향적이고 대칭적인 소통은 보이지 않는다. 그는 이항대립적인 논리의 차원으로 조선인들을 불변의 정체성을 지닌 존재로 환원한다.55) 식민도시의 주변부를 향하는 그의 여로는 결국 풍경을 소유하면서 조선인을 타자화하는 방식으로 지배의 당위를 높여간다. 두 시간에 걸쳐 말을 타고 동래를 향한 이들은 당시의 정세를 고려하고 증기선 출항 시간을 따져 먼발치에서 동래를 바라보다 돌아간다. "비록 너무나 맑고 깨끗한 대기 덕분에 도시와 그곳의 훌륭한 건물들이 우리 시야에 분명하게 들어왔음에도 불구하고" "큰 사원처럼 보이는 건물과 기둥이 열 지어 서 있는 현관, 그리고 한때 이 나라 역사에서 중요한 역할을 수행했으나 지금은 폐허가 된 요새"인 동래 관헌을 서술하는 데 그친다. 그의 시선에 비친 동래는 "폐허"라는 말이 의미하듯이 지배의 대상으로 전락하고 있다. 임박한 청일 전쟁을 예고하고 있듯이 조선의 운명을 가늠하는 지표로 활용한다.56) 일본인 전관거류지인 식민도시와 대비되는 형국이다.

부산에서 제물포로 향한 이사벨라 비숍도 이중도시 부산을 서술하는

---

55) 내지여행과 갈등의 문제는 마이클 크로닌, 앞의 책, 71쪽. 참조.

56) 헤세 바르텍이 "도시 저편에 자리 잡은 너른 강폭의 낙동강을 보았다"고 하였는데 그가 본 것이 낙동강인지 아니면 수영강인지 확실하지 않다. "지푸라기 돗자리로 만든 돛을 장착한 훌륭한 정크선들이 강 위로 미끄러지듯 내려오고 있었다. 강변 양옆은 잘 경작된 듯 보였고, 이곳과 대도시 동래가 어울린 모습은 마치 이웃나라 일본의 여러 지역처럼 평화로웠다"라고 진술하는 데 이르러 수영강일 가능성을 높인다.

데서 멈추고 동래를 찾지 않는다. 하지만 러시아인 카르네프 일행은 말 14마리를 임대하여 조사를 떠나는데 그 첫 여정이 동래다.[57] 해관장 헌트를 매개로 관찰사와 협의하여 6개조의 계약조건으로 말을 임대한다. 이러한 과정에서 당시 환율과 유통되는 화폐를 알 수 있다. "1달러나 엔화당 500냥"이 환율이고 "환전은 일본인 관리들이 하였는데 이들이 매점한 돈은 500냥이나, 1,000냥씩 묶어서 거래되었으며, 100냥짜리는 다른 다발과는 달리 매듭을 지어 구분"한다. 카르네프가 동래로 향하던 1885년 당시 부산에서 동래까지는 "차륜이 굴러가기 편한 길"로 되어 있었다고 한다. 동래에 대한 서술은 주로 "조선의 가옥들과 생활양식"을 대상으로 한다. 부산과 달리 "고을에 있는 집들의 상당수가 기와지붕인데 비하여 농가들은 대부분 초가지붕"인 외형을 지닌 공간이 동래이다. 생활양식에 대한 카르네프의 서술은 농가의 구조, 관리가 사는 기와집의 구조, 부엌과 음식 등 세심하다.[58] 1883년 퍼시벌 노웰부터 1888년의 샤를 바라, 1894년 청일전쟁 전후의 사쿠라이 군노스케, 헤세 바르텍, 이사벨라 비숍 등과 마찬가지로 카르네프의 여행기도 부산과 동래를 엄연히 다른 지역으로 인식한다. 이는 19세기 말 식민도시 부산의 형성 과정에 대한 중요한 인식지도를 제공한다. 식민도시 부산과 동래는 서로 다른 인식지도 위에 배치되고 있다.

---

57) 부산-동래-양산-울산-경주-영일-흥해-영천-풍가-단양-제천-충주-여주-양평-서울-제물포-수원-당진-천안-공주-은진-전주-순창-담양-광주-나주-무안-목포-영암-강진-장흥-보성-순천-광양-하동-사천-고성-마산-창원-김해-부산이 키르네프의 경로. 카르네프 외, 앞의 책, 12쪽.

58) 위의 책, 38-43쪽.

III. 결론

19세기 말 여러 나라 외국인의 여행기를 통하여 부산을 경유하는 다차원의 항로를 알 수 있다. 나가사키가 동아시아 해역의 거점항로라면 부산은 하나의 결절지에 해당한다. 청일전쟁을 거치면서 로컬 부산은 지역적이고 세계적인 공간으로 부상한다. 부산을 향하는 제국의 시선이 뜨겁다. 퍼시벌 노웰, 샤를 바라, 사쿠라이 군노스케, 헤세 바르텍, 이사벨라 비숍, 카르네프의 여행기는 조선과 부산에 대한 지정학적 관심을 대변한다. 일본인 전관거류지를 향한 이들의 시선은 일본도시를 상상한다. 나가사키와 같은 일본도시의 경험을 다시 확인할 수 있기 때문이다. 이들의 시선에서 여러 가지 이중성이 드러난다. 식민도시 부산과 자연경관, 일본인 거주지와 조선인 거주지, 부산과 주변부 동래 등은 비대칭적인 양상을 보인다. 문명화 담론과 오리엔탈리즘이 중층화된 형태로 작동한다. 도시와 경관을 접근하는 태도도 부감의 시점을 견지하거나 원근법적 인식을 활용한다. 이로써 보는 자와 보이는 자의 권력관계가 형성된다. 이 지점에서 인종적 위계담론이 기입된다. 여행의 시기와 여행자의 입장에 따라서 식민도시의 이중 공간을 바라보는 시선에 편차가 생기기도 한다. 헤세 바르텍과 카르네프 등은 일본인과 조선인, 일본인 거주지와 조선인 거주지를 명료하게 구분하는 한편 그 경계의 혼종 양상을 주목한다. 이중도시와 혼종화는 식민도시를 이해하는 데 필수적인 두 측면이다. 하지만 제국의 시선은 이항대립적 논리로 차이와 갈등을 은폐하고 차단한다. 회화적 글쓰기를 통하여 풍경과 경관 그리고 생활양식을 개관함으로써 타자에 대한 지배와 소유를 강화한다.

다섯 사람의 여행기는 접촉지대 부산의 모습을 이해하는 데 도움이 된다. 전관거류지가 식민도시로 발전하는 양상이 구체적으로 서술되고 있다. 이들이 제국의 상상으로 서술의 편향을 보이거나 잘못된 인식지도를 그리고 있는 사실을 피할 방법은 없다. 번역과 문화교섭의 가능성이 비대칭적인 권력관계에 의하여 봉쇄되고 있기 때문이다. 식민도시 부산에 내재한 일본적 근대가 유럽과 일본의 혼재로 이해될 수 있다면 그 외부 또한 새롭게 인식되어야 한다. 부산과 주변부 동래가 철저하게 다른 공간으로 그려지고 있는 사실을 알 수 있다. 이는 조선의 인식과 큰 편차를 지닌다. 이는 조선인의 시각으로 바라본 부산에 대한 서술양상을 비교분석하는 후속 작업을 요청한다. 현 수준으로 19세기 말 조선인이 전관거류지를 기술한 사례는 찾기 힘들다. 그래서 우선 식민도시 부산의 형성과 발전에 개입하는 제국의 시선을 다층적인 스케일로 이해하는 일을 중요한 목표로 삼았다. 로컬은 지역과 세계의 개입으로 팽창한다. 여러 여행기들을 통하여 식민도시 부산이 변화하는 과정을 이해할 수 있다.

▌참고문헌

구모룡, 「접촉지대와 선박의 크로노토프」, 『동북아문화연구』 제49집 (동북아문화학
　　회, 2016).

구모룡, 「한국 근대소설에 나타난 해항도시 부산의 근대 풍경」, 『해항도시문화교섭
　　학』 4 (2011).

김종근, 「식민도시 인천의 거주지 분리 담론과 실제」, 『인천학연구』 14 (인천학연구
　　원, 2011).

다시로 가즈이, 정성일 역, 『왜관』, 논형, 2005.

도시사연구회 편, 『공간 속의 시간』, 심산, 2007.

마이클 크로닌, 이효석 역, 『팽창하는 세계』, 현암사, 2013.

메리 루이스 프랫, 김남혁 역, 『제국의 시선』, 현실문화, 2015.

사쿠라이 군노스케, 한상일 역, 「조선시사」, 『서울에 남겨둔 꿈』, 건국대학교출판부.
　　1993.

샤를 바라, 성귀수 역, 『조선기행』, 눈빛, 2001.

이사벨라 비숍, 이인화 역, 『한국과 그 이웃나라들』, 살림. 1994.

일레인 볼드윈 외, 조애리 외 역, 『문화코드』, 한길사, 2008.

최영호 외, 『부관연락선과 부산』, 논형, 2007.

카르네프, 김정화 외역, 『내가 본 조선, 조선인』, 가야넷, 2003.

퍼시벌 노웰, 조경철 역, 『내 기억 속의 조선, 조선 사람들』, 예담, 2001.

헤세 바르텍, 정현규 역, 『조선, 1894년 여름』, 책과 함께, 2012.

Casey Blanton, *Travel Writing the self and the world*, Routledge, 2002.

상하이의 憂鬱

: 1930년대 해항도시
상하이의 삶과 기억
- 김광주와 요코미쓰 리이치를
중심으로

최 낙 민 · 이 수 열

I. 들어가는 말

1925년 3월 12일, 중국혁명의 지도자 孫文이 北京에서 사망했다. 죽음을 앞둔 그가 국민당동지들에게 남긴 유서[1]에는 "지난 40년간 중국의 자유와 평등을 구하려는 국민혁명은 아직 성공하지 못했다. 이 미완의 혁명을 성공시키기 위해 민중을 일으켜 세우고, 중국을 평등하게 대우하는 민족과 연대해 최단 기간 내에 불평등조약을 철폐해야 한다"는 유촉이 담겨 있었다.

---

[1] "余致力國民革命, 凡四十年, 其目的在求中國之自由平等. 積四十年之經驗, 深知欲達到此目的, 必須喚起民衆及聯合世界上以平等待我之民族, 共同奮鬪. 現在革命尙未成功, 凡我同志, 務須依照余所著建國方略, 建國大綱, 三民主義及一次全國代表大會宣言, 繼續努力, 以求貫徹. 最近主張開國民會議及廢除不平等條約, 尤須於最短期間, 促其實現, 是所至囑."

쑨원은 세상을 떠났지만 그가 힘을 쏟았던 국민혁명은 계속되었고, 5월에는 廣州에서 개최된 제2회 전국노동대회를 통해 中華全國總工會가 성립되었다. 중화전국총공회는 1925년 2월부터 계속된 上海 일본계방적공장 內外綿에서 발생한 노사분쟁에 동참하여 이를 대규모의 반제국주의 운동인 '5·30운동'으로 발전시켰다.[2] 다음해 5월에는 쑨원의 유지를 이어받은 蔣介石이 국민혁명군을 앞세우고 北伐에 나섰다. 일본 본토를 방어하기 위해서는 조선반도에 일본 군대를 두어서 조선반도를 굳건히 지켜야만 하고, 조선반도를 방어하기 위해서는 조선과 땅이 이어진 만주를 지켜야만 한다[3]는 제국주의적인 논리에 기반 해 식민지 확장을 강행하던 일본의 군국주의자들은 '5·30운동'을 계기로 아시아의 경제 중심지 해항도시 상하이에서 중국의 내셔널리즘과 마르크시즘이 고양되는 데에 대한 경계를 높여갔다.

1931년 만주를 침략한 일본군부는 국제사회의 이목과 지탄을 피하기 위해, 1932년 1월 28일 음모를 꾸며 열강의 조계지가 자리한 상하이에서 사변을 일으키고, 군대를 파견하여 국민당군의 무장을 해제시켰다. 하지만 4월 29일 天長節 겸 전승축하기념식장에서 조선인 윤봉길이 폭탄을 던져 상하이파견군 사령관 시라카와 요시노리(白川義則) 등 주요 인사들을 척살하자 중국인과 조선인의 항일 의지가 다시 고양되었다. 이 사건으로 인해 프랑스조계에 기반을 두고 활동하던 대한민국임시정부는 상하이를 떠나야 했지만 장제스의 적극적인 지원을 약속받아 조국광복을 위한 항일운동은 새로운 전기를 맞게 되었다.

---

2) 이시카와 요시히로, 손승회 옮김, 『중국근현대사 3: 혁명과 내셔널리즘 1925-1945』(삼천리, 2013), 29~30쪽.
3) 한도 가즈토시, 박현미 옮김, 『쇼와사』 1(루비박스, 2011), 19~20쪽.

요코미쓰 리이치(橫光利一, 1898~1947년)는 1928년 4월 상하이에 도착해 한 달을 체류하면서 현지에서 활동하는 일본인들과 접촉하고, '5·30운동'에 관한 여러 가지 사건들을 취재하였다. 귀국 후, 요코미쓰는 준비한 자료들을 작품화하여 11월부터 『改造』에 단편소설들을 발표하고, 1932년에는 7편의 단편을 합쳐 장편소설 『上海』를 출판하였다. 일본제국주의의 식민지가 되어버린 조국을 떠나 만주에 체류하던 김광주(金光洲, 1910~1973년)는 1929년 의과대학 진학을 위해 상하이에 도착하였다. 이후 학업을 포기한 김광주는 "魔都라고 일컫는 國際都市, 온갖 人間의 惡德이 白晝에도 大路上에서 狂舞하고 있는 上海 法租界 한 구석"[4] 北永吉里十號에서 생활하면서 「上海와 그 여자」(1932년)라는 단편소설을 시작으로 「鋪道의 憂鬱」(1933년), 「長髮老人」(1933년), 「南京路의 蒼空」(1934년) 등을 통해 독립운동을 위해 상하이로 옮겨온 조선 지식인들이 겪는 우울과 방황, 조국의 보호를 받지 못하고 살아갈 수밖에 없는 청년들의 참담한 삶의 모습들을 그려내었다.

1920년대 30년대 식민과 제국, 자본주의와 공산주의, 내셔널리즘과 코즈모폴리터니즘과 같은 중층적 상황을 존재적 조건으로 안고 있었던 식민지 조선 출신의 작가 김광주의 삶과 짧은 기간 상하이에 체류했던 제국 일본의 작가 요코미쓰의 기억 속에서 우리는 '憂鬱'이라는 공동의 키워드를 발견할 수 있다. 일제강점기라는 조건 하에서 식민지민으로 살아가는 조선인들에게 우울은 그 층위야 어떻든 간에 전반적인 심리적 징후로 안고 있을 수밖에 없었을 것이고,[5] 자유민권운동이나 다이쇼(大

---

4) 김광주, 「上海時節回想記」上, 『世代』 통권29호(1965), 258쪽.
5) 정경운, 「근대 문인의 '사회적 얼굴로서의 우울」, 『한국문학이론과 비평』 제50집(15권 1호) (2011), 311쪽.

正) 데모크라시를 경험했던 일본의 지식인들 역시 제국과 식민지의 관계에 관한 논의의 과정을 통해 민족과 국가의 논리에 가로막혀 우울을 경험할 수밖에 없었을 것이다.[6]

우울이라는 감성은 자신을 둘러싼 세계의 폭력성과 그에 대한 자신의 무력감의 표현으로 나타나거나 혹은 이러한 세계를 돌파할 수 있는 힘으로 인식될 수 있다.[7] 민족과 국가, 혹은 조국이라는 논리에 막혀 적극적인 혁신세력으로 변신할 수 없었던 요코미쓰 리이치나 식민지민이라는 천형을 받은 김광주가 상하이에서 갖게 된 우울은 기실 그들이 조국과 대립되는 가치의 소유자임을 반증하는 것이면서, 동시에 트라우마로서의 조국에 대한 사랑을 보유하는 방식이기도 할 것이다. 그러나 두 사람이 가졌던 우울감은 분명한 차별성을 가질 수밖에 없었다. 본문에서는 김광주와 요코미쓰의 작품들을 통해 그들이 상하이라는 해항도시에서 갖게 된 우울감의 원인과 차별성을 알아보고자 한다.

II. 요코미쓰 리이치의 우울

1. 요코미쓰 리이치의 『상하이』

1928년 4월, 일본 문단의 신감각파를 대표하는 작가 요코미쓰 리이치

---

6) 이수열, 『일본지식인의 아시아 식민지도시 체험』(선인, 2018), 9쪽 참고.
7) 정경운, 앞의 논문, 329쪽.

가 상하이에 도착하였다. 1927년에서 1928년에 걸쳐 「신감각파와 코뮤니즘 문학(新感覺派とコンミュニズム)」, 「유물론적 문학론에 대하여(唯物論的文學論について)」와 같은 평론을 발표하여 마르크스주의를 비판했던[8] 요코미쓰는 문학적 동지인 아쿠타가와 류노스케(芥川龍之介)가 자살하기 전,[9] 자신에게 상하이를 다녀오라고 권유했기 때문이라는 출국의 변을 밝혔다. 하지만 그는 아쿠타가와와 나눈 구체적인 이야기에 대해서는 언급하지 않았다.

상하이에서 한 달을 체류한 요코미쓰는 귀국 후, 약 반년 후인 11월부터 상하이에 관련한 단편소설들을 발표하기 시작하였고, 1932년 7월에는 그동안 발표했던 7편의 단편을 모아 마침내 장편소설 『상하이』를 출판하였다.[10] 그는 책의 서문에 창작동기를 다음과 같이 밝히고 있다.

내가 이 작품을 쓰려고 한 동기는 뛰어난 예술작품을 쓰고 싶다고 생각했다기보다 오히려 자신이 사는 '비참한 동양'을 한번 알아보고 싶은 유치한 마음에서 붓을 잡았다. 그러나 지식인들 중에, 이 '5·30사건'이라는 중대한 사건에 흥미를 갖고 있는 사람들이 적을 뿐만 아니라 아는 사람들도 거의 없다는 사실을 알고, 한번쯤은 이 사건의 성질만큼은 알려주어야겠다고, 잊고 있던 청년시대의 열정이 되살아났다.

---

8) 菅野昭正, 『横光利一』(福武書店, 1991), 387쪽.

9) "다이쇼(大正) 데모크라시 시기 '모더니즘의 진행이 가져온 합리성의 세계에 균열이 일어나고, 합리적인 정신의 배후에 있는 암부'가 드러나자 당시 문학운동을 주도하던 아쿠타가와 류노스케는 '그저 막연한 불안'이라는 유서를 남기고 자살을 선택했다." 成田龍一, 『大正デモクラシー』(岩波書店, 2007), 184쪽.

10) "요코미쓰는 귀국 후, 11월 『改造』에 「風呂と銀行」을 발표했고, 이어 1929년 3월에는 「足と正義」를, 6월에는 「掃溜の疑問」, 9월에는 「持病と弾丸」을, 12월에는 「海港章」을 발표하였다. 근 3개월마다 같은 잡지에 발표했지만, 장편소설이 바로 완성된 것은 아니었다. 약 1년 후인 1931년 1월에는 「婦人海港章」, 또 10개월이 지난 11월에는 「春婦海港章」을 발표하고 마침내 장편소설을 완성했다." 和田博文 等, 『言語都市·上海 1840-1945』(藤原書店, 2006), 67쪽.

요코미쓰가 알아보고자 했던 "비참한 동양"의 실상은 어떠했고, 일본의 지식인들에게 알리고자 한 '5·30사건'에 대한 그의 결론은 무엇이었을까? 일본지식인들과 독자들에게 『상하이』는 어떻게 수용되었을까?[11] 요코미쓰는 이러한 문제에 대한 자신의 답을 제시하기 위해 부단한 노력을 경주하였다. 요코미쓰는 자신이 살고 있는 동아시아의 비참한 모습을 알아보고자 상하이에 체류하는 동안 현지의 다양한 일본인들을 만나고, 자료들을 수집하였다. 이러한 노력은 귀국 후에도 이어졌다.

> 나는 『상하이』라는 작품을 4년에 걸쳐 쓴 적이 있다. 그 사이에 나는 그곳에서 사온 상하이에 관한 책이나 잡지, 일본에서 발행된 것도 4, 5백 권 정도 손에 넣었다. 그것도 저자의 입장을 같이 하는 것은 선택하지 않고 다른 것들만 골랐기 때문에, 입장에 따라서는 견해가 서로 많이 다르다는 느낌과 함께, 상하이라는 곳이 사람들의 견해를 이렇게 복잡하게 만드는 특수한 장소라는 결론을 얻었다.[12]

요코미쓰는 취재와 기억에 의존한 단순한 기행문 쓰기를 거부하고, 4년이라는 시간을 투자하여 부단한 학습과 사색을 통해 마침내 『상하이』라는 장편소설을 완성한 것이다.[13] 이 작품의 배경이 '5·30사건'이라고는 하지만 그는 20년대와 30년대의 상하이를 통해 동양의 비참함을 그

---

11) "마에다 아이(前田愛)는 무라마쓰 쇼후(村松梢風)의 소설 『魔都』가 상하이를 식민지도시라는 하나의 차원으로 밖에 묘사하지 않았다면, 요코미쓰 리이치의 『상하이』는 식민지도시, 혁명도시, 슬럼도시라는 3중의 중첩된 도시구조를 나타내 보인다'고 평가하였다. 川村湊, 『アジアという鏡 極東の近代』(思潮社, 1989), 44~45쪽.

12) 横光利一, 「上海の事」, 和田博文 等, 『言語都市·上海: 1840-1945』, 73쪽.

13) "오늘 미즈시마(水島) 군이 와서 상하이 기행문을 쓰라고 했지만, 기행(紀行)으로 써버리면 재료가 살지 못한다. 많은 사람들이 그래서 실패하고 말았다. 그래서 나는 상하이가 가진 여러 재미를 굳이 상하이에 고집하지 않고, 그저 동양의 쓰레기 더미로 만들어 하나의 불가사의한 도시로서 그려보고 싶다. 그러기 위해서는 기행이나 단편으로 써서는 안 되고, 진득하게 시간을 들여 장편으로 쓰고 싶다." 위의 책, 71쪽.

려내기 위해 국내외에서 출판된 상하이 관련 서적과 잡지 4, 5백 종을 참고하여 내셔널리즘, 대아시아주의, 마르크시즘과 같은 사상문제뿐만 아니라 자본주의와 공산주의 등 복잡하게 얽힌 문제들에 대해 답을 찾고자 하였다. 그러나 요코미쓰가 내린 최종결론은 "상하이에 대해 정확한 판단을 내린다는 것은 아마 그 누구도 할 수 없는 일"이라는 것이었다.

요코미쓰는 독자들에게 상하이를 매개로 '비참한 동양'의 모습을 알리기 위해 다양한 인물들을 등장시켰다. 싱가포르에 소재한 일본계 목재회사의 상하이 파견 직원인 내셔널리스트 고야(甲谷)와 중국인 부호 錢石山의 논쟁을 통해 상하이를 축으로 동남아시아에서 벌어지고 있는 자본주의와 공산주의의 대립과 황인종과 백인종이라는 인종문제를, 아시아주의자인 야마구치(山口)를 통해서는 서양의 침략과 지배로부터 아시아를 구원할 수 있는 것은 일본의 군국주의라고 강변하고, 댄서 미야코(宮子)를 통해 상하이에서 일본과 경쟁하는 영국과 미국, 독일 기업의 각축전을 소개하였다. 또한 공산당원으로 '5 · 30운동'을 주도한 芳秋蘭이란 중국 여성을 등장시켜 주인공 산키(參木)와 마르크시즘에 관한 논쟁을 펼쳤다.

결론적으로 『상하이』는 일본의 군국주의화에 대해서는 찬성하지 않았지만 일본을 중심으로 한 황인종의 단결을 주장하는 아시아주의를 수용하고, 중국의 내셔널리즘과 결합한 마르크시즘의 확장에 대해서는 두려움을 가졌지만 일본의 식민지 확장정책에 대해서는 애써 무관심한 태도를 보였던 요코미쓰의 시대인식과 상하이 인식이 담긴 작품이라 할 것이다.

2. 산키의 우울

『상하이』의 주인공인 산키는 하얀 살결에 명민한 얼굴, 마치 고대나 중세의 기사와 같은 얼굴을 가진 인물로 형상되었다. 상하이의 번드 (bund) 外灘에 자리한 일본계 은행에서 근무하는 그는 10년이나 일본에 돌아간 적이 없었다. 전무가 빼돌려서 생긴 예금의 부족액을 펜 끝으로 메우는 부조리한 업무를 인내하며 살아가던 산키는 차츰 죽음의 매력에 이끌리고, 하루에 한 번 재미로라도 반드시 죽을 방법을 생각하는 인물이 되었다. 산키는 싱가포르에서 돌아온 오랜 친구 고야를 붙들고 술을 마시면 항상 이런 말을 했다.

> 넌 백만 엔을 손에 넣었을 때 성공했다고 생각하겠지. 하지만 난 목을 밧줄로 묶고 두 발로 받침대를 차 버렸을 때, 드디어 해냈다고 생각한다네.[14]

까뮈는 "진정으로 중대한 철학적 문제는 오직 하나뿐이다. 그것은 자살이다. 인생이 살 만한 가치가 있는가 없는가를 판단하는 것, 이것이 철학의 근본적인 질문에 대답하는 것이다"라고 하였다.[15] '죽음이란 무엇인가?'라는 질문을 한다는 것은, 곧 '어떻게 살 것인가?'하는 의문과 밀접한 관련이 있다. 경제적 성공을 쫓는 고야, 대아시아 건설을 꿈꾸는 야마구치와 달리 산키는 매일 지속되는 부조리한 생활 속에서 우울한 기분에 빠져 죽음을 반복적으로 생각하고, 특정한 계획 없이 반복적으로 자살에 대해 생각하는 우울장애를 가진 인물로 변해갔다. 그러나 살

---

14) 요코미쓰 리이치, 김옥희 옮김, 『상하이』(小花, 1999), 20쪽.

15) 헤르만 헤세 외, 권태현 편, 『자살, 어느 쓸쓸한 날의 선택』(책나무, 1990), 11쪽.

만한 가치가 없는 세상에서 언제나 그의 자살을 막는 것은 "그토록 계속 고생만 하면서도 여전히 더욱 따뜻한 편지를 보내오는 어머니 생각"이었다. 산키가 떨쳐 버리지 못하는 어머니의 이미지는 곧 모국 일본을 지시하는 것이기도 하다.16)

> 산키는 목화에서 꽃피기 시작한 거대한 영국의 세력을 생각할 때마다 모국의 현실을 걱정했다. 그의 눈에 비친 모국은, 계속 인구가 급속하게 증가했다. 생산력에 대해 말하자면? 모든 원료의 생산지가 다른 여러 나라들과 마찬가지로 이제는 거의 중국 이외에는 없었다. 그리고 경제력은 중국으로 흘러들어 온 채 행방불명이 되었다. 사상은? 작은 배 안에서 끓어오르면서 바로 그 작은 배를 전복시키자고 외치고 있다.17)

상하이에서 미국, 유럽 열강들과 경쟁에 나선 일본은 급속한 인구증가와 낮은 생산력, 경제발전을 위한 원료확보의 어려움 등으로 서구에 비해 경제력은 열세에 있었고, 사상계에서도 마르크시즘의 도전을 받고 있었다. 일본의 군국주의자들과 식민주의자들은 이러한 총체적 난국을 타파하기 위해 조선과 중국 진출에 혈안이 되어있었다.

> 그는 중국의 직공을 동정하고 있었다. '하지만 중국에 매장된 원료를 동정심 때문에 캐내지 않는다면, 생산의 진보가 어떻게 가능할까? 어떻게 소비의 가능성이 있을 것인가? 자본은 진보를 위해서 모든 수단을 동원해서 매장된 원료를 발굴하는 것이다. 직공들의 노동이 만일 자본의 증대를 증오한다면 반항하라, 반항을.' … 만일 일본이 중국 직공을 고용하지 않는다면, 일본을 대신해서 그들을 고용하는 건 틀림없이 영국과 미국일 것이다. 만일 영국과 미국이 중국 직공을 쓰게 된다면, 일본은 마침내 그들을 위해서 고용되는 사태에 이를 것이다.18)

---

16) 요코미쓰 리이치, 『상하이』, 11쪽, 역자의 말.

17) 위의 책, 123쪽.

산키는 모국의 군국주의와 식민주의적 행보에 전적으로 동의하지는 않았고, 자기가 조국을 사랑하는 감정이 일본의 자본가나 부르주아계급을 사랑하는 것과 같은 결과가 된다는 것에 대해 어느 정도 불쾌함을 느끼고 있었다. 그러나 그는 상하이에서 생활하며 일본이 한 발 한 발 전진하는 파동을 몸으로 느끼며 기뻐하는 인물이었고, 모국 일본을 사랑하지 않을 수 없는 인물이었다. 산키가 상하이에서 갖게 된 우울감과 자살 충동은 자국의 발전을 위해 타국의 일방적인 희생을 강요하는 모국과 대립되는 가치관을 가졌다는 점에서 기인한다고 할 것이다.

해외 지사에서 근무하며 비리를 자행하는 상관의 권력에 도전하는 것이 곧 모국에 대한 도전이 된다는 현실을 몰랐던 산키는 결국 해고되었다. 그러나 그는 마르크스주의자들이 주도한 노사분쟁으로 곤경에 처한 일본계 방적회사에 의해 다시 고용되었다. 산키는 파업현장을 통해 모국의 산업자본이 서구열강과 중국의 내셔널리즘, 마르크스주의의 협공을 받아 힘겨운 싸움을 펼치고 있다는 인식을 갖게 되었다. 그러나 파업과 시위가 확산되는 소용돌이 속에서 주동자격인 공산당원 芳秋蘭을 사랑하게 된 산키는 그녀와의 대화를 통해 또 다른 우울을 갖게 되었다.

"중국 사람들이 일본의 부르주아 계급을 공격하는 건 결과적으로 일본의 프롤레타리아를 학대하는 것과 마찬가지라고 생각하는" 산키에게 芳秋蘭은 "저희들은 일본에 프롤레타리아의 시대가 오도록 하기 위해서 일본의 부르주아 계급에 반항"하는 것이라며 프롤레타리아 혁명의 정당성을 설명한다. 하지만 산키는 이를 수용할 수 없었다. 산키는 "중국이 지금 외국 자본을 배척함으로 해서 얻는 것은 중국의 문화가 그만큼 다

---

18) 위의 책, 144쪽.

른 나라한테 뒤떨어지게 되는 것뿐이 아닐까 생각합니다"라고 자신의
생각을 강변했지만 芳秋蘭은 "중국인에게 물밀 듯 밀려오는 각국의 무
력으로부터 도망치기 위한 방편으로 마르크스주의 이외에 다른 사상이
있다고 생각하시나요"[19]라고 반문한다. 芳秋蘭과의 대화를 통해 마르크
스주의자들처럼 자신을 세계의 일원이라고 생각할 수 없고, 모국의 자
본을 보호해야 한다는 일본인으로서의 자각이 되살아 난 산키는 또 다
시 우울해질 수밖에 없었다.

공산주의자인 중국 여성을 사랑하게 된 산키는 중국인과 일본인, 프
롤레타리아와 부로주아, 식민과 제국이라는 넘을 수 없는 벽이 가져온
우울감에 빠져 괴로워하면서도 중국인 복장을 하고 芳秋蘭을 찾아 시위
현장을 배회한다.

> 이러한 민족운동 속에서, 그러나 산키는 본능에 의해 자신이 자살을 결행
> 하려고 한다는 걸 알았다. 그는 자신에게 자살을 유도하는 모국의 동력을 느
> 낌과 동시에, 자신이 스스로 자살하려 하는 건지 강요당하는 건지를 생각했
> 다. 그러나 무엇 때문에 이처럼 자신의 생활은 가는 곳마다 어두운 걸까? 그
> 는 자신의 생각이 자발적인 것이 아니라, 모국에 의해서 강요당한 것이라는
> 느낌이 들었다. 이제 그는 스스로 생각하고 싶다. 그건 아무것도 생각하지
> 않는 것이다. 그가 그를 죽이는 것.[20]

사람은 더 이상 살아갈 어떠한 목적도 이유도 찾을 수가 없을 때 자
살을 기도한다. 어머님이 계시는 모국 일본을 떠나 상하이에 살게 되면
서 산키는 언제나 자살을 생각하며, 살아가는 것의 덧없음과 우울함에
빠져들었다. '5 · 30운동'의 현장에서 마침내 죽음과 우울감에서 벗어나

---

19) 위의 책, 156~162쪽.
20) 위의 책, 240쪽.

지 못하는 이유를 고민하게 된 산키는 자신이 스스로 살아가고 있는 것이 아니라, 어머님과 조국이라는 他意에 의해 살려지고 있었다는 것을 발견하였다. 그렇다면 모국은 왜 산키에게 자살을 강요하고 있었을까?

> 세계대전 이후 일본의 閉塞感은 이중적인 것이었다. 국내적으로는 혁명의 위기감이 팽배하는 한편, 국제적으로는 비 백색인종으로서 또 후발 제국주의 국가로서 선진 백색인종 제국주의국가로부터 진로가 가로막혀 있다고 생각했고, 그리고 식민지 보유국으로서 조선인이나 중국인의 민족주의운동에 의해서도 위협을 받고 있다고 느꼈다.[21]

산키의 우울감은 1차 대전 이후 일본 사회가 가지고 있던 앞날이 보이지 않는 듯한 현실에 대한 두려움(閉塞感)뿐만 아니라 사회적인 동요를 유발하는 마르크시즘에 대한 일정한 두려움에서 기인한 것일 수도 있다. 요코미쓰는 '5 · 30사건'은 항일에서 시작되었지만 곧 영국에 대한 저항으로 전환되었고 마침내 排外까지 팽창했다가 종식되었지만, 이때에도 그 핵심에는 러시아 공산당이 참가하고 있었다[22]고 믿고 있었다. 공산혁명으로 조국에서 밀려나 상하이의 거리를 구걸하며 다니는 구 러시아 귀족들의 몰락상을 직접 확인한 산키는 결코 공산혁명을 수용할 수 없었다.

일본계 면방적공장의 열악한 노동환경에서 저임금과 고된 노동에 고통 받는 중국인 직공을 동정하고, 혁명사상이 가져온 코즈모폴리터니즘을 이성적으로는 인정했지만 결코 이를 수용할 수 없었던 산키가 가진 우울과 자살 충동은 요코미쓰 리이치가 가진 세계관과 모국의 정책과의 모순과 갈등에서 기인한 것이라 할 것이다.[23]

---

21) 鹿野政直, 『大正デモクラシー』(小學館, 1976), 316쪽.

22) 横光利一, 「静安寺の碑文」 URL: https://www.aozora.gr.jp/cards/000168/files/56935_57090. html.

3. 산키와 오스기

요코미쓰는『상하이』에서 순종과 희생을 미덕으로 여기는 전통 일본 여성과 달리 가정이나 국가의 속박으로부터 벗어나 자율적 개체가 되기를 지향하는 여성인물들을 등장시켰다. 중국인 부호 錢石山의 첩이 된 후 터키탕을 경영하며 자신의 취향에 맞는 손님을 골라 즐기는 오류(お柳), 서양인들에 둘러싸여 일본인 따위는 상대하려고 하지도 않는 그래서 스파이일지도 모른다는 의심을 받는 자유로운 삶을 추구하는 댄서 미야코(宮子), 공산당원으로 파업에 깊이 관여하고 반제국주의 반부르주아 혁명의 길을 걷는 芳秋蘭은 자신의 의지와 욕망에 충실한 삶을 살아가는 인물들이다. 그녀들은 모두 산키의 사랑을 받기를 희망했지만, 산키의 마음속에는 언제나 일본으로 시집 간 교코(競子)가 자리하고 있었다.

산키는 항상 터키탕 여자들의 어깨 너머로 자신의 얼굴을 물끄러미 바라보기만 하던 말수가 적은 湯婦 오스기(お杉)를 마음에 두었다. 산키의 또 다른 모습이라고 할 수 있을 아시아주의자 야마구치도 많은 것들이 넘쳐나는 상하이의 거리에서 어디로 가야할지 방황할 때면 오스기를 떠올렸다. 그러나 다른 여성들과 달리 언제나 희생을 감내하며 조국과 자아 사이에서 갈등하고 우울해 하는 자신을 안아주는 오스기(お杉)는 산키의 또 다른 우울의 근원이었다.

---

23) "요코미쓰는 상하이에서 일본 제국주의의 탐욕과 중국의 저항적 내셔널리즘의 대립을 목도하지만, 결국 '아시아주의'라는 일본제국의 이데올로기를 버리지 못한다. 산키의 우울과 허무는 이러한 갈등과 대립 구도에서 발생한 것으로 요코미쓰의 모더니즘은 끝내 상하이의 모던의 각축장에서 파국을 맞게 된다고 할 수 있다." 정은경, 「상하이의 기억: 식민지 조선인과 제국 일본인의 감각─김광주와 요코미쓰 리이치를 중심으로」, 『한국문예창작』 제17권 제1호(2018), 104쪽.

터키탕에서 등을 마사지해 줄 때마다 부끄러운 듯이 항상 뺨이 빨갛게 물들어 있는 오스기의 얼굴이 떠올랐다. 부끄러움을 모르는 수많은 방탕한 여자를 봐 온 야마구치는 오스기의 매끈매끈하게 빛나는 가무잡잡한 피부와, 속눈썹 밑에 물기를 머금은 검은 눈과, 다부져 보이는 발과 팔 등을 보면, 잊혀진 바위 뒤에서 아무 탈 없이 혼자서 성장하고 있는 어린 싹처럼 느껴졌다.[24]

요코미쓰가 형용한 오스기는 마치 일본 어느 산골마을의 소녀와도 같이 순수하고 건강한 모습이다. 그러나 비평가들은 산키와 오스기, "이 두 남녀는 상하이에서 신세를 망치는 일본인의, 말하자면 전형적인 인물"로서 형상화된 인물이다. "그들은 빈털터리고, 상하이라는 진흙탕 위에 모여 있는 쓰레기, 배설물과 같은 종류이다"[25]라고 분석하였다. 하지만 오스기의 타락을 일방적으로 개인의 문제로 환치하고, 그녀를 '쓰레기, 배설물'로 치부하는 것은 문제가 있어 보인다.

오스기는 자신이 어떻게 해서 이 상하이까지 흘러왔는지 지금은 그 기억마저 희미해졌다고 했다. 그러나 친척의 말을 종합해보면 어쩌면 그녀는 군국주의 일본에 의해 버려진 국민, 捨石[26]일지도 모른다.

아버지는 육군으로 훈련 중에 갑자기 돌아가셔서 어머니 혼자 힘으로 오스기를 키우던 참에, 어느 날 연금지급국으로부터 오스기의 어머니에게 주었던 연금은 부당하니까 그날까지 준 연금 전부를 반환하라는 명령을 받았다. 물론 오스기의 어머니에게는 오랜 세월 동안 받아 왔던 연금을 되돌려준다는 건 불가능한 일이었다. 앞으로 연금 없이 생활하는 것이 불가능하다는 것도

---

24) 요코미쓰 리이치, 『상하이』, 47쪽.

25) 川村湊, 『アジアという鏡 極東の近代』, 34쪽.

26) 오스기를 신부 후보로 생각하고 있던 산키는 그녀를 겁탈한 고야에게 "자네는 오스기를 어떻게 생각하나?"하고 물었다. 고야는 "그 여자? 그 여자는 내게 있어서는 捨石이지"라고 대답한다. 산키는 "자네의 捨石을 줍는다고 해서 자네에게 불만은 없겠지?"(『상하이』, 273쪽)라며 이 소설의 결말을 암시한다.

물론 알고 있었다. 그 때문에 그녀의 어머니는 너무나 슬픈 나머지 자기 손으로 목숨을 끊어 버렸던 게 틀림없다.[27]

아버지와 어머니를 죽음으로 몰아넣고, 일가친척 하나 없는 상하이로 자신을 내몬 조국에 대해 아무런 원망도 갖지 못하고, 질투에 빠져 자신을 거리로 내몬 터키탕 주인 오류에게 항의하지 못하고, 쫓겨난 그날 밤 자신을 겁탈한 것이 산키인지 고야인지 묻지도 못하고, 끝내는 구질구질한 골목에서 몸을 팔아 살아가는 거리의 여자로 전락한 자신의 운명을 받아들일 수밖에 없는 오스기는 분명 당시 일본 사회가 양산한 교육받지 못한 극단적인 소외계층인 것이다.

> 오스기는 저절로 눈물이 흘러내리는 걸 느끼자, 자신이 이렇게 된 것이 누구 때문인지를 따져 묻지도 않았을 뿐만 아니라, … 이제 오스기의 머리에서는 갑자기 어머니의 모습은 사라져 버리고 밤마다 바뀌는 손님들의 얼굴이 하나씩 떠올랐다. … 누군가 친절한 손님이라도 골라서 일본에 한번 돌아가 볼까 하는 생각을 문득 했다. 그녀는 일본에 대해서 이제는 거의 아무것도 몰랐다.[28]

요코미쓰는 "모국을 인정하지 않고 상하이에서 일본인이 할 수 있는 일이란 거지와 매춘부 이외에는 없다"고 하였다. 그렇다면 산키 자신이 은행에서 해고되고, 오스기가 거리의 여인이 된 것은 두 사람이 자신의 모국 일본을 인정하지 않은 결과였을까?

모국 일본으로부터 버림받은 오스기에게 해서는 안 될 짓을 한 고야는 "아니, 하지만 단지 5엔 정도 쥐어 주면 그걸로 그만이지 뭐. 그런 일로

---

27) 요코미쓰 리이치, 『상하이』, 212쪽.
28) 위의 책, 212~213쪽.

양심에 가책을 느끼면서, 상하이에서 빈둥거리는 비경제적인 놈이 있을까?'하고 반문한다. 하지만 그런 일로 양심의 가책을 느끼는 비경제적인 '놈'이 바로 산키였다. "산키는 간밤에 잔뜩 화가 나 있던 오류의 얼굴을 떠올리고, 오스기의 불행의 원인이 결국 자신에게 있다는 걸 알고는 우울해졌고", 오스기를 자신의 여인으로 받아들일 자신이 없어 올가라는 러시아 여인과 함께 시간을 보내면서도 "문득 집에 두고 온 오스기를 어떻게 할 것인지를 생각하면 그 장소와는 어울리지 않게 우울해졌다."

산키는 "무엇보다도 고리타분한 도덕을 사랑해 왔다. 이 중국 땅에서 성에 대해서 낡은 도덕을 사랑하는 것은 태양처럼 신선한 사상이라고 생각하고 있었던 것이다." 순결한 모국과도 같은 교코를 사랑하고 있다고 믿어왔던 산키는 조국으로부터 버려진 오스기를 진정으로 사랑할 수 없었고, 그녀를 대하거나 생각하면 언제나 우울해질 수밖에 없었다.

III. 김광주와 상하이의 우울

1. 김광주와 「鋪道의 憂鬱」[29]

일본제국주의의 식민지민이라는 天刑을 받고 태어난 김광주는 경기중학을 중퇴하고, 고향 수원을 떠나 만주에서 병원을 운영하며 독립운동을 하던 형 金東洲의 집에서 잠시 머물렀다. 의사가 되라는 형의 강

---

29) 본 절의 내용은 최낙민, 「金東洲의 문학작품을 통해 본 海港都市 上海와 韓人社會」, 『동북아문화연구』 제26집 (2011), 197~199쪽의 내용을 참고, 수정 보완하여 실었다.

권에 못 이긴 그는 1929년 7월 의과대학 진학을 위해 단신으로 大連에서 배를 타고 상하이 일본인촌의 현관이라 불린 楊樹浦碼頭에 도착했다. 法租界 望志路(현 興亞路) 北永吉里十號에 거처를 정한 김광주는 도산 안창호의 흥사단, 백범 김구선생의 사업에도 참여하며 민족지도자들의 관심과 사랑도 받았다. 그러나 작가의 꿈을 접지 못한 김광주는 결국 학업을 포기하고, 조국광복의 그날을 위해 투쟁하는 '지사들의 거리' 프랑스조계 霞飛路에서 金明水와 함께 『習作』이라는 동인지를 만들었다.

'지사들의 거리'에서 자유주의자 鄭海里, 李何有 등과 교류하며 "인생을 論하고, 革命을, 獨立을 그리고 人間의 自由를" 고민하게 된 청년 김광주는 자연스럽게 무정부주의를 표방한 南華韓人靑年聯盟의 일원이 되었다. 鄭海里와 함께 亭子間에 웅크리고 앉아 "獨立運動者然, 革命家然하는 不純分子들의 聲討文도 썼고, 共産獨裁의 앞잡이 노릇을 하는 靑年團體의 聲討文도 썼고, 日本帝國主義打倒, 密偵의 근절을 절규하는 檄文도 썼다."[30] 그리고 정신적인 보헤미안을 지향하는 동지들을 규합하여 동인지 『보헤미안』을 만들고, '보헤미안劇社'를 조직하여 본격적인 예술활동에 돌입하였다.

> 막연한 祖國光復, 生命維持, 그리고 革命家의 後裔라는 優越感속에서 그날 그날을 살아가고 있는 法租界 靑年들 틈에서, 演劇이니, 藝術이니 人間性의 自由니하는 따위를 떠들고 있는 一群의 보헤미안들이야 말로, 그들로서는 白眼視해야할 존재였고 異端者들의 무리에 지나지 못했을 것이다.[31]

김광주가 특히 존경했던 안창호 선생은 친히 이단의 길에 들어선 그

---

30) 김광주, 「上海時節回想記」 上, 260쪽.

31) 위의 글, 267쪽.

를 찾아와 "전도 有爲한 靑年들이 祖國光復에 전념해야 할터인데 演劇
이니 藝術이니하고 날뛰는 것이 마땅치 않다는"[32] 말투의 말씀을 주셨
지만 그렇다고 그의 행동을 무조건 꾸지람하지도 않았다. "國籍도 없고,
또 國籍을 누가 인정해주지도 않는 청년들이 허줄구레한 모습으로 國際
都市 뒷골목을 어깨가 축쳐져서 돌아다니는 모습은 집씨보다 뭣이 달랐
으랴!" 혁명과 예술, 내셔널리즘과 아나키즘 사이에서 우울감에 빠진 김
광주는 자신을 집시와도 같은 보헤미안이라 自慰했고, 그의 동지들을
霞飛路의 "아무 필요도 없는 隊列밖의 인간들"이라 했다. 그러나 그들은
결코 放縱한 생활에 빠지거나 우울감에 자살을 기도하지도 않았다.

　"一切의 支配가 싫은 젊은 世代", 우리는 이런 精神과 生活態度를 주장하면
서도 各自의 올바른 길을 찾아보자는 신념에서 살려고 애썼다. '祖國'이란 것
이 우리에게는 그리 매력있는 存在도 아니었다. 허울좋은 愛國者니, 革命鬪
士니하는 僞과 獨善도 우리는 보기 싫었다. … 으스러지도록 부둥켜안아보고
싶고, 그품에 안기워보고 싶은 '祖國'이면서도, 우리들에게 몸부림만 치게하
고 들볶기만 하고 日警의 칼자루 밑에 꽥소리도 못하는 '祖國'….[33]

　일체의 권위와 지배를 거부하고, 일체의 국가조직을 부정하는 아나키
스트가 되었지만, 김광주에게는 대항할 국가조직도 조국도 없었다. 그
가 대항해야 할 것은 상하이 일본영사관 日警의 칼자루와 그들이 고용
한 조선인 밀정들이었다. 일본제국주의의 식민지 조선에서 태어난 그의
내면에는 언제나 우울감이 자리했고, 아나키스트를 지향하면서도 조국
의 품에 안기우고 싶은 보헤미안이 되어갔다. 때문에 김광주가 상하이

---

32) 위의 글, 254쪽.

33) 위의 글, 267쪽.

에서 발표한 시와 산문, 소설에는 '憂鬱'이라는 단어가 빈번이 출현했고, 우울은 식민지민 김광주와 그의 동지들을 끝없이 괴롭히는 화두가 되었다.[34] 「鋪道의 憂鬱」과 「長髮老人」은 조국의 광복을 위해 상하이로 건너온 조선의 지식인들이 정치사상과 논리가 서로 각축하는 소용돌이에 휘말리고, 경제적 빈곤에 허덕이며 우울감에 빠져드는 모습을 담고 있다.

「鋪道의 憂鬱」의 주인공 철은 "일을 하겠다고" 상하이를 찾아든 운동가였다. 하지만 중국 여인과 사랑에 빠진 철은 운동의 길에서 벗어나 끼니와 아내의 출산경비를 걱정하는 룸펜이 되었다. 어쩌면 철은 중국 여성 王學芬과 사랑에 빠져 혁명의 길을 벗어나 도피 길에 올랐던 김광주의 분신과도 같은 인물일 것이다.

> (이년 전) 그러나 그때에는 '철'에게도 젊은이의 정열이있었다. 굶주림과 헐 버슴을 같이하고 세상을 바로잡어 보겠다는 든든한 同志들이 있었다. 저녁을 못먹고도 밤을 새우며 얼골과손에 먹투성이를하고 등사판 '로-러'를 굴넛섰다.[35]

産痛으로 괴로워하는 아내를 위해 병원비를 마련해야만 하는 절박한 순간에도 철의 머릿속에는 "안전지대를 차저와서 일을하겠다는 것은 거짓말이다 비열한 일이다 조선으로 다시드러가야한다"는 말을 행동으로 옮기고, "격문을 뿌리다가 잡혀서 조선으로나간 여러 동지들의 얼골이

---

34) "한숨과 歎息이 피끓는 젊은이의 糧食될수없음을 내모르는 바아니로되 그러나 또한내게 어찌 이黃昏! 이바다의 憂鬱한呼吸에 탈을씨워바하도다! 우렁차도다! 거룩한人間의 感情에粉칠을하랴! 아아! 내게도 한個의感歎詞를 더許諾하라!" 김광주, 「바다에서 黃昏을 안고」, 『東亞日報』, 1935. 8. 23.

35) 김광주, 「鋪道의 憂鬱」, 연변대학교 조선문학연구소 김동훈·허경진·허휘훈 주편, 『김학철·김광주 외』(보고사, 2007), 267~274쪽.

차례없이" 달음질치고 있었다.

　한때 남화연맹에 참가했던 김광주처럼, 동지들과 함께 세상을 바로잡겠다는 열정으로 가득했던 시절 철에게 배고픔은 문제가 아니었다. 하지만, 젊은 날의 사랑을 선택한 철은 이 순간 "계집에게 정신을쏘더 그래 가정생활의 맛이 어떠하냐!"라고 비판하던 동지의 말을 떠올리며 병원비를 마련하기 위해 무작정 鋪道로 나선다. 철은 전향과 생활고라는 이중의 중압감에 짓눌려 좌절과 우울에 빠져들고 있었다.

　김광주가 이야기하는 "鋪道의 憂鬱"은 단순히 경제적 소외에서 기인하는 것이 아니라 혁명의 길에서 벗어난 후회, 죽음을 불사하고 투쟁하는 동지들에 대한 부채의식, 그리고 그가 선택한 길에 대한 후회감이 서로 엉킨 초라한 자신을 둘러싼 세계의 폭력성과 그에 대한 자신의 무력감의 표현일 것이다.

2. 김광주와 「野鷄」[36]

　김광주가 가진 또 다른 우울은 일제의 식민지가 되어버린 조국의 보호를 받지 못하고, 만주로 상하이로 내몰린 가난한 동포들의 삶에 대한 동정과 책임감에서 기인한다. 1930년대가 되면서 상하이 이민자 가운데에는 생계형 이주자가 많아졌다. 변변한 삶의 방편을 갖지 못한 채 제국일본인들에게 밀려난 조선의 유민들이 궁여지책으로 선택하게 되는

---

36) 본 절의 내용은 최낙민, 「金光洲의 문학작품을 통해 본 海港都市 上海와 韓人社會」, 194~197쪽의 내용을 참고, 수정 보완하여 실었다.

것이 아편밀매와 계집장사였다.[37] 1936년에 발표한 「北平서 온 슈監」과 「野鷄」의 주인공은 고향에서 밀려나 間道, 北京을 거쳐 막장 상하이까지 밀려온 이들 하층 이주민이다.

「野鷄」의 여주인공 이쁜이는 요코미쓰 리이치의 『상하이』에 등장하는 오스기보다 더 지독한 운명을 가진 인물이다. 그러나 오스기와 달리 이쁜이는 자신이 어떻게 몸을 파는 여자가 되어 "그럴듯한 洋裝을 입혀가지고 코큰사람들의 歡樂場으로 提供"된 상하이라는 국제적인 식민도시까지 밀려오게 되었는지 명확하게 기억하고 있었다. 어려운 환경에서도 작가가 되겠다는 꿈을 키우던 그녀는 오빠를 죽인 살인자 부면장의 첩실이 되기를 거부하고 홀어머니와 함께 고향 밤나무골을 야반도주 하듯 떠났다. 16살 어린 조카를 만주로 불러들여 되놈에게 팔아먹자는 망나니 삼촌의 흉계에 걸려든 것이다. 이쁜이는 만주에서 자신이 목격한 식민지 조선 백성의 비참한 삶과 자신의 아픈 기억을 토해냈다.

> 농사를 짓다 짓다 안되면 악에 받쳐 아편장사, 그도 맘대로 안되면 남의 집 유부녀와 처녀를 꼬여내 가지고 계집장사, 만주로 용뿔이나 뺄 것같이 나온 사람들의 말로가 모두 이렇구나. … 나는 돈 앞에 눈깔이 뒤집힌 우리 삼촌을 저주한다. 또 전쟁, 십 육년동안 고이 간직한 나의 정조를 빼앗아 간 싸움을 저주한다. 그리고 어머님을 빼앗아간 전쟁을 저주한다. 이 땅에서는 억울히 죽는 것은 죄없는 백성뿐이었다. 土匪를 칩네 공산군을 칩네 하고 밤낮 싸움질이요, 그런 싸움질이 한번 일어날 때마다 깨끗한 몸에 씻기 어려운 흠집을 받거나 그렇지 않으면 목숨조차 건지지 못하는 여자가 얼마나 많았겠니?[38]

37) "(아편밀매의) '오로시모토(총도매상)'는 외국인이다. 그들은 ×艦에다 싣고 오기까지 한다. 결국은 조선인이 그 수족 노릇을 하는 것으로, 문제는 조선인은 대부분이 밀매를 한다는 것이다." 從軍文士 林學洙, 「北京의 朝鮮人」, 『삼천리』 제12권 제3호(1940).

38) 김광주, 「야계」, 연변대학교 조선문학연구소, 『김학철·김광주 외』, 298~313쪽.

"술과 오입과 갖은 망나니를 다 부리다가 5년 전에 할 수 없이 밤나뭇 골을 떠나 만주로 달아났던" 삼촌의 마수에 걸려들어 만주로 간 이쁜이는 일본군국주의가 벌인 전쟁터에서 國民黨軍에게 순결을 잃고 자포자기의 심정으로 몸을 파는 야계가 되었다. 중국 대륙을 구르고 굴러 마지막으로 흘러들어온 곳이 상하이였다. 상하이의 유흥가 大世界에서 야계로 살아가는 이쁜이의 삶은 제국주의와 자본주의의 거대한 음모에 휩싸인 힘없는 조선뿐만 아니라, 나라를 잃은 여성들의 삶을 대변하고 있다.

상하이라는 거대한 도시에서 얼굴색 다른 코즈모폴리턴들의 음모가 만들어낸 또 다른 산물은 매춘업이었다. 1920~1930년대 상하이에서 가장 열악한 삶의 조건에 처한 계층은 하층사회와 이민사회의 여성들이었다. 매춘은 사회 전체의 평균적인 빈곤보다는 오히려 경제적 불평등의 표현이었다. 자본주의와 식민주의의 혜택을 받지 못한 "이민, 소수민족, 날품팔이 노동자 등의 계층은 혜택 받은 계층에 비해서 항상 거대한 매춘의 공급원"으로 위치하게 되었다.[39] 전 세계에서 일확천금을 꿈꾸며 상하이로 모여든 남성들과 국가에 의해 동원된 각국의 군인들은 매춘시장의 주요한 소비자였고, 나라 잃은 조선과 러시아의 여성들뿐만 아니라 오스기와 같이 국가로부터 버림받은 일본의 어린 딸들이 상하이라는 이 거대한 매춘시장의 수요를 충족시키고 있었다.[40]

국권을 상실한 조선에서도 가장 소외된 계층인 소작농의 딸로 태어난

---

39) Vern Bullough & Bonnie Bullough, 서석연·박종만 옮김, 『매춘의 역사』(까치, 1992), 439 쪽.

40) 1932년 이후 상하이 한인사회에서 차지하는 여성의 비중이 점차 증가하기 시작하였다. 이러한 현상은 중일전쟁 후 일제가 조선에서 여성을 모집하여 상하이에서 위안소를 운영한 것과 관련이 있다. 1937년 11월부터 1938년 10월까지 상해로 끌려온 한인 여성이 1,006명에 달하였다. 孫科志, 『上海韓人社會史』(한울, 2001), 133쪽.

이쁜이는 자신의 망가진 운명이 일본제국주의와 세계자본주의의 거대한 음모에 의한 것임을 이해할 수 없었다. 하지만 거대한 자본의 음모가 난무하는 상하이에서 돈, 오직 돈만이 자기를 지킬 수 있는 방편이고, 돈만이 자신의 운명을 바꿀 수 있는 유일한 수단임을 점차 인식하기 시작했다.

> 소설도 시도 미지근한 세상의 동정도 나는 싫다. 돈, 돈만이 나를 구할 수가 있다. 나는 그것을 똑똑히 알았다. 어차피 이리 된 바에야 내몸은 어찌되든 좋다. 그대신 어느 놈이든 든든한 놈이 거리거든 나는 덮어놓고 바가지를 씌워 내 몸값을 해주고 시원스럽게 이곳을 떠나겠다. 그야말로 굴레 벗은 말같이 들을 훨훨 싸지는 닭의 떼같이 돈으로 계집의 몸을 저며가는 사내놈들. 나도 돈으로 사랑을 살 것이고 남편을 살 것이다.[41]

가난과 식민 그리고 전쟁의 와중에 몸을 파는 야계로 전락한 이쁜이의 현실인식은 "누군가 친철한 손님이라도 골라서 일본에 한번 돌아가볼까" 하는 생각을 가진 오스기와 달랐다. 상하이의 밤을 밝히는 요란한 '네온싸인' 아래에서 이쁜이는 돈으로 사랑을 사고, 돈으로 한 남자의 아내가 되어 "정말 귀여운 아들딸을 두 팔에 하나씩 안고 하루라도 다만 한 시라도 에미 노릇을 하다 죽고 싶다"는 소박한 꿈을 포기하지도 않았다.

상하이의 프랑스조계 '지사의 거리'에서 당파싸움에 골몰하여 진정한 조국광복의 길을 저버린 지사와 타락자, 일신의 안위를 위해 마약밀매상, 매음업자로 전락한 지식인, 일제에 전향하고 만 변절자들을 보며 우울감에 몸서리치던 김광주는 글을 통해 그들의 실상을 만천하에 드러내고자 하였다. 식민지가 된 조국 조선 땅에서 쫓겨나 상하이까지 밀려온

---

41) 김광주, 「야계」, 312~313쪽.

조선인의 비참한 삶과 자본주의와 군국주의의 거대한 음모에 빠져 몸을
파는 여성으로 전락해 버린 조선의 어린 딸들을 보며 김광주는 또다시
우울감에 빠지고 말았다.

IV. 해항도시 상하이

1863년 이후 상하이는 공공조계, 프랑스조계 그리고 華界로 분할된
우울한 식민도시였다. 요코미쓰의 『상하이』는 공공조계의 北四川路를
중심으로 한 일본인의 삶을, 김광주의 작품들은 프랑스조계의 霞飛路를
중심으로 한 조선인의 삶을 담고 있다. 본 장에서는 두 작가가 분절적
으로 묘사한 상하이를 살펴볼 것이다.

1. 요코미쓰의 상하이

1936년 요코미쓰는 『東京日日新聞』과 『大阪每日新聞』의 특파원으로
유럽에 가는 길에 두 번째 상하이를 방문했다. 나가사키에서 배를 탄
요코미쓰는 황푸강을 18km나 거슬러 올라가 상하이 일본인촌의 현관이
라 불린 楊樹浦埠頭에 도착하였다.[42] 그리고 10년 만에 다시 방문한 상
하이의 변모를 다음과 같이 기억했다.[43]

---

[42] 상하이의 두 관문인 楊樹浦碼頭와 浦東碼頭에 관해서는 최낙민, 「1920~30년대 한국문학에
    나타난 上海의 공간표상」, 『해항도시문화교섭학』 제7호(2012)를 참고 바람.

황푸강을 따라 부두로 들어설 때 보았던 강 양안의 모습은 10년 전과는 확연히 달라져 이미 대도시의 기상을 갖고 있었다. 아마 내가 본 도시들 중에 상하이를 제외하면 런던과 필적할 만한 대도시를 찾아볼 수 없으리라 생각했다. 파리에 도착한 후에도 여전히 내 머릿속에 떠오르고, 내가 관심을 가지고 잊을 수 없는 곳은 상하이였다. 이 도시에는 이미 런던의 그림자가 있고, 긴자와 파리, 베를린의 그림자도 있고, 뉴욕의 그림자도 찾을 수 있을 것 같다.[44]

요코미쓰의 소설 『상하이』는 황푸강변에 즐비하게 늘어선 洋行과 각국의 선박회사들이 만든 대형 부두들, 원양항해를 준비하는 선박에게 먼 바다의 기상정보를 알려주는 우뚝 솟은 기상신호탑, 상하이항을 통해 수출입 되는 물품들에 대한 관세를 징수하는 세관의 시계탑 등 와이탄의 야경에 대한 감각적인 묘사로 시작된다.[45] 밤안개가 걷히고 아침이 오면 이 거리는 인력거나 마차를 타고 출근하는 직장인들로 다시 활기를 되찾는다.

상업 중심지구로 들어서자 늘어선 은행들을 향해서 외환중개인들의 마차가 줄지어서 질주하고 있었다. 마차는 수많은 돌멩이를 던지는 듯한 말발굽 소리를 따가닥 따가닥 울리며 겹겹이 줄지어서 대로와 골목길을 달려왔다. 그 마차를 끄는 몽골말의 속력이 시시각각으로 뉴욕과 런던의 환시세를 움직이고 있는 것이다. … 그 위에 타고 있는 중개인들은 거의 유럽인이나 미국

---

43) 그는 유럽 기행을 마치고 약 반년 후인 1936년 8월 시베리아를 경유해 귀국했다. 그리고 다음해 10월 「静安寺の碑文－上海の思ひ出」과 「上海の事」(『ホームライフ』)를 발표하였다.

44) 横光利一, 「静安寺の碑文」 URL: https://www.aozora.gr.jp/cards/000168/files/56935_57090. html.

45) "만조가 되면 강은 물이 불어서 역류했다. 불을 끄고 밀집해 있는 모터보트의 일렁이는 뱃머리들. 늘어선 배들의 키. 육지에 내팽개쳐진 산더미 같은 화물들. 사슬로 묶인 선창의 검은 다리. 측후소의 신호기가 잔잔한 풍속을 가리키며 탑 위로 올라갔다. 항구의 세관 첨탑이 밤안개 속에서 부옇게 보였다." 요코미쓰 리이치, 『상하이』, 17쪽.

인이었다. 그들은 미소와 민첩함이라는 무기를 가지고 이 은행 저 은행을 뛰어다니는 것이다. 그들의 주식 매매의 차액은 시시각각으로 동양과 서양에서 경제 활동의 원천이 되어 늘었다 줄었다 한다.[46)

『상하이』는 도시 그 자체가 이야기 전개의 중심에 설정되어 있는 일종의 도시소설[47)이지만, 요코미쓰는 작품 속에서 상하이의 구체적인 지명을 의도적으로 적시하지 않았다.[48) 제국주의 열강의 금융자본을 상징하는 은행, 외환중개소, 금괴시장, 선박회사 등의 화려한 건물들이 늘어선 상하이의 번드 와이탄을 "상업중심지구"라 명명한 요코미쓰는 그곳에서 활동하는 사람들 대부분이 유럽인이거나 미국인이며, 그들의 매매차액에 의해 일본을 비롯한 동양의 경제가 결정된다고 하였다.

요코미쓰는 산키와 고야라는 두 주인공의 직장을 와이탄에 배치했지만 이 공간의 진정한 구성원이 아닌 듯 묘사하여, 이곳이 아직 일본의 지배력이 미치지 않는 공간이라는 우울한 인식을 드러내 보인다. 상하이의 경제를 농단하는 서양인들처럼 외환중개인이 되는 것이 꿈인 고야는 "앞으로 1년이다. 앞으로 1년 있으면 난 여기서 멋지게 거대한 부를 손에 넣고야 말 거야"하고 다짐하고, "전투심을 키우기 위해 강을 올라가는 필리핀 목재의 세력을 보려고 제방을 따라서 걸어 보았다."

---

46) 위의 책, 62~63쪽.

47) 위의 책, 9쪽, 역자의 말. 요코미쓰는 1935년 『상하이』의 최종결정판을 출판하고, 책의 서문을 통해 다음과 같이 밝혔다. "이 작품은 내 첫 장편소설이다. 그 무렵 나는 지금과는 달리 우선 外界를 바라보는 데 정신을 집중해야 한다고 생각했다. 때문에, 이 작품도 그 기획의 결과로 인물보다 오히려 자연을 포함한 외계의 운동체로서의 海港이 중심이 되어, 상하이가 나타나고 말았다."

48) "나는 가능한 한 역사적 사실에 충실하게 다가가려 했지만, 다가가면 갈수록 오히려 그 개관을 묘사할 밖에 없는 불편함에서 벗어날 수 없었다. 그래서 고유명사는 임의로 바꿔 독자의 상상력에 맡기는 유쾌하지 않은 방법까지도 여기저기에서 채용하였다." 和田博文 等, 『言語都市 · 上海: 1840-1945』, 68쪽.

요코미쓰는 상하이에서 진정한 일본인의 공간이라고 할 만한 곳은 蘇州河의 左岸과 虹口河로 둘러싸인 虹口지역이라 여겼다. 일본기업의 이 지역에 대한 최초의 자본수출은 1902년 미쓰이양행(三井洋行)이 上海紡績會社에 대해 부분적인 출자를 하면서부터 시작되었다.[49] 이후 상대적으로 지가가 낮은 이곳을 중심으로 일본기업들이 모여들기 시작했고, 1920년대에는 楊樹浦의 부두를 중심으로 세계적인 규모의 일본 방직공장타운으로 성장하였다.[50] 요코미쓰의 『상하이』의 역사적 배경, '5 · 30 운동'의 도화선이 된 노동쟁의가 발생한 곳 역시 바로 수저우하 북쪽 강변에 위치한 內外綿이라는 상하이 최대 규모의 일본방적회사였다.

일본과 영국은 공공조계에서 생활하는 자국민의 생명과 재산을 보호하고, 자국의 산업시설을 보호한다는 미명하에 일찍부터 황푸강과 수저우하가 만나는 지점에 군함을 정박시키고, 군인들을 배치하고 있었다.

산키는 창밖을 내려다보았다. 주둔한 영국 병사들의 천막이, 떼지어 있는 해파리처럼 끈을 내려뜨리고 늘어서 있었다. 잘 정돈된 총기들. 쌓여있는 석탄, 검소한 침대. 출렁이는 천막들 사이에서 갑자기 튀어 오르는 축구공.(『상하이』, 119쪽)

산키는 강 쪽을 보았다. 강에는 각국의 군함이 본국의 의지를 가지고 포열을 정렬하고 성채처럼 줄지어서 정박해 있었다.(『상하이』, 124쪽)

다카시게는 계단 위에서 공장 주위를 둘러보았다. 구축함에서 번쩍이는 탐조등이 안개구름을 비추며 돌고 있었다.(『상하이』, 198쪽)

---

49) 高村直助, 『近代日本綿業と中國』(東京大學出版會, 1982), 91쪽.

50) 日本上海史硏究會, 『上海人物志』(東方書店, 1997), 91쪽.

1928년 요코미쓰가 상하이를 방문했을 당시, 虹口區의 중심거리인 北四川路와 吳淞路를 중심으로 한 이 지역에는 2만 5천 명 이상의 일본인이 거주하고 있었고, 상하이에 거주하는 외국인의 47%를 차지하였다.[51] 당시 상하이의 일본인 사회는 會社派와 土着派로 나누어져 있었는데,[52] 소설에 등장하는 일본계 은행의 행원인 주인공 산키(參木), 싱가포르에서 아내를 구하기 위해 상하이로 온 일본계 목재회사의 영업사원 고야(甲谷), 東洋紡績의 직공 담당 책임자 다카시게(高重)는 급여로 생활하는 중간계층으로 虹口나 閘北에 마련된 회사 사택이나 아파트에서 생활하고 있었다. 현지 일본인들은 이 공간을 '리틀 도쿄'라 불렀다. 하지만 요코미쓰는 현지 일본인들의 생활공간과 그 주변 환경은 제국의 수도 東京의 모던함과는 비교할 수 없는 더럽고 비위생적인 공간이었음을 비슷한 어조로 반복적으로 강조하였다.

> 안개가 낀 도랑의 수면에는 마치 무늬처럼 끊임없이 기름이 떠서, 회반죽이 곧 떨어질 것 같은 수면의 기름을 핥고 있었다. 그 옆에서는 노란 병아리의 시체가 푸성귀 잎이랑 양말, 망고껍질, 지푸라기와 함께 모여서, 밑에서 부글부글 끓어오르는 새카만 거품을 모아서 하나의 작은 섬을 도랑 중앙에 만들고 있었다.[53]

---

51) 高橋孝助, 古厩忠夫 編, 『上海史』(東方書店, 1998), 123쪽.

52) "상하이 일본거류민의 직업구성으로 보면 상하이거류일본인은 5% 정도의 엘리트계층, 40% 정도의 중간계층, 그 외의 일반민중계층으로 나누어져 있었다. 엘리트계층은 商社·銀行지점장, 고급관리, 회사경영자 등으로 영국조계나 프랑스조계에 거주하고 있었다. 중간층은 紡績회사·은행·상사 등에 근무하는 급여생활자를 중심으로 하며, 그들 대부분은 사택이나 아파트에 거주하였다. 일반민중층은 중소상인층·중소공업의 감독·직공층, 음식·서비스업자, 각종 雜業층, 무직의 하층민으로 형성되어 있었고, 주로 虹口남부지역이나 閘北에 거주하고 있었다." 위의 책, 124쪽.

53) 요코미쓰 리이치, 『상하이』, 332쪽.

이 '리틀 도쿄'에는 神社, 東本願寺 같은 종교시설을 포함해 생활에 필요한 모든 편의시설들이 다 갖추어져 있었다. 현지의 일본인들은 虹口三角地市場에서 일본에서 직송된 살아있는 낙지나 아구, 숭어와 같은 해산물을 구입할 수 있었고, 거리에는 일본제품을 판매하는 상점들이 많아 나가사키에서의 생활과 차이를 느끼지 못하였다. 뿐만 아니라 터키탕과 댄스홀, 식당과 카페, 서점 등 여가생활을 즐길 수 있는 공간들도 확보되어 있었다.

소설 속의 등장인물들은 직장을 마치면 인력거나 마차를 타고, "곧 무너질 듯한 빨간 벽돌의 거리에서 뒤틀린 벽돌 기둥으로 받쳐진 깊숙한 골목 안에 자리한 터키탕"으로 모여들었다. 이 터키탕의 주인은 중국인 부호의 첩이 된 오류(お柳)였다. 또한 미야코가 상주하고, 공산당원 芳秋蘭이 출몰하는 사라센이라고 하는 일본인이 경영하는 댄스홀 역시 이 소설 속에서 중요한 공간으로 등장한다.

비평가들은 요코미쓰가 상하이라는 도시를 남김없이 다 서술했다고 평가하기에는 이 식민지도시의 한쪽 구석에 존재하는 일본인만을 지나치게 조명하고 있다고 말했다. 오히려 全景으로부터 의도적으로 멀어지려 하는 기색조차 보이는 것 같다[54]고 분석하였는데 타당한 평가라고 할 것이다.

2. 김광주의 상하이

1929년 7월 만주를 출발한 김광주도 대련에서 배를 타고 상하이 일본

---

54) 管野昭正, 앞의 책, 114쪽.

인촌의 현관이라 불린 楊樹浦埠頭에 도착했다. 프랑스조계로 가는 인력거 위에 앉은 소년의 눈앞에 상하이는 찬란하고 경이로운 도시의 풍모를 펼쳐 보였다.

> 무너질까 겁이 나는 數十層 高層建物, 摩天樓 밑으로 亂舞하는 어느 나라 人種인지도 알 수 없는 색다른 눈동자의 女人들. … '가든·부리지'를 미끄러지듯이 人力車가 넘어섰을 때, 그 앞에 전개되는 銀行街의 웅장한 건물에 나의 두눈은 휘둥그래지면서도, 가슴속에서는 두근두근 방망이질을 쳤다.[55]

法租界 望志路(현 興亞路) 北永吉里十號에 거처를 정한 김광주는 1938년 상하이에 진주하는 일본군을 피해 상하이를 떠날 때까지, 이 거리에서 생활하며 조국의 광복을 위해 모여든 식민지 조선인들의 우울한 삶과 고민을 작품 속에 담았다.

프랑스조계는 독자적으로 정치하고, 사법사무에 있어서도 공공조계와의 共助에 응하지 않았기 때문에 민족지도자들은 일본의 영향력이 미치지 않는 이곳에 항일독립운동의 총본부를 건설하였다. 1919년 프랑스조계의 중심도로인 霞飛路(현 淮海中路)의 남측 寶康里에 대한민국임시정부가 자리하면서 인근의 吳興里, 永慶坊, 永吉里, 新民里, 長安里 등에는 조선인들의 집거지가 형성되었다.[56] 조선인들은 일본의 방적공장과 같은 산업시설을 갖지는 못했지만, 이 거리에는 민족대표 33인중의 한 사람인 李甲成이 경영하는 濟衆藥房, 金時文이 경영하는 '金文公司'와 "아이스케키 전문의 꽤 아담하고 깨끗한 茶菓店이 있어" 한인들의 연락

---

55) 김광주, 「上海時節回想記」 上, 247쪽.

55) 김광주, 「上海時節回想記」 上, 247쪽.

56) 당시 프랑스조계 한인들의 삶에 대해서는 최낙민, 「1920~30년대 한국문학에 나타난 上海의 공간표상」을 참고 바람.

사무소 역할을 담당하고 있었다.

> 公共租界에 있는 日本領事館이 제 아무리 法租界에 있는 韓國사람에게 손
> 을 대고 싶어도, 佛蘭西의 專管區域인 法租界工務局 당국의 事前승락이나 싸
> 인이 없이는 단독으로 韓國사람을 체포하지는 못하게 되어있었고, 이런 기미
> 를 미리 민첩하게 알아차리고 연락을 하고 피신케하고 때로는 완강히 가로막
> 아버리는 중대한 임무를 一波는 꾸준히 담당해 왔었다.[57]

상하이 조선인의 항일운동에 촉각을 세우고 있던 일본영사관은 임시
정부와 여러 항일단체의 동향을 파악하기 위해 프랑스조계에서 생활하
는 조선인을 밀정으로 고용하여 조선인들의 모든 활동을 감시하고 있었
다. 이에 맞서 임시정부도 프랑스조계 공부국에 근무하는 一波 嚴恒燮
등의 도움을 받아 일본영사관의 동정에 주의를 기울이고 있었고, 누가
일본의 밀정활동을 하고 있는지 모든 촉각을 세우고 있었다. 소설가 김
훈은 그의 아버지 김광주를 회고하는 강연에서 이와 관련한 내용을 언
급하였다.

> 당시 상하이란 악머구리 같은 도시였다. 여기에는 혁명가들과 혁명가들의
> 목숨을 노리는 밀정들과 그 밀정의 목숨을 노리는 또 다른 밀정들이 횡행했
> 다. 이들은 '난데스카' 같은 술집에서 술을 먹었다. '난데스카'는 일본어로 '무
> 엇입니까'라는 뜻인데 술집의 이름이 나는 의미심장했다. 지옥 같은 1930년
> 대 상하이는 도대체 무엇이냐. 이들은 세상을 조롱하는 듯한 술집 이름을 걸
> 어놓고 술을 먹었던 것이다.[58]

---

57) 김광주는 당시 "佛蘭西工務局員으로 근무하던 一波 嚴恒燮이 上海獨立鬪士들의 신변을 陰으
로 陽으로 엄호해온 공적을 우리는 길이 잊어서는 안 될 것이다"라고 하며 그의 이름을
기억해 주길 원했다. 김광주, 「上海時節回想記」上, 258쪽. 김구선생도 『백범일지』에 엄항
섭에 대한 감사의 기록을 남기고 있다.

58) 김훈, 「내 아버지 김광주에 대한 회상」, 2016. 03. 17. URL: http://www.news1.kr/articles/

1932년 4월 29일 윤봉길의사의 의거는 상하이임시정부뿐만 아니라 이 거리의 한인사회에도 엄청난 변화를 가져왔다. 폭탄투척사건 이후 일본외무성, 조선총독부, 상하이주둔군 사령부가 김구선생의 목에 60만 원의 현상금을 내걸고 대대적인 체포 작전을 진행하자, 프랑스조계 당국도 더 이상 김구를 보호하기 힘들어졌다. 그러나 국민당 장제스의 적극적인 지원을 확약 받은 김구와 임시정부 요인들은 13년의 프랑스조계 생활을 정리하고 杭州로 탈출하게 되었고, 많은 항일지사들도 상하이를 떠나게 되었다.

임정이 떠나고 일본의 상하이 진출이 본격화되면서 프랑스조계의 한인사회는 급격하게 붕괴되고, 점차 일본의 영향권으로 편입되게 되었다. 많은 사람들이 생업을 위해 공동조계로 옮겨갔고, 하비로에 남은 지사들 중 많은 사람들이 일본경찰에 체포되었다. 그들 중 절반에 가까운 지사들이 일제에 전향했으며, 나머지 사람들에 대한 일제의 감시와 외압이 강화되었다. 하나의 이탈자가 생길 때마다 나머지 사람들은 그만큼 의지가 저하되지 않을 수 없었고, 그 반대로 일본은 상하이에서 날로 강대해지고 있었다.[59] 임시정부가 상하이를 떠난 후에도 '지사의 거리' 하비루에 남아있던 김광주는 국내 일간지에 다음의 글을 발표하였다.

上海라면 무슨 別天地같이 아는사람들이잇고 父母덕에 苦生모르며하든 工夫도 中途廢止하고 뛰어들어오는 사람이잇으나 그實 이곳은 그다지 憧憬할 만한곳이 못되네. 國際都市! 東洋의巴里! 또는 젊은이들의 虛榮心과 好奇心을 자아낼 어떠한奇妙한 이름을 부치더라도 上海란 結局 租界라는 그럴듯한 洋裝을 입혀가지고 코큰사람들의 歡樂場으로提供한 한 가없은 妖婦일세.[60]

?2604337.

59) 최낙민, 「1920~30년대 한국문학에 나타난 上海의 공간표상」, 79~80쪽.

상하이를 그저 "동양의 쓰레기 더미"로 묘사하고자 했던 요코미쓰는 10년 만에 다시 찾은 상하이를 "런던, 긴자, 파리, 베를린, 뉴욕과 비견할 만한 대도시"가 되었다고 찬사를 보냈다. 하지만 10년 전 상하이를 '찬란하고 경이로운' 도시라 찬탄했던 김광주는 이제 조선의 동포들에게 "동양의파리(巴里)! 일음이조타! 에이 빌어먹을곳! 개에게라도 물녀가거라!"라고 소개하게 되었다.

1937년 상하이사변이 발발하고 하루 400대의 일본 전투기가 상하이를 폭격하면서 지사의 거리에 남아있던 지사들도 다 떠나고, 일본영사관의 감시와 협박은 더욱 강화되었다. 노모를 모시고 있던 김광주도 어쩔 수 없이 상하이를 떠나 天津으로 옮겨가야 했다. 상하이를 떠나며 그는 다음과 같은 회상을 남겼다.

> 出帆을告하는 싸이렌소리 黃昏의하날위로 기다란 餘韻을 남기며 曲線을그린다. 「霞飛路」의明朗한아침 「四馬路」의鄕愁를안고 나리든봄비 北四川路의淫湯·虛榮·詐欺·罪惡의交響樂 그리고 新鮮하고淸雅한空氣속에 끝없는自然의哀傷을 싸안고잇는 저「췌스틴」公園의넓은잔디밭 南國處女의간얇힌哀愁를 거리리거리로 뿌리고다니는胡弓의 리듬--모든것은 지금 움즉이는배를따라 나의 視覺과聽覺에서 머러진다.[61]

10년간의 상하이 생활을 정리 하고 낯선 항구를 찾아 나선 배 위에서 우울에 빠진 길손[62] 김광주는 일본인들이 '리틀 도쿄'라고 불렀던 북사

---

60) 김광주, 「江南夏夜散筆」, 『東亞日報』, 1935. 8. 6.

61) 김광주, 「上海를 떠나며: 流浪의 港口에서」 2, 『東亞日報』, 1938. 2. 18.

62) "힘없이머리를숙이고大地의밤을것고잇는 이 한 異國漂浪客의 憂鬱한마음이여! 나는 이漂浪의港口의 灰色빛 哀傷과 보랏빛憂鬱을 선물하고 將次 어느港口로 또 疲困한 배머리를 돌릴 것인고? 뭉게뭉게 피여오르는 길손의 노스탈쟈여! 北國에 겨울바람을타고 고요히 교요히 자최없이 사라지라!" 위의 글.

천로를 음탕과 허영, 사기와 죄악의 교향악이 울려 퍼지는 공간이라 기억하고, 나라 잃은 조선인이 모여 조국광복을 도모했던 霞飛路를 명랑한 아침이 있는 거리로 기억하였다.

V. 나오는 말

요코미쓰 리이치의 『上海』가 상하이라는 도시를 취재하고, 이를 바탕으로 수많은 자료들을 참고하여 완성한 르포타주형식의 소설이라고 한다면, 김광주의 작품은 상하이라는 복잡한 도시에서의 생활을 기록한 사실주의적인 작품이라고 할 것이다. 본문에서는 김광주와 요코미쓰 리이치의 '상하이' 관련 작품을 통해 두 사람이 이 글로벌한 해항도시에 대해 가지게 된 인식의 층위를 살펴보았다. 이를 통해 1920년대와 30년대 식민과 근대자본주의, 내셔널리즘과 코즈모폴리터니즘과 같은 중층적 상황을 존재적 조건으로 안고 있었던 식민지 조선 출신의 작가 김광주의 삶과 짧은 시간 이곳을 방문했던 제국 일본의 작가 요코미쓰의 기억 속에서 '憂鬱'이라는 공동의 키워드를 발견할 수 있었다. 그리고 요코미쓰와 김광주에게 해결할 수 없는 끝없는 우울과 죽음을 부여한 것이 조국이었다는 것을 확인하였다.

당시 일본의 저널리즘이 '5 · 30사건'을 주로 무국가적 혼란의 한 예로 치부하는 경향이 일반적이었던 데 반해 요코미쓰의 시선에는 확실히 중국사회의 심부로 다가가려는 의지가 엿보였다. 군국주의와 식민주의로 나아가는 조국과 달리 요코미쓰는 저임금과 고된 노동에 고통 받는 중국인 직공을 동정하고, 혁명사상이 가져온 코즈모폴리터니즘에 동조하였지만 결코 마르크스주의자처럼 자신을 세계의 일원이라고 생각할 수 없는 일본인이란 점을 확인하고 우울에 빠질 수밖에 없었다. 이러한 점에서 요코미쓰도 결국 일본의 제국주의적 중국 정책을 소극적으로 인정하거나 묵인하는 데 그쳤다는 비판에서 결코 자유로울 수 없을 것이다.[63]

한편 일본제국주의의 식민지가 되어버린 조국을 떠나, 또 다른 식민도시 상하이에서의 삶을 선택한 김광주가 가질 수밖에 없었던 우울의 원인을 김훈은 '내 아버지 김광주에 대한 회상'에서 다음과 같이 밝혔다.

> 1930년대 상하이나 만주는 독립운동의 리더십이 존재하지 않았던 것 같다. 청년들은 아무 희망도 없이, 구심점도 없이 그저 흘러 다녔다. 상하이를 떠나며 아버지가 남긴 기록인 「상해를 떠나면서」는 조국에 대해 회의하는 내용이다. 조국이란 게 뭐냐, 조국이 왜 우리를 보호해주지도 못하면서도 끝없는 그리움과 안타까움으로 우리 청춘을 옭죄느냐, 지긋지긋하다는 글을 써놨다. 그리고 조국의 굴레에서 벗어나야 인간이 자유로워질 수 있구나 써놓은 것을 보고 나는 너무 마음이 아팠다. 나는 김광주란 사람의 문학적 업적이나 사상을 말하려는 것 아니라 그가 어떤 사람인가 말하는 것이다.[64]

일제의 식민정책은 김광주를 고향에서 상하이로 밀어내었고, 식민화된 조국과 일본제국주의는 '지사의 거리' 상하이에서 대열 밖의 인간으로 남아 문학과 예술을 꿈꾸는 보헤미안으로 살 수 있기를 희망했던 김

---

63) 요코미쓰와 같은 해 아사히신문사 특파원으로 상하이를 방문한 오자키 호쓰미(尾崎秀實)는 중국 문제를 계기로 국제공산주의 운동에 가담하게 되는 인물이다. 국가를 초월하는 계급적 日中연대를 주장한 오자키는 경제주의 관점에서 대중국 정책의 부분적 수정을 주장하는 당대 일본의 언론을 비판했는데, 민족과 국가에 가로막힌 요코미쓰의 상하이론 또한 그 예외가 아니었다. 오자키에 대해서는 이수열, 앞의 책, 75~98쪽 참고.

64) 김훈, 「내 아버지 김광주에 대한 회상」, URL: http://www.news1.kr/articles/?2604337.

광주의 삶과 희망을 끊임없이 강박했고, 제국주의 일본의 군홧발은 상하이에서조차 김광주를 밀어낸 것이다.

　민족과 국가, 혹은 조국이라는 논리에 막혀 적극적인 혁신세력으로 변신할 수 없었던 요코미쓰 리이치나 조국의 굴레에서 벗어나 정신적인 집시 보헤미안을 꿈꾸었던 김광주는 오직 자신의 작품을 통해 우울을 토로할 수밖에 없었다. 김광주나 요코미쓰가 상하이에서 가지게 된 우울은 결국 그들이 일면 조국과 대립되는 가치의 소유자였으며, 동시에 트라우마로서의 조국에 대한 사랑을 보유하였음을 반증하는 것임을 확인할 수 있다.

▌참고문헌

김광주, 「江南夏夜散筆」, 『東亞日報』, 1935. 8. 6.

김광주, 「上海時節回想記」上, 『世代』 통권29호 (1965).

孫科志, 『上海韓人社會史』, 한울, 2001.

연변대학교 조선문학연구소 김동훈·허경진·허휘훈 주편, 『김학철·김광주 외』,
　　보고사, 2007.

요코미쓰 리이치, 김옥희 옮김, 『상하이』, 小花, 1999.

이수열, 『일본지식인의 아시아 식민지도시 체험』, 선인, 2018.

이시카와 요시히로, 손승회 역, 『중국근현대사 3: 혁명과 내셔널리즘 1925-1945』, 삼
　　천리, 2013.

인명사전편찬위원회, 『인명사전』, 민중서관, 2002.

정경운, 「근대 문인의 '사회적 얼굴'로서의 우울」, 『한국문학이론과 비평』 제50집(15
　　권 1호) (2011).

정은경, 「상하이의 기억: 식민지 조선인과 제국 일본인의 감각-김광주와 요코미쓰
　　리이치를 중심으로」, 『한국문예창작』 제17권 제1호 (2018).

從軍文士 林學洙, 「北京의 朝鮮人」, 『삼천리』 제12권 제3호 (1940).

최낙민, 「1920~30년대 한국문학에 나타난 上海의 공간표상」, 『해항도시문화교섭학』
　　제7호, (2012).

최낙민, 「金光洲의 문학작품을 통해 본 海港都市 上海와 韓人社會」, 『동북아문화연
　　구』 제26집 (2011).

최낙민, 『해항도시 마카오와 상해의 문화교섭』, 선인, 2014.

최병우, 「김광주의 상해 체험과 그 문학적 형상화 연구」, 『한중인문학연구』 25권.

한도 가즈토시, 박현미 옮김, 『쇼와사』 1, 루비박스, 2011.

헤르만 헤세 외, 권태현 편, 『자살, 어느 쓸쓸한 날의 선택』, 책나무, 1990.

Vern Bullough & Bonnie Bullough, 서석연·박종만 옮김, 『매춘의 역사』, 까치,
　　1992.

高橋孝助, 古廐忠夫 編, 『上海史』, 東方書店, 1998.

高村直助, 『近代日本綿業と中國』, 東京大學出版會, 1892.

菅野昭正, 『橫光利一』, 福武書店, 1991.

成田龍一, 『大正デモクラシー』, 岩波書店, 2007.

日本上海史硏究會 ,『上海人物志』, 東方書店, 1997.
川村湊,『アジアという鏡: 極東の近代』, 思潮社, 1989.
和田博文等,『言語都市・上海: 1840-1945』, 藤原書店, 2006.

김훈,「내 아버지 김광주에 대한 회상」 URL: http://www.news1.kr/articles/?2604337.
横光利一,「静安寺の碑文」 URL: https://www.aozora.gr.jp/cards/000168/files/56935_
　　　57090.html.

젠더화된 섬과
공간표상

: 오키나와의 군사주의와
관광

조 정 민

I. 들어가며

　일본열도 가운데서 유일하게 지상전을 경험한 오키나와(沖繩)는 패전
후에도 미군의 직접 지배하에 놓여 미국의 동아시아 군사 요새로 기능
하게 된다. 일본 내 미군기지의 약 75%가 오키나와에 집중되어 있는 탓
에 오키나와에서는 미군 혹은 미군기지와 관련된 크고 작은 사건들이
끊이지 않는다. 1972년 본토 복귀 이후에도 미국의 절대적인 군사적 정
치적 문화적 영향력은 오키나와를 재식민화하고 있으며 일본 본토와는
달리 강력하고 전방위적인 제국주의적 지배는 오키나와의 신식민주의
(재식민주의)를 더욱 거세게 추동하고 있는 실정이다.

　오키나와가 안고 있는 미군기지 문제는 구조적으로 페미니즘과 공명

할 수밖에 없다. 단적으로 말해 군대 혹은 군사기지를 존치시키는 인식
은 전통적인 젠더 역할에 대단히 크게 의지하고 있기 때문이다. 국가의
안전과 질서유지라는 사명을 받은 남성은 국가방위의 주체자로 등극하
고 여성은 이들 남성으로부터 보호받거나 뒷바라지를 감당하는 수동적
인 존재에 불과하다. 이러한 이분법적인 젠더화의 정착은 전쟁담론이나
국가안보 담론은 물론이고 국제 관계 담론에서도 반복된다. 즉 미군=남
성=보호자, 일본/오키나와=여성=피보호자라는 구도는 지금도 여전히
국제 사회에서 통용되고 있는 관습적 인식인 것이다. 특히 오키나와의
경우는 미국과 일본에 의한 이중적인 식민지화 혹은 젠더화의 정착을
강요받고 있는 실정이기에 오키나와를 둘러싼 논의는 더욱 복잡다단해
질 수밖에 없다.

　　군사기지가 환기시키는 젠더화된 오키나와 문제와 더불어 오키나와
가 공간적으로 젠더 질서에 강력하게 포박당해 있다는 사실은 오키나와
를 수사하는 관광 담론을 통해서도 분명하게 확인된다. 사실 관광 행위
란 시각적 쾌락을 추구하는 시선 보유자와 시각 이미지의 대상으로 전
시된 객체를 성별화시키는 과정 그 자체이며, 이는 오키나와도 예외가
아니다. 일본 내에서도 오키나와는 독특한 자연 환경과 풍습, 풍속으로
말미암아 볼거리, 즐길 거리의 대상이 되었고, 이는 일본의 '통제적 응
시' 하에 재배치되면서 오키나와가 일본의 타자라는 사실을 더욱 분명
하게 만들어 갔다. 여기에 더하여 오키나와 스스로 오키나와를 타자화
시키는 담론에 기투하면서 자발적인 타자화를 초래했다는 점 역시 간과
해서는 안 될 부분이다.

　　이와 같이 오키나와가 공간적으로 재현되거나 전시되는 국면을 살펴
보면 거기에는 오키나와가 끊임없이 '젠더화된 하위 주체'로 등장하는

것을 알 수 있다. 다시 말해 오키나와는 미군기지라는 강력하고 폭력적인 지배 시스템으로 인해 정치적 군사적으로도 이미 주변화되어 있으며, 여기에 '변경'이라는 지리적 조건으로 인해 탄생한 관광의 시선을 매개로 다시 한 번 '젠더화된 하위 주체'로 주변화되는 것이다. 이러한 상황을 염두에 두고 이 글에서는 정치, 군사, 지리, 문화 등 다양한 현실적 조건들로 말미암아 점차 젠더화된 공간으로 변모해 가는 오키나와의 공간 표상을 미군기지와 미군기지 반환지에 조성된 소비 문화시설, 그리고 세계문화유산 등재지를 사례로 구체적으로 살펴보고자 한다. 오키나와를 공간적으로 성별화시켜왔던 과정을 탐구하는 것은 지금도 여전히 지속되고 있는 오키나와의 신식민주의를 사유하는 데에도 시사점을 줄 수 있을 것이다.

II. 군사기지와 관광의 공모 관계

분쿄대학(文教大学) 교수 모토하마 히데히코(本浜秀彦)는 한 잡지에 「'오키나와'라는 포르노그래피(「沖縄」というポルノグラフィー)」라는 다소 자극적인 제목 하에 오키나와 표상 담론이 가지는 문제점을 다룬 바 있다. 그에 따르면 지금 오키나와를 표상한다는 것은 어떤 의미에서 '외설' 행위에 가담하는 것이며 오키나와를 말하는 표현자는 음탕한 향구사(香具師)에 불과하다. 대체 어떠한 점에서 '오키나와는 포르노그래피'이며 그것을 감상하는 '우리'는 어째서 '음탕한 향구사'로 전락할 수밖에 없는 것일까.

어째서 '오키나와'는 포르노그래피라고 말할 수 있을까. …

나하(那覇)공항에서 슈리(首里)까지 15개 역으로 잇는 전장 12.9km의 모노레일 시스템 '유이레일(ゆいレール, 2003년 개통)'만큼 현재의 오키나와 '나체'를 잘 볼 수 있는 시스템은 없다.

모노레일이 나하공항역을 출발하면 곧장 동중국해를 배경으로 자위대 항공기지가 보인다. 거기에는 해상 자위대 제5 항공군과 항공 자위대가 설치되어 있으며 반대편에는 육상 자위대 훈련장이 펼쳐져 있다. 모노레일 승객을 의식한 듯 기지 내에 오브제처럼 전시된 자위대 시설. 이 장소는 전전에 일본 해군 오로쿠(小禄)비행장으로 건설되었지만 오키나와전투 이후에는 미군이 접수하여 사용하였고, 1972년 시정권 반환으로 일본이 다시 관리하게 되면서 지금은 자위대가 이주해 사용하고 있다. 잘 살펴보면 나하공항 주변은 육해공 자위대가 모두 한 곳에 자리해 있음을 알 수 있다. …

아카미네(赤嶺), 오로쿠(小禄)로 이어지는 역 주변은 미군의 나하 공군과 해군보조시설 100ha가 반환된 토지로 큰 개발이 이루어져 있다. 특히 1993년에 오픈한 쟈스코는 오키나와 사람들의 소비 스타일에 큰 영향을 주었고, 이는 그 후로 오키나와 각지에 넓은 주차장을 갖춘 대형 쇼핑센터가 탄생하는데 선구적인 역할을 했다.

오노야마공원(奧武山公園)에서 쓰보가와(壺川)역, 아사히바시(旭橋)역으로 향하면 강과 항만과 바다를 조망할 수 있는 공간이 펼쳐진다. 모노레일에서 보이는 이런 파노라마 풍경은 미 공군 극동 최대 기지인 가데나(嘉手納) 기지마저도 전망대에서 안전하게 바라 볼 수 있게 하는 시대감각 그 자체를 증명하고 있다. 그러나 실제 '나체'는 모자이크에 가려져 현실과 관련된 감정은 모두 결락되어 있다. 이렇게 관리된 시스템 속에서 우리들은 안전하고 무책임한 관광객의 일원이자 오키나와를 열광적으로 말하는 오키나와 광팬, 오키나와 토지를 물색하는 브로커, 과학연구비를 받아 '오키나와 문제'를 조사하는 연구자 등의 자격을 얻는다. …

포르노그래피를 여성이나 인종적 마이너리티, 사회적 약자의 '평등권'을 침해하는 차별적이고 폭력적인 표현이라고 지적한 캐서린 맥키넌(Catharine MacKinnon)의 논의를 참조한다면, 오키나와란 포르노그래피에 다름 아니다. 기지를 의도적으로 배제하고 '힐링(癒し)'만을 강조하는 것은 추악한 위선이다. 혹은 희미하게 모자이크 처리하여 합법을 위장하는 비열한 행위이다.[1]

---

1) 本浜秀彦, 「「沖縄」というポルノグラフィー」, 『すばる』 29(2) (集英社, 2007), 197~200쪽.

앞에서도 언급했듯이 시선 보유자와 그 대상의 관계를 전제하는 모토하마의 '포르노그래피'라는 비유는 오키나와가 "여성이나 인종적 마이너리티, 사회적 약자의 '평등권'을 침해하는 차별적이고 폭력적인" 구조에 노정되어 있다는 사실을 단적으로 말해준다. 물론 모토하마의 위의 글은 이러한 시선의 불평등을 폭로하는 데 방점이 있다기보다 오키나와를 표상하는 방식의 문제를 다루고 있다고 보는 편이 타당할 것이다. 위의 글에서는 적어도 두 가지 논점을 발견할 수 있는데, 우선 그는 오키나와 전역을 점령하고 있는 미군기지 문제를 배제한(모자이크 처리한) 오키나와 논의란 결국 오키나와로 하여금 더욱 폭력적인 현실을 살게 할 뿐이며, 이는 곧 오키나와를 차별적인 '포르노그래피'로 전락시키는 행위라고 지적한다. 다시 말해 모토하마의 문제제기는 오키나와 문제의 근간이 미군기지라는 전제 위에 출발한 것으로, 그는 미군기지에 대한 탐문이나 발화 여부에 따라 오키나와 표상의 진위가 확연하게 드러난다고 보고 있다.[2]

또 다른 논점은 앞의 논점을 확장시켜 생각해 볼 수 있는 것으로, 오키나와에 존재하는 미군기지와 오키나와 관광 담론 사이의 관계성이다. 모토하마는 "기지를 의도적으로 배제하고 '힐링'만을 강조하는 것은 추

---

[2] 오키나와의 현실을 근본적으로 좌우하는 구조적 문제 중 하나로 미군기지의 폭력성을 꼽은 모토하마의 지적은 어쩌면 당연한 의견이라 평가할 수 있지만, 문제는 미군기지가 오키나와에서 배태시킨 갖은 문제점들을 어떻게 각자의 의식 영역에서 전유, 재현할 것인가 하는 부분이다. 내부(오키나와)와 외부를 가르는 경계, 서로 다른 이념을 가지고 오키나와 내부에서 경합하는 주체들의 논의 등을 염두에 둔다면, 실질적으로 두 번째 논점은 쉽지 않은 과제임을 시인하지 않을 수 없다. 특히나 대리 표상의 불온함에 대해 적극적으로 문제제기 해 온 가야트리 스피박의 일련의 논의를 상기한다면 미군기지 문제를 어떻게 읽어 낼 것인가 하는 작업은 지난한 과제임이 분명하다. 그렇지만 스피박은 서벌턴에 대한 재현 자체를 부정하는 것이 아니라 재현의 메커니즘에 내장된 정치적 기획들을 폭로하면서 "서벌턴의 편력이 추적되지 않는" 재현을 경계할 것을 주문하고 있는 바(Gayatri Chakravorty Spivak, 태혜숙 옮김, 『포스트식민 이성 비판』[갈무리, 2005], 382쪽), 그것이 용이하지는 않더라도 오키나와에 편재하는 기지 문제를 보다 면밀하게 추적할 수 있는 재현의 방식은 끊임없이 강구되어야 마땅할 것이다.

악한 위선"이라고 지적하는데, 실제로 오키나와의 관광 시스템은 미군 기지라는 남성적 폭력성을 은폐하는 데 곧잘 원용되어 왔다. 다시 말해 푸른 하늘과 에메랄드빛 바다, 하얀 모래사장, 산호초 등으로 이상화된 자연 풍광은 군사 폭력을 중립적이고 불투명하게 만들어버리는 데 적극적으로 봉사해 온 것이다.[3] 미군기지는 그것이 가지는 억압적이고 지배적인 폭력 구조를 은폐하기 위해서라도 이국적이면서도 상투적인 수사를 동원해 오키나와를 낭만적인 방식으로 호출할 수밖에 없고[4], 그러한 표상 정치에 대해 어떠한 비판 의식도 없이 오키나와를 소비하는 관광객이란 결국 음탕하고 비열한 향구사로 전락하고 말 것이라는 모토하마의 신랄한 경고는 오늘날의 오키나와가 직면한 미군기지 문제나 관광 패러다임을 참고로 할 때 여전히 유효하다. 오랫동안 일본 정부와 오키나와가 첨예하게 대립해 왔던 미군기지 문제, 예컨대 기노완(宜野灣)시 후텐마(普天間)비행장을 나고(名護)시 헤노코(邊野古)로 이전하는 문제는 지금도 심각한 교착 상태에 빠져 있지만, 그 와중에도 오키나와의 관광 산업은 해마다 크게 성장하고 있는 실정이다.

아래의 〈자료 1〉에서도 분명하게 확인할 수 있듯이 오키나와를 방문하는 관광객 수는 내국인(일본인)과 외국인의 구별 없이 해를 거듭할수록 증가하는 추세에 있다.[5] 2000년 규슈-오키나와 서미트(G8 정상회의)를 계

---

3) 기노자 아야노는 군사력과 관광 산업의 상호 의존성에 대해 규명한 테레시아 티아이와 (Teresia Teaiwa)의 조어 '밀리투어리즘(militourism)' 개념을 빌려, 미군이라는 군사력을 짊어진 오키나와가 이로 인해 관광 산업의 성장을 보호, 보장받고 있다며 그 예로 오키나와의 관광지 중 한 곳인 아메리칸 빌리지를 거론한 바 있다. Ayano Ginoza, "The American Village in Okinawa -Redefining Security in a "Militourist" Landscape", *The Journal of Social Science*, 60, COE Special Edition(2007), pp. 140~141.

4) 노마 필드는 '푸른 하늘, 푸른 바다'로 오키나와를 형용하는 관습적 표현을 "관광 포스터의 호메로스적 상투어"라고 꼬집었다. Norma Field, 박이엽 옮김, 『죽어가는 천황의 나라에서』 (창작과 비평사, 1995), 54쪽.

기로 세간의 주목을 받은 오키나와는 이후 많은 관광객을 모으는 데 성
공했지만 다음 해에 일어난 9·11 테러 사건으로 인하여 오키나와를 방
문하는 사람은 급감한다. 이후 점차 회복세를 보이다가 2009년에 발생
한 조류 인플루엔자와 2011년의 동일본대지진으로 인해 다시 한 번 오
키나와 관광 산업은 위기를 맞이하게 되는데, 이 시기를 제외하고는 관
광객 수는 지속적으로 증가 추세를 보이고 있다. 특히 최근 5년 사이의
관광객 수는 급격한 증가세를 나타내고 있다.6)

〈자료 1〉 1972년부터 2013년까지 오키나와를 방문한 관광객 수와 관광 수입의 추이

5) URL: http://www.pref.okinawa.jp/site/bunka-sports/kankoseisaku/kikaku/report/youran/s-
   47-h23tourists.html(검색일: 2018. 9. 2).

6) 2017년도 오키나와를 방문한 관광객 수는 전년도에 비해 78만 3,100명(9.1%)이 증가한 939
   만 6,200명으로, 처음으로 한 해에 900만 명 이상이 오키나와를 방문하게 되었다. 오키나
   와를 찾는 관광객 수는 최근 5년간 지속적으로 증가하여 매년 최대 관광객 수를 갱신하고
   있는 실정인 것이다. 그 가운데 외국인 관광객은 46만 100명(22.1%)이 증가하여 254만 200
   명이고 국내 관광객은 32만 3,000명(4.9%)가 증가한 685만 4,000명이다. 내국인에 비해 외
   국인 방문자가 큰 폭으로 증가한 것을 또 하나의 특징으로 꼽을 수 있다(『琉球新報』, 2018.
   1. 20).

그런데 여기에서 우리는 2001년 미국 뉴욕에서 일어난 항공기 동시 다발 자살테러, 소위 9·11 테러와 오키나와 관광의 상관에 대해 주목할 필요가 있을 것이다. 이는 미군기지에 대한 모든 문제점을 불문에 부치고 오로지 오키나와를 관광의 대상으로만 탐닉하는, 모토하마의 표현을 빌리자면 '오키나와를 포르노그래피로 전락'시키는 현실과 관광 산업을 군사력의 가림막으로 사용해왔던 '밀리투어리즘'의 문제점을 동시에 노정시킨 사건이기 때문이다.

먼저 2001년 내각부(內閣府) 정책 총괄관(政策統括官) 보고에 따르면, 9·11 테러 이후 일본 국내에서 계획되었던 오키나와 수학여행 및 기타 여행 일정은 대폭 취소되었다. 테러 이후 약 한 달이 지난 10월 11일, 여행 예약을 취소한 사람이 10만 명을 넘어서는 가운데 수학여행 취소는 전체의 80%를 차지하고 있었다.[7] 이후 취소 건수는 더욱 늘어 테러 이후 6개월 사이에 17만 명 이상이 오키나와 수학여행을 취소하기에 이른다.[8] 이러한 사정은 오키나와의 지역 경제에 커다란 악영향을 미칠 뿐만 아니라 오키나와는 물론 일본 국내의 안전에 대한 위기와 불신을 조장하기에 이르렀다. 이에 문부과학성의 초등중등교육국장은 "지난 9월 11월에 발생한 미국의 테러 등의 영향으로 오키나와 수학여행의 취소가 잇따르고 있으나 현 시점에서 오키나와 현민의 생활은 특별한 변화 없이 정상적으로 이루어지고 있으며 교통 기관과 관광 시설도 정상영업이 이루어지고 있는 상황입니다. 현지의 이러한 상황을 충분히 감안하여 가능한 예정대로 수학여행의 실시가 요망되는 바이며, 해외 수

---

7) 経済財政·景気判断·政策分析担当(2001), 地域経済レポート 2001, 內閣府政策統括官; URL: http://www5.cao.go.jp/j-j/cr/cr01/chiikireport01.koramu.html(검색일: 2018. 9. 2).

8) 『朝日新聞』, 2009. 5. 21.

학여행을 중단하고 국내로 일정을 변경할 시 (중략) 오키나와를 수학여행지로 검토하는 것도 유효한 방법이라고 사료됩니다"는 내용의 공문을 각 지역의 교육위원회 및 지사들에게 보내어 오키나와 수학여행을 독려하기도 했던 것이다.[9]

이러한 당시 분위기는 오키나와가 복잡한 국제 정세가 교차하는 장이라는 것을 새삼 보여주는 대목이며, 나아가 오키나와의 광대한 미군 군사 시설이 안보를 보장해주기는커녕 위협의 대상이 되고 있다는 사실을 증명해 주고 있다. 무엇보다 해외보다 일본 국내 관광객 수가 급감했다는 지표는 오키나와에 대한 일본 본토의 차별을 그대로 드러내는 대목이기도 했다. 해외 관광객보다 일본 본토에서 더욱 민감하게 오키나와의 위협을 감지할 수 있었던 것은 국토의 0.6%에 불과한 오키나와 땅에 일본 내 미군기지의 약 75%가 집중되어 있어 미군기지로 인해 각종 불안 요소가 상시적으로 존재한다는 것을 알고 있었기 때문이며, 일본 본토는 이러한 억압적이고 차별적인 구조를 묵과하고 경우에 따라서는 적극적으로 방관하며 오키나와가 오롯이 그 위험을 껴안도록 만들고 있었다.

한편, 당시 오키나와에서는 관을 중심으로 관광객 유치 캠페인을 필사적으로 펼치고 있었다. 그 대표적인 예로 '문제없어~ 오키나와는(だいじょうぶさぁ~沖縄)'이라는 캠페인과 '오키나와 현민 1인 1박 운동(県民一人一泊運動)' 등을 들 수 있다. 이들 캠페인은 오키나와시 관광협회와 관광진흥협의회, 호텔·여관사업협동조합 등이 주축이 되어 이루어진 것으로, 전국 각지의 지인들과 친척들에게 오키나와에선 여전히 평온한

---

9) 文部科学省初等中等教育局長, 「米国における同時多発テロ後の状況を踏まえた沖縄県への修学旅行の実施について」, 『文科初第』, 六八二号 (文部科学省, 2013); URL: http://www.mext.go.jp/b_menu/hakusho/nc/t20011016001/t20011016001.html(검색일: 2018. 9. 2).

일상이 유지되고 있다는 안부를 전하며 오키나와 방문을 요청하는 엽서를 대대적으로 보내는가 하면, 오키나와 현민에게 오키나와 숙박 시설 이용을 호소하여 자발적으로 관광 수요를 일으키려는 운동이었다.[10] 주지하다시피 관광산업은 외부자(관광객)의 행동과 결단에 전적으로 좌우되는 산업으로, 관광업에 크게 의존하고 있는 오키나와로서는 생존 때문에라도 외부자의 행동이나 결단에 변화가 일어나기만을 마냥 기다릴 수만은 없었다. '현민 1인 1박'이라는 자구책을 실천하며 스스로 관광 수요를 창출해야만 했던 당시 사정은 오키나와의 긴박하고 절실한 현실을 잘 대변해 주고 있다.

앞에서도 언급했듯이 오키나와의 미군기지는 격변하는 국제 정세의 안전과 질서유지라는 사명을 받은 미국(남성)이 일본을 비롯한 아시아 여러 국가(여성)를 보호한다는 명분 아래 존재하고 있으며, 오키나와는 그러한 성별화된 국제 정치가 이루어지는 장이라고 지적할 수 있다. 나아가 젠더 질서에 기초한 군사주의가 오키나와 관광에 의해 은폐되거나 혹은 오키나와 관광을 와해시키는 계기가 될 수 있다는 것은 이미 9·11 테러 전후의 사정에서 잘 드러난 바 있다. 이처럼 군사주의와 관광산업 사이에 벌어지는 접합과 파열은 오롯이 오키나와의 몫이 되고 있으며, 미군기지의 군사력이 강화되면 강화될수록 성별화된 군사, 정치 시스템은 보다 강력하게 오키나와를 포박할 수밖에 없고, 동시에 오키나와 역시 자신들의 주요 산업인 관광 산업의 성쇠를 미군기지라는 군사적 지배 시스템에 의존해야만 한다. 이 같은 측면에서 본다면 군사주의는 오키나와의 관광과 긴밀히 결탁해 있으며, 오늘날에는 특히 관광

---

10) 『琉球新報』, 2001. 9. 28; 『琉球新報』, 2002. 1. 15.

지를 중심으로 공간의 젠더화가 이루어지고 있는데 이하에서는 나하(那覇) 신도심(新都心)과 세계문화유산 등재지를 중심으로 논해 보고자 한다.

Ⅲ. 장소 전용과 공간의 젠더화
-나하(那覇) 신도심(新都心)의 경우

　군사주의가 필연적으로 배태할 수밖에 없는 식민주의와 공간의 젠더화는 앞으로 살펴 볼 오키나와의 사례에서 분명하게 나타난다. 당연한 지적이지만 이들의 상관은 비단 오키나와에만 국한되는 것은 아니다. 우리에게 익숙한 태평양 지역의 휴양지는 대부분 미군이 사용하던 오락 휴양시설의 전신이라고 해도 과언이 아닌데, 예컨대 태국의 휴양지로 잘 알려진 파타야는 원래 작은 어촌에 불과했지만 베트남전쟁을 계기로 미군들의 휴양 시설로 변모하게 된 경우이다. 파타야는 베트남 폭격기가 출격하던 우타파오 공군기지와 인접해 있는데 이런 지리적인 조건으로 말미암아 미군을 위한 위락 시설이 들어서게 된 것이다. 베트남 남부에 위치한 해변 붕따우도 사정은 마찬가지이다. 프랑스가 점령했을 당시 총독과 고관들의 휴양지로 개발된 이곳에는 베트남전쟁 때에는 미군과 한국군의 사령부가 자리하고 있었고 그들을 위한 휴양시설도 마련되어 있었다.

　이처럼 미군 주도로 이루어진 이들 휴양지의 개발은 군사주의와 식민주의의 밀접한 관련을 대변하고 있으며, 미군이 직면한 전쟁의 공포와 성적 욕구는 전쟁 당사국은 물론이고 주변국 여성들의 몸에 전가되어 철저한 이분법적 젠더 구조를 고착화시키고 말았다.[11] 전시 하에서 긴밀하게 구축된 군사주의와 식민주의와의 젠더 기획은 전쟁 후에는 성매매 관광 인프라로 연속되어 오늘날까지 이르고 있다. 신시아 인로 (Cynthia Enloe)가 지적했듯이 섹스 관광객의 도착지로 발전한 나라 가운데는 미군을 위한 위락 시설을 만들었던 나라들이 대거 포함되어 있으며, 현재 이들 국가에서 벌어지는 성매매 관광은 외화를 벌어들이려는 지역 정부와 섹슈얼한 여행에 투자하려는 외국 기업 등에 의해 지탱되면서 젠더적 종속 관계는 더욱 구조화되고 있다고 이야기할 수 있다.[12]

문제는 미군 휴양지 개발을 둘러싼 젠더 구조의 연속성은 관광 산업에도 영향을 미치지만 공간의 젠더화에 지속적으로 개입한다는 사실이다. 예컨대 오키나와 남부 나하에 조성된 신도심이나 중부 차탄초(北谷町)의 아메리칸 빌리지(American Village)는 모두 미군기지가 철수되거나 반환된 이후에 조성된 소위 소비문화 공간으로서, 이들이 보여주는 장소 전용 현상은 미군기지에 의한 공간의 젠더화가 얼마나 공고하고 영속성을 가지는지 구체적으로 보여준다. 여기에서는 오키나와 남부에 위치한 나하 신도심의 조성 과정을 중심으로 미군기지에 내재된 공간의 젠더화가 기지 반환 이후에도 어떻게 연속하는지 검토해 보고자 한다.[13]

---

11) 이와 같은 사정은 한국도 예외가 아니었다. 한국전쟁이 끝난 직후 미군 당국은 한국의 관광시설의 미비와 보안 등의 이유로 미군을 위한 위락시설(Rest and Recreation, R&R) 설치를 보류했고 그 때문에 미군 병사들은 주로 일본이나 홍콩으로 휴가 여행을 떠났다. 미군은 1960년에 비로소 R&R을 승인하고 온양, 해운대, 불국사 등의 관광호텔 3개소를 미군의 휴양시설로 지정했다. 박정미, 「발전과 섹스 -한국 정부의 성매매관광정책, 1955-1988」, 『한국사회학』 제48집 (2014), 243쪽.

12) Cynthia Enloe, Bananas, 권인숙 옮김, 『바나나, 해변 그리고 군사기지-여성주의로 국제정치 들여다보기』(청년사, 2011), 68쪽.

13) 예를 들어 1981년 미군이 사용하던 비행장과 사격장이 반환된 이후 그 일대를 위락시설로 만든 차탄초(北谷町)의 아메리칸 빌리지(American Village) 역시 마찬가지라 할 수 있다.

오키나와 본섬 남부에 위치한 나하 시는 오키나와 현의 행정과 경제, 그리고 문화의 중심지이다. 그 가운데서도 북서부에 위치한 '나하 신도심'은 상업과 행정, 주거, 문화 시설 등을 고루 갖춘 곳으로, 약 214ha 규모의 광대한 부지 내에는 대형 쇼핑몰이나 면세점과 같은 상업 시설을 비롯해 신축 맨션과 비즈니스호텔, 박물관과 미술관, 학교, 관공청, 방송국, 신문사, 공원 등이 밀집해 있다.

원래 이 지역은 미군의 주거지인 마키미나토 주택지구(牧港住宅地區)가 자리했던 곳으로, 1975년 7월부터 부분 반환되기 시작하여 1987년 5월

〈그림 1〉 고층빌딩이 즐비한 나하 신도심의 풍경 (필자 촬영)

미국 샌디에이고에 있는 씨 포트 빌리지를 모델로 삼은 아메리칸 빌리지는 도심형 리조트로서 미군기지의 활용 측면에서 성공적인 사례로 자주 일컬어진다. 그러나 미군기지라는 군사적 경험이 미국의 라이프 스타일을 전시한 의사(擬似) 미국, 즉 아메리칸 빌리지로 변용되는 가운데, 그곳에서 재현되는 가족 모델이나 쇼핑이라는 행위는 전통적인 젠더 역할을 더욱 부각시키고 있으며, 그곳을 거니는 여성 산책자 역시 만들어진 소비 공간 내부에서 거듭 배회하는 제한된 산책자에 그칠 가능성이 크다. 그러한 의미에서 볼 때 아메리칸 빌리지는 피식민자 스스로 식민자의 문화를 모방하고 차용하는 식민주의적 공간이면서 동시에 은유적으로도 공간을 여성화시킨 사례라고 볼 수 있을 것이다. 이에 관한 논의로 조정민(2017), 「지배와 공간, 그리고 젠더 -오키나와의 군사기지와 아메리칸 빌리지」, 『젠더와 로컬리티』(소명출판, 2017), 119~149쪽 참조.

에 전면 반환되었고, 이후에는 도시 안의 새로운 도시를 만드는 이른바 '신도심' 조성이 구체화되었다. 1989년 지역진흥정비공단(현 도시재생기구)이 사업실시 기본계획을 마련하고 정부의 인가를 받은 후, 1992년에는 토지구획정리사업에 착수하여 2005년 지금의 모습으로 탈바꿈했다. 그 사이에 토지구획정리사업에 투입된 자금은 모두 508억 엔이며 공공시설건설비 541억 엔, 민간시설건설비 1032억 엔, 그 외 기반정비사업비 83억 엔을 더하면 총 투자액은 2164억 엔에 달한다.[14]

거액의 투자금으로 조성된 나하 신도심의 장소성은 모노레일 오모로마치(おもろまち) 역에서 내리면 곧바로 실감할 수 있다. 모노레일 역과 직결되어 있는 면세점 T 갤러리아의 거대한 입구는 이제부터 특별한 소비 공간이 시작되는 것을 알리는 관문처럼 연출되어 있다. 이곳은 2002년 오키나와진흥특별조치법에 따라 일본 국내에 거주하면서 면세로 물품을 구입할 수 있는 유일한 곳으로 나하 공항에서 출발하는 국내선이나 국제선 탑승권 소지자라면 누구나 이용할 수 있다.

광대한 소비 공간의 시작점인 면세점 T 갤러리아에서 거리로 나가면 나하 메인플레이스(那覇メインプレイス), 애플타운(あっぷるタウン), 리우보우 라쿠이치(りうぼう楽市) 등의 대형쇼핑센터가 연이어 나타난다. 이들 세 곳의 쇼핑센터가 차지하는 면적은 오키나와 현 내에서 가장 넓으며,

---

14) 이와 같은 경관의 변화와 더불어 나하 신도심이 주목받고 있는 대목은 군용지 반환 이후의 경제 효과가 크게 증가한 부분이다. 2010년 오키나와현의회가 발표한 조사에 따르면 반환 전과 반환 후의 이 지역의 경제 효과는 생산, 소득, 고용 측면에서 모두 10배 이상의 차이를 보인다. 반환 전에 이 부지에서 얻을 수 있는 경제효과란 토지임대료, 기지 근무 종사자의 급여, 군인들의 소비 지출, 행정기구(市町村)에 대한 교부금 등으로 약 54억 7천만 엔 정도였지만, 반환 후에는 도소매점이나 음식점, 호텔, 상점 등의 서비스 종사자가 수천 명으로 늘어나면서 약 660억 3천만 엔의 경제효과를 거둘 수 있게 되었다. 이는 반환 전보다 약 12배 증가한 규모이다. 때문에 나하 신도심은 기지 재개발의 성공적인 사례로 자주 언급되곤 한다(間山榮惠, 『週刊金曜日』 第894号[2012], 22쪽).

〈그림 2〉 모노레일 역 오모로마치의 면세점 T 갤러리아 입구 (필자 촬영)

특히 리우보우 라쿠이치의 경우에는 약 300미터 정도의 길이에 걸쳐 쇼핑 몰이 조성되어 있고 그 가운데에는 24시간 영업하는 곳도 있다. 나하 공항 제한표면 구역에 해당되기 때문에 고층 빌딩 건설이 불가한 데비하여, 이 지역은 그 구역 밖에 위치하기 때문에 오키나와에서는 거의 볼 수 없는 초고층 빌딩이 드문드문 들어 서 있다.

대표적인 오키나와 관광 정보 웹 사이트인 '오키나와 이야기(おきなわ物語)'는 나하 신도심을 수학여행 코스 중의 하나로 추천하고 있다. 오키나와현립 박물관, 미술관과 더불어 소개되어 있는 나하 메인플레이스는 오키나와 관련 서적이나 잡지를 구입하거나 향토 식품을 구매할 수 있는 장소로 소개되어 있는 것이다. 이처럼 나하 신도심은 다양한 단위와 연령층의 소비자를 대상으로 한 거대한 상업 지구로 자리 잡았으며, 이 공간 자체가 하나의 상품, 혹은 브랜드로 소비되고 있는 실정이다.

주지하다시피 질리언 로즈(Gillian Rose), 린다 맥도웰(Linda McDowell), 도린 매시(Doreen Massey) 등 페미니스트 지리학자들은 공간 자체가 여성을 억압하는 주요한 기제였음을 지속적으로 문제 제기해 왔다. 공적 공간이나 노동, 생산과 관련된 장소는 모두 남성의 전유물로 전경화되고 그와는 대비적으로 여성의 공간은 사적 공간과 가정, 소비 공간에 국한되어 여성의 신체와 사고를 포획해 왔기 때문이다. 미군 시설이 반환된 자리에 새롭게 만들어진 나하 신도심은 페미니스트 지리학자들이 거듭 비판해 왔던 구태의연한 젠더 질서를 그대로 구현한 대표적인 공간이라 해도 과언이 아닐 것이다. 생계가 아닌 소비의 영역으로 전경화된 나하 신도심은 단적으로 말해 노동이나 생산, 가족 부양과 같은 남성화된 이미지가 아니라 여성화된 소비 이미지를 추동하고 있기 때문이다.15)

사실, 여성의 장소란 늘 공적 영역과 대립되는 사적 영역에 제한되어 있었고, 심지어 1991년 엘리자베스 윌슨(Elizabeth Wilson)이 『도시의 스핑크스(The Sphinx in the City)』라는 저서에서 백화점이라는 공간 안에서 유유자적하게 혼자 돌아다닐 수 있는 여성 산책자의 가능성을 발견하며 도시공간이 지배적인 섹슈얼리티를 위반할 가능성을 점쳤을 때에도 거기에는 곧장 이견이 제기될 수밖에 없었다.16) 백화점과 같은 쇼핑 공간은 압축된 근대성의 거리로서 여성 산책자를 불러들일 수 있지만, 다른 한편으로는 소비주의라는 문화적 형태의 폭넓은 서사, 즉 환상, 과도함, 스펙터클 등의 표제어로 요약될 수 있기 때문이다.17)

---

15) 조정민, 앞의 논문, 122쪽.

16) 엘리자베스 윌슨의 여성 산책자 논의에 대해서는 Linda McDowell, 여성과 공간 연구회 옮김, 『젠더, 정체성, 장소-페미니스트 지리학의 이해』(한울, 2017), 269~272쪽 참조.

17) David Chaney, 김정로 옮김, 『라이프 스타일』(일신사, 2004), 44~45쪽; 이수안, 「서울 도심의 공간 표상에 대한 젠더문화론적 독해」, 『대한지리학회지』 제44권 제3호(2009), 294쪽.

근대의 모든 제국주의는 식민지를 지배하기 위해 사력을 다했으며, 식민지의 땅이 가지는 의미를 과거와 완전히 다른 방식으로 변화시키는 것을 식민지 지배의 결과물로 해석해 왔다.[18] 제국주의와 식민 문화의 관계를 젠더 관계로 독해하는 일 역시 이와 밀접하게 관련된 것으로, 영토 소유나 지리적 환경에 대한 지배, 그것이 표상하는 내용 등은 제국(남성)에 의한 식민지(여성)의 지배와 종속을 의미하는 것이었다. 오랫동안 미군과 군속이 거주하던 마키미나토 지구, 즉 나하 신도심은 그 사실만으로도 강력한 미군의 점령 지배와 권력을 가시화하는 장소라 할 수 있다. 문제는 이러한 공간의 젠더화가 미군기지가 반환된 이후에도 여전히 반복되고 있다는 점이다. 보통 식민자가 떠난 이후에 피식민자는 우선적으로 지리, 장소에 대한 강제적인 왜곡부터 교정하거나 그에 대한 흔적을 없애고자 노력한다. 미군 시설을 나하 신도심이라는 새로운 소비문화 공간으로 변모시킨 시도는 미군에 의한 장소의 왜곡을 교정하기 위한 일종의 전략이기도 하겠지만 그 기저에는 제국주의 혹은 군사주의, 식민주의가 배태시킨 공간의 젠더화가 그대로 반복되고 있다는 점에는 주의가 필요할 것이다. 다시 말해 나하 신도심 내부에 자리한 복합 소비문화 공간은 군사주의가 낳은 혹은 군사주의를 대신하여 이분법적으로 성별화된 공간 구성을 그대로 반복하고 있으며, 나아가 오키나와(나하)가 견고한 이분법적 성별화 범주에 스스로를 가두고 있음을 증명하는 것이기도 하다.

공간의 젠더화를 배경으로 한 오키나와의 계획적인 개발은 1972년 본토 복귀 이후부터 시작되어 오늘날에까지 이르고 있다고 보아도 무방

---

18) Edward Said, 박홍규 옮김, 『문화와 제국주의』(문예출판사, 1994), 56쪽.

할 것이다. 당시 오키나와는 고도 성장기에 있던 본토에 편입되는 과정에서 오키나와 국제해양박람회 개최 및 각종 관광 산업의 개발과 투자, 공항과 항만, 도로 등과 같은 각종 사회자본 시설 정비 등을 골자로 하는 오키나와진흥개발계획을 시행하게 되었는데, 이후 오키나와는 관광입현(觀光立縣)이라는 구호와 함께 관광의 섬으로 상품화되어 갔다.[19] 이와 같이 오랜 세월 동안 집적된 오키나와의 장소 경험과 변화, 그에 따른 재현과 표상 등에는 다양한 정치적 관계와 이데올로기가 착종하고 있음을 알 수 있는데, 이에 대한 비판적인 검토는 오키나와 내부에 존재하는 (신)식민주의 혹은 군사주의의 잔재를 청산하기 위해서라도 반드시 수반되어야 할 작업일 것이다.

Ⅳ. 기호화되는 초자연적 세계
-유네스코 세계문화유산 등재지의 표상

아래의 〈자료 2〉에서 보듯이 2000년대의 오키나와는 규슈-오키나와 서미트(G8 정상회의)나 9·11과 같은 세계적인 정세의 영향을 받으면서도 오키나와 붐을 일으키며 지금까지 많은 관광객을 불러 모으고 있다.[20] 2000년대의 오키나와의 흐름을 간략하게 짚어보면, 2000년의 G8 정상

---

19) 오키나와 진흥개발계획과 오키나와의 로컬 이미지와의 연관에 대해 추적한 연구로서는, 多田治, 『沖縄イメージを旅する —柳田國男から移住ブームまで』(中央公論新社, 2008), 107~201쪽 참조.

20) 〈자료2〉 출처; URL: http://www8.cao.go.jp/okinawa/pamphlet/sinkou_2009/03_1.pdf(검색일: 2018. 9. 2).

회의 이후 오키나와에 대한 관심을 반영하듯 다음 해에는 오키나와를 배경으로 한 NHK 드라마 〈츄라상(ちゅらさん)〉이 제작되어 선풍적인 인기를 모았고, 2002년에는 오키나와 츄라우미 수족관(沖縄美ら海水族館)이 새로 개관해 많은 주목을 받았다. 2004년에는 국내외 관광객의 관광 활동과 편의 증진을 위해 나하 신도심에 면세점 T 갤러리아가 준공되었다. 이 일대에 나하 메인플레이스, 애플타운, 리우보우 라쿠이치 등의 대형 쇼핑 몰이 조성되어 대중적인 관광 문화와 소비문화를 창출하고 있다는 점은 이미 확인한 바 있다.

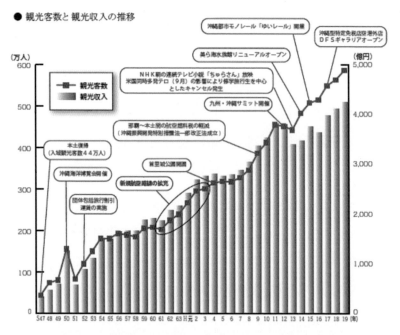

〈자료 2〉 관광객 수 및 관광수입 추이와 주변적 환경과의 연관성

G8과 9·11, 드라마 〈츄라상〉 방영, 오키나와 츄라우미 수족관 개관, 모노레일 개통, 면세점 입점 등에 따른 관광객 수 및 관광 수입의 추이를 나타내는 그래프로, 특히 2000년대 이후로 관광객 수가 크게 증가한 것을 알 수 있다.

이와 더불어 2000년에 오키나와 각지에 편재되어 있던 주요 사적이 유네스코 세계문화유산에 등재된 것도 간과할 수 없는 중요한 대목이라 할 것이다. '인류문명과 자연사에 있어서 중요한 자산'이자 '전 인류가 공동으로 보존하고 후손에게 전수해야 할 전지구적인 가치'가 인정된 '류큐 왕국 구스쿠 및 관련 유산군(琉球王国のグスク及び関連遺産群)'은 오키나와의 전통 문화에 대한 대내외의 주의를 환기시키며 훌륭한 관광 자원으로 재탄생하였다. 그러나 이 역시 공간의 젠더화라는 프레임에서 자유롭지 못한 것도 사실이다. 이 장에서는 세계문화유산 '류큐왕국 구스쿠 및 관련 유산군'을 중심으로 공간의 젠더화에 관한 문제를 짚어보고자 한다.

2000년, 오키나와 본토 남부를 중심으로 점재하는 성곽(구스쿠)을 비롯해 류큐 왕국의 사적 중 9곳이 세계문화유산으로 등록되었다.[21] 여기에는 14세기 후반부터 18세기 말까지 걸쳐 조성된 건조물 및 장소가 대거 포함되었는데, 그 가운데 나키진 성터(今帰仁城跡), 자키미 성터(座喜味城跡), 가쓰렌 성터(勝連城跡), 나카구스쿠 성터(中城城跡), 슈리 성터(首里城跡) 등은 그 이름에서 유추할 수 있듯이 과거에 존재했던 성의 자리가 세계문화유산이 된 경우이고, 소노향 우타키(園比屋武御嶽) 석문과 세이화 우타키(斎場御嶽) 두 곳은 민간 신앙의 대표적인 기도처로 성지(聖地)로 여

---

21) 오키나와의 경우에는 다음과 같은 세계유산등록 기준에 따라 선정되었다.
- 건축, 과학 기술, 기념비, 도시 계획, 경관 설계의 발전에 중요한 영향을 미친 것으로, 일정 기간 동안 가치관의 교류 또는 문화권 내의 교류를 나타내는 것.
- 현존이나 소멸에 관계없이, 일정 문화적 전통이나 문명의 존재를 전승하는 물증으로 유일하게 존재하는 것.(적어도 대단히 희소한 존재인 경우)
- 현저하게 보편적 가치를 가지는 사건이나 행사, 살아있는 전통, 사상, 신앙, 예술적 작품 혹은 문학 작품과 직접적 실질적으로 관련이 있다는 것.
一般財団法人南西地域産業活性化センター, 『沖縄における刊行進行に向けた世界遺産活用戦略検討調査』(南西地域産業活性化センター, 2013), 53쪽.

겨지는 장소이다. 그 외에 다
마우둔(玉陵)은 류큐 왕국의
역대 왕이 매장되어 있는 능
묘이며 시키나엔(識名園)은 류
큐 왕국의 왕족들이 별장으로
사용하거나 외국 사신을 접대
한 별저의 정원이다.

〈그림 3〉 세이화 우타키

난조 시(南城市)에 위치한 사적으로, 신성한
기도처 중 하나. 전통신앙의 성소로서 공동체
내에서 매우 주요하게 여겨진다. (필자 촬영)

〈그림 4〉 소노향 우타키 석문의 세계유산 안내문

나하 시(那覇市)에 위치한 성지이자 기도처. 류큐석 화암으로 만든
석문과 그 주변의 숲 일대를 총칭한다. (필자 촬영)

〈그림 5〉 나키진 성터
오키나와 본토 북부의 구니가미군(国頭郡) 나키진손(今帰仁村)에 위치.
13세기 말~14세기 초에 축성된 것으로 추정된다. (필자 촬영)

〈그림 6〉 가쓰렌 성터
오키나와 본토 중부의 우루마시(うるま市)에 위치.
13~14세기에 축성된 것으로 알려져 있다. (필자 촬영)

이미 널리 알려진 사실이지만, 오키나와는 원래 류큐 왕국이라는 독립국으로 존재하고 있었다. 일본과는 물론, 조선, 중국 등 인근 동아시아 국가들과도 구별되는 류큐 문화권을 형성하고 있었으며, 중개 무역을 통해 경제적, 문화적으로도 번영을 이루고 있었다. 그러나 일본의 정치적 지배와 경제적 수탈이 이어지는 가운데, 1879년 일본 메이지 정부에 의해 일본의 한 현으로 완전히 복속되는 이른바 류큐 처분을 겪게 된다. '일본'이라는 이름의 국가에 포박당한 류큐 사람들은 처음에는 '구습온존' 정책으로 큰 변화를 겪지 않았지만 일본의 제국주의 정책이 본격화되면서 생활개선운동이나 황민화 교육 등에 의해 '류큐'적인 요소들을 모두 교정해야만 했다. 이른바 동화 정책이 강력하게 실시되었던 것이다. 그러한 가운데서도 류큐(오키나와)는 여전히 차별적인 위치에 머물러 있었으며, 아시아태평양전쟁과 연이어 도래한 미국에 의한 점령으로 인해 일본과 미국으로부터 이중적인 지배를 겪어야만 했고 그러한 구조적 차별과 지배는 지금까지 이어져 오고 있는 실정이다.

위에서 대략적으로 개괄했지만 오랫동안 독자적인 공동체를 영위해 왔던 류큐의 역사와 문화를 단순히 일본 내의 한 지방의 특색으로 혹은 향토색으로 규정할 수는 없을 것이다. 류큐는 일본 본토와 민족적 (ethnicity), 인종적(race)으로 구별 짓는 시선 때문에 일본의 타자로서 늘 폭력과 지배의 대상이 되어 오고는 했는데, 그것이 역설적으로 '세계문화유산'이라는 문화재적 제도 속에서 하나의 전시물로 전도되고 있는 것이라면 그 표상의 정치성에 대해서는 다시 한 번 검토할 필요가 있는 것이다.

오키나와의 '류큐 왕국 구스쿠 및 관련 유산군'의 세계문화유산 등재와 일본 본토의 표상 정치를 관련짓는 이유는 세계문화유산 등재 자체를 일본 정부가 주도하고 있기 때문이다. 일본의 경우, 문화유산 후보는 문화재청이, 자연유산 후보는 환경성, 임야청이 주로 담당한다. 여기에 문부과학성, 국토교통성 등이 세계유산조약 관계부처연락회의를 구성해 추천 대상을 결정한다. 그리고 이후에는 외무성을 통해 유네스코에 추천 대상을 제출한다.[22] 이런 과정을 참조하면 정부 주도로 추진된 오키나와의 세계문화유산 등재는 소수자에 대한 관용의 전략, 혹은 일본의 국제적 위상 제고를 위해 류큐 문화를 이화(異化)의 기제로 사용하는 정치 행위라고도 해석할 수 있을 것이다.[23] 오키나와의 이화, 즉 다름은 문화적 우수함의 확증이나 대안 형성에 기여하는 이상화된 이미지로 강조되면서 일본적 자아를 성찰하게 만들기도 한다는 것이다.[24]

앞에서도 확인했듯이 오키나와의 세계문화유산은 성곽 터나 별저와

---

22) 아사쿠라 토시오, 「일본의 세계문화유산 추진전략」, 『백제문화』 제40집(공주대학교 백제문화연구소, 1998), 7쪽.

23) 여기에서 더욱 중요한 점은 본토가 주도적으로 세계문화유산 등재를 추진할 때 오키나와가 어떠한 포지션을 취했는가 하는 점일 것이다. 적어도 세계문화유산 등재를 전후한 본토와 오키나와의 관계는 수직적인 권력의 상하 관계에 놓여 있었다기보다는 양자가 매우 긴밀하게 협력하고 협업하는 관계였다고 볼 수 있다. 왜냐하면 세계문화유산 등재는 지역 경제의 활성화와 마을 만들기, 관광 특수 등 지역의 경제적, 문화적, 지리적 현안과 밀접한 관계를 갖고 있기 때문이며 여기에는 지자체를 비롯한 각종 민간단체들이 개입한다. 때문에 류큐 문화의 세계문화유산 등재와 관련하여 오키나와가 어떠한 입장을 취하고 어떠한 전략을 구성했는지 살펴보는 것은 오키나와가 스스로 어떠한 정체성을 구성하고 운영하려 했는지 살펴보는 좋은 사례가 될 수 있다. 물론 이러한 문제는 오키나와에만 국한되는 것은 아니다. 세계문화유산을 소유한 일본의 지자체에서는 세계문화유산을 활용해 경제 활성화를 꾀하거나 교육적 소재로도 널리 활용하는 등, 지역 아이덴티티의 구성의 구심점으로 삼고 있다. 이에 관한 논의로는, 長谷川俊介, 「世界遺産の普及啓発と教育」, 『レファランス』60(5)(国立国会図書館調査及び立法考査局, 2010), 5~27쪽 참조.

24) Aaron Gerow, "Form the National Gaze to Multiple Gazes: Representations of Okinawa in Recent Japanese Cinema", Laura Hein and Mark Selden, eds, *Islands of Discontent: Okinawan Responses to Japan and American Power* (Lanham: Rowman & Littlefield Publishers, Inc., 2003), 278쪽(주은우, 「섬의 이미지와 국민국가의 응시 – 전후 일본영화 속의 오키나와 재현」, 『사회와 역사』 제78집(2008), 310쪽에서 재인용).

같이 류큐 왕조의 웅장하고 화려한 문화를 상징하는 건조물들이 다수 포진되어 있거나 우타키와 같이 오래된 민간 신앙의 기도처도 두 곳이나 포함되어 있다. 오키나와에서 구스쿠로 불리는 성곽은 반드시 신령스러운 땅, 즉 영지(靈地)로서 신성시되며 그 지역의 신앙심을 모으는 구심적인 역할을 했다. 또한 우타키의 경우에는 신이 재림하는 성지, 혹은 조상신을 모시는 장소로서 역시 신성한 성역으로 다루어져 왔다. 물론 각지의 우타키는 전쟁과 점령 등의 과정을 거치면서 파괴되기도 했으며 미군에 의한 토지 강제 수용, 발굴 조사, 개발 등으로 인해 출입이 금지되고 제한되는 경우도 있다. 실제로 슈리성 내부에 있던 우타키 중 일부는 슈리성 재건 및 정비로 인해 출입이 제한되거나 유료 관람 구역으로 지정되기도 했다. 말하자면 우타키의 의미나 상징성은 역사적, 사회문화적 변화에 따라 소실되거나 역으로 관광 자원으로 활용되면서 그 의미가 비약적으로 확대되어 오기도 한 것이다.

이렇게 오키나와에서 특별한 의미를 가지는 사적들은 세계문화유산 등재라는 방식을 통해 그 가치를 인정받고 보존의 정당성을 확보하였으며, 나아가 문화재로서의 권력도 소유하게 되었다. 뿐만 아니라 이들 문화유산은 오키나와 혹은 류큐에 관한 역사적 사건, 이미지, 의례 등을 상징하는 표상 체계 속에 포섭되어 소위 오키나와 아이덴티티를 반복적으로 재생산한다. 문제는 이러한 로컬 아이덴티티를 전경화하는 과정 속에서 오키나와가 여성으로 대변되기 쉽다는 것에 있다. 그것은 예컨대 우타키에 강림하는 신을 모시거나 우타키에 직접 출입을 하는 사람이 여성에 한정된다거나 하는 단순한 지식부터 오키나와의 민간 신앙을 합리적이고 이성적인 판단이 불가능한 초자연적인 영역으로 해석해 그것을 영성과 심령이 지배하는 샤머니즘 세계에 가두어 급기야 은유적으로 여성화시키는 것까지 그 층위는 실로 다양하다 할 것이다.

실제로 영성 치료, 파워 스폿[25] 방문, 치유 등의 명목으로 오키나와를 찾는 관광객들이 많으며 특히 젊은 여성들 사이에서는 오키나와의 성지 방문이 하나의 유행이 되기도 했다. 이러한 현상은 일본 본토의 언론 보도나 여행사의 광고 등의 영향으로 보이지만, 관광을 통해 지역 경제를 활성화시키는 지역 재생을 목표로 오키나와가 스스로 만든 장치라는 점도 간과해서는 안 될 것이다.[26]

세계문화유산을 대상으로 제한적으로 이루어지는 관광 행위를 공간의 성별화의 일반적 유형으로 해석하기는 어려울지 모른다. 그러나 오키나와를 미신, 원시, 샤머니즘, 애니미즘, 마술적 리얼리즘 등이 지배하는 세계로 그려내는 경향은 관광 행위에서 그치지 않고 소설이나 드라마, 영화 등 대중문화로 확대 재생산되고 있는 것이 사실이다.[27] 이러한 점에 유의할 때 오키나와는 은유적 의미에서건 실제적 의미에서건 철저하게 이분화된 젠더 프레임을 거듭 재생산하고 있다고 지적할 수 있으며, 경우에 따라서는 오키나와 스스로 전통적인 젠더 역할 모델을

---

25) power와 spot을 결합시킨 일본식 조어로 눈에 보이지 않는 특별한 힘, 영적인 힘이 넘치는 장소를 뜻하거나 마음을 치유해주고 소원을 들어주는 신묘한 힘이 있는 곳, 생명력이 강한 곳 등을 가리킨다.

26) 塩月亮子, 「沖縄表象としてのスピリチュアリティ」, 『戦後沖縄文学と沖縄表象』(沖縄文学研究会報告書, 2011), 78쪽.

27) 1996년에 아쿠타가와 상을 수상한 마타요시 에이키(又吉栄喜)의 소설 『돼지의 보복(豚の報い)』이나 이듬해인 1997년에 역시 아쿠타가와 상을 수상한 메도루마 슌(目取真俊)의 소설 『물방울(水滴)』 등에는 넋들이기, 액 씻기, 우타키, 유타(무녀) 등이 등장하고 있으며, 2008년 10월부터 12월까지 오키나와의 로컬 방송인 류큐방송에서 방영된 캐릭터 쇼 〈류신 마부야(琉神マブヤー)〉도 마찬가지라 볼 수 있다. 이 캐릭터 쇼는 9개의 마부이(넋) 스톤을 노리는 악당을 상대로 오키나와의 정의의 사도 류신 마부야가 싸우는 내용을 담고 있다. 오키나와에서 인기를 얻은 이 작품은 2009년에 전국적으로 방영되었고 2011년에는 하와이에서 방영되기도 했다. 뿐만 아니라 영화, 만화, CD 등 다양한 콘텐츠로 제작된 바 있다.

내면화시켜 수행하고 있다고 볼 수 있다.

V. 나가며

　문화인류학자 아르준 아파두라이(Arjun Appadurai)는 일부 공간을 특정한 성격을 지닌 지역으로 개발하려는 행위 자체가 곧 식민지 폭력에 다름 아니라고 지적한 바 있다.[28] 이 글에서 다룬 오키나와의 공간 변용들, 예컨대 특정 지역을 군사기지로 변모시키거나 기지 반환지를 소비문화 공간으로 개발하는 행위, 그리고 세계문화유산이라는 권력에 입각한 전통 문화의 전시 등은 모두 아파두라이가 지적한 식민지 폭력과 맥락을 같이 한다고 볼 수 있다. 단적으로 말해 지배와 개발은 모두 지배와 피지배, 개발과 피개발이라는 이분법적 분할을 기반으로 하고 있고, 궁극적으로 이는 젠더적 상상력과 질서에 기반을 둔 제국의 식민지 운영과 크게 다르지 않기 때문이다.

　오키나와에 깊이 뿌리를 내린 군사주의와 관광주의의 식민성을 논할 때 문제가 더욱 복잡해지는 것은 오랫동안 일본과 미군의 이중 지배하에 있었던 오키나와가 부지불식간에 혹은 의도적으로 제국주의와 군사주의가 배태시킨 젠더 기획을 전유하고 있다는 점이다. 즉, 오키나와를 군사적, 문화적으로 여성화시켜 온 지배자의 젠더 전략을 오키나와 스스로 내면화하고 재현하여 제국의 식민지 개발과 같은 논리로 공간을

---

28) Arjun Appadurai, 차원현·채호석·배개화 옮김, 『고삐 풀린 현대성』(현실문화연구, 2004), 183쪽.

기획하고 있다는 것이다. 푸른 바다와 산호초, 그리고 아열대 수목이 만들어내는 남국의 황홀한 자연 환경과 신비로운 류큐 왕국의 찬란한 역사를 음미하고, 마지막으로 스펙터클하게 조성된 공간에서 각종 오키나와 기념품과 선물 꾸러미를 구입하는 관광 구성은 그저 단순한 관광 산업의 전략이 아니라, 일본의 타자로 오키나와를 위치지우는 오리엔탈리즘적 시선과 그것을 내재화하여 구체화적으로 실천해 보이는 오키나와의 공모에서 비롯된 것이라 보는 편이 타당하다.

그렇다면 시공간과 인간, 표상 문화 모두 전통적인 이분법적 젠더 프레임을 철저하게 준수하고 있는 오키나와에서 과연 젠더 문법의 해체는 가능할까. 오키나와가 여성으로 은유되어 소비되고 오키나와 여성의 몸 자체가 기지, 혹은 군대와 군사의 폭력으로부터 자유롭지 못하는 현실 속에서, 오키나와를 여성의 몸이 아닌 다른 무언가로 설명하거나 규정하는 방법이란 얼마나 현실적이고 실효성이 있을 수 있을까. 이러한 물음을 마지막에 제기하는 것은 앞에서 모토하마가 지적한 대로 필자 역시 일개의 향구사에 지나지 않는다는 것을 증명하는 셈이나 마찬가지겠지만, 이와 같은 성찰은 오키나와에서 자행되는 각종 이데올로기의 잔재를 청산하기 위한 전제가 될 수 있고, 또한 오키나와에 대한 현실과 인식을 보다 정교하고 효과적으로 제시하는 데에도 일조할 수 있을 것이다.

▌참고문헌

박정미, 「발전과 섹스-한국 정부의 성매매관광정책, 1955-1988」, 『한국사회학』 제
    48집(2014).

아사쿠라 토시오, 「일본의 세계문화유산 추진전략」, 『백제문화』 제40집(공주대학교
    백제문화연구소, 1998).

이수안, 「서울 도심의 공간 표상에 대한 젠더문화론적 독해」, 『대한지리학회지』 제
    44권 제3호(2009).

조정민, 「지배와 공간, 그리고 젠더-오키나와의 군사기지와 아메리칸 빌리지」, 『젠
    더와 로컬리티』, 소명출판, 2017.

주은우, 「섬의 이미지와 국민국가의 응시-전후 일본영화 속의 오키나와 재현」, 『사
    회와 역사』 제78집(2008).

Arjun Appadurai, 차원현·채호석·배개화 옮김, 『고삐 풀린 현대성』, 현실문화연구,
    2004.

Cynthia Enloe, 권인숙 옮김, 『바나나, 해변 그리고 군사기지-여성주의로 국제정치
    들여다보기』, 청년사, 2011.

David Chaney, 김정로 옮김, 『라이프 스타일』, 일신사, 2004.

Edward Said, 박홍규 옮김, 『문화와 제국주의』, 문예출판사, 1994.

Gayatri Chakravorty Spivak, 태혜숙 옮김, 『포스트식민 이성 비판』, 갈무리, 2005.

Linda McDowell, 여성과 공간 연구회 옮김, 『젠더, 정체성, 장소-페미니스트 지리
    학의 이해』, 한울, 2017.

Norma Field, 박이엽 옮김, 『죽어가는 천황의 나라에서』, 창작과 비평사, 1995.

多田治, 『沖縄イメージを旅する-柳田國男から移住ブームまで』, 中公新書, 2008.

間山榮惠, 『週刊金曜日』 第894号(2012).

本浜秀彦, 「「沖縄」というポルノグラフィー」, 『すばる』 29(2) (集英社, 2007).

塩月亮子, 「沖縄表象としてのスピリチュアリティ」, 『戦後沖縄文学と沖縄表象』, 沖
    縄文学研究会報告書, 2011.

一般財団法人南西地域産業活性化センター, 『沖縄における刊行進行に向けた世界遺
    産活用戦略検討調査』, 南西地域産業活性化センター, 2013.

長谷川俊介, 「世界遺産の普及啓発と教育」, 『レファランス』 60(5) (国立国会図書館
    調査及び立法考査局, 2010).

Ayano Giniza, "The American Village in Okinawa -Redefining Security in a "Militourist" Landscape" *The Journal of Social Science* 60, COE Special Edition(2007).

『朝日新聞』, 2009. 5. 21.
『琉球新報』, 2001. 9. 28; 2002. 1. 15: 2018. 4. 20.
http://www.pref.okinawa.jp/site/bunka-sports/kankoseisaku/kikaku/report/youran/s4 7-h23tourists.html (검색일: 2018. 9. 2).
http://www8.cao.go.jp/okinawa/pamphlet/sinkou_2009/03_1.pdf (검색일: 2018. 9. 2).
http://www5.cao.go.jp/j-j/cr/cr01/chiikireport01.koramu.html (검색일: 2018. 9. 2).
http://www.mext.go.jp/b_menu/hakusho/nc/t20011016001/t20011016001.html (검색일: 2018. 9. 2).

출전(出典)

제1부 인간과 바다를 보는 시선

해문(海文)과 인문(人文)의 관계 연구

『해항도시문화교섭학』 19 (한국해양대 국제해양문제연구소, 2018), 1~37쪽에
"Studies on the Relationship between Maritime/Marine Studies and Humanities"
라는 제목 하에 영문으로 수록한 것을 국문으로 옮겨 게재.

바다 위의 삶 : 문화교섭 공간으로서의 상선(商船)

『해항도시문화교섭학』 20 (한국해양대 국제해양문제연구소, 2019), 237~268쪽.

'대서양사' 연구의 현황과 전망 : 폴 뷔텔의 『대서양』에 기초하여

『해항도시문화교섭학』 18 (한국해양대 국제해양문제연구소, 2018), 123~146쪽.

제2부 동아시아 해역의 배와 선원

円仁의 『入唐求法巡禮行記』에 기록된 船舶部材 '檣栿'에 대한 비판적 고찰

『역사학연구』 72 (호남사학회, 2018), 205~233쪽.

李志恒 『漂舟錄』 속의 漂流民과 海域 세계

『해항도시문화교섭학』 16 (한국해양대 국제해양문제연구소, 2017), 139~182쪽.

영국범선의 용당포 표착 사건

『해항도시문화교섭학』 20 (한국해양대 국제해양문제연구소, 2019), 269~307쪽.

한국 상선 해기사의 항해 경험과 탈경계적 세계관 : 1960~1990년의 해운산업 시기
를 중심으로

『해항도시문화교섭학』 19 (한국해양대 국제해양문제연구소, 2018), 113~143쪽.

제3부 동아시아 해역의 인간과 문화교섭

汪兆鏞의 『澳門雜詩』를 통해 본 해항도시 마카오의 근대
　『해항도시문화교섭학』 19 (한국해양대 국제해양문제연구소, 2018), 173~208쪽.

접촉지대 부산을 향한 제국의 시선 : 외국인의 여행기에 재현된 19세기 말의 부산
　『해항도시문화교섭학』 18 (한국해양대 국제해양문제연구소, 2018), 295~330쪽.

상하이의 憂鬱 : 1930년대 해항도시 상하이의 삶과 기억
　－김광주와 요코미쓰 리이치를 중심으로
　『인문사회과학연구』 20(2) (부경대 인문사회과학연구소, 2019), 1~33쪽.

젠더화된 섬과 공간표상 : 오키나와의 군사주의와 관광
　『해항도시문화교섭학』 19 (한국해양대 국제해양문제연구소, 2018), 145~172쪽.

▌저자 소개 (가나다 순)

구모룡 | 한국해양대학교 동아시아학과 교수, 현대문학비평 전공

김강식 | 한국해양대학교 국제해양문제연구소 HK교수, 한국사 전공

김성준 | 한국해양대학교 항해학부 교수, 항해학 및 해양사 전공

안미정 | 한국해양대학교 국제해양문제연구소 교수, 문화인류학 전공

이수열 | 한국해양대학교 국제해양문제연구소 HK교수, 일본사상 및 해양사
　　　　전공

이학수 | 한국해양대학교 국제해양문제연구소 초빙교수, 서양사 전공

정문수 | 한국해양대학교 해사글로벌학부 교수, 한국해양대학교 국제해양문제
　　　　연구소 소장

정진성 | 한국해양대학교 해사글로벌학부 교수, 해사경영 및 문화교섭 전공

조정민 | 부경대학교 일어일문학부 교수, 일본현대문학 전공

최낙민 | 한국해양대학교 국제해양문제연구소 HK교수, 중국고전문학 및 지역학
　　　　전공

최은순 | 한국해양대학교 해사글로벌학부 교수, 프랑스언어학 및 해사문화교섭
　　　　전공

최진철 | 한국해양대학교 해사글로벌학부 교수, 문화인류학 및 해사문화교섭
　　　　전공

현재열 | 한국해양대학교 국제해양문제연구소 HK교수, 서양사 전공